海洋数据处理与可视化

于 潭 胡 松 孙展凤 编著

上海大学出版社

·上海·

内 容 简 介

海洋数据处理与可视化是海洋科学专业和海洋技术专业必须要掌握的能力。海洋数据处理与可视化是海洋科学专业的一门专业核心课,目标是培养和强化海洋学相关专业学生读取、处理和分析数据的能力以及绘图能力。通过本书的学习,学生能够系统掌握读取、处理和分析多种类型海洋数据的方法以及几种通用绘图软件和专业绘图软件的基本使用方法,为将来顺利进行本科毕业论文以及研究生阶段的科研工作奠定基础。

本书适合海洋与大气相关专业的本科高年级及硕士研究生阶段的学生,作为海洋数据处理与可视化的入门课程进行学习,以满足毕业设计、工作和深造的需要,也适合想要构建坚实数据处理与可视化能力的自学者。

图书在版编目(CIP)数据

海洋数据处理与可视化/于潭,胡松,孙展凤编著
. —上海:上海大学出版社,2022.9
ISBN 978 - 7 - 5671 - 4532 - 0

Ⅰ. ①海… Ⅱ. ①于… ②胡… ③孙… Ⅲ. ①海洋学
-数据处理 Ⅳ. ①P7

中国版本图书馆 CIP 数据核字(2022)第 175678 号

责任编辑　陈　露　厉　凡
封面设计　缪炎栩
技术编辑　金　鑫　钱宇坤

海洋数据处理与可视化

于　潭　胡　松　孙展凤　编著
上海大学出版社出版发行
(上海市上大路 99 号　邮政编码 200444)
(https://www.shupress.cn　发行热线 021 - 66135112)
出版人　戴骏豪

＊

南京展望文化发展有限公司排版
上海华教印务有限公司印刷　各地新华书店经销
开本 787mm×1092mm　1/16　印张 21　字数 500 千
2022 年 10 月第 1 版　2022 年 10 月第 1 次印刷
ISBN 978 - 7 - 5671 - 4532 - 0/P · 8　定价　78.00 元

前 言

FOREWORD

　　"海洋数据处理与可视化"是高校海洋科学、海洋技术等相关专业开设的核心课程,目的是培养和强化学生读取、处理和分析数据的能力以及绘图能力。"海洋数据处理与可视化"课程要求学生掌握海洋数据的类型和基本的统计理论,并且学会获取和实际使用海洋实测资料、卫星遥感资料和模式资料,能够通过数据处理和可视化进行初步的科学研究。学好该课程对学生顺利进行大学生创新、毕业设计、继续深造以及将来工作中所需要进行的数据处理、分析和可视化具有非常重要的作用。

　　本书共8章,第1、2章介绍数据处理的对象及预处理,主要介绍海洋资料在发展海洋科学中的重要意义、海洋水文资料的基本特点、海洋资料的分类、随机变量和随机过程、数据获取、数据格式类型、数据读取,测量精度、近似数的运算、异常值的判别及处理、网格化、数据匹配等内容,从感性上认识海洋数据处理与可视化。第3~7章介绍数据处理和可视化方法,主要从海洋资料的统计特征量及统计检验、回归分析、海洋时间序列分析、海洋变量场时空结构的分离和数据可视化5部分来进行有计划、有阶段的理性学习。第8章介绍案例分析和科学研究思维,这些案例都是在实践中经过设计、优化筛选出来的,可以帮助大家更好地理解海洋数据处理的过程和科学研究的思维,从方法学的角度开阔认识,提升对科学研究的理解和整体科学研究的能力,展望科学研究的未来。其中程序、函数及部分实例限于教材篇幅,也为了便于实时更新,将以电子材料形式在智慧树网站"海洋数据处理与可视化"在线课程中提供(https://coursehome.zhihuishu.com/courseHome/1000003258),供学生下载和学习。

　　编者在上海海洋大学开设了上海市重点建设课程"海洋数据处理与可视化",已经历时9年,并已经讲授9年15轮,积累了丰富的经验。本课程得到了上海市教委、学校和学院的大力支持,共建设8轮,且正在持续建设当中。本书是在上海海洋大学海洋科学学院领导们的关怀、支持下完成的,特此感谢。感谢左军成、魏永亮、邵伟增等各位同事的帮助支持。除此之外,刘玉光老师对于课程的建设方面给予了很好的指导,在大作业方面给了很多的启发,本书的部分内容和案例来自中国海洋大学satellite oceanography 课程大作业,故在此特别致谢刘玉光老师和中国海洋大学。

感谢上海海洋大学 2012 海洋环境、2013 海洋环境、2014～2019 海洋科学、2014～2018海洋技术专业的学生,他们在海洋数据处理与可视化课程中的大作业为本书的撰写提供了很好的案例和宝贵资料,也在相应部分进行了引用。

海洋数据处理与可视化课程一直在持续完善中,教材的编写可能有不足之处,还请读者多多赐教!

于 潭

2022 年 09 月

目 录
C O N T E N T S

第 1 章

绪　　论

　　导学： 本章主要介绍数据处理的对象，分为 5 个部分：海洋资料在发展海洋科学中的重要意义、海洋水文资料的基本特点、海洋资料的分类、海洋数据存储格式及读取方法、海洋资料获取手段和分析技术的发展趋势。让读者对海洋数据处理的对象有一个感性的认知。

　　经过本章的学习，在方法论层面，读者应当学会并了解数据的基本读取方法。在实践能力方面，读者应该能够下载并读取数据。具备这两个能力，是进一步学习海洋数据处理与可视化的重要基础。

1.1　海洋资料在发展海洋科学中的重要意义

　　海洋数据处理的对象就是海洋资料，也称海洋数据。海洋资料是海洋调查、观测的初步成果，是发展海洋事业的重要基础。反映了海洋要素空间分布和时间变化的重要信息。是海洋科学研究、开发利用、环境保护、环境预报和科学管理的必要依据。如何对这些资料进行处理分析，进一步提高其使用价值，充分利用和发挥其作用，是当前海洋工作的一项重要任务。

　　海洋资料在海洋科学、技术和开发中的地位和作用，主要从发展海洋科学和开发利用海洋两个方面进行介绍。

1.1.1　海洋资料是发展海洋科学的必要条件和重要基础

　　研究海洋科学发展的历史就可以发现，海洋资料获取手段的每一次改进，资料处理工作的每一次进展，都伴随着海洋科学的一次新突破。

　　1799～1804 年，Baron Alexander von Humboldt 根据历时 5 年的南美洲航次考察资料，发现了"洪堡寒流"（Sverdrup et al.，2009）。1802～1804 年，B. A. v. Humboldt 搜集并分析了南美西海岸外海的大洋资料，发现了著名的秘鲁海流（陈上及等，1991）。

　　Matthew F. Maury（1806～1873）是第一位真正意义上的海洋学家，他从航海日志中系统收集风和海流数据,于 1847 年绘制了第一张北大西洋的风向及洋流图。1853 年,他提出通过国际合作来收集数据。他还制作并出版了第一本关于海况与航向的地图册,缩短了航程。1855 年,他出版了《海洋自然地理学》(Maury et al.,1855),其中包含了湾流、大气、洋流、深度、风、气候和风暴等内容,是第一部海洋学经典著作(Sverdrup et al.,2009)。

1872~1876 年,"挑战者"号横渡三大洋,在 361 个海洋观测站进行了水深、水温、流速等测量,采集了数千个深海底泥及生物样品,收集到海洋不同深度都有生命的证据,开辟了通往描述性海洋学时代的道路(Sverdrup et al.,2009)。

1894 年,C. O. MakapoB 根据 1806~1890 年北太平洋的水温资料,绘制了 1°网格的太平洋表层和 400 m 层水温分布图,这是太平洋最早的海洋图集(陈上及等,1991)。

1893~1896 年,F. Nansen 根据"费雷姆"号在北冰洋的漂冰观测资料,发现海流方向右偏于风向约 20°~40°。1902 年 V. W. Ekman 根据该发现提出了风生漂流理论,首次合理地考虑了湍流摩擦与地转偏向力对海流运动的影响,为海流动力学奠定了理论基础(陈上及等,1991)。

1902 年,海洋学家根据"瓦尔迪维亚"号海洋调查资料,提出大西洋垂向环流对称于赤道,首次得出大洋垂向环流的完整概念。1903 年,Helland-Hansen 根据"Michael Sars"号科考船在挪威海的详细调查资料,应用 V. Bjerknes 环流理论计算了斜压场深层地转流,再一次标志着海洋学已成为地球物理学的一个成熟分支学科,开始向动力海洋学挺进(陈上及等,1991)。

1925~1927 年,"流星号"科考船在北大西洋进行了调查,观测到 6 000 m 水层,取得了海水层化、水团环流、实测海流、海底沉积物、化学、浮游生物和气象等资料,创建了一套经典的调查方法,并用核心法和动力计算方法,发现大西洋的深层环流,揭示大西洋冷水圈的五种水团并非对称于赤道(Wüst,1950)。

1950 年,伍兹霍尔海洋研究所用五条船和 BT、GEK 等新仪器,对湾流进行了同步观测,发现湾流具有弯曲和射流等特征,对大洋深层环流理论的建立做出了重要贡献。1952 年,T. Cromwell 发现太平洋赤道区金枪鱼延绳钓渔具向东漂移,与表层西向赤道流相反,所以用海流板观测海流,在 50~150 m 层发现了赤道潜流,引导了大西洋、印度洋赤道潜流的相继发现。这使人们对赤道大洋环流有了一个完整的概念(陈上及等,1991)。

1970 年,苏联应用资料浮标以及装备先进的调查船,在大西洋东部发现的中尺度涡旋,是物理海洋学研究中的重大发现(倪国江等,2008)。对过去的风生环流理论提出了疑异,开始用中尺度涡系统对海洋水文物理现象进行天气学分析,标志着物理海洋学由研究平均状况的气候学时代,进入了研究逐日变化过程的天气学时代。大洋动力实验取得的大量资料,这是对海洋学发展的一大贡献(陈上及等,1991)。

1978 年,美国发射了第一颗海洋卫星(Seasat - A),应用遥感技术,能够全天候地观测全球范围海区的风、海冰、海浪、表层水温等海面状况,在同步取得大尺度海洋综合资料上有了新的重大突破,为大尺度大洋环流、海面波动的研究提供了全球性的系统的时间序列资料(陈上及等,1991)。

1991 年,政府间海洋学委员会建议设立全球海洋观测系统(Global Ocean Observing System,GOOS),该系统包含卫星、浮标系统和调查船。根据 GOOS,科学家成功的提前 6

个月预测了 1997～1998 年的厄尔尼诺现象,这表明预测厄尔尼诺现象成为可能(Sverdrup et al.,2009)。浮标观测技术的成熟及热带海洋与全球大气研究(Tropical Ocean Global Atmosphere,TOGA)计划的实施为揭示 ENSO(El Niño - Southern Oscillation)现象形成的海洋-大气动力学过程及机理,特别是为 ENSO 事件的预测奠定了历史性的基础(Mcphaden et al.,1998;吴立新等,2013)。

1998 年开始的 ARGO(Array for Real-time Geostrophic Oceanography)计划的全面实施使对全球海洋进行实时观测有了可能,有效促进了海洋水团特征变化、海水流动以及混合等研究的发展(Roemmich et al.,2009)。利用这些浮标,采用细尺度参数化方法,首次较完整地给出了南大洋混合的空间分布(Wu et al.,2011)。

2003～2008 年开展的 KESS(Kuroshio Extension System Study)计划,在黑潮延伸体第一个准静止大弯曲的波峰处布放了 46 套倒置回声测深仪(CPIESs),观测数据在研究上层中尺度过程动力学(Howe et al.,2009;Jayne et al.,2009;Tracey et al.,2012)、地形对上层环流的作用(Greene et al.,2009;Bishop et al.,2012)等方面提供了重要的现场观测支持(陈朝晖等,2021)。科学家们首次确认了北侧再循环流涡的存在(Qiu et al.,2008)。

2004 年开始,美国在黑潮延伸体南侧布放的海气通量浮标 KEO(Kuroshio Extension Observatory)和 2007～2013 年日本布放的 JKEO(JAMSTEC KEO)浮标资料显示超强台风过境时,海气通量异常增大、上层海洋混合增强,完善了人类对台风过程海气相互作用的理解(Bond et al.,2011)。

2010～2014 年实施的 HOTSPOT 项目结合 KEO 浮标,丰富了黑潮延伸体区域的海气相互作用观测。通过在黑潮延伸体开展定点的锚系浮标和船载观测,获得了卫星遥感无法实现的高频率大气和海洋的时空变化信息,开展了集现场观测、地球系统数值模拟和高分辨率卫星观测的同步研究,成为海洋与气候研究的一个成功范例(Nakamura et al.,2015)。目前,HOTSPOT 已经启动了 2019～2024 年第二期项目(陈朝晖等,2021)。

在我国,也有同样的经验,有了系统的调查资料,海洋科学的迅速发展就有了基础。新中国成立早期,受国力所限,调查观测主要限于中国近海,于 1957～1960 年先后开展了渤黄海同步观测和全国海洋普查(中华人民共和国科学技术委员会海洋组海洋综合调查办公室,1964),概括了解了中国近海的海流、水团、跃层分布以及它们的季节变化(魏泽勋等,2019)。

1980～1990 年间开展的中日黑潮联合调查,对黑潮认识和研究上取得了众多突破:揭示了黑潮多核结构、发现了东海黑潮逆流、揭示了东海黑潮流量季节与年际变化及其机理、揭示了东海黑潮热通量季节变化及物质通量变化等(苏纪兰等,1994;袁耀初,2016)。

2010 年启动的“西北太平洋海洋环流与气候实验”(Northwestern Pacific Ocean Circulation & Climate Experiment,NPOCE)国际合作计划,是我国发起的第一个海洋领域大型国际合作计划。基于该计划的观测资料,首次揭示了全球平均海洋环流在过去 20 多年以来的加速现象,阐明了海洋环流加速的能量来源、物理机制以及人类温室气体排放在其中的重要作用(Hu et al.,2020)。

Wu 等(2012)利用过去 100 多年的海表温度资料,发现在所有副热带西边界流海区都有很强的增暖趋势,其趋势大约是全球平均增暖趋势的 2～3 倍,形成海洋“热斑”。

中国科学家在南海构建了由数十套深海潜标组成的"南海深海潜标观测网",覆盖了南海北部深海盆及吕宋海峡等海域,根据观测资料发现在吕宋海峡深层存在着 30 天左右的震荡。深海的这种高频振荡对海-气相互作用概念是一种挑战。在这样的时间尺度上,传统上只需考虑上层海洋的作用,只有在年际或年代际以上的时间尺度才会考虑深部海洋的影响。这种观测的发现暗示着深部海洋也可能对上层海洋的短期变率产生影响(吴立新等,2013)。

2016 年 8 月 10 日,我国成功将高分三号卫星送入预定轨道,圆满完成发射任务。高分三号卫星是我国首颗分辨率达 1 m 的 C 频段多极化合成孔径雷达(简称 SAR)卫星,具备 12 种成像模式,设计寿命 8 年,可用于海域环境监测、海洋目标监视、海域使用管理、海洋权益维护和防灾减灾等,并可全天时、全天候、近实时监视监测。高分三号卫星显著提升了我国对地遥感观测能力,获取了可靠、稳定的高分辨率 SAR 图像,极大地改善我国天基高分辨率 SAR 数据严重依赖进口现状,使天基遥感跨入全天时、全天候、定量化、米级的应用时代。

传统的科学研究过程是通过海洋调查,获得海洋观测资料,然后通过对海洋资料的处理分析,获得科学研究的结论。而现在的海洋调查更具有针对性,根据具体的科学问题精细设计海洋调查方案,获得海洋观测资料,然后进行数据处理分析,最终解决或验证该科学问题。

1.1.2　海洋资料是开发利用海洋所必需的科学依据

我国是幅员辽阔的大陆国家,也是海域广阔的海洋国家,海洋资源十分丰富,要开发利用海洋,海洋资料是必不可少的重要科学依据。

1.1.2.1　海洋资料在石油开发中的应用

例如,在石油开发中,钻井船、钻井平台、输油管线、储油罐、油轮系泊设施、油码头等工程建设的规划设计和施工都需详细掌握各种海洋气象、水文动力要素的变化规律,准确计算风、流、浪、水位的多年一遇极值(陈上及等,1991)。

海洋能源、资源的开发要同时考虑安全可靠和经济实用两个方面。

(1) 安全可靠方面

世界上很多国家的自然灾害因受海洋影响都很严重。例如,仅形成于热带海洋上的台风(在大西洋和印度洋称为飓风)引发的暴雨洪水、风暴潮、风暴巨浪以及台风本身的大风灾害,就造成了全球自然灾害生命损失的 60%。台风每年造成上百亿美元的经济损失,约为全部自然灾害经济损失的 1/3。

据陈应珍等(1987)统计,1955~1980 年间,全世界共发生海上钻井平台海难事故 131 起,其中由风暴和巨浪造成的占 40%,所受经济损失达 2.2 亿美元。

1983 年 10 月 25 日,美国环球海洋钻井公司"爪哇海"号钻井船,因为未采取躲避台风措施,遭到了"8316"号强台风的袭击,导致钻井船沉没,造成船上全部 81 人遇难,损失 3 亿 5 千万美元。

2002 年 11 月 13 日,"威望号"游轮由于遭遇强风暴袭击,与不明物体发生碰撞,失去控制造成船舶搁浅,船舶被划开一个 35 m 长的大口子,造成船舶沉没,1.7 万吨燃料油泄漏,污染最严重的海域泄漏的燃油有 38.1 cm 厚。事故导致西班牙附近海域的生态环境遭到了严重污染,这次泄漏事件堪称世界上有史以来最严重的灾难之一。

2005 年 7 月 27 日下午,在孟买附近的海上石油钻井平台上,由于大浪推挤停泊在钻井平台旁边的供给船,使其与钻井平台相撞引起了大火,造成8人死亡,20人下落不明。

2006年为我国海洋灾害的重灾年,据《2006年中国海洋灾害公报》统计,风暴潮、海浪、海冰、赤潮和海啸等灾害性海洋过程共发生179次,造成直接经济损失218.45亿元,死亡(含失踪)492人。受"珍珠"(0601)风暴潮与台风浪的共同影响,广东省海洋灾害的直接经济损失达12.3亿元。沿海最大增水出现在广东海门,达181 cm,超过当地警戒潮位8 cm;另外还有5个验潮站最大增水超过100 cm。广东省受灾人口778.12万人,紧急转移32.7万人。农田受淹21.19万公顷,水产养殖损失94.49千公顷,堤防损毁1 675处、144.89 km长,沉没损毁渔船1 518艘。

在我国北方海区,海冰也会对石油开发构成严重威胁。因缺乏渤海海冰资料,对海冰的破坏性估计不足,曾导致1969年和1982年两次流冰推倒平台的事故,损失严重(陈上及等,1991)。据1971年冬于我国渤海湾的新"海二并"平台上的观测结果计算可知,一块6 km见方、高度为1.5 m的大冰块,在流速不太大的情况下,其推力可达4 000吨,足以推倒石油平台等海上工程建筑物。

1989年3月24日,"埃克森·瓦尔迪兹"油轮为避开冰块而航行到了正常的航道外面,使得船舶搁浅,导致3万多吨货油溢出,造成了巨大的生态破坏,损失近80亿美元。

(2)经济实用方面

钻井船和平台设计标高的确定,靠船垫安装位置的选定,都须根据准确的设计波高、校核最高、最低水位等参数,才能安全可靠,经济实用。不然,若每个平台高度多设计1 m,就要多使用钢材30多吨(陈上及等,1991)。若每个平台多设计两层靠船垫,就增加成本数十万元。

因此,如何经济又安全地设计风、流、浪、水位的多年一遇极值,保证生命财产安全,是海洋人的责任所在。

1.1.2.2　海洋资料在发展海洋渔业中的应用

在发展海洋渔业中,对渔汛和鱼类活动规律影响最大的因素是水温和大风。海水的温度、盐度可用作寻找中心渔场的指标。

例如,黄海的青鱼,适温范围终年不超过10℃,夏、秋季常栖息于黄海冷水团的边缘。东海的鲐鲹鱼,适温范围在20℃以上,因此可参照20℃等温线寻找中心渔场,春汛鱼群常分布在沿岸水(或涌升冷水)与台湾暖流的交汇带。东海的大眼鲷,最适于16~18℃,盐度34.5‰左右。越冬渔场,冬、春季水温高的年份,渔汛提前;反之,则渔汛推后。

水温的垂直结构与鱼类活动及捕捞作业条件的关系尤为密切。鲐鱼等中上层鱼类多群集在温跃层以上的近表层,跃层深度越浅,鱼类越集中于近表层,利于围网作业,易获丰产。但深层鱼类不能越过跃层向上游,故在跃层区,不宜对深层鱼类进行灯诱围网作业。

除此之外,大风会引起水温剧降,影响鱼卵孵化和幼鱼成活发育。例如,5月是渤海对虾的生殖期,若春季多偏北大风,则当年秋虾和翌年春虾的产量必下降。闽南渔场,春季若多东北大风,则春汛推迟,渔场南移;若少东北大风,则春汛提前,渔场北移,汛期减短。

海流资料对捕捞作业,也是必不可少的。例如,海南岛东部近海的圆鲹鲱渔场,因海流复杂,变化无常,捕捞时很难张网。1977年,根据逐时潮流表指导操网后,每网捕获量达十吨以上,超过历史最高产量的60%,效益显著。

东太平洋赤道区的厄尔尼诺现象,对水产资源的危害非常严重。例如,1982～1983 年的一次厄尔尼诺事件,使鱼类和海洋哺乳动物大量死亡,仅拉丁美洲地区就造成了 35 亿美元的经济损失。除此之外,厄尔尼诺还引起东南亚、中国、北美等地气候异常(陈上及等,1991)。

1.1.2.3　海洋资料在海岸和海洋工程建设中的应用

在海岸和海洋工程建设中,各建筑物的高程、选址和造型都须以海洋各要素的参数为依据。潮汐资料,尤其是验潮零点的准确与否,直接影响全国统一高程系统的精度,涉及各项设计工程的安全。

在海港建设中,港址的选定、岸滩防淤、防冲设施的设计,均需根据海岸河口的勘测资料,掌握水动力特征和岸滩演变趋势。港口口门方向,需根据最多风向、波向和流向才能选定。防波堤结构的型式和强度需以波高频率、多年一遇的最大波高、最大风速、最大流速、最高最低水位和泥沙运动规律作为依据。码头的高度需由校核高低水位确定。这些参数均需根据多年长时间序列资料,经过概率统计分析才能取得(陈上及等,1991)。

1.1.2.4　海洋资料在航海中的应用

海洋是海员之家,据不完全统计,全世界每天都有几万艘运输船、百万艘渔船航行在海面上,面临着狂风骇浪的袭击。

例如,2004 年 7 月 27 日,"粤南澳 33090"号渔船,前往渔场从事鱿鱼钓作业,遭遇 11 号强热带风暴"玛瑙"突袭,船体在两个巨浪的连续冲击下瞬间翻沉,船员未能及时发出求救信号,也来不及使用救生设备或穿上救生衣,导致 22 人遇难,直接造成了 200 多万元的经济损失。

再例如,大西洋百慕大、迈阿密和圣胡安之间湾流域的三角地带,是举世闻名的多海难事故的神秘海域。追其原因,众说纷纭。这都需要对海洋环境进行充分了解。航行于危险海区,详细了解水文气象状况固然必要,即使航行于一般海区,要选择最佳航线,风、浪、流等水文气象资料也必不可少。

风速每增加一倍,船体承受的风压就增加 4 倍,24 小时航程偏差可达 10 海里。欧美航线,去欧洲时沿湾流方向航行,返美时避开湾流航行,可大大缩短航时。恶劣的海况能够造成航行危险,应当适当避开。航行于水下的潜艇,也需根据海水温、盐、密度的垂直结构,寻找声道和声影区,以进行水下侦查、掩蔽和导航。

1.2　海洋水文资料的基本特点

在海洋要素中,时、空变化最显著的是海洋水文要素,对其他要素的影响也起着主要作用。本书以海洋水文要素为主要对象,适当涉及一些其他海洋要素。因此,本节仅以海洋水文资料为例,说明其基本特点。

海洋水文要素就是表征和反映海水状态与海洋现象的基本物理要素。主要有海水的温度、盐度、密度、水色、透明度、海发光、海冰、海流、海浪以及海洋潮汐等。

1.2.1　海洋资料必须具备的属性

海洋是一个环球水圈,存在着海洋与大气之间复杂的相互作用,既有大尺度和中小尺度空间变化,也交织着长序列和短周期的时间变化;既反映剧烈的天气过程,也反映各种尺度和时段的气候特征。为了能准确地揭示海洋在时间和空间上的分布特征和变化规律,海洋资料必须具有如下属性(陈上及等,1991)。

1.2.1.1　精确性

要求观测记录准确可靠,应尽量避免仪器和人为的系统误差、观测过程中的随机误差和观测人员的过失误差,使其综合误差不超过各要素所规定的精度。

1.2.1.2　代表性

观测记录应能确切、客观地反映现场海洋要素的实际状况,要绝对避免其他环境条件、不可靠的调查方法等因素所导致的记录虚假现象。

1.2.1.3　连续性

各海洋要素的变化,不论从时间序列上或在空间分布上,都应该是连续的,其变化趋势应呈平滑曲线。若出现突然剧升或急降的异常极值或不连续现象,都须查明原因,判别真伪。

1.2.1.4　同步性或同时性

要了解海洋要素的分布特征,必须在同一时期或时刻,将不同区域的海洋水文要素进行比较分析,才能符合实际状况,反映客观规律。在空间水平梯度不大,而时间变化显著的海区更是如此。对于气候性海洋资料来说,要求相互比较的资料,不仅应在同一时期和年代,而且应有相同的资料记录长度。

这些要求对陆上气象资料是较易满足的,但在浩瀚的海洋里,却是很难满足的。因为依靠有限的调查船或浮标获取的海洋资料,耗资大、速度慢,不仅资料的连续性和同步性很差,而且资料的增长率也很慢。但随着国家科研投入的增多,海洋资料的数量和质量都急剧增加。

依靠海洋、气象等卫星,可使用遥感技术,全天候观测全球范围海面的水文气象要素,取得长时间序列的同步资料,这对大、中尺度海洋学问题的研究是非常有价值的。但是,卫星只限于对海面状况的观测,对水下海洋要素的观测仍依赖于传统调查方法(陈上及等,1991)。

1.2.2　海洋(尤其浅海)水文要素随时间变化的显著性

为说明中国近海水文要素随时间变化的显著程度,郝崇本等(1959)在黄海烟威鲐鱼渔场调查中曾作过这样的试验:两条调查船在同一时期、同一海区沿同一航线分别按相反测站顺序进行大面观测。结果发现,两船所得的温、盐平面分布,除底层外,都有很大的差别,尤其是表层水温的分布趋势截然不同,俨如两个不同海区的水温分布图。

可见,海洋,尤其是浅海,水文要素随时间变化相当显著,远大于空间变化,而且很复杂。主要包含着年代际变化、年际变化、年变化、逐日变化、周日变化、半日变化和不规则的随机变化等。由于这些波动均非单独存在,而是相互叠加存在,这就加剧了近海水文要素时间变化的复杂性和显著程度(陈上及等,1991)。

1.2.2.1 年变化

年变化也称为季节变化。水温的年变化主要取决于太阳辐射、海-气热量交换及海流和水团运动等因素(陈上及等,1991)。

以渤、黄、东、南海的代表站为例,不同海域的水温年较差不同,以渤海为最大,表层可达23℃,黄海次之,南海最小(见图1.1)。

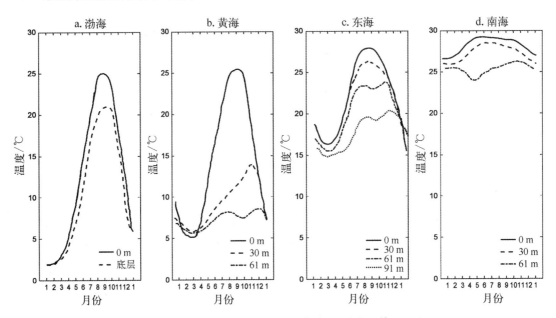

图1.1 中国海各海区表层水温的年变化(孙湘平等,1981)

年变化的类型,随海区和水层变化,大致可分为两类,一类为单峰型,另一类为双峰型。渤、黄、东海的表层和近表层水温的年变化均为单峰型(图1.1a,b,c中的实线和虚线)。年变化曲线近似于正弦曲线,较有规律,一般于8~9月份达最高,2~3月份达最低,这显然是由太阳辐射和海-气热量交换的年变化所致。但在东海黑潮和大陆沿岸水边界区的海域,可能出现春季低于冬季的现象(Sugimoto et al.,1988;鞠霞等,2013),这是受黑潮左右摆动影响的结果。黄、东海近底层及南海南部某些海域水温的年变化属于双峰型(图1.1b,c,d中的点划线和点线)。黄、东海近底层的双峰型(图1.1b,c中的点划线和点线)可能与黄海冷水团的移动或南下有关,干扰了正常的季节变化规律。南海的双峰型(图1.1d)是由于太阳赤纬每年两次经过南海的地理纬度,太阳辐射量每年出现两次高峰引起的。

表层盐度也有年周期变化,但变化趋势与水温相反。最高盐度出现在冬季,最低盐度出现在夏季。盐度年较差以河口近岸,尤其是长江口为最大,可达26‰以上;外海区一般较小,在1‰~3‰之间(陈上及等,1991;徐芬等,2019)。

1.2.2.2 日变化

周日变化仅次于年变化,但大于逐日变化。历史资料统计表明,中国海的水温日变幅最大值曾达13℃。黄海北部和渤海的平均日变幅最大,10 m层达1.76℃,表层达1.7℃。东海北部次之,南海最小,小于 0.20℃。水温日变幅也会随季节发生变化,表层的日变幅在 4~6 月的春季达到最大值,7~9 月的夏季次之,10~12 月的秋季最小。中层,日变幅以夏季最大,春季次之,秋季最小。可见,水温的最大日变差出现在增温季节或温跃层鼎盛季节,最小值出现在表层水文的降温季节(陈上及等,1991;翁学传等,1993)。

由此可见,太阳辐射和海-气热量交换是影响表层水温日变化的主要原因;跃层及其伴生的内波是导致中层水温显著日变化的根本原因(Helfrich et al.,2006);潮流效应,尤其在水温水平梯度大的海区,是产生水温日变化的重要因素。实际上,这些因素是相互交错存在的,使水温日变化非常复杂。

1.2.2.3　数天至数周的低频振动

根据东海、黑潮及大陆沿岸水边界附近的锚定浮标资料的分析结果(INABA et al.,1981;陈上及等,1987),表明,这里的水温和海流存在着数天乃至数周的低频振动,其原因尚不明确。位于阿拉斯加湾近岸的 GAKOA 浮标(60°N, 149°W)的温盐图中也发现了类似低频振荡(见图 1.2)。

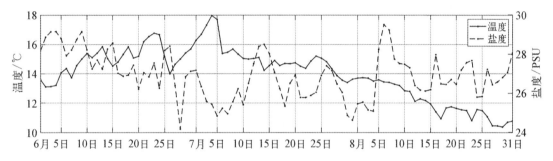

图 1.2　GAKOA 浮标温盐低频振动

除了短周期外,海洋水文要素也有年际变化及年代际变化等长周期变化。

1.2.2.4　年际变化

年际变化是指海洋水文及气象要素的年与年之间的变化。例如,降水上的准两年震荡,表现出来就是这两年降水少,接下来的两年降水多(黄荣辉等,2006)(见图 1.3)。在大尺度厄尔尼诺南方涛动(简称 ENSO)背景下,很多水文资料都有独特的年际变化规律。如黄卓等(2009)报道称,厄尔尼诺发生年的冬季和次年夏季,南海都出现了增暖过程。ENSO 现象一般有 3~5 年的周期。

1.2.2.5　年代际变化

年代际变化指 10 年左右时间尺度的海洋水文或气象要素的变化。杨冬红等(2011)发现,当月球在南(北)纬 28.6°,即月球赤纬角最大值时,高潮区在 12 h 后从南(北)纬 28.6°向北(南)纬 28.6°震荡 1 次,大气和海洋的南北震荡将产生巨大的能量交换并搅动深海冷水上翻到海洋表面,降低海温乃至气温。该潮汐南北震荡的周期为 18.6 年。太阳在南北回归线时也会产生潮汐南北震荡运动。此外,还发现月球赤纬角最小值和厄尔尼诺事件叠加会导致全球气温上升,月球赤纬角最大值和拉尼娜事件叠加导致全球气温下降,干扰了 18.6 年的周期。

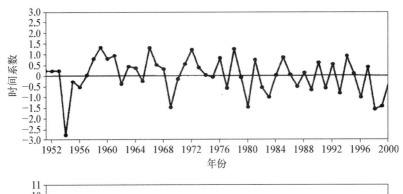

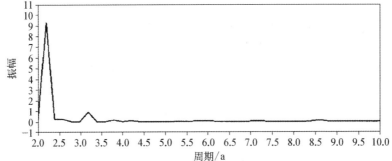

图 1.3　1951～2000 年中国夏季降水 2 年周期(黄荣辉等,2006)

1.2.2.6　随机性的天气变化

海洋水文要素除了上述几种周期性变化以外,还受随机性的天气过程影响。台风、寒潮或其他突变天气以及洪暴入海等,都可引起海水温、盐度的显著变化(陈上及等,1991;Yue et al.,2018)。使水文要素大风前的分布趋势,在大风后完全改观。这种浅海水文状况的不稳定性,在资料分析时,也应引起注意。

在 5.3 节中,将描述提取时间序列振荡周期的统计方法。常用的主要有以傅里叶变换概念为基础的功率谱(5.3.1 节)和交叉谱,以及基于经验正交函数的奇异谱分析(5.3.3 节)和基于时频结构分析的小波分析(5.3.4 节)等方法。

1.2.3　海洋水文要素随空间变化的显著性

海洋水文要素除了随时间变化以外,随空间的变化也很显著。世界大洋的温度、盐度和密度的时空分布和变化,是海洋学研究最基本的内容,几乎与海洋中所有的现象都有密切的联系(冯士筰等,1999)。

从宏观上看,世界大洋中温度、盐度、密度场的基本特征是,在表层大致沿纬向呈带状分布,即东-西方向量值的差异相对很小;而在径向,即南-北方向上的变化却十分显著。在铅直方向上,基本呈层化状态,且随深度的增加其水平差异逐渐缩小,至深层其温、盐、密的分布均匀。它们在铅直方向上的变化相对水平方向上要大得多,因为大洋的水平尺度比其深度要大几百倍至几千倍(冯士筰等,1999)。

海洋水文要素分布的研究通常借助于平面图、剖面图,用绘制等值线的方法,以及绘制铅直分布曲线等,将其三维结构分解成二维或者一维的结构,通过分析加以综合,从而形成对整个要素场的认识。下文以温度为例进行分析。

1.2.3.1　随纬度变化

全球水温的等值线随纬度呈条带状分布,数值大小从赤道向两极方向递减(见图 1.4),这主要由于太阳辐射在高低纬度的不同导致。

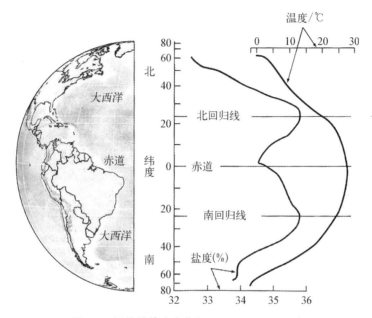

图 1.4　温盐随纬度变化(Trujillo et al., 2014)

1.2.3.2　随经度变化

赤道海区,水温随经度变化,体现为大洋东西两岸海温不对称(见图 1.5),这种分布特点是由大洋环流造成的。

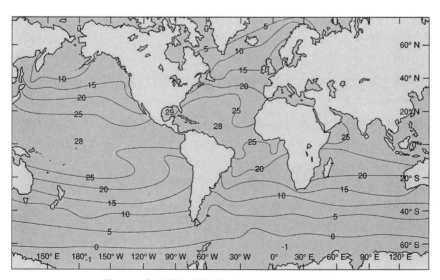

图 1.5　水温随经度变化(Sverdrup et al., 2009)

单位:℃

1.2.3.3 随深度变化

太阳辐射入海的光能被表层海水吸收,因此表层海水温度高于海洋内部。图 1.6 是大西洋准径向断面水温分布。可以看出,水温大体上随深度的增加呈不均匀递减。低纬海域的暖水只限于薄薄的近表层内,其下便是温度铅直梯度较大的水层,在不太厚的深度内,水温迅速递减,是大洋的主温跃层。大洋的主温跃层以下水温随深度的增加迅速减小,但梯度很小(冯士筰等,1999)。

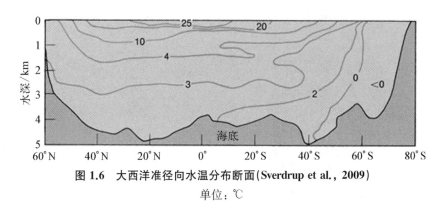

图 1.6 大西洋准径向水温分布断面(Sverdrup et al.,2009)

单位:℃

1.3 海洋资料的分类

海洋资料的分类方法有多种,主要有按调查方式分类、按数据获取方法分类、按数理概念分类三种。

1.3.1 按调查方式分类

若按调查方式分类,可分为描述空间分布特征的海洋资料和描述时间序列变化的海洋资料两大类。

1.3.1.1 描述空间分布特征的海洋资料

描述空间分布特征的海洋资料应能表示某一给定海区海洋要素的同时观测值,反映同一天气时间的空间分布特征。

但是,在浩瀚的海洋中,不容易采用多船同步观测。实际上,只有一条船,或有限的几条船,在一定时间内,沿预定的断面和测站,巡回进行一次观测,这样获得的资料,就是断面调查资料和大面调查资料(陈上及等,1991)。

(1)海洋断面调查

海洋断面调查是在调查海区中设置由若干具有代表性的观测站点组成的断面线,沿此线由表层向底层进行垂向观测。例如,横切东海中部黑潮主轴的标准断面——PN 断面,已成为东海及黑潮研究最重要的断面之一。

海洋断面分布图是反映某要素沿某垂直断面分布状况的实测图。断面分布图的横坐标可以是经纬度、距离,也可以是站点名称,纵坐标为水深,可绘制温度、盐度或其他水文要素的等值线或假彩色。图 1.7 是以纬度和站点名称为横坐标的例子,图 1.8 是以经度和站点名称为横坐标的例子。

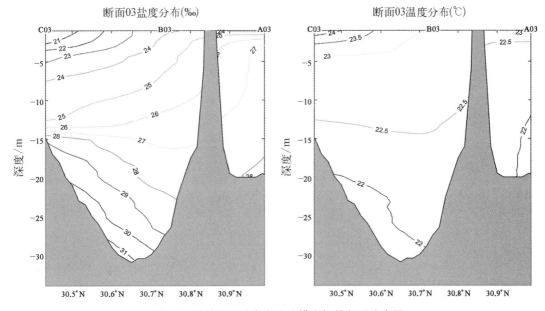

图 1.7 以纬度和站点名称为横坐标的断面分布图

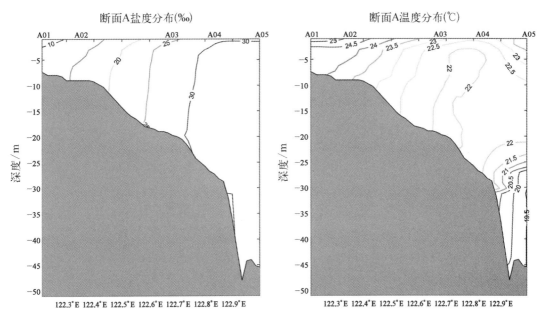

图 1.8 以经度和站点名称为横坐标的断面分布图

（2）海洋大面调查

海洋大面调查,一般由数条断面组成(见图 1.9)。大面分布图也称空间分布图,横坐标为经度,纵坐标为纬度。相应的温度、盐度等海洋要素以等值线或假彩色的形式呈现(见图 1.10)。

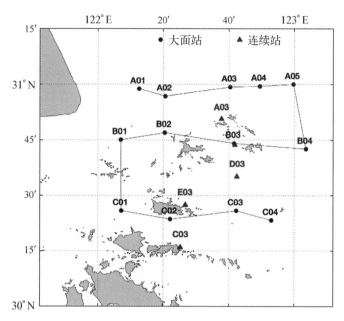

图 1.9　海洋大面调查图

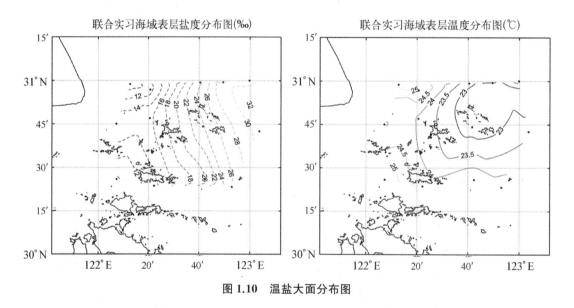

图 1.10　温盐大面分布图

　　断面资料和大面资料都非同时观测值。但是,由于海洋水文要素的变化没有气象那样快,若在同月的较短时间内,由单船或多船调查完成,这样测得的资料一般可视为准同步值(陈上及等,1991)。但是因为海洋水文资料的日变化显著,因此在分析海区水文资料的空间分布时,需要考虑日变化对断面和大面资料的影响。处理方法本书就不做介绍,读者可参照Defant(1950)的方法进行处理。

　　(3)辅助观测

　　为了描述海区海洋水文要素的空间分布特征,现有的断面和大面资料不足以满足需要。

我国还组织了渔船、货船和军舰进行海洋水文的辅助观测,即各船每天定时就地进行一次表层水温、水色、透明度和气温、风的观测(陈上及等,1991)。此外,机载抛弃式测温仪器 XBT 的观测也是反映要素空间分布特征的重要资料。

（4）卫星观测

卫星观测主要是对大范围海区的表层水温、叶绿素、风、浪、流、海冰、油污等要素进行监测。卫星监测资料和卫星图片都是反映海洋要素空间分布特征的极好资料,其同步性远比断面资料、大面资料和辅助观测资料要好得多(陈上及等,1991),但其时空分辨率相对较低。

1.3.1.2　描述时间序列变化的资料

描述时间序列变化的资料,应能表示某一给定海区海洋要素的长时间连续观测值,反映某一海区随时间的分布特征。包括周日连续、多日连续观测资料,浮标、平台长期连续观测资料,沿岸、岛屿海洋站的长期定时观测资料等。这些资料可用作研究潮汐潮流、水温、盐度及其他水文、化学、生物要素的时间序列变化。浮标和平台资料,连续时间长,取样密度高,可供谱分析,以及研究流、浪、温、盐等要素数日至数月的各种低频波动和各种小尺度的脉动规律。岸滨、岛屿海洋站的观测资料,都保持了数年至数十年的长期连续性,对历史资料的频率统计、某一特征值保证率的计算、工程设计参数多年一遇极值的估计都十分有用(陈上及等,1991)。

1.3.2　按数据获取方法分类

若按数据获取方法分类,数据可分为实测数据、遥感数据和模式数据三类。数据是一切科学研究的基础,任何海洋数据的获取都付出了昂贵的代价,所以,合理有效地从稀少宝贵的海洋观测(现场观测和遥感)数据中提取有科学研究价值的信息十分重要(徐德伦等,2011)。

1.3.2.1　实测数据

实测数据主要有船只走航观测数据,浮标、潜标和平台观测数据及沿岸、岛屿海洋站观测数据等。

（1）浮标

浮标有锚定类浮标和漂浮类浮标两类,其特点是可以在恶劣海况下全天候、全天时工作。全天候指适用于各种天气,全天时指适用于各时间段。

1）锚定类浮标

锚定类浮标包括水文气象资料浮标、海水水质监测浮标和波浪浮标等。可采集气温、气压、湿度、风速、风向等海面气象要素,海表温度、盐度、营养盐、叶绿素、CO_2 分压、表层海流、海浪等海面状态要素和温度、盐度、海流等垂向海洋要素。从 NDBC、OCADS 和 KEMS 等网站可免费获取相应数据。

① NDBC

NDBC 是美国国家海洋和大气管理局(National Oceanic and Atmospheric Administration, NOAA)国家浮标数据中心(National Data Buoy Center)的简称,可提供气温、海平面气压、降水量、云、风速、风向、海表温度、盐度、波高、海流、潮汐、碳循环、海水中二氧化碳含量等海洋水文和气象浮标数据。

② OCADS

海洋碳和酸化数据系统（Ocean Carbon and Acidification Data System，OCADS），可提供 CO_2 浮标数据。

③ KEMS

黑潮延伸体系泊系统（Kuroshio Extension Mooring System，KEMS），可提供风、温度、盐度、湿度、大气压、降雨量、长波/短波辐射、波高、CO_2 分压等实时水文和气象数据。

2）漂浮类浮标

漂浮类浮标包括表面漂流浮标、中性浮标和各种小型漂流器等，主要测量要素为海流。具有体积小、造价低、使用方便、适用范围广及可在船上或飞机上投放的特点。

（2）潜标

潜标分为固定潜标和活动潜标两类。

1）固定潜标

固定潜标布设于海面以下某深度，连续观测海洋内部海流、水温、盐度、水下噪声、内波等。能在海面以下几十米至几千米的剖面上对海洋环境进行长期连续的观测，具有全天候工作能力，不受恶劣海况和人类海面活动的干扰。

2）活动潜标（Argo）

Argo 潜标在海洋中自动潜入 2 000 m 或设定深度的等密度层，随深层流保持中性漂浮。到达预定时间（约 10 天）后自动上浮，用自身携带的各种传感器进行连续剖面测量。到达海面后，通过卫星将测量数据传送到地面接收站。数据传输约需 6～12 h，之后浮标会再次自动下沉到预定深度，重新开始下一个循环过程。Argo 潜标可通过飞机、商船、机会船和调查船等进行投放。

Argo 可采集温度、盐度、流速、叶绿素、溶解度等要素，可用于研究海洋热含量、海平面上升和海洋的生物化学等内容。

（3）常用实测数据下载中心

1）日本海洋数据中心

日本海洋数据中心（Japan Oceanographic Data Center，JODC）负责收集和管理日本政府、大学和海洋研究所等组织观测到的海洋数据，包括海流、潮汐和浮标等。

2）日本海洋地球科学技术机构

日本海洋地球科学技术机构（Japan Agency for Marine-Earth Science and Technology，JAMSTEC）包含 Argo、Triton 和 IOMICS 浮标，ADCP 锚定浮标，Ocean SITES、K2/S1 观测站，Pareo 数据站，冲之鸟礁气象和海况观测站，津轻海峡东海雷达数据站（MORSETS）等浮标和观测站点。可提供气温、气压、湿度、风向、风速、台风、太阳辐射量、水温、海流、潮汐、叶绿素等要素。

1.3.2.2 遥感数据

遥感数据主要是在遥远的距离通过放置在某一平台上的传感器以电磁波探测的方式对大气或者海洋进行测量，获取的大气或者海洋的有关信息。

（1）电磁波段

遥感技术所使用的电磁波段主要有紫外、可见光、红外和微波等波段。紫外摄影能监测气体污染和海面油膜污染,但受大气散射影响严重,在实际应用中很少采用。可见光波段是进行自然资源与环境调查的主要波段,地面反射的可见光信息可采用胶片和光电探测器进行收集和记录。摄影红外传感器对探测植被和水体有特殊效果。热红外辐射计可以夜间成像,除用于军事侦察外,还可用于调查海表温度、浅层地下水、城市热岛、水污染、森林探火和区分岩石类型等,有广泛的应用价值。微波的特点是能穿透云雾,可以全天候工作,主要用于探测海洋粗糙表面和风。可见光和红外遥感满足了人们对较高空间分辨率监测的需求,微波遥感满足了人们对全天候监测的愿望。

(2) 卫星

根据用途,卫星可分为气象卫星、海洋水色卫星、海洋动力卫星、陆地卫星和多用途卫星等,不同的卫星根据其任务要求选择合适的探测波段。

气象卫星主要采用可见光和红外波段来探测云量、表面温度、对流层大气温度和水汽垂直分布、二氧化碳及臭氧总含量等。采用被动微波辐射计测量大气、海洋和陆地微波亮温,获取天气图、全球尺度的海洋和陆地参数。

海洋水色卫星也主要采用可见光和红外波段,可观测海水光学特征、叶绿素浓度、悬浮泥沙含量、可溶有机物、污染物、海表温度、海洋冰情、浅海地形、海流特征及海面上空对流层气溶胶等要素。用于海洋水色监测的辐射计具有带宽窄、波段数量多的特点。水色遥感在观测全球碳循环、初级生产力以及海洋与海岸带环境变化等方面有着不可替代的重要作用。

海洋动力卫星主要携带微波传感器,其特点是扫描范围大,便于探测海面风、有效波高、海平面高度和海底地形等大面积海洋环境要素。

陆地卫星主要携带可见光和红外波段传感器,用于观测陆地(包括海岸带)资源。特点是扫描范围较小,但分辨率特别高,便于精确观测小面积土地资源及其变化。

多用途卫星主要携带合成孔径雷达,既可以用于探测海洋环境要素,例如油污染和生物膜等生化要素,海洋内波、海面巨浪和海浪谱等动力要素;也可以用于探测陆地环境要素,例如水火灾害等;还可以用于探测陆地资源要素,例如地下水和矿产资源等。因此,携带合成孔径雷达的卫星是多用途卫星。

我国经过多年的建设,在海洋卫星方面取得了显著进展,目前已初步形成了海洋水色、海洋动力环境、海洋监视监测 3 个系列的海洋卫星。海洋水色卫星方面,在 2002、2007 年分别发射了 HY-1A 及 HY-1B 卫星,2018、2020 年分别发射了 HY-1C 及 HY-1D 卫星。其中 HY-1C 和 HY-1D 是上下午星,可进行水色双星组网,主要提供海洋叶绿素浓度、海面温度、陆地植被指数和悬浮泥沙等数据,用于海上溢油监测、绿潮/赤潮监测、海洋渔业资源监测、极地环境监测、内陆水体监测、海洋内波监测等全球海洋生态环境与资源监测。

海洋动力环境卫星方面,2011 年发射了 HY-2A 卫星,2018 年发射了 HY-2B 卫星和中法海洋卫星,2019 年发射了海洋盐度探测卫星,2020 和 2021 年分别发射了 HY-2C 和 HY-2D 卫星。其中 HY-2B 是极轨卫星,HY-2C 和 HY-2D 是倾斜轨道,三颗卫星一起形成了动力三星组网。主要提供风场、海面高度、有效波高和海浪谱等数据,用于台风监测、灾害性海浪和海面风场联合监测等全球海洋动力环境监测。

海洋监视卫星方面,2016 年发射了兼顾海陆的 GF-3 卫星,2017 年和 2018 年分别发射了 HY-3A 和 HY-3B 卫星,2021 年发射了 1mC-SAR/01 卫星。其中 HY-3A 和 HY-

3B形成了应急双星组网,用于全球全天候应急监测。

未来,还会有新一代海洋水色卫星、新一代海洋动力环境卫星、高轨海洋与海岸带环境监测星及高轨海洋监视微波星的发射计划。海洋遥感必将在新时代智慧海洋建设中发挥重要作用。

（3）常用遥感数据下载中心

1）中国海洋卫星数据服务系统

中国海洋卫星数据服务系统可提供海洋水色卫星、海洋动力环境卫星和高分卫星产品。其中海洋水色卫星主要是HY-1A、HY-1B和HY-1C等环境系列卫星,主要观测海水光学特性、叶绿素浓度、悬浮泥沙含量、可溶有机物和海面温度等要素。海洋动力环境卫星包括CFOSAT、HY-2A和HY-2B卫星,主要观测海面风场、海面高度、有效波高、重力场、大洋环流和海面温度等要素。高分产品主要是高分三号卫星图片。此外,网站还提供台风、海冰、大气水汽含量和云液水含量等产品。

2）国家卫星气象中心

国家卫星气象中心主要负责发布风云系列、NOAA系列、AQUA、TERRA等极轨卫星产品,TANSAT等碳卫星产品,风云系列、MTSAT系列、Meteosat-5、GOES-9等静止卫星产品。

其中极轨卫星产品包括干湿大气廓线产品、气溶胶、云、通道分辨率匹配、沙尘监测、雾监测、火点判识、陆表反射比、陆表温度、降水、植被指数、海洋水色、辐射、干旱监测、环境监测数据集、海表温度、冰雪产品、表面电位、海面风速、臭氧总量和土壤水分等。碳卫星产品包括温室气体、云和气溶胶产品。静止卫星产品包括快速大气订正、大气运动矢量、大气廓线、云、对流层、辐射、沙尘检测、热源点检测、雾监测、闪电、水汽含量、陆表温度、降水、积雪覆盖和海表温度等。

3）中国陆地观测卫星数据服务平台

中国陆地观测卫星数据服务平台由中国资源卫星应用中心发布。截至2020年2月,中国共计发射25颗民用陆地观测卫星,其中21颗卫星在轨运行。包含资源系列、环境减灾系列、测绘系列、高分系列、实践系列、电磁卫星及空间基础设施规划卫星等,涵盖从光学到雷达等卫星传感器,空间分辨率从低分辨率到中、高分辨率,具备全天候、全天时成像的观测能力。中国陆地观测系列卫星数据被广泛应用于国土资源、城市规划、环境监测、防灾减灾、农业、林业、水利、气象、电子政务、统计、海洋、测绘、国家重大工程等领域,为社会建设做出了巨大贡献。

平台主要提供中巴地球资源卫星、高分系列卫星、环境系列卫星、资源系列卫星等国产卫星遥感影像数据,时间范围为各卫星运行时间。

4）Earth online

Earth online隶属于欧洲航天局（European Space Agency,ESA）,主要有地球探险者、遗产使命、第三方任务、地球观测和哥白尼哨兵五大任务。其中地球探险者任务又包含了风神（Aeolus）、Swarm、CryoSat、土壤水分和海洋盐度（SMOS）等任务;地球观测有PROBA-V;第三方任务有PROBA-1、SAOCOM、COSMO-SkyMed等;遗产使命包含了GOCE、Envisat、ERS等。涉及农业、大气、生物圈、气候、冰冻圈、地表、海洋、固体地球等方面。

5）美国地质调查局

美国地质调查局主要提供 Landsat 系列、MODIS 系列、Sentinel 系列、Radar 系列等全球卫星遥感数据，IKONOS 和 OrbView3 等商业卫星图像，UAS 数据、数字高程模型数据、航片和土地覆盖数据等。

6）NOAASIS

NOAA 卫星信息系统可提供 NOAA 地球静止卫星（GEONETCast）、极轨环境卫星（POES、S‐NPP 和 JPSS‐1）及搜索和救援卫星信息。

7）喷气推进实验室 JPL

喷气推进实验室（Jet Propulsion Laboratory，JPL）可以追溯到 20 世纪 30 年代，旨在寻找地球以外的生命、从太空研究地球和研究气候变化等。提供了 TOPEX/Poseidon、Jason‐1、OSTM/Jason‐2 和 Jason‐3 等卫星的连续数据，主要产品有：海冰、雨、湖/河流/内陆水域水位监测、海面高度异常、网格化海平面、全球潮汐模型、波高、海风、厄尔尼诺/拉尼娜现象、海洋生物运动轨迹、台风和海啸预测等。

8）卫星海洋学归档验证与解释 AVISO

自 1992 年以来，AVISO（Archiving Validation and Interpretation of Satellite Oceanographic）一直在全球分发测高数据。AVISO 可提供海面高度产品、增值产品、风和波浪数据、测高数据的辅助产品、高度计冰产品、指数、海洋数据挑战和现场观测产品等。其中海平面异常（SLA）等海面高度产品主要是全球和区域的高度计数据；增值产品主要是涡旋、海洋变化或冰冻圈研究等 L4+产品；风和波浪数据主要是有效波高（SWH）和风速等高度计数据；测高数据的辅助产品是卫星测高的副产品，如平均海面、平均动态地形、全球潮、内潮、沿海潮汐常数、大气校正等；高度计冰产品是使用卫星高度计计算得到的海冰产品，包括海冰厚度、海冰干舷、积雪深度、冰盖等多个参数；指数主要有海洋健康动态指标和气候指数，如厄尔尼诺指数、平均海平面和黑潮的高频涡动能（EKE）指数等。海洋数据挑战主要是对未来星座进行研究，例如 SWOT 任务，可提供 SWOT 数据挑战 NATL60 产品等。现场观测产品特指潮位计，可用于与高度计进行比较。

1.3.2.3　模式数据

模式数据有同化数据和预报数据两类。

（1）同化数据

同化数据就是经过数据同化的数据，也称为再分析数据。

数据同化是指在考虑数据时空分布以及观测场和背景场误差的基础上，在数值模型的动态运行过程中融合新的观测数据的方法。它是在过程模型的动态框架内，通过数据同化算法不断融合时空上离散分布的不同来源和不同分辨率的直接或间接观测信息来自动调整模型轨迹，以改善动态模型状态的估计精度，提高模型预测能力。常用的同化方法主要有卡尔曼滤波（宋文尧等，1991）和变分同化方法。常用 WRF 模式同化系统进行同化。

常用的同化数据产品有：PSL 再分析数据集、CMEMS、HYCOM、SODA、MODAS、GODAE、NASA/GMAO、JRA 等再分析产品。

1）PSL 再分析数据集

NOAA 物理科学实验室（Physical Science Laboratory，PSL）维护着一组用于气候诊断和归因的再分析数据集。再分析数据集是在整个再分析期间使用相同的气候模型同化气候观测值来创建的,以减少建模变化对气候统计数据的影响。观测数据主要来源于船舶、卫星、地面站、RAOBS 和雷达。

其中 NCEP/NCAR Reanalysis I 是第一代再分析产品,可提供 1948 年 1 月 1 日至今的每日 4 次、日均和月均的全球网格数据;NCEP/DOE Reanalysis II 是 NCEP Reanalysis I 模型的改进版本,它修复了错误并更新了物理过程的参数化,可提供 1979 年 1 月至今的每日 4 次、日均和月均的不同分辨率的全球网格产品;NARR 重点关注北美区域及北极研究,输出分辨率更高,增加了降水同化,可提供 1979 年 1 月至今的每日 4 次、日均和月均的不同分辨率的北美网格数据;20 世纪再分析(V3、V2C 和 V2)是 NOAA - CIRES - DOE Twentieth Century Reanalysis(20CR)项目使用最先进的数据同化系统和表面压力观测,生成的一个跨越 1836 年至 2015 年的四维全球大气数据集,将当前的大气环流模式置于历史视角。

主要产品有:气温、潜温、降水、压强、三维风速、相对湿度、海平面压强、冰密度、潜在蒸发率、径流、表面粗糙度、2 m 处的比湿、土壤湿度、不同深度处的水温、积雪深度、辐射通量、热通量、潜热通量、动量通量、云量、涡度和势函数等。

2) CMEMS 再分析数据

哥白尼海洋环境监测服务(Copernicus Marine Environment Monitoring Service, CMEMS)。主要提供全球的海洋动力再分析/模式数据:温度、盐度、海面高度、流速、混合层厚度、海冰、风、浮游生物、溶解氧、营养盐、二氧化碳、初级生产力、反射率、有效波高、浊度和透明度等。

3) HYCOM 再分析数据

HYCOM 是混合坐标海洋模型(Hybrid Coordinate Ocean Model)的简称,混合坐标在分层的开阔大洋中是等密度的,但在浅海地区平滑地恢复为地形跟踪坐标,在混合层和/或非分层海洋中恢复为 z 坐标。混合坐标将迈阿密等密度坐标海洋模式(MICOM)和海军分层海洋模式(NLOM)等传统等密度坐标环流模式的适用地理范围扩展到沿岸浅海和世界海洋的未分层部分。Bleck 和 Boudra(1981)提出了实施这种坐标的理论基础。

GOFS 3.1 是 41 层 HYCOM+NCODA 全球 1/12°再分析资料,其中 NCODA 是美国海军耦合海洋数据同化(Navy Coupled Ocean Data Assimilation)的简称,NCODA 使用 24 h 模式预报作为 3D 变分方案中的第一个猜测,并吸收可用的卫星高度计观测、卫星和现场海面温度以及来自 XBT、Argo 浮标和系泊浮标资料进行同化。使用改进的合成海洋剖面(Helber et al.,2013)将表层信息向下投射到整个水柱中。

主要产品有:水流速、水温、盐度、位温、水通量、海冰密集度、海冰厚度、海冰速度和海平面高度等。

4) SODA 再分析数据

SODA 是简单海洋数据同化(Simple Ocean Data Assimilation)的简称,目标是重建 20 世纪初以来的海洋历史资料。SODA 使用基于社区标准代码的简单架构,其分辨率可与已有数据和运动尺度相匹配(Carton et al.,2019)。主要产品有:盐度、海表面高度、海表应力、温度和水流速等。

5) MODAS 同化产品

模块化海洋数据同化系统(Modular Ocean Data Assimilation system,MODAS)是美

国海军用来确定全球海洋三维温度和盐度场的主要工具。MODAS 对卫星遥感测得的海面温度和海面高度进行同化,产生一种动态气候态产品,使得预报结果更接近海洋的真实状况(Fox et al.,2002;吴振华等,2007)。主要产品是温度和盐度解析场(徐玉湄等,2009)。

6) GODAE 同化产品

全球海洋数据同化实验(Global Ocean Data Assimilation Experiment,GODAE)提供近实时全球海洋同化资料,定期、完整地描述海洋的温度、盐度和速度结构,以支持业务化运行;也提供季节到年际的气候预测分析及海洋学研究。

7) NASA/GMAO 再分析产品

全球建模和同化办公室(Global Modeling and Assimilation Office,GMAO)包括天气分析和预测、季节-年代际分析和预测、再分析、全球中尺度建模和观测系统科学五个主题。主要产品有:地表应力、气溶胶光学深度分析、气溶胶混合比、气象场、一氧化碳和臭氧混合比、表面通量和陆地冰面诊断等。

8) JRA 再分析数据

JRA 是日本再分析数据(the Japanese Reanalysis)的简称。其中,JRA-25 是由日本气象厅(JMA)和中央电力工业研究所(CRIEPI)联合开展的第一个日本再分析项目,涵盖 1979～2014 年的数据。JRA-55 是由日本气象厅(JMA)进行的第二个日本再分析项目,涵盖 1958 年以后的时期。DSJRA-55 是使用 JRA-55 作为初始条件和边界条件的区域降尺度数据。主要提供大气再分析产品。

(2) 预报数据

模式预报数据主要是各海洋、大气模式的预报产品。常用的预报产品有:ECMWF、CMIP6 和 NCEP 预报产品。

1) ECMWF 预报产品

ECMWF 是欧洲中期天气预报中心(European Centre for Medium-Range Weather Forecasts)的简称。ECMWF 综合预报系统(IFS)由大气模式、海浪模式(ECWAM)、海洋模式(NEMO)、地表模式(HTESSEL)及数据分析系统(4D-VAR)等几个模式耦合在一起组成。其中大气模式为了适应预报长度又分为高分辨率(HRES、中期、第 0～10 d)、集合(ENS、中期、第 0～15 d)、扩展范围(第 16～46 d)和季节预报几种不同分辨率;海浪模式以不同配置运行(HRES-WAM);海洋模式包括 LIM2 海冰模型;地表模式包括湖泊模型(FLake)。大气、海浪和海洋模式之间会有物质和能量的交换(Owens et al.,2018)。

主要产品有:风速、2 m 温度、平均海平面压力、平均跨零点波周期、平均波向、平均波周期、谱峰波周期、风浪和涌浪的有效波高、径流、总降水量、表面压力、土壤温度、总水蒸气含量、散度、位势高度、比湿、相对湿度、温度、涡度和热带气旋轨迹等。

同时,ECMWF 还会定期使用其预测模型和数据同化系统来"再分析"已存档的观测值,从而创建描述大气、陆地和海洋近期全球再分析数据集 ERA5。ERA5 提供了 1979 年以来每小时的大气、陆地表面和海浪数据。

2) CMIP6 预报产品

CMIP6 是耦合模式相互比较项目的第六阶段,由世界气候研究计划(World Climate Research Programme,WCRP)主持。主要产品有:温室气体含量、气溶胶、大气层、大气化学、风、降水、太阳辐射、土地利用、海洋生物/物理/化学参数和海冰等。

3）NCEP 预报产品

美国国家环境预测中心（National Centers for Environmental Prediction，NCEP）使用全球数据同化系统（Global Data Assimilation System，GDAS）将来自各种观测系统和仪器的数据插入三维网格，其网格化输出数据用于初始化 NCEP 全球预测系统（Global Forecast System，GFS）模型。GFS 系统耦合了四个独立的模式（大气模式、海洋模式、陆地/土壤模式和海冰），这些模式协同工作以准确描绘天气状况。主要产品有：温度、风、降水、土壤湿度和大气臭氧浓度等。

1.3.3　按数理概念分类

从数学方法上来说，海洋资料可分为确定性资料和非确定性资料两类。

1.3.3.1　确定性资料

确定性资料可用明确的数学关系式来描述。例如，潮位的涨落取决于日、月运动等天文变量，是时间 t 的函数，故可建立潮位 h_t 与时间 t 的关系式（陈上及等，1991）

$$h_t = h_0 + \sum h_i \cos(\omega_i t - \theta_i) \tag{1.1}$$

式中，h_0 为平均海面；h_i 为 i 分潮在预报时刻的振幅；ω_i 为 i 分潮在预报时刻的角速度，也称圆频率；θ_i 为 i 分潮在预报时刻的初相位。各分潮具有固定的周期和圆频率（见表 1.1），只要分潮 i 在预报时刻的振幅 h_i 和初相位 θ_i 已知，预报潮位 h_t 就是确定性的。分潮类型主要由太阳的全日半日分潮、月球的全日半日分潮及浅水分潮，共 11 个分潮组成，潮汐模型比较成熟。

表 1.1　11 个分潮

分潮符号 （即假想天体符号）	名　　　称	周期 （平太阳时）	相对振幅 （取 $M_2=100$）
半日分潮			
M_2	太阴主要半日分潮	12.421	100
S_2	太阳主要半日分潮	12	46.5
N_2	太阴椭圆主要半日分潮	12.658	19.1
K_2	太阴-太阳赤纬半日分潮	11.967	12.7
全日分潮			
K_1	太阴-太阳赤纬全日分潮	23.934	54.4
O_1	太阴主要全日分潮	25.819	41.5
P_1	太阳主要全日分潮	24.066	19.3
Q_1	太阴椭圆主要全日分潮	26.888	7.9
浅水分潮			
M_4	太阴浅水 1/4 日分潮	6.21	
M_6	太阳浅水 1/6 日分潮	6.14	
MS_4	太阴、太阳浅水 1/4 日分潮	6.103	

再例如,水温 $t = 0℃$ 时的海水密度 σ_0 仅为盐度 S 的函数

$$\sigma_0 = -9.344\,586\,3 \times 10^{-2} + 8.148\,765\,77 \times 10^{-1}S - 4.824\,961\,4$$
$$\times 10^{-4}S^2 + 6.767\,861\,4 \times 10^{-6}S^3 \tag{1.2}$$

根据式(1.2),由盐度 S 可以精度计算出 σ_0。

但是,在许多场合,由于极端天气等意外因素的影响,会将确定性数据变为非确定性数据。在这种情况下,要判断是确定性的还是非确定性的,就必须以实验数据为依据。若实验结果能多次出现相同的数据,则认为是确定性的;否则,就是非确定性的。

确定性资料有周期性与非周期性两类。

(1) 周期性资料

周期性资料又可分为简谐周期资料和复合周期资料。

1) 简谐周期资料

式(1.1)中某一分潮潮位随时间的变化,就是简谐周期波动。从图 1.11 中可以看出,每个分潮对应一个波动周期。

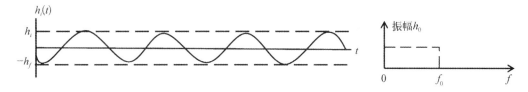

图 1.11　分潮潮位随时间变化图及谱图

其他资料,如水温的日变化、海平面的年变化等,也是近似于简谐周期的变化。

2) 复合周期资料

在实际海洋现象中,真正简谐周期的波动是很少存在的,一般由若干个频率互不成比例的简谐周期叠加而成。严格来说,这样叠加而成的函数不是简谐周期性的,而是复合周期性的。例如,实际潮位的涨落、潮流的变化和水温的时间序列变化等,均可用傅立叶级数表达式表示。

具体分析周期性资料,若把相位 θ 忽略掉,就可用离散线谱来表示(见图 1.12)。

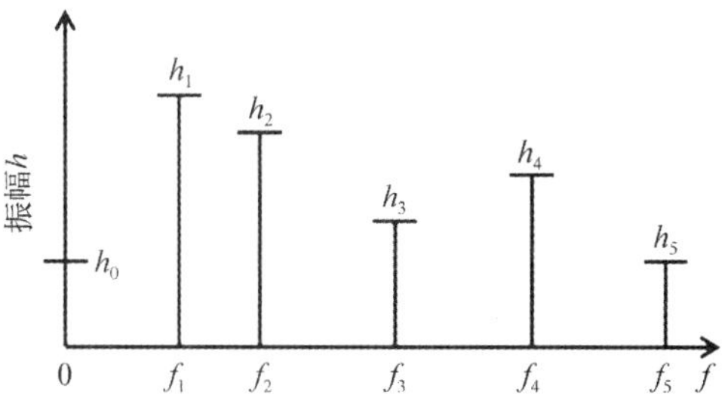

图 1.12　离散线谱

(2) 非周期性资料

除了简谐周期和复合周期的海洋资料外,均属非周期性资料。非周期性资料包括准周期资料和若干种瞬变非周期资料。不同于周期性资料,非周期性资料不能用离散线谱表征。

1.3.3.2　非确定性资料

(1) 随机现象

不能用精确的数学关系式描述的物理现象称为随机现象。对于随机现象,给定条件不能完全确定结果,每次的观测结果可能不同(缪铨生,2000)。海洋水文中的许多现象,比如某时某地有无海雾、水温的高低、波高的大小等,都受偶然因素的影响,均为随机现象。它必

须经过海洋观测,用所得各要素的读数表示,这些读数就是随机数据,也称为非确定性资料。

随机现象针对的主要是一次实验的结果,即某一次具体实验的结果是不能确定的,但若进行大量的实验和观测,就会发现这些随机现象内部存在统计规律性。例如,波高的大小随风速的增大而增大。因此,随机现象有两个重要特征:单个结果的随机性与统计特征的稳定性和规律性。读者要研究的就是这些随机现象的统计规律性。

早期,由于观测资料较少,仪器的精密度不高,很多海洋现象都被当作确定性问题来处理(方欣华等,2002)。但是,引起海水运动的外力变化存在很大的不确定性,这使得实际海洋中海水的运动很复杂,无法用确定的函数来描述,带有很大的随机性。高性能海洋观测仪器的使用以及随机资料分析方法的引入,发现了大量新现象,促进了海洋科学的发展(方欣华等,2002)。

(2)随机变量和随机过程

随机变量和随机过程是研究海洋随机现象的重要概念,下面举例说明这两个概念。假设有一个正弦波

$$\xi(t) = A\sin(\omega_c t + \theta) \tag{1.3}$$

式中,$\xi(t)$ 为 t 时刻的波面高度;A 为振幅;ω_c 为圆频率;θ 为波浪的初相位。其中,A 和 ω_c 为常数,θ 在 $(0, 2\pi)$ 内均匀分布。

为了了解该正弦波的性质,使用 n 台造波机同时造波,每台造波机可以控制所造波浪的初相位 $\theta_i (i=1, 2, \cdots, n)$(见图1.13)。假设造波机足够多,可以使初相位 θ 涵盖 $(0, 2\pi)$ 内

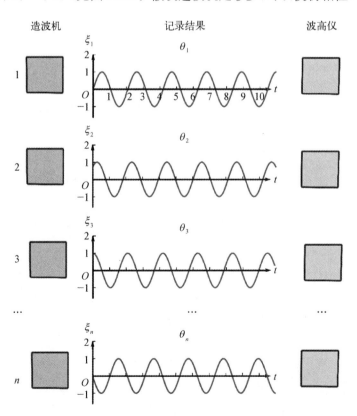

图1.13 n 台造波机所造的不同初相位的波面图

的所有值。同时,使用 n 台波高仪分别测量这 n 个波面高度信号 $\xi_i(t)$ ($i=1,2,\cdots,n$),假设每台波高仪分别记录了 m 个结果(见表 1.2)。

表 1.2　波高仪的记录结果

波高仪编码	记录结果				
	t_1	t_2	t_3	$\cdots$	t_m
1	$\xi_1(t_1)$	$\xi_1(t_2)$	$\xi_1(t_3)$	$\cdots$	$\xi_1(t_m)$
2	$\xi_2(t_1)$	$\xi_2(t_2)$	$\xi_2(t_3)$	$\cdots$	$\xi_2(t_m)$
3	$\xi_3(t_1)$	$\xi_3(t_2)$	$\xi_3(t_3)$	$\cdots$	$\xi_3(t_m)$
$\cdots$	$\cdots$	$\cdots$	$\cdots$	$\cdots$	$\cdots$ 随机过程的一次实现 $x(\xi_n,t)$
n	$\xi_n(t_1)$	$\xi_n(t_2)$	$\xi_n(t_3)$	$\cdots$	$\xi_n(t_m)$
	随机过程 $X(\xi,t)$				随机变量 $x(\xi_i,t_m)$

观测结束之后,每一个记录结果 $\xi_i(t_j)$ ($i=1,2,\cdots,n$;$j=1,2,\cdots,m$) 都是确定的数值。但是,对于同一观测时间 t_j,不同波高仪所记录的观测结果是不同的。若造波机足够多,初相位 θ 涵盖 $(0,2\pi)$ 内的所有值,则 n 台波高仪记录的 t_j 时刻的观测结果涵盖了该时刻可能出现的所有结果。用 $x(\xi_i,t_j)$ 表示 t_j 时刻波面高度的可能取值,它可能随机的取 $\xi_i(t_j)$ ($i=1,2,\cdots,n$) 中的某一个,各取值概率一致。则 $x(\xi_i,t_j)$ 是 t_j 时刻所有可能观测值的集合,即为随机变量。

若采样时间 t 足够长,能够取遍该波在时间序列上的所有可能取值,那么随机变量 $x(\xi_i,t_j)$ ($i=1,2,\cdots,n$;$j=1,2,\cdots,m$) 在时间序列上的集合 $X(\xi,t)$ 就是随机过程,是 ξ 和 t 的函数。随机变量 $x(\xi,t_j)$ 实际上是随机过程 $X(\xi,t)$ 在时刻 t_j 时的一个状态(方欣华等,2002)。若用编号为 i 的波高仪进行一次观测,那么该仪器所有记录结果的集合 $x(\xi_i,t_j)$ ($j=1,2,\cdots,m,m\to\infty$) 是随机过程的一次实现,也称为样本函数。若对于任意时刻,随机函数 $x(\xi,t_j)$ 和 $y(\xi,t_j)$ 的可能取值完全一致,那么随机过程 $X(\xi,t)$ 和 $Y(\xi,t)$ 相等(方欣华等,2002)。

随机现象具有单个结果的随机性及统计特征的稳定性和规律性的特点。单个结果的随机性是指每次试验的结果是不确定的,而统计特征的稳定性和规律性是研究随机现象的目的,即从无序中寻找有序,从无规律中寻找规律。在现实世界中,绝大部分的海洋现象都是随机现象,为了解这些海洋随机现象的规律,就需要对随机过程进行研究(于潭等,2014)。

例如,在现实海洋中,波面高度随机变量是某一时刻波面高度的所有可能测量结果,波面高度随机过程是所有时刻可能测得的波面高度结果。而架设波高仪的每一次测量都是随机过程的一次实现。可以通过多次测量及同步测量等实现对随机过程统计性质的了解。也就是说,若随机数据只能反映一定条件下的"静态"统计特征时,称为随机变量。若能同时反映各要素整个物理变化过程的"动态"统计特征时,称为随机过程。因此,根据是否反映时间序列过程,可以把随机数据分为随机过程和随机变量(于潭等,2014)。

1)随机变量

随机变量可分为两类,一类是离散型随机变量,一类是连续型随机变量。

离散型随机变量包括有限或无限个正整数元素。例如,某海区或某站一年中出现的大风日数、大浪日数、海雾日数、海冰日数和海发光日数等,只能取 0,1,2,…,365;海况只能取 0,1,2,…,9 级;云量只能记 0,1,2,…,10;水色号只能记 0,1,2,…,21。

连续型随机变量的可能取值不能互相分离,无法一一列举,是充满在一定变动范围或区间内的实数。如水温、盐度、透明度等记录都属连续型随机变量。当然,若这些记录的精度只取一位小数,也可以说是离散随机变量。只是在物理性质上,它是连续随机变量。

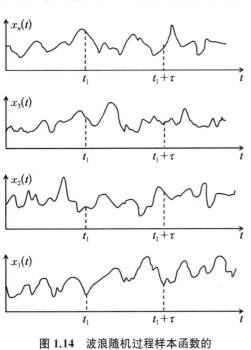

图 1.14　波浪随机过程样本函数的集合(陈上及等,1991)

2)随机过程

随机过程可分为平稳随机过程与非平稳随机过程两类。若把一个海洋现象视为一个随机过程,则此随机现象任意时刻的特性可用随机过程样本函数集合的平均值描述。以海浪为例(见图 1.14),随机过程在某一时刻 t_1 的均值(也称一阶矩)可以由 t_1 处样本函数的瞬时值相加,再除以样本函数的个数求得。随机过程两个不同时刻值之间的自相关函数(也称联合矩),可由 t_1 和 $t_1+\tau$ 时刻瞬时值乘积的平均求得。若随机过程 $\langle X(t)\rangle$ 的均值 $\mu_x(t_1)$ 和自相关函数 $R_x(t_1, t_1+\tau)$ 不随 t_1 变化,则称随机过程 $\langle X(t)\rangle$ 为弱平稳随机过程或广义平稳随机过程。此时,均值为常数,自相关函数仅与时间位移 τ 有关,即 $\mu_x(t)=\mu_x$,$R_x(t_1, t_1+\tau)=R_x(\tau)$。若所有的矩和联合矩均不随时间变化,则称随机过程 $\langle X(t)\rangle$ 为强平稳过程。若随机过程 $\langle X(t)\rangle$ 为正态且弱平稳过程,则它

也是强平稳随机过程。不满足平稳性要求的随机过程都是非平稳随机过程。其特性随时间变化,只能用总体瞬时平均确定,但要确定总体平均性质,需有足够数量的样本记录(陈上及等,1991)。

对于平稳随机过程,当时间间隔 $\tau\to\infty$,若自相关函数 $R(\tau)\to0$,那么该随机过程就是各态历经过程,不满足该条件的就是非各态历经过程。各态历经性或遍历性是指均值、自相关函数等时间平均的特征对所有样本都相同,即随机过程的样本集合平均值与样本时间平均值相等。满足各态历经性,说明可用随机过程的一个样本代替总体来计算过程的统计性质,即每个样本都能反映整个随机过程的各种特征。海浪是难于观测的,通常只有

少数记录,但是其各态历经性保证了可用一次记录代替总体,平稳性保证了记录上的时间起点不影响计算结果。

1.4　海洋数据存储格式及读取方法

海洋数据的存储格式有很多种,这里只介绍常用的几种数据格式。数据发布中心大多会提供相应的数据读取程序,在下载数据时注意查找。

1.4.1　NetCDF 格式

NetCDF 是"网络通用数据格式",是由大气科学家针对科学数据的特点开发的,是一种面向数组型并适于网络共享的数据描述和编码标准。目前,NetCDF 广泛应用于大气科学、水文、海洋学、环境模拟、地球物理等诸多领域。

NetCDF 数据是一种自描述型数据,包含自身的描述信息,后缀为.nc。从数学上来说,NetCDF 存储的数据就是一个多自变量的单值函数 $f(x, y, z, \cdots) = \text{value}$。在 NetCDF 中,函数的自变量 x, y, z 等叫做维或坐标轴,函数值 f 叫做变量,自变量和函数值在物理学上的一些性质,比如计量单位或量纲、物理学名称等叫做属性。

1.4.1.1　NetCDF 数据的读取

Panoply 软件可以查看 NetCDF 数据的头文件、数据等基本信息,还可简单绘图。MATLAB 可以通过短短几行代码获得数据和头文件:使用 netcdf.open 命令打开文件,可得到文件标识符号;使用 netcdf.inq 命令查看文件信息,可得到维数、变量数、全局属性数等,其中维度号和变量号都是从 0 开始;使用 netcdf.inqDim 命令查看某维度的维度名和维度长度;使用 netcdf.inqVar 命令查看某变量信息,可得到变量名、变量类型、变量所在维度及变量属性个数;使用 netcdf.getVar 命令可获取变量。也可使用 ncread 函数读取数据。

笔者编辑了一个获取 NetCDF 数据变量和头文件的小函数:[data, finfo]=yu_readnc_good(openname),其中 data 为变量,finfo 为头文件。

1.4.2　CSV 格式

除了 NetCDF 格式之外,CSV 也是常用的数据存储格式。CSV 为逗号分隔值文件格式,也称为字符分隔值文件格式,因为分隔字符也可以不是逗号。CSV 文件由任意数目的记录组成,记录间以某种换行符分隔;每条记录由字段组成,字段间的分隔符是其他字符或字符串,最常见的是逗号或制表符。通常,所有记录都有完全相同的字段序列。CSV 文件通常以纯文本形式存储表格数据,包括数字和文本。纯文本意味着文件是一个字符序列,不含二进制数字等需要被解读的数据。

CSV 数据的后缀为.dat 和.csv,可用 MATLAB 的 csvread(filename, R1, C1, [R1 C1 R2 C2]) 命令读取,其中 R 为行偏移量,C 为列偏移量;也可用 textscan 命令读取。

1.4.3 Excel 格式

Excel 是由微软公司开发的办公软件,可直接进行数据运算和绘图。Excel 数据的文件后缀,根据 Excel 版本不同,有.xls 和.xlsx 两种,可用 MATLAB 的 xlsread 命令读取。

1.4.4 文本文件格式

文本文件是一种由若干行字符构成的计算机文件,后缀为.txt,可用 MATLAB 的 textscan 命令读取。读取现场观测数据时,若数据行数未知,可采用 while 命令循环读取,然后分列存放数据,以方便调用。

1.4.5 mat 格式

mat 文件是 MATLAB 数据存储的标准格式,是标准的二进制文件,还可以 ASCII 码形式保存和加载。mat 文件的方便之处在于可以连同数据的变量名一同保存和读取。mat 文件的后缀为.mat,可用 MATLAB 的 load(filename,$'A'$,$'b'$)命令读取全部或部分变量。

1.4.6 数据读取注意事项

在使用数据之前,一定要认真阅读 readme 和头文件,查看有无需要进行特殊处理的地方,若没有注意这些特殊标注,后面发现数据错误也难以查找原因。

1.4.6.1 单位异同

不同数据文件对应的数据单位可能不同,所以在读取数据时一定要注意数据的单位,并根据需要转换格式。

1.4.6.2 数值转换

有些数据为了节省储存空间,保证存储的数据精度,会乘以 10^n 或进行线性转换等处理,在读取数据时要注意转换回正常值。

NetCDF 数据通常使用 scale_factor 和 add_offset 进行数据转换,但不同数据发布机构的数据转换方法会有所差异,具体的转换方法一般会在用户手册中进行介绍。常用的转化方法主要有 data = data_read $\times$ scale_factor + add_offset 和 scale_factor = (max−min)/$(2^n−1)$,add_offset = min+2^{n-1} $\times$ scale_factor 等。式中,data 为正确数据;data_read 为直接读取的数据;max 为整个数据集的最大值;min 为整个数据集的最小值;n 为真实数据的二进制整数,取决于数据的范围,如 16 进制时 n=16。

对于 NetCDF 数据,较高版本的 MATLAB 和 Python 在读取时会自动转换为正常值,而较低的 MATLAB 版本需要编写命令进行转换,这也是需要注意的一个重要问题。

1.4.6.3 时间格式转换

有的数据在存储时并没有采用年、月、日的时间格式,而是使用了儒略日,或距离某年某月某日的时间,这些时间格式都需要转换成年、月、日。儒略日是距离公元前 4713 年 1 月 1 日中午 12 点的天数。函数[year, month, day, hour, minute, second] = jd2date(jd)可以实现儒略日到年、月、日的转换。

1.5 海洋资料获取手段和分析技术的发展趋势

1.5.1 如何获取数据

如何获取数据呢? 同学们可以使用相关仪器进行实地测量,获取实测数据;也可以运行模式,获取模式数据;除此之外,就是从网站下载免费数据或从文献中获取数据。

1.5.1.1 网站下载免费数据

打开搜索引擎,输入中英文关键词,如 SST 或海表面温度等,即可获得数据下载网址,可根据需要下载合适的数据。也可通过相关学术论坛获得数据下载网址。相关研究论文的 Data 章节也往往会给出所使用数据的链接。

1.5.1.2 描点法获取数据

常使用描点法从已发表论文的图中获取数据,具体步骤为:

首先,保存论文中想要获取数据的图,将图片作为图层导入 ArcMap 中的 map。

然后,添加坐标轴上的点作为控制点,并赋值为正确的坐标值。控制点越多,读取的数据就越精确。添加控制点时,要注意间隔添加横纵坐标轴上的点,否则容易出错。

第三,打开 ArcCatalog,新建 shapefile,并将之添加为新图层。在新图层上描点并保存编辑,根据控制点坐标,给所描点添加坐标并保存。

1.5.2 常用数据中心

1.5.2.1 中国科学院系统

(1) 中国科学院海洋科学数据中心

海洋科学大数据中心是一个集成、高效、共享的综合展示平台,服务于海洋科学发现和管理决策。可提供水温、盐度、溶解氧、营养盐、pH、碱度、叶绿素、浮游生物、气温、压力、pCO_2、粒度、光学等全球观测数据,海流、波浪、盐度、气温、气压、降水量和通量等专题数据产品。

(2) 国家地球系统科学数据中心

国家地球系统科学数据中心,围绕地球系统科学与全球变化领域科技创新、国家重大需求与区域可持续发展,率先开展国家科技计划项目数据汇交,形成了国内规模最大的地球系统科学综合数据库群,实现了我国地球系统科学数据共享从无到有,由国内走向国际的重大跨越。可提供大气圈、陆地表层、陆地水圈、冰冻圈、自然资源、海洋、极地、固体地球、古环境、日地空间环境与天文和遥感数据等产品。

(3) 全球变化科学研究数据出版系统(GCdataPR)

GCdataPR(Global Change Research Data Publishing & Repository)由《全球变化数据学报(中英文)》、《全球变化数据仓储电子杂志(中英文)》和"全球变化数据和知识枢纽(中英文)"构成,是以全球变化科学研究数据出版和传播为核心内容的出版和传播平台。GCdataPR 包含地理、资源、生态、环境、可持续发展等全球变化相关领域的科学研究数据。

（4）中国湿地生态与环境数据中心

中国湿地生态与环境数据中心依托于中国科学院东北地理与农业生态研究所,充分利用研究所多年的数据积累及项目数据产出,提供以沼泽湿地为主题的相关科学数据共享。数据覆盖中国各个地区,包括各野外实验站以及全国重点湿地保护区的动植物及其空间。可提供湿地植物、湿地土壤、遥感信息、红树林湿地分布及变化等主题库。

1.5.2.2　国家海洋科学数据中心

国家海洋科学数据中心由国家海洋信息中心牵头,采用"主中心＋分中心＋数据节点"模式,联合相关涉海单位、科研院所和高校等十余家单位共同建设。集中管理我国自 1958 年全国海洋普查以来所有海洋重大专项、极地考察与测绘、大洋科学考察、业务化观测和国际交换资料,开展国内外全学科、全要素的海洋数据整合集成,建成 16 亿站次、总测线长度超百万公里的我国新一代海洋综合数据集。可提供实测数据、分析预报数据、地理与遥感等数据。

1.5.2.3　国家气象科学数据中心

国家气象科学数据中心由中国国家气象信息中心牵头建设而成,是由 1 个国家级主节点、31 个省级分节点,以及若干个专题服务分节点组成的覆盖全国的分布式气象数据共享服务网络体系。

可提供中国地面气象站逐小时观测资料,包括气温、气压、相对湿度、水汽压、风、降水量等要素;T639 全球中期天气数值预报系统模式产品,包括气压、位势高度、温度、湿度、风、蒸发量、降水量、径流、雪、水汽通量等,水平分辨率 30 km,垂直分辨率 60 层;GRAPES_MESO 中国及周边区域数值预报产品,包括气压、位势高度、温度、湿度、风、降水量、水汽通量等,空间分辨率 10 km,时间分辨率 3 h,预报时效最高 72 h;雷达基本反射率图像产品,每个像素点代表 1 km×1°波束体积内云雨目标物的后向散射能量;垂直累积液态水含量图像产品,将反射率因子数据转换成等价的液态水值;组合反射率图像产品,将常定仰角方位扫描中发现的最大反射率因子投影到笛卡尔格点上;全球高空气象站定时值资料,包含中外探空观测站点每日的位势高度、温度、露点温度、风向、风速观测数据。

1.5.2.4　国家生态科学数据中心（CNERN）

CNERN(National Ecosystem Research Network of China)有中国生态系统长期动态监测数据库,包含水环境、土壤环境、大气环境、生物环境等方面的长期定位监测数据;水碳通量数据,包括常规气象、二氧化碳通量、显热/潜热通量等观测数据;气象要素栅格数据库,包括辐射、温度、降水、湿度、风和气候指数等 20 多种要素的空间信息;台站地图数据库,包括各站点的专题图、专业图和样地图;台站数据资源,包括生态要素联网监测数据、台站长期监测与实验数据、生态学研究数据、生态站管理数据、生态站区域背景与社会经济数据等。

1.5.2.5　NOAA 下属数据中心

（1）NOAA 物理科学实验室 PSL

美国国家海洋和大气管理局(NOAA)的物理科学实验室(PSL)主要开展天气、气候和水文研究,可提供降水、SST、土壤水分、云等网格化气候数据集,FACTS 气候模型模拟,NCEP/NCAR、NCEP/DOE、NARR 等再分析数据集,SOI、PNA、NAO、EPO、NTA、GAR 等气候指数及温度、降水和台风等大气/海洋时间序列、NOAA - CIRES - DOE 20 世纪再分析(20CR)等气候数据,ARM Barrow、加拿大 Eureka 观测站、格陵兰冰盖顶部的 Summit 观测站和北冰洋表面热收支(SHEBA)等云分析雷达数据,北极大气观测站、科考走航数据、表面通量等海、陆、空通量数据,热带风廓线仪数据、Profiler 网络数据和图像等风廓线雷达数据,PSD 实时卫星产品、ESRL/PSD 实时卫星图像和数据存档等卫星数据,Boulder 等局地天气和气候数据。

(2) 美国国家环境信息中心(NCEI)

NCEI 是世界上最大的大气、海岸、地球物理和海洋数据的发布机构之一,可提供气候数据记录、气候监测数据、沿海指标、地磁、墨西哥湾、海洋生物学、海洋地质与地球物理学、自然灾害、海洋化学、海洋气候实验室、物理海洋学、古气候学、雷达气象学、区域海洋气候学、卫星气象、卫星海洋学、海底测绘、恶劣天气(台风)、太空天气、地面天气观测、高空观测、天气和气候模型等方面的数据。

1) 海洋碳和酸化数据系统(OCADS)

OCADS(Ocean Carbon and Acidification Data System)是一个数据管理项目,专门研究海洋碳和酸化数据,可提供世界海洋环流实验(WOCE)数据、海洋碳和重复水文(CLIVAR/GO-SHIP)计划数据、SOCCOM 走航数据、全球海洋数据分析项目数据、大西洋碳(CARINA)项目数据、太平洋海洋内部碳(PACIFICA)数据库,机会船舶计划(SOOP)数据、SOCAT 和 LDEO 走航数据集,全球 CO_2 系泊和时间序列项目数据,美国海岸和欧洲沿海地区的碳数据、CODAP-NA 等北美沿海海洋数据分析产品以及其他海洋碳数据。

① 全球 CO_2 系泊和时间序列项目

时间序列记录可用于表征海洋碳循环的自然变化和时间趋势,由 18 个国家组成的国际组织在系泊浮标上安装了传感器,以实现对大气边界层和表层海洋 CO_2 分压(pCO_2)的高分辨率时间序列测量。系泊数据每天 8 个,时间分别为:00:00、03:00、06:00、09:00、12:00、15:00、18:00 和 21:00,测量参数为:大气压力、二氧化碳分压(或逸度 fCO_2)、海面温度和盐度。

② SOCAT 走航观测数据

SOCAT 是海洋表层 CO_2 图集(Surface Ocean CO_2 Atlas)的简称,是国际海洋碳研究团队对海洋表层 CO_2 逸度(fCO_2)进行的综合观测活动,能够定量评估海洋碳汇、海洋酸化和海洋生物地球化学模型。SOCAT 最新发布了 2021 版本的数据,可提供 1957~2021 年的 fCO_2、SST(海表温度)和 SSS(海表盐度)产品。以 SOCAT 产品为基础还衍生出了海-气 CO_2 通量、全球月平均的海表 CO_2 分压、全球海洋 CO_2 浓度、海表碳酸盐系统、TA(总碱度)等数据产品。

③ 世界海洋环流实验 WOCE 数据集

WOCE 数据集可提供海表温度、盐度、深度、密度、溶解氧、磷酸盐、硝酸盐和硅酸盐等产品。

2) 国家地球物理数据中心(NGDC)

NGDC(National Geophysical Data Center)是 NCEI 的前身,为地球物理数据提供管理、产品和服务,可提供水深测量(海洋深度)和地形产品,DMSP、VIIRS 和 Nightsat 等卫星观测数据,地磁数据和模型,海洋地质与地球物理学产品,海啸、地震、火山和台风等自然灾害数据以及太空环境数据等。

（3）NOAA海岸海洋观测

NOAA海岸海洋观测用于管理海洋和海岸的卫星数据产品和服务。可提供VIIRS S-NPP/NOAA-20、OLCI哨兵-3A/B、MSI哨兵-2等真彩色图像和星载合成孔径雷达（SAR)图像；ABI、AHI、AVHRR FRAC等ACSPO全球SST产品及AVHRR(MetOp-1/2)Level 2/3、GOES成像仪三级、VIIRS、Seviri(MSG)地球静止仪3级、NOAA geo-polar blended SST等SST产品；有效波高、风速、海平面异常等高度计沿轨产品及海平面异常和地转流的网格化产品；VIIRS SNPP、OLCI Sentinel-3A和3B等海洋水色产品，包含叶绿素a、遥感反射率和总悬浮物等参数；ASCAT Metop-A/B/C、OSCAT-2 SCATSAT-1等矢量风，合成孔径雷达（表面粗糙度）、特殊传感器微波成像仪（SSM/I)等海面风产品；AMSR2海冰密集度、VIIRS海冰密集度、冰层厚度和冰面温度等海冰产品；MIRAS SMOS、SMAP等海表盐度产品；海洋水团、海洋热含量、混合层深度、20℃和26℃等温线深度等多输入参数产品等卫星产品。还可提供海洋水色原位数据库、海洋光学浮标（MOBY)、原位海洋水色监测、原位海面温度质量监测仪等现场观测产品。

其中太平洋观测数据主要有叶绿素a、可用光合辐射、Kd490、海面风、海面高度异常和地转海流、海面温度、珊瑚白化和海面盐度等产品。NOAA OM可提供海洋水色、海面高度、海面盐度、海面温度和海面风等产品。

（4）气候预测中心（CPC)

CPC(Climate Prediction Center)提供实时产品和信息，在数周至数年的时间尺度上预测和描述气候变化，从而促进对气候风险的有效管理。可提供海洋和大气监测数据，降水、温度、干旱监测、土壤湿度和积雪等美国气候数据和图像，降水和温度等全球气候数据和图像以及监控模型预测性能等产品。

（5）太平洋海洋环境实验室（PMEL)

PMEL(Pacific Marine Environmental Laboratory)涵盖海洋酸化、海啸监测和预报、海洋相互作用、深海热泉系统、渔业海洋学以及长期气候监测和分析等研究领域。PMEL可提供全球热带系泊浮标阵列（GTMBA)数据，GTMBA海洋站通量数据，TAO CTD数据（1996~2006)，1997~1998年美国西海岸、阿拉斯加、夏威夷的厄尔尼诺海平面，海洋气候站数据，Argo剖面浮标数据，pCO_2走航数据，大气化学数据，海底图像，PMEL声学地震活动数据，水声数据，2002~2011年北极天气数据和图像，第一个国际极地年（1881~1884)的数据和图形，冰、气候、渔业、海洋、大气、生物学等白令海多学科数据集，生态系统和渔业-海洋学（EcoFOCI)数据和PMEL观测数据等。其中PMEL碳计划可以提供溶解有机碳、pH、碱度和CO_2等数据。

（6）气候、海洋和生态系统研究所（CICOES)

CICOES旨在促进海洋、大气和渔业科学方面的协作、多学科研究，该所可提供气候、海洋和生态数据产品。

1.5.2.6　气候变化研究

（1）IRI/LDEO气候数据库

IRI/LDEO气候数据库提供了非常全面的数据和网站链接，涵盖了各国气象局、极地海洋站等资料,包括风场、热通量、CO_2、海表温度、同位素、海洋深度等要素。

(2)欧空局气候办公室

欧空局气候办公室可提供气溶胶、云、水汽含量、温室气体、臭氧、海平面、海况、海面盐度、海表温度、海色、生物量、海冰、冰川、冰盖、湖泊、土地覆盖、地表温度、土壤湿度、永久冻土、雪、火等数据。

(3)亚太数据研究中心(APDRC)

APDRC(Asia-Pacific Data Research Center)旨在通过数据共享服务推动亚洲太平洋区域气候研究的发展,包括 Argo、OFES、气候指数、夏威夷区域气候及海洋模式、飓风、LADCP、海洋地形、季风监测、SPEArTC 等项目。可提供海洋温度、盐度、营养盐、水深、海平面、洋流、热通量、CO_2 通量、长短波辐射、风、云、气温、湿度等现场观测、卫星观测、模式模拟和再分析数据。

(4)CLIVAR 和碳水文数据办公室(CCHDO)

CCHDO(CLIVAR and Carbon Hydrographic Data Office)可访问 GO-SHIP、WOCE、CLIVAR 和其他水文计划的高质量、全球、基于船只的 CTD 和水文数据。其中,CLIVAR(Climate Variability and Predictability Programme)是气候和海洋可变性、可预测性和变化的简称,可提供海气通量的遥感数据、融合数据、现场观测资料和大气再分析资料及海面温度全球数据集等。

(5)温室气体数据

1)碳卫星

① GOSAT 系列

温室气体观测技术卫星(Greenhouse Gases Observing Satellite,GOSAT)项目由日本宇宙航空研究开发机构(Japan Aerospace Exploration Agency,JAXA)、日本国立环境研究所(National Institute for Environmental Studies,NIES)和环境部(Ministry of Environment,MOE)共同推动,目前有 GOSAT 和 GOSAT-2 两颗卫星。

② TANSAT 碳卫星

碳卫星全称"全球二氧化碳监测科学实验卫星",是由中国自主研制的首颗全球大气二氧化碳观测科学实验卫星。这颗卫星搭载了一体化设计的两台科学载荷,分别是高光谱二氧化碳探测仪以及起辅助作用的多谱段云与气溶胶探测仪。

2)Scripps CO_2 计划

Scripps CO_2 计划可提供夏威夷 Mauna Loa 等观测站、机载和冰芯大气 CO_2 数据,走航海水和大气 pCO_2 数据,总溶解无机碳(DIC)和碱度(ALK)等无机碳化学时间序列数据。

3)总碳柱观测网络(TCCON)

TCCON(Total Carbon Column Observing Network)是一个地面傅里叶变换光谱仪网络,可记录近红外光谱区域的直接太阳光谱。从这些光谱中,可反演得到精确的 CO_2、CH_4、N_2O、HF、CO、H_2O 和 HDO 的柱平均丰度。

4)SOCOM 插值数据

SOCOM(Surface Ocean pCO$_2$ Mapping)是海表 CO_2 分压图集的简称,提供了海洋和大气 CO_2 分压(pCO_2)的不同插值方法产品。

1.5.2.7　极地、冰雪资料中心

（1）美国国家冰雪中心（NSIDC）

NSIDC(National Snow and Ice Data Center)是由美国国家宇航局、美国国家海洋和大气局和国家科学基金会等建立的数据中心，可提供美国及全球南北极冰川等地理信息方面的资料，旨在提高对地球冰冻区域的了解。

1）AMSR‐E/AMSR2

AMSR‐E/AMSR2 可提供南北半球亮温、海冰密集度、海冰厚度、海冰上的积雪深度和北极海冰运动等卫星遥感数据。

2）GSFC

GSFC 可提供欧空局 CryoSat‐2 合成孔径干涉雷达高度计（SIRAL）的北极海冰厚度和密集度、冰干舷和表面粗糙度的估计值以及雪密度和深度产品。

3）冰桥行动机载测量数据（OIB）

OIB(Operation Ice Bridge)是"冰桥行动"的简称，可提供 IceBridge 雪雷达、数字测绘系统（DMS）、光学连续机载测绘（CAMBOT）和机载地形测绘仪（ATM）数据集的格陵兰岛、北极中部和多年冰区域以及南极洲的海冰干舷、总干舷、积雪深度和海冰厚度测量值产品。

4）冰桥行动快速查看数据

该数据集是一种评估产品，包含 ATM、雪雷达、DMS 和 KT19 高温计监测到的北极海冰上的地球物理数据产品。该产品是实验性的，用于海冰预测等对时间敏感的项目。

（2）阿尔弗雷德·魏格纳研究所（AWI）

AWI(The Alfred Wegener Institute)是阿尔弗雷德·魏格纳研究所的简称。

1）北极海冰和积雪数据集

2014 年，AWI 开始开发海冰干舷和厚度产品，目标是评估北极海冰的质量平衡及 CryoSat‐2 海冰测高的不确定性。从那时起 AWI CryoSat‐2 海冰产品一直是欧空局气候变化倡议（CCI）和哥白尼气候变化服务（C3S）等欧洲倡议的气候数据记录（CDR）的基础和算法演变的试验台，也是 CryoSat‐2/SMOS 融合海冰厚度的输入数据集。算法的发展和由此产生的数据记录为北极海冰状态的科学研究和评估做出了贡献。AWI CryoSat‐2 是 10 月至次年 4 月北极冬季的近实时产品，能支持以最小时间延迟分析北极的海冰状态。可提供海冰厚度、积雪深度、海冰干舷、海冰密集度和积雪密度等产品。

2）积雪探测浮标

AWI 自 2010 年开始部署雪浮标，通过 4 个独立的雪深测量仪提供雪深估计。北极积雪深度逐时数据由每个浮标的平均雪深值组成。

3）北极气候态和卫星融合的积雪深度数据

可提供由 W99 气候态雪产品和德国不来梅大学环境物理研究所（IUP）的 AMSR2 数据融合产生的月均雪深和密度参数化产品。

（3）极地科学中心（PSC）

PSC(Polar Science Center)主要通过观测和建模研究控制海冰性质和分布的物理过程、高纬度海洋大气结构和环流以及大气、海洋、冰和生物群之间的相互作用。可提供 MEDEA 溶池占比数据集、全球冰海建模和同化系统（GIOMAS）数据集（包括海冰厚度、海冰密集度、冰度、海冰增长率、雪深、SST 和 SSS 等月均数据)、PIOMAS 北极海冰冰量再分析资料、国际北极浮标计划数据(包括冰速、海平面压力和地表气温)、白令海峡全年系泊数据、海冰厚度气候资料记录(包括水温、冰吃水和雪深)、HOTRAX 数据集(包括雪深、冰层厚度、透光率、烟尘含量、入射太阳辐照度、光谱反射率、表面温度、ice watch、航片和质量平衡)、TOVS 极地探路者数据集(Path - P,包括温度、湿度曲线、云分数和高度)、极地科学中心水文气候场(包括海洋温度和盐度)、楚科奇海系泊数据、楚科奇边境的系泊、XBT、CBT 和化学数据。

(4) 美国陆军寒冷地区研究和工程实验室(CRREL)

CRREL(U.S. Army Cold Regions Research and Engineering Laboratory)为了探究海冰变化的机制,使用冰质平衡浮标(IMB)的冰上和冰下声学测深仪测量雪深和冰厚。

1.5.2.8　NASA Earthdata

Earthdata 包含了 NASA 的地球观测系统数据和信息系统(EOSDI)以及 33 000 多个地球观测数据集合。涉及大气、太阳辐射、冰冻圈、人文、陆地和海洋等方面,可提供实时数据,以满足对火灾、沙尘暴、飓风、空气质量、海冰、植被、作物生长以及火山爆发的监测。

可提供气溶胶、空气质量、海拔、大气化学(中层、热层和电离层)、闪电、气压、大气辐射(辐射能量通量)、气温、大气湿度、风、云、降水量、土地侵蚀/沉积、冻土、水深测量/海底地形、海岸变化、大西洋边界层变迁数据、海洋声学、叶绿素、有机碳、无机碳、水色、混合层深度、流速、海洋热平衡、海表面湍流通量、洋底压强、海洋温度、盐度/密度、海浪、海面高度和海冰等产品。

1.5.2.9　美国国家大气研究中心地球观测实验室(NCAR EOL)

NCAR (National Center for Atmospheric Research) EOL (Earth Observing Laboratory)配备雷达、飞机和探测系统等先进仪器和设备,包含大气、气象和其他地球物理数据集。可提供飞机、浮标、卫星、船舶、CTD、DEM、GIS、雷达、南北极、生物地球化学、生物学、边界层气象、化学、水文学、冰物理、海洋学、光学、古气候学、气溶胶、底栖动物、叶绿素、通量、磁场、营养盐、沉积物、辐射、放射性同位素和海冰等方面的产品。

1.5.2.10　环境数据分析中心(CEDA)

CEDA(Centre for Environmental Data Analysis)运营着英国国家大气和地球观测研究数据中心,是 NERC 环境数据服务(EDS)的一部分,负责管理气候模型、卫星、飞机、气象观测和其他来源的数据。可提供 HadUK Grid、CMIP、CRU 等气候产品,CCI 等基本气候变量(ECV)数据产品,MIDAS - Open 等现场观测产品,Met Office NWP 等数值天气预报产品,FAAM 等机载大气测量产品,Sentinel 等卫星数据和图像。

1.5.2.11　伍兹霍尔海洋研究所(WHOI)

WHOI(Woods Hole Oceanographic Institution)是世界领先的、独立的非盈利组织,致力于海洋研究、探索和教育。可提供来自博福特环流计划(BGEP)的浮标数据(温、盐)、系泊数据(包括底压记录仪 BPR、麦克莱恩停泊剖面仪 MMP、声纳 ULS 和声学多普勒海流剖面仪 ADCP 的测量数据)、CTD 和地球化学数据、博福特环流中的淡水含量(来自观测、俄罗斯气候态和模型的数据、淡水含量网格数据)。

1.5.2.12　HydroSHEDS 水文数据集

HydroSHEDS 水文数据集包括亚洲、非洲、澳洲、东欧和美洲的高程数据,水文高程数据,流向数据,流量累积数据,河流网络和多边形流域数据等。

1.5.2.13 怀俄明大学天气网

怀俄明大学天气网可提供降雪量、雪深等俄明州天气信息,美国城市的天气信息,气压、气温、降水等全球地表观测数据,气压、温度、风、降水等高空探测数据和北美中尺度预报系统等数值模型的预测产品。

1.5.3 数据获取和分析技术的发展趋势

随着电子技术和计算机技术的飞跃发展,海洋调查技术、组织形式、资料处理技术和分析方法都有了很大发展,其中最为突出的是以下几个方面。

1.5.3.1 调查方式立体化

海洋调查由传统的单船观测发展为以调查船为主体,点面结合的,由调查船、浮标、气球、飞机、卫星组成的立体观测系统。例如,"大洋一号"是我国第一艘现代化的综合性远洋科学调查船,具备海洋地质、海洋地球物理、海洋化学、海洋生物、物理海洋、海洋水声等多学科的研究工作条件,可以承担海底地形、重力和磁力、地质和构造、综合海洋环境、海洋工程以及深海技术装备等方面的调查和试验工作。

(1)调查船

配备通用调查设备、甲板调查设备、船载探测设备、取样设备、拖曳探测设备、水体和环境调查设备、物探设备和特种作业设备等调查设备。

1)通用调查设备

主要有用于观测实时风速、风向、气温、气压和湿度的船舶气象站;为调查设备提供船艏向、船舶纵横摇和升沉信息的船舶运动姿态传感器;通过 RS232 数字网络为各调查设备提供空间定位信息的 GPS 定位设备;通过水下设备的信标确定设备在水下的空间位置,与 GPS 信号一并送入导航软件实现设备水下定位的超短基线;计算机局域网络和视频监控设备等。

2)甲板调查设备

主要有用于舷外作业设备收放的绞车系统及 A 型架、用于单道地震作业气源供给的高压空压机以及用于设备就位和转运的起吊和调运设备。甲板调查设备在航次中起着至关重要的作用,是进行舷外调查作业的基本条件。绞车、钢缆和起重设备的故障将导致所有舷外作业停止。

3)船载探测设备

主要有用于地形测量的多波束测深系统,测量范围为 20～11 000 m;用于走航海流剖面观测的相控阵多普勒声学海流剖面仪,简称 ADCP;用于地层结构探测的浅地层剖面仪等。

4)取样设备

主要有可在 3 000 米水深进行海底岩石钻进,获取岩石样品的钻机,取样深度为600 mm;可用于海底表层取样的抓斗、箱式取样器、多管取样器、拖网等;可分 10 层进行水平生物拖网,同时进行 CTD 观测的生物分层拖网取样设备;可进行水体取样的 CTD 采水器等。

5）拖曳探测设备

主要有可探测精细地形和剖面的声学拖曳体（需要 RS232 数字网络的 USBL 通用设备的信号进行水下定位）、可获取海底影像资料的摄像拖曳体以及可进行多参数（化学）测量的 U - Tow 和多参数拖曳体。

6）水体和环境调查设备

主要有可探测温度、盐度、深度剖面及 pH、溶解氧、叶绿素和浊度的 CTD，以及生物和化学现场检测设备。

7）物探设备

主要有可观测重力变化、磁力变化的重力仪和磁力仪，以及单道、多道地震物探设备。

8）特种作业设备

主要有可在近海底进行精确定点观测与取样的水下遥控机器人，简称 ROV；可对近海底地形、剖面和影像进行精确走航观测的水下自航器等，简称 AUV。

（2）浮标

主要是深海锚系潜标，可对环境参数进行长期观测。

（3）飞机

使用红外、微波、激光技术和机载 XBT 遥测海面和各层水文状况，以供中、小尺度海洋环流和水文特征的研究。

（4）卫星

卫星遥感技术可对全球海洋水温、海冰、海流、水团、海况和石油污染进行监测，对大、中尺度海洋环流和海-气相互作用的研究极有意义。

1.5.3.2　组织形式国际化

国际合作的海洋调查开始于 20 世纪 60 年代的国际印度洋考察和国际热带大西洋合作调查。从那之后，海洋调查的国际间合作逐渐兴起，我国也逐渐参与和主导了许多国际海洋调查。

1985 年，"中美赤道西太平洋海气相互作用联合调查研究"正式启动，这是中国第一次参加大型国际海洋合作调查研究，海洋环流研究迎来了大显身手的新时代。

2010 年 4 月，胡敦欣院士领衔发起的"西北太平洋海洋环流与气候试验"（简称 NPOCE）正式批准为国际合作计划，这是中国发起的第一个海洋领域大型国际合作计划，有中、美、日、韩等 8 个国家的 19 个单位参加，为改进和提高气候预测能力提供科学依据。

2017 年底启动了首个由我国主导制定的海洋调查国际标准"海底区海洋沉积物调查规范——沉积物间隙生物调查"项目。该国际标准提案由中国发起，包括中国在内共有 8 个国家的标准委（中国、美国、德国、俄罗斯、伊朗、巴拿马、新加坡和韩国）指派专家参与制定。这是我国第一个有关海洋调查的国家标准"走出去"，将对"一带一路"建设在国际海洋领域开展相关海洋活动提供科学技术支撑，成为广泛开展国际合作的桥梁。

1.5.3.3　记录方式多样化

海洋观测仪器的记录方式，已由传统的目测读数或自记曲线的硬载体方式，发展为数字存储，且存储设备越来越小，记录密度越来越高，检索更加方便，甚至可以通过卫星进行实时数据传输。例如,CTD 的取样深度间隔可达 0.1 m,对于研究海流和内波的细结构是非常有用的。

1.5.3.4 数据处理自动化

随着计算机技术的飞速发展,海洋资料处理已逐渐自动化。

(1) 观测数据的自动处理和实时记录的自动传递

将温度、盐度、深度等测量仪器与船用、机用或自备的计算机系统相联接,直接进行数据预处理和有关参数的计算。或者组成一条仪器传感器—卫星转播—地面接收的自动传递线,便于及时准确地发布环境预报。

(2) 海洋资料文档建立和海洋资料信息自动化

国家海洋科学数据共享服务平台已建立了海洋水文、海洋气象、海洋生物、海洋化学、海洋底质、海洋地球物理、海底地形等数据集,均按标准格式录入,具有分类、排重、质量控制等管理系统功能,为海洋资料的自动检索,处理分析和科学计算创造了条件。

(3) 计算机软件系统化

现有大型计算机备有各种数理统计、时间序列分析和数值模拟计算等子程序库,缩短了资料处理分析过程,加快了科学研究速度。

(4) 制图自动化

随着计算机内存不断扩充、速度不断提高、软件系统不断完善以及各种海洋数据库和地理信息系统的建立,采用数字处理和数字控制手段、建立计算机自动绘图系统,大大缩短了各种海洋图集的成图周期。

例如,"嘉庚号"是全球顶级科考船,可实现走航数据实时传输并实现简单的可视化,方便科学家进行科学研究,及时调整调查方案。

1.5.3.5 分析方法数理化

海洋水文分析方法已逐渐由传统的定性分析走向以概率论数理统计为基础的定量分析,这些方法就是本书要讲解的主要内容。

1.5.3.6 分析结果模式化

现场观测与数值模拟相结合是当前物理海洋学研究的一种重要手段,这弥补了实测资料只能反映局部瞬时现象的局限性。数值模拟可得出海洋要素时空变化的规律性概况,起到控制、预报和压缩信息的作用。

习 题

一、选择题

1. 在石油开发等工程建设的规划设计和施工都需详细掌握各种海洋气象、水文动力要素的变化规律,但是,不需要准确计算哪些要素多年一遇极值?(　　)

A. 风　　　　　　B. 流　　　　　　C. 浪　　　　　　D. 海底地形

2. 下列哪些不是海洋资料必须具备的属性?(　　)

A. 精确性　　　　B. 代表性　　　　C. 连续性　　　　D. 相同地点

3. 以下哪个类别的资料不是以描述空间分布特征为划分依据的?（　　）

A. 断面调查资料　　　　　　　　　　B. 大面调查资料

C. 卫星观测　　　　　　　　　　　　D. 浮标、平台长期连续观测资料

4. 以下资料中为确定性资料的是(　　)

A. 有无海雾　　　　B. 潮位　　　　C. 海水水温　　　　D. 波高大小

二、判断题

1. MATLAB 不能读取.nc 格式。（　　）

2. 描点法不可以作为数据获取的手段。（　　）

3. 西北太平洋海洋环流与气候试验(简称 NPOCE)，是中国发起的第一个海洋领域大型国际合作计划。（　　）

三、思考题

1. 海洋资料在发展海洋科学中有什么重要意义?

2. 如何获得长时间序列的数据?

3. 如何实现数据获取的同步性?

选择题答案： D D D B
判断题答案： F F T

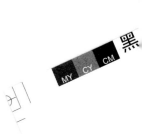

第 2 章

海洋资料的质量控制和数据预处理

> **导学：**在分析海洋资料之前，一般要先对资料的质量进行审查和控制，并根据分析要求，对观测数据作必要的预处理。这些工作程序是资料分析计算的基础，对分析结果至关重要。
>
> 本章将学习海洋资料的质量控制和数据预处理。主要有误差精度、近似数运算、海洋观测资料的质量审查和质量控制以及数据预处理四个部分，目的是让读者做好进一步数据处理的准备。
>
> 经过本章的学习，在方法论层面，同学们应当学会并了解数据的误差精度、近似数运算、质量控制和预处理方法。在实践能力上，同学们应当能够对所下载的数据进行质量控制和预处理。具备这两个能力，是进一步进行数据处理的重要基础。

2.1 误差精度

误差精度主要包括测量误差和测量精度。

2.1.1 测量误差

2.1.1.1 测量误差的概念
在测量中，实际测量的数据只是被测量值的近似值。设被测量的真值或准确值为 x_0，实际测量值为 x，则实际测量值与真值之差 $\varepsilon(x)$ 称为测量误差，简称误差。

$$\varepsilon(x) = x - x_0 \tag{2.1}$$

测量误差如按表示形式划分，可分为绝对误差和相对误差。

（1）绝对误差

绝对误差就是实际测量值 x 与真值 x_0 之差[公式(2.1)]，其绝对值大小 $|\varepsilon(x)|$ 决定了测量的精确程度。绝对值越大，测量精度越低；绝对值越小，测量精度越高（陈上及等，

1991)。

　　在实际测量中,不易准确地测定真值 x_0,因而不可能得到绝对误差 $\varepsilon(x)$ 的准确值。一般情况下,可估计 $\varepsilon(x)$ 的大小范围,即给定一个正数 η,使得

$$| \varepsilon(x) | \leqslant \eta \tag{2.2}$$

式中,η 为 x 的绝对误差限。

　　另外,绝对误差并不足以刻画测量精度。例如,测量 100 cm/s 的流速,与测量 2 cm/s 的流速,都产生 1 cm/s 的绝对误差,但两者的测量精度却有很大差别。显然,测量 100 cm/s 的流速,产生 1 cm/s 绝对误差的测量精度更高。也就是说,测量精度,除了要看绝对误差之外,还必须考虑被测值本身的大小,这样就引入了相对误差的概念。

　　(2) 相对误差

　　相对误差是绝对误差与测定值之比

$$\varepsilon_r(x) = \frac{\varepsilon(x)}{x} \tag{2.3}$$

　　当两个被测值相差较大,或对不同类型测量值的测量误差进行比较时,采用相对误差表示测量精度更为合理。在实际测量中,一般所说的绝对和相对误差,均指最大绝对误差和最大相对误差。

　　2.1.1.2　测量误差分类

　　测量误差若按产生原因的性质划分,可分为系统误差、随机误差和过失误差。

　　(1) 系统误差

　　系统误差与观测系统本身有关,并受测量条件非随机变动的影响。其特点是在一定的测量条件下多次重复测量,所得误差的量值和正负号的出现均呈较明显的规律性,或始终以确定的规律影响测量结果(陈上及等,1991)。

　　系统误差可采用实验或分析的方法掌握其变化规律,从而对测量结果加以校正。例如在处理 CTD 数据时,可通过实验室校正和海上比测订正,消除观测资料中的系统误差。

　　(2) 随机误差

　　测量中的随机误差是由许多随机的、不便控制的微小因素造成的。这些因素的无规律性变化,使得测定值的误差大小呈随机特性。其特点是在一定的测量条件下作多次重复测量,误差的量值和正负号的出现无明显的规律性。

　　在海洋观测中,海洋环境的随机变化会给观测数据造成随机扰动,这些随机扰动可作为随机误差处理。在多次测量中,随机误差将服从一定的统计规律,从而可用数理统计的方法对其进行分析和处理(罗南星,1984)。

　　(3) 过失误差

　　过失误差是由偶然因素造成的、与实际情况明显不符的错误测量值对真值造成的误差。例如,因为测量者粗心大意,在获取数据时读错、记错和算错,或者在测量进行中,突然受到某种冲击震动的影响而产生的误差。在资料分析和环境预报等课题研究中,不可使用含有

过失误差的数据,必须设法把这些数据从资料中剔除。

需要说明的是,在观测资料中,若出现与其他资料有明显差异的值,即通常说的异常值时,不要轻易把它剔掉。因为有些异常值可能就是海洋环境要素异常变化的真实反应。例如,风暴潮来临时,水位和流速都会出现异常值,而这些异常值对风暴潮的研究非常重要。因此,对异常值要慎重处理,只能舍弃那些含有过失误差的异常值。异常值的判别剔除方法将在 2.3.4.2 异常值的判别准则详细讨论。

2.1.2 测量精度

测量精度是用于描述测得值与被测真值之间接近程度的量。它通常包含精密度和准确度两方面内容,而这两者又都与分辨率密切相关。

2.1.2.1 精密度

精密度是用一种仪器和技术对同一被测量进行反复测量,获得的各个测量值之间的差异。差异越小,精密度越高;差异越大,精密度越低。精密度反映了测量值出现的密集程度,可视为随机误差的定量指标(林纪曾,1981;库什尼尔 B. M.等,1983)。

设用某种仪器和技术进行多次测量,均值为 μ,方差为 S^2,则可将均方差 S 作为精密度的度量,并认为精密度与可重复性及噪声水平是等价的(Molinelli et al.,1981a)。

2.1.2.2 准确度

准确度是测量值的均值与被测量真值的符合程度。通常用均值 μ 与真值 x_0 之差作为准确度的度量,它反映了测量中系统误差的大小。

精度、精密度和准确度三者的含义和关系,可用打靶结果为例进行说明,其中靶心代表真值。图 2.1 中,a 图表示精密度和准确度都很高,从而精度最高;b 图表示虽然击中点较分散,精密度不如 a 图高,但准确度较高;c 图表示精密度很高,但击中点均偏离靶心较远,准确度很低;d 图击中点分散且偏离靶心,因此精密度和准确度均不高,精度最低。对观测精度要作全面分析,既要看精密度,又要分析准确度,不可顾此失彼。

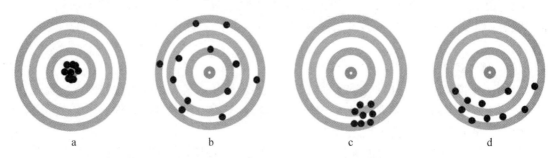

图 2.1 准确度、精密度、精度之间的关系

2.1.2.3 分辨率

分辨率是能够将准确度或精密度分辨出来的技术指标(Molinelli et al.,1981a)。被测量值是连续变化的,设计仪器的测量读数一般是离散的,分辨率可以理解为仪器对被测量值的连续变化可以分辨开的能力。对自记数字化仪器,它表示离散数字化的最小间隔。而遥感观测数据的分辨率主要是时间分辨率和空间分辨率。

（1）时间分辨率

时间分辨率是指在同一区域进行的相邻两次遥感观测的最小时间间隔。时间间隔大，时间分辨率低；时间间隔小，时间分辨率高。根据回归周期的长短，时间分辨率可分为三种类型：

1）超短或短周期时间分辨率

可以观测到一天之内的变化，以小时为单位。

2）中周期时间分辨率

可以观测到一年内的变化，以天为单位。

3）长周期时间分辨率

可以观测到多年的变化，一般以年为单位。

（2）空间分辨率

空间分辨率，是指遥感图像上能够详细区分的最小单元的尺寸或大小，是用来表征影像分辨地面目标细节的指标。空间分辨率是评价传感器性能和遥感信息的重要指标之一，也是识别地物形状、大小的重要依据。空间分辨率通常以像元或网格所对应的地面实际尺寸进行表征，单位通常为米、千米或度。

以图 2.2 为例，假设每个小图对应的地面实际尺寸为 1°经度×1°纬度，那么 a 图的空间分辨率为 1°×1°，b 图的空间分辨率为 0.5°×0.5°。以此类推，g 图的空间分辨率为 0.01°×0.01°。注意，空间分辨率指的是最小像元或网格的实际尺寸。由图 2.2 可以看出，分辨率对应的数字越小，即像元或网格对应的地面实际尺寸越小，则能够识别的地物尺寸越小，说明空间分辨率越高。a 图中，1°×1°的网格中只有一个数值，看不出任何更详细的信息。而 g 图中，1°×1°的网格中有 1 万个值，能够很详细地识别出有一个 R 字母。注意，空间分辨率的网格可以不是正方形的，比如 3°经度×5°纬度的网格。

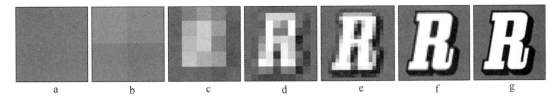

图 2.2　空间分辨率 R 示例

（3）时空分辨率的选择

时空分辨率是否越大越好呢？答案是否定的。选择什么样的时空分辨率要看具体的研究内容，若研究的是全球年变化，那么月的时间分辨率和 0.25°×0.25°的空间分辨率已经足够，更高的时空分辨率只能增加运算时间和成本，对结果影响不大。若研究区域为长江口，那么必须选择较高的空间分辨率。因为长江口只有 4°×5°大小，若空间分辨率为 1°×1°，则只有 20 个值，很多细节都不能识别。若研究的是日变化，则对时间分辨率要求较高，必须保证是小时级分辨率，才可能识别海洋信息在一天内的变化。若选择日或月的时间分辨率，就不可能识别一天内的变化。所以，读者要根据自己的研究内容，选择合适的时空分辨率产品。

2.2　近似数运算

进行资料观测和使用的海洋工作者,几乎天天同近似数打交道。而近似数的截取和运算却包含着许多科学道理,下面仅从应用方面进行说明。

2.2.1　近似数的截取方法

在观测过程中,由于受到一些不可控制的主观或客观因素的影响,实际观测数据必然含有误差,它们只是被测量的近似数值。其次,在数据处理中引进的诸如 π 和 $\sqrt{2}$ 这样的常数,往往以无穷小数的形式表示。这样就存在一个问题,即按什么原则将测得的近似数或计算常数截取到所需要的数位呢?

罗南星(1984)认为,近似数的截取应以测量误差为准则,对小于测量误差的数值,其位数取的再多也无意义,还会增加计算工作量。另一方面,若仅仅为了运算上的方便,将位数取得过少,同样不符合要求。例如,若水温观测误差为 $\pm 0.02℃$,那么将观测值读取到两位小数就可以了。若读取的某一观测值为 18.32℃,则应将其对应的真值理解为在 18.30℃ 至 18.34℃ 之间。在这种情况下,若把观测值读取到小数位的第三位,即使读出来,第三位数上的数值也毫无意义。

在加工资料时,常常要对 π 和 $\sqrt{2}$ 这样的常数进行截取,有时还会对观测和计算数据进行取舍。这些近似数的截取都可按"四舍六入五留双"的法则处理。即:若舍去部分的数值大于所保留的末位的 0.5,则末位加 1;若舍去部分的数值小于所保留的末位的 0.5,则末位不变;若舍去部分的数值等于所保留的末位的 0.5,则将末位凑成偶数,即当末位为偶数时末位不变,当末位为奇数时末位加 1。例如,若将数值截取到小数点后的第二位,则 25.303 需要舍去 0.003,小于所保留的末位的 0.5,即 0.005,所以保留后的数值为 25.30;而 24.306 1 需要舍去 0.006 1,大于所保留末位的 0.5 即 0.005,所以保留后的数值为 24.31;18.205 0 需要舍去 0.005 0,等于所保留末位的 0.5,而末位为偶数,所以末位不变,保留后的数值为 18.20;20.215 需要舍去 0.005,等于所保留末位的 0.5,而末位为奇数,所以末位加 1,保留后的数值为 20.22。

2.2.2　有效数字

有效数字对 2.2.3 近似数的运算有重要的意义,其定义为从近似数的左边第一个非 0 数字起,到末位数字止,所有的数字都是该数的有效数字。科学记数法中,仅根据乘号前面的数字计算有效数字。有效数字是仪器实际能测量到的数字,通常包括全部准确数字和最后一位不确定的可疑数字。而数据处理过程中经常会遇到的测量次数、倍数、系数、分数和 π、$\sqrt{2}$ 等常数的有效数字位数可看作无限多位。例如,1 056 有四位有效数字,12.50 有四位有效数字,0.015 8 有三位有效数字,3.4×10^4 有两位有效数字。同时定义末位的 0.5 为绝对误差限。例如,$x = 0.134\ 5$,其误差限为 0.000 1 的一半,即 0.000 05。

2.2.3　近似数的运算

罗南星(1984)认为可按如下规定对近似数进行运算。

2.2.3.1　一步运算

近似数相加或相减时(加数不超过 10 个),应以小数位数最少的近似数为标准。在计算结果中保留的小数位数,应和小数位数最少的那个数保持一致。例如:0.135+0.128+0.256 7+0.286 9+0.55+0.389 54=? 该保留小数点后几位呢? 这里面小数位数最少的是 0.55,应当保留到小数点后 2 位,即 1.75。

两个近似数相乘或相除时,应以有效数字少的近似数为标准。结果保留的有效数字位数与有效数字少的那个数保持一致。例如:0.54×1.589=? 该保留几位有效数字呢? 这里面有效数字位数最少的是 0.54,应当保留 2 位有效数字,即 0.86。

近似数乘方或开方时,计算结果应保留的有效数字位数和原来近似数的有效数字位数相同。例如:1.2^2=? 应当保留 2 位有效数字,即 1.4。

2.2.3.2　多步运算

若一个式子含有几种不同的运算,即所谓"多步运算"时,要先乘除后加减。例如,0.3+1.26×5.894 6+0.35^2=? 先计算 1.26×5.894 6,保留三位有效数字得到 7.43,0.35^2 保留两位有效数字得到 0.12;然后计算 0.3+7.43+0.12,保留小数点后 1 位,得到 7.8。

读者在数据处理时要注意保留小数点的位数和有效数字位数。差之毫厘,谬以千里,请读者一定要注意。

2.3　海洋现测资料的质量审查和质量控制

通常所说的海洋观测资料质量,其含义极其广泛。它不仅表示测量的诸坐标参数和海洋要素特征量的精确度和可靠性,还反应诸测量参数和特征量是否符合有关课题研究、生产和国防建设设计的要求。

对海洋资料来说,其质量除了与精度有关外,还与它的空间分布、取样间隔、取样时间长短、是否同步观测以及同其他资料的匹配如何密切相关,资料质量优劣涉及海洋仪器的研制生产、调查方案、观测站的布设,观测条件、人员技术素质和资料加工处理等各个环节。这里主要从资料精度、可靠性与统计特征等方面讨论海洋资料质量控制的方法和原理。

2.3.1　资料质量审查和质量控制的必要性

我国广大海洋科技工作者一直十分重视观测资料的质量审查工作。例如,对上报的每一份观测资料都要经过反复审核把关;在整理出版海洋资料时,预先制定资料质量审查方案,然后根据统一要求,对资料进行严格审查。如发现错误和疑问,有时还要查询到原始资料的观测者。广大海洋科技工作者,在使用资料进行课题研究和工程设计时,习惯的做法是要先对使用的资料进行必要的质量审查,剔除那些不符合要求的数据。

实践证明,资料中的有些错误,单靠计算机控制是难以发现和修正的。历史上调查仪器的变革、测量方法和调查规范的变更等因素对资料质量产生的影响,判别某些异常数据是否是由过失误差所致等问题,往往需要通过人工判断分析解决。因此决不能认为采用了计算机控制资料质量,就可以废除一些行之有效的人工审查资料的方法。正确的做法是在用计算机控制资料质量之前,先由人工对资料质量作必要的审查,然后再通过计算机程序控制资料质量。对检索出的异常值,计算者应认真分析,做出切合实际的判断,保留那些反映海洋环境异常变化的数据,去掉含有过失误差的异常值。因此,海洋资料质量检验有两个途径:一是人工审查,二是用计算机进行质量控制。两者的关系是相辅相成的,把它们结合起来,将大大提高资料质量检验的水平。

下面介绍审查和控制资料质量需要进行的主要工作。

2.3.1.1 审查和控制观测数据的误差和精度

海洋资料的观测精度及误差是海洋资料审查的重要内容,在处理资料时应对此作认真的检验。这项工作主要包括三个方面:

(1)审查观测数据中是否含有系统误差

如含有系统误差,可采用实验或分析的方法掌握其变化规律,从而校正测量结果。

(2)审查和控制资料中是否含有过失误差等异常值

异常值的判别及处理请见 2.3.4.2 异常值的判别准则。

(3)检验观测数据的噪声水平

处理像 CTD 这样的序列资料,还应检验观测数据的噪声水平。

2.3.1.2 明确资料来源、观测条件和处理方法

第二个工作是估计资料来源、观测条件和处理方法对资料质量的影响。进行某项课题研究或整编某海区的资料时,往往要采用几个单位,甚至几个国家的观测资料。由于各国的海洋调查规范不尽一致,使用的仪器也有很大区别,因此当把这些资料合并起来使用时,应首先弄清各个国家各个单位资料观测和资料处理方法的差别,估计它们对资料质量产生的影响。即使使用同一个国家、同一个单位的资料,也要注意不同时期观测资料的质量差别。在合并使用不同国家、不同单位、不同时期的观测资料时,应对各种资料质量作出评价,以便区别对待。

2.3.1.3 分析资料的代表性

资料的代表性是指资料能否客观地反应研究海区海洋要素的时间、空间变化特征。在课题研究中若不重视这一点,用缺乏代表性的资料进行计算分析,将会得出片面甚至错误的结果。例如,研究台湾以东黑潮的变化特征,使用了一些偏离黑潮流轴的资料,计算分析得出的结论显然缺乏代表性。黑潮的季节变化很显著,若只有几天的连续观测资料是无法用来研究黑潮的季节变化特征的。

当然资料的代表性是相对于研究海区的时间、空间变化尺度而言的。几天的连续观测资料,尽管无法用来研究黑潮的季节变化,但却可用来分析潮流特征。目前,在海洋资料缺乏的情况下,一方面应强调要根据课题要求使用有一定代表性的资料进行计算分析。另一方面也应充分利用现有资料,根据资料的代表性,选择一些合适的课题进行研究。

2.3.1.4 资料的对应性审查

在资料质量检验中,要认真核对海洋资料的观测日期及站位同各要素观测数据之间的

对应关系,及时纠正记录中错误的观测日期和站位。其次,如使用不同单位的几种海洋资料进行课题研究时,应审查这些资料的观测日期及站位之间的对应关系。例如,研究某海区的海流变化特征及其原因,要用到同海流资料相对应的海面风、水温和盐度等数据。若这几种资料的观测日期和站位不匹配,则很难达到课题研究的目的。

2.3.1.5　认真检验资料的统计特性

在使用资料分析海洋环境变化特征时,往往要假设观测数据在理论上服从一定的概率统计特性。这些统计特性包括数据对应的随机变量和随机过程是相互独立的并一致服从某种统计分布,时间序列资料对应的随机过程是平稳的或周期的等等。这些假设是否成立,需要对资料作统计检验。

需要指出,有的资料虽然站名相同,但实际分为两段。这两段资料是在不同地点进行观测的。虽然两地相距不会很远,但自然环境条件可能相差很大。当需要把这样的两段资料合并起来使用时,应对其统计特性进行一致性检验,检验它们的均值和方差等特征量是否一致。如经检验两段资料的统计特征量无显著差异,则可将它们合并使用,否则应把它们看作是具有两种统计特性的资料进行分析。

除此之外,对不同的海洋资料,应根据它们的不同特点,采用不同的方法和措施,控制它们的质量。

这里讨论的质量审查和质量控制,虽然可以保证和提高资料的质量,但它们基本属于事后把关的性质。也就是说,这些工作是在获得了资料之后,对资料质量进行检验和补救。实际上,资料质量还与调查计划的制定和实施、观测资料使用的仪器、观测方法和现场观测条件、观测者的技术水平和责任心及资料处理方法等因素密切相关。而这里介绍的资料质量检验只是整个海洋资料质量管理工作中的一个具体环节,在海洋工作中要真正做到全面提高资料质量,应在整个资料的获取和整理过程中,实施全面质量管理。

2.3.2　海洋观测资料中系统误差的处理

含有系统误差的数据,可能会将计算者引入歧途,使计算方案无法实施或者得出一些错误的结果。在资料分析中,这样的事例可列举很多。例如,有的验潮站在长期水位观测中,不止一次地因故变动了验潮记录的零点,使测得的水位资料中含有较明显的系统误差。对这样的资料如不进行系统误差的订正,将不能满足科研和工程设计项目的要求。若地震工作者要用它去研究地壳的下沉规律,即使计算分析方案再合理,也不会得出理想的结果,并且还可能使计算者误入歧途,怀疑自己的计算方案是否合理。道理很简单,因为地壳的下沉速度一般是相当缓慢的,一年只不过 2~4 mm。研究这样的下沉规律,需要十分精确的观测数据。但实测水位资料,因零点的不断变动而引进的误差,已大大地掩盖了地壳的下沉信息。因此,在资料处理中,必须重视系统误差的分离和订正。

下面说明系统误差的分类、发现和处理方法。

2.3.2.1　系统误差的分类

系统误差通常分为定值和变值系统误差。

(1) 定值系统误差

定值系统误差是指误差的大小和方向在整个观测过程中始终保持不变,它对每一测量值的影响是一个不变的常量。海洋资料中的很多系统误差均可作为定值系统误差来处理，例如海流计数据中所包含的系统误差就属于这一种。

（2）变值系统误差

变值系统误差的大小或方向随测量过程中某个或几个因素的变化而按一定的函数规律取值，即它可用某因素的函数表示，并对每一测量值有不同的影响。如 CTD 资料处理中，温度和电导率订正的系统误差就属于这种误差。

2.3.2.2　系统误差的发现和处理

（1）定值系统误差的处理

由于定值系统误差对每一观测值有相同的影响，因而观测数据的平均值中也含有相同的系统误差。设 x_0 是真值，x_1，x_2，$\cdots$，x_n 是 n 次观测值，$\bar{x}$ 为对应的平均值，δ_0 为定值系统误差，那么均值 $\bar{x}$ 为真值 x_0 和定值系统误差 δ_0 之和，真值为

$$x_0 = \bar{x} - \delta_0 \tag{2.4}$$

由于定值系统误差 δ_0 含于均值 $\bar{x}$ 中，因而一般无法用统计的方法把它从观测值中分离出来，而只能通过比测分析和实验室测定的方法发现。在海洋工作中，有相当一部分定值系统误差是由仪器生产厂家、仪器校准部门或观测单位直接提供给观测者和资料处理部门的。他们可根据这些校准参数，对原始记录进行校正。在上报资料时，应详细说明资料的订正情况，以便用户查询。

（2）变值系统误差的分离和处理

变值系统误差也可用比测和实验室校正的方法进行测定。例如，CTD 温度和电导率的系统误差就是通过海上比测和实验室订正的方法确定的。此外还可用统计的方法，从数据中分离出来。常用的统计方法有剩余误差代数和法、剩余误差符号检验法、序差检验法和对称消除法等。这里不作详细介绍，读者可自行查阅使用。

2.3.3　无效或缺失数据的判别及处理

2.3.3.1　无效或缺失数据的表征方法

数据文件中常有许多缺失数据或无效数据，首先需要确认缺失数据或无效数据是如何表征的。不同数据的表示方法可能不一样，一般会在数据的 readme 中或者 NetCDF 数据的头文件中进行说明。有时没有说明，就需要读者根据经验来判断。一般来说，NaN 和 999 是缺失数据或无效数据的常用表征方法。

2.3.3.2　无效或缺失数据的处理方法

在进行数据处理时，缺失数据或者无效数据应当不参与计算，其所对应的网格面积也不参与计算。例如，对含有 NaN 的数据进行求和、求平方或其他计算时，结果都是 NaN，也就是无效的。所以计算时，必须去掉 NaN 的数据。而对于 999 等无效值，若参与计算，将大大影响计算结果。

注意，不能直接将 NaN 或者 999 等无效值赋值为 0，对于求和可能没有影响，但是求平均就会使得分母变大，影响计算结果。读者在处理系统误差和无效值时要谨慎，确保数据精确。

2.3.4　异常值的判别及处理

在海洋资料中,会发现少数比正常数值大得多或小得多的异常数据,这就是通常所说的异常值。异常值的判别处理方法是海洋资料质量审查和质量控制的重要研究课题。

2.3.4.1　异常值的分类

异常值按其性质可分为两类,一类是正确的异常值,另一类是含有过失误差的异常值。

(1) 正确的异常值

正确的异常值,是被测要素在海况急剧变化时的真实记录。例如水位在地震来临时的异常记录,台风期间 20 m 的波高记录等,都是正确的异常值。这些宝贵的数据,对海洋预报和工程设计都很难得,因此不可以把它们从资料中剔掉,而应予以保留且着重分析和挖掘。

(2) 含有过失误差的异常值

含有过失误差的异常值,主要是由仪器失灵、外界条件的严重干扰或观测者粗心失误等原因造成的错误记录值。这些异常值是错误的、虚假的数据,为避免对后续结果造成严重影响,应当予以剔除。

2.3.4.2　异常值的判别准则

以前,海洋资料中的异常值是靠有经验的专业人员,用手工的方式,通过比较数据值的大小,或分析要素的变化趋势等方法判别处理的。而随着观测资料的日益增多,完全靠手工的方式判别异常值非常困难,因而改用计算机判别数据中的异常值,对海洋资料质量进行自动控制。其基本做法是先用计算机根据异常值的判别准则和方法,将异常值从大量的数据中挑选出来,对明显含有过失误差的异常值,可在计算机处理中直接删除;对靠计算机判别有困难的异常值,可将它们打印或显示出来,由计算者根据当时的海况等条件,确定是否将其删除。下面介绍几种判别异常值的方法和准则。

(1) 用海洋要素的正常取值范围判别异常值

根据多年海洋科研和调查的经验可知,大洋的水温值最高不会超过 44℃,最低不会低于−4℃。也就是说,正常情况下,测得的水温应落在−4～44℃范围内。如某个水温数值超出了该范围,则可认为它是异常值。因此,在质量自动控制中,可先按以往的经验,确定出各种海洋要素的正常取值范围。然后将每一个观测值同对应要素的正常取值范围进行比较。若超出了该范围,则认为是异常值;否则是正常值。美国海洋资料中心根据其海区的特点和不同仪器量程及各要素的变化特性,规定了计算机质量控制中各要素的正常取值范围(表 2.1)。

表 2.1　一些海洋要素的正常取值范围

要　素	正常取值范围	单　位
水温	−4～44.0	℃
盐度	0.0～45.0	‰
溶解氧	0～10	mg/L
磷酸盐	0.0～4.0	μmol/L

要　素	正常取值范围	单　位
硅酸盐	0.0～300.0	$\mu mol/L$
亚硝酸盐	0.0～4.0	$\mu mol/L$
硝酸盐	0.0～45.0	$\mu mol/L$
pH	7.4～8.5	
水深	0.0～11 034.0	m
压强	0.0～11 034.0	kPa
电导率	15.0～55.0	mS/cm
流向	0～359.9	°
流速	0～500	cm/s
东分量	-400～400	cm/s
北分量	-400～400	cm/s

水温的正常取值范围为 -4～44.0℃，一般低于 -2.4℃时就结冰了，也很少有高于 44.0℃的情况。盐度的正常取值范围为 0.0‰～45.0‰，0‰就是纯水，一般强河口有时会达到该数值；而死海会超过 45.0‰，可达 250‰；但除此之外，大部分海域的盐度一般不超过 45.0‰。溶解氧的正常取值范围为 0～10 mg/L，溶解氧的分布一般是海表高、深度低，小于 62.5 $\mu mol/L$(2mg/L)时即为缺氧。磷酸盐的正常取值范围为 0.0～4.0 $\mu mol/L$，磷酸盐是营养盐，主要用于制造细胞膜、DNA 和 RNA。硅酸盐的正常取值范围为 0.0～300.0 $\mu mol/L$，主要是用于制造硅藻、放射虫等硅质外壳的营养盐。亚硝酸盐的正常取值范围为 0.0～4.0 $\mu mol/L$，硝酸盐的正常取值范围为 0.0～45.0 $\mu mol/L$，两者均为制造蛋白质所需要的营养盐。pH 的正常取值范围为 7.4～8.5，海水成碱性。但是工业革命以来，随着人为 CO_2 的排放，越来越多的 CO_2 进入海水，使得海水酸化，pH 越来越小，所以以后的 pH 或可小于 7.4。水深的正常取值范围为 0～11 034 m，海洋中最深的马里亚纳海沟的深度就是 11 034 m。压强的正常取值范围为 0.0～11 034 kPa，水深和压强之间存在 1 m≈1 kPa 的关系，所以马里亚纳海沟可达最大压强 11 034 kPa。电导率的正常取值范围为 15.0～55.0 mS/cm，它是用来描述物质中电荷流动难易程度的参数，在海洋中，常用电导率与盐度进行换算。流向的正常取值范围为 0°～359.9°，流向和风向是与北方向的夹角，0°和 360°正好重合。流速的正常取值范围为 0～500 cm/s，海洋中的流速与河流流速相比较慢。东分量的正常取值范围为 -400～400 cm/s，负值代表西向。北分量的正常取值范围为 -400～400 cm/s，负值代表南向。在实际应用中，应结合我国海区的特点及仪器的具体性能，对其作必要的修改，给出符合我国海区特点的正常取值范围。

利用该方法还可以审查诸如观测日期、时间、地点等数据是否记错抄错。例如，一年中只有 12 个月，若月份项中记有 13，该数据显然是错误的。我国国家海洋资料中心已经用这种方法，对大量的潮汐、南森站和台站资料进行了质量控制。

(2) 利用要素与其统计值之间的关系判别异常值

经验表明，海洋要素观测量及其统计值之间存在着一定的正常关系。读者可利用这些关系判别资料中是否存在异常值。例如,在台站资料中,一天内若没有出现露、雾、雨、雪的天气现象,那么肯定不会有降水,若降水项目中出现了表示降水量的数据,则可断定这是一个错误的数据。

对水位资料,可通过判断各月极端水位的量值推断水位资料中是否有异常值。若各月极端水位的月极端高潮位与各月逐时潮位中的最大值之差大于 0 小于 20,且各月逐时潮位中的最小值与各月极端水位的月极端低潮位之差大于 0 小于 20,则为正常值,若不满足,则为异常值(王骥,1987)。即

$$0 < Z_H - \zeta_{\max} < 20$$
$$0 < \zeta_{\min} - Z_L < 20 \tag{2.5}$$

式中,Z_H 和 Z_L 分别是月极端高潮和低潮位;$\zeta_{\max}$ 和 $\zeta_{\min}$ 分别是该月逐时潮位中的最大和最小值,单位为 cm。

根据正常值取值范围及与统计值关系只能判别出一些较明显的异常值,有些异常值还需要用统计检验原理来判别。

(3) 用统计检验的方法判别过失误差和异常值

1) 莱因达准则

根据误差理论,一般情况下随机误差 δ 服从正态分布。设观测值为 $x_i(i=1, 2, \cdots, N)$,相应的剩余误差(也称残差)υ_i 可表示为每个观测值与平均值之差(罗南星,1984;陈上及等,1991)

$$\upsilon_i = x_i - \bar{x} \tag{2.6}$$

式中

$$\bar{x} = \frac{1}{N} \sum_{i=1}^{N} x_i \tag{2.7}$$

若观测值中仅含随机误差,则当 N 足够大时,剩余误差也应服从正态分布。这样就可用统计检验的方法判别实测的剩余误差中是否含有过失误差,进而识别观测值中是否有异常值。

根据正态分布规律,随机误差落在 $\pm 3\sigma$ 以外的概率只有 0.27%,因此可认为这是不可能发生的事件,其中 σ 为标准差。莱因达规定若剩余误差超出 ± 3 倍的残差标准差 σ,即

$$|\upsilon_i| > 3\sigma \tag{2.8}$$

则认为该剩余误差 υ_i 为过失误差。该准则称为莱茵达准则,也称为 3σ 法则。

在应用该准则时,残差标准差 σ 一般是未知的,通常用 σ 的估计值 S 替代它,其中

$$S = \sqrt{\sum_{i=1}^{N} \upsilon_i^2 / (N-1)} \tag{2.9}$$

莱茵达准则判别过失误差的界限与取样个数无关。当观测次数 N 较小时,剩余误差出现在 $\pm 3\sigma$ 界限邻近的概率已经很小,甚至是不可能的。也就是说,当取样个数较少时,几乎

检测不出异常值,莱茵达判别准则偏于保守。因此,莱因达准则通常适用于取样次数 N 较大的情况。

例 2.1 使用莱茵达准则判断 sst.nc 是否含有异常值

计算步骤:

① 计算 sst 数据的平均值

将每个 sst 数据求和再除以数据个数即可得到平均值。注意,无效数据 NaN 不能参与计算,若 NaN 参与计算,则平均值只能得到 NaN。所以要先选择出非 NaN 数据,再进行平均。可以使用 mdata＝nanmean(nanmean(sst(:))) 计算数据的平均值。注意,nanmean(nanmean(sst)) 和 nanmean(nanmean(sst(:))) 的结果是不一样的,而 nanmean(nanmean(sst(:))) 的结果才与将非 NaN 数据一一相加再除以数据个数的结果是一样的。

② 计算残差 υ_i

将每个 sst 值减去平均值获得残差 υ_i:vi＝sst－mdata。

③ 计算残差标准差 σ 的估计值 S

根据式(2.9)计算残差标准差 σ 的估计值 S。同样的,残差 υ_i 中包含 NaN 数据。因此,在计算 S 时也需要选择非 NaN 数据进行计算。

④ 找出残差超过 $\pm 3\sigma$ 的数据,即为异常值

使用 find(abs(vi)>3*S) 命令查找异常值。计算结果表明该 sst 数据没有异常值。

2) 肖维勒准则

为了使判别准则与观测次数联系起来,肖维勒提出了一种适合于观测次数较少时判别异常值的准则。他认为在 N 次重复测量中,若出现一个概率等于或小于 $\frac{1}{2N}$ 的剩余误差,则认为它是异常值(罗南星,1984)。下面具体说明其方法。

设观测误差中仅含随机误差,其方差为 σ^2。根据高斯误差定理可知,绝对值小于等于异常值界限 υ 的剩余误差 υ_e 出现的概率为

$$P(|\upsilon_e|\leqslant \upsilon)=2\Phi(z) \tag{2.10}$$

式中

$$z=\frac{\upsilon}{\sigma} \tag{2.11}$$

式中,$\upsilon>0$ 是过失误差的界限值。

把标准正态分布概率积分 $\Phi(z)$ 表示为

$$\Phi(z)=\frac{1}{\sqrt{2\pi}}\int_0^z e^{-\frac{t^2}{2}}dt \tag{2.12}$$

由式(2.10)可得小概率事件的概率为

$$P(|\upsilon_e|\geqslant \upsilon)=1-2\Phi(z) \tag{2.13}$$

假定出现过失误差的概率界限值为 $1/2N$,则

$$1 - 2\Phi(z) = \frac{1}{2N} \tag{2.14}$$

或

$$\Phi(z) = \frac{1}{2}\left(1 - \frac{1}{2N}\right) \tag{2.15}$$

这样由式(2.15)和式(2.11)便可算出过失误差的界限。

具体计算步骤为：

① 计算标准正态分布概率函数积分 $\Phi(z)$

根据已知的观测次数 N，由式(2.15)计算出标准正态分布概率函数积分 $\Phi(z)$。

② 计算肖维勒准则的异常值系数 z_g

根据式(2.12)，查找标准正态分布表，得出对应的 z 值，并将 z 值记为 z_g，z_g 值称为肖维勒准则的异常值系数。

③ 计算异常值界限 υ

根据式(2.11)计算异常值界限 υ

$$\upsilon = z_g \sigma \tag{2.16}$$

④ 判别剩余误差是否为异常值

由式(2.13)知，若某一剩余误差 υ_e 的绝对值大于异常值界限 υ，即

$$|\upsilon_e| > z_g \sigma \tag{2.17}$$

则认为此剩余误差为异常值。

实际计算中，剩余误差 $\upsilon_i (i=1, 2, \cdots, N)$ 是离散的，并用 υ_i 的标准差 S 代替均方根误差 σ。这样实际应用的异常值判别式为：

$$|\upsilon_i| > z_g S \tag{2.18}$$

例 2.2　已知重复测量次数为 19，标准差 S＝0.06℃，求异常值界限 υ。

计算步骤：

① 已知 $N=19$，由式(2.15)，计算得到 $\Phi(z)=0.486\,8$。

② 计算肖维勒准则的异常值系数 z_g

从标准正态分布表查得对应的 $z_g = 2.22$，也可使用 matlab 代码 zg＝norminv(thetaz＋0.5,0,1)计算得到 z_g。

③ 计算异常值界限 υ

异常值界限 $\upsilon = z_g S = 0.13℃$，凡是 $|\upsilon_i| > 0.13℃ (\upsilon_i = x_i - \bar{x})$ 的，都被认为是异常值。

注意，z_g 是常数，所以异常值界限 υ 保留小数的位数与标准差小数位数一致，即小数点后 2 位。

使用肖维勒准则进行检验时，若已识别出某一测量值是异常值，还需进一步判别是否剔除。若剔除，则用剩下的观测数据重新计算剩余误差和标准差，用新的标准差和观测次数重新对数据进行检验。

肖维勒准则的可靠性与测量次数 N 有关,若 N 太小,其可靠性也较差。经验表明,当 $N > 15$ 时,此准则检验效果较好。但是,用它控制潮汐资料的质量时,常常把一些合理的数据选作异常值,因此显得过于严格。因此,需要专门针对潮汐海流资料的异常值判别方法。

3) 潮汐海流资料的异常值判别

假定观测误差 $\varepsilon(x)$ 服从均值为 0,标准差为 σ 的正态分布随机变量。因此,对任何一次观测,其误差的绝对值小于 υ ($\upsilon > 0$) 的概率为 $P(\upsilon)$

$$P(\upsilon) = \frac{2}{\sqrt{2\pi}\sigma} \int_0^\upsilon e^{-\frac{u^2}{2\sigma^2}} \, du \tag{2.19}$$

若有 N 个观测值,则所有这 N 个观测值的误差均小于 υ 的概率 $P_0(\upsilon)$ 应等于 $P^N(\upsilon)$

$$P_0(\upsilon) = \left[\frac{2}{\sqrt{2\pi}\sigma} \int_0^\upsilon e^{-\frac{u^2}{2\sigma^2}} \, du \right]^N \tag{2.20}$$

若 $P^N(\upsilon)$ 接近于 1,则所有 N 次观测的误差都小于 υ 的可能性便很大,而大于 υ 的可能性则很小。因此,若某观测值的误差大于 υ,便可认为该观测值是不合理的,应当把它当做异常值。

该方法需要先确定 $P_0(\upsilon)$ 值,若 $P_0(\upsilon)$ 值给定了,则可以由式(2.20)反过来计算 υ 值。因此,将式(2.20)变为式(2.12)的形式,设

$$\left. \begin{array}{c} t = \dfrac{u}{\sigma} \\[2mm] \mu = \dfrac{\upsilon}{\sigma} \end{array} \right\} \tag{2.21}$$

则有

$$P_0(\mu) = \left[\frac{2}{\sqrt{2\pi}} \int_0^\mu e^{-\frac{t^2}{2}} \, dt \right]^N \tag{2.22}$$

这样,给定 $P_0(\mu)$ 值,便可算出 μ 值,方国洪(1981)称 μ 为临界系数。已知 μ,便可由式(2.21)计算过失误差的界限 υ 值

$$\upsilon = \mu\sigma \tag{2.23}$$

若 $|\varepsilon(x)| > \mu\sigma$,则认为 $\varepsilon(x)$ 是异常值。

当 N 值比较大时,肖维勒准则的误差系数 z_g 与对应于 $P_0(\upsilon) = 0.6$ 时的 μ 值几乎一样。这表明 N 次观测中,至少有一个误差大于 $z_g\sigma$ 的概率大约为 0.4。出现异常值的概率达到这样的数值,说明对潮汐资料的质量控制过于严格了,这将导致把合理的数据舍弃掉。方国洪(1981)认为,对潮汐资料取 $P_0(\upsilon) \geqslant 0.8$ 较合适。

直接用式(2.22)计算很不方便,方国洪(1981)根据数值间的规律,建立了 μ^2 与 $\ln N$ 之间的关系式

$$\mu^2 = a + b\ln N + c\ln^2 N \tag{2.24}$$

表 2.2 列出了与各 $P_0(v)$ 相对应的 a、b 和 c 值。

表 2.2　μ^2 拟式中的系数

$P_0(v)$	a	b	c
0.8	1.40	1.680	0.012 6
0.9	2.56	1.738	0.009 6
0.95	3.75	1.776	0.007 8
0.99	6.59	1.837	0.004 5

对于观测误差 $\varepsilon(x)$ 也有不同的理解。设根据准调和分析初算所得的解,自报各观测时刻的水位值为 $\hat{x}_i$,将观测误差 $\varepsilon(x)$ 定义为每次观测值 x_i 与对应时刻的自报水位值 $\hat{x}_i$ 之差

$$\varepsilon(x) = x_i - \hat{x}_i \tag{2.25}$$

并规定若

$$(x_i - \hat{x}_i)^2 \geqslant \mu^2 \sigma^2 \tag{2.26}$$

则认为 x_i 是异常的,应着重分析。若是不合理的,就把它从分析过程中剔除。

具体步骤是:

① 给定 $P_0(\mu)$ 值

如 $P_0(\mu) = 0.6$,则表明 N 次观测中,至少有一个误差大于 v 的概率大约为 0.4。对于潮汐资料,取 $P_0(\mu) \geqslant 0.8$(方国洪,1981)。

② 计算标准正态分布概率函数积分 $\Phi(\mu)$

由式(2.22)和式(2.12)得到 $P_0(\mu)$ 和标准正态分布概率函数积分 $\Phi(\mu)$ 的关系

$$P_0(\mu) = [2\Phi(\mu)]^N$$
$$\Phi(\mu) = \frac{[P_0(\mu)]^{\frac{1}{N}}}{2} \tag{2.27}$$

再由 $P_0(\mu)$ 计算得到标准正态分布概率函数积分 $\Phi(\mu)$。

③ 计算过失误差的临界系数 μ

查找标准正态分布表,得出对应的过失误差临界系数 μ,mu=norminv(thetamu+0.5,0,1),也可使用式(2.24)由观测次数 N 计算得到。

④ 计算过失误差的界限 v 并判别异常值

根据式(2.23),计算得到过失误差的界限 v 值。若观测误差 $\varepsilon(x)$ 的绝对值大于 v 即 $\mu\sigma$,则认为 $\varepsilon(x)$ 是异常值,其中观测误差 $\varepsilon(x)$ 可以由式(2.1)和式(2.25)计算得到。

该方法也适用于海流资料的质量控制。对于海流资料,只要将其分解成东、北两个分量,用分解的东分量或北分量代替水位观测值,就可以用该方法对它们分别进行检验,进而达到控制海流资料质量的目的。

我国资料中心在应用该方法对大量潮汐资料进行质量控制时,曾对它作了适当的修改。修改后的方法认为,在正常情况下,潮位随时间的变化是连续的、有规律的。某时刻的潮位值,可用其前后段时刻的潮位值来估计,则 k 时刻的潮位近似值为

$$\hat{\zeta}(k) = \frac{2}{3}\big[\zeta(k+1) + \zeta(k-1)\big] - \frac{1}{6}\big[\zeta(k+2) + \zeta(k-2)\big] \qquad (2.28)$$

式中,$k = 3, 4, \cdots, N-2$;N 为实测潮位的总个数;$\zeta(k-2)$、$\zeta(k-1)$、$\zeta(k+1)$ 和 $\zeta(k+2)$ 分别是 k 时刻前后各 2 h 的观测潮位。

式(2.28)是过节点 $(k-2)$、$(k-1)$ 和 $(k+1)$ 以及过节点 $(k-1)$、$(k+1)$ 和 $(k+2)$ 处的两个二次拉格朗日插值的平均值(拉格朗日插值请见 2.4.5.1 节)。根据潮位变化的连续性,k 时刻的实测潮位 $\zeta(k)$ 应接近于 $\hat{\zeta}(k)$,其差以 Δ_k 表示,即

$$\Delta_k = \zeta(k) - \hat{\zeta}(k) \qquad (2.29)$$

Δ_k 的均值以 $\bar{\Delta}$ 表示,Δ_k 的标准差以 S 表示。

以 $(\Delta_k - \bar{\Delta})$ 代替随机误差,若

$$|\Delta_k - \bar{\Delta}| > \mu S \qquad (2.30)$$

则认为区间 $[(k-2), (k+2)]$ 上的 5 个逐时潮位中至少有一个是可疑的。

修改后的方法选取 $P_0(v) = 0.9$,$\mu = 4.374$,并约定一年的潮位观测次数 $N = 8\ 760$。大量的计算结果表明,在潮汐曲线的不同位置上,均值 $\bar{\Delta}$ 和标准差 S 的取值差异较大。

在应用该方法控制潮汐资料的质量时,对计算机判别出的有问题的资料,并不立刻将它删除,而是把它显示或打印出来,由计算者作进一步审核。国家海洋信息中心用修改后的方法,对大量潮汐资料进行了质量控制,取得了较好效果。

用统计检验判别过失误差和异常值的方法还有 t 分布检验准则、格拉布斯检验准则和狭克松检验准则等。同一站点的一个或多个数据是否同其他数据有显著差异可使用 F 检验法等方法。

4) 用盐度-密度模型判别盐度的异常值

对日益增加的海洋资料,除了可以用莱茵达准则等方法判别其中的异常值外,还可以用盐度-密度模型控制其盐度资料的质量。其基本思想是在海况分析中用水温(T)、盐度(S)和密度(σ_t)划分水团类型。因为在同一水团中,温度、盐度和密度具有特定的性质,存在一定的关系。据此可建立相关统计模型,检验新观测的资料是否有异常值。水团的温度、盐度和密度特性及其相互关系,可用叠置在等 σ_t 线上的 T-S 曲线和叠置在等温线上的 S-σ_t 曲线建立相关模型,检验盐度的异常值更合理些。

建立盐度-密度模型判别盐度异常值的主要步骤是:

① 资料质量审查和控制

将全部历史资料进行质量审查和质量控制,删除含有过失误差的异常值,选用质量好的资料建立模型,以用作统计。

② 分区

为了建立模型,先将整个海区划分为适当的小方区。美国国家海洋资料中心建立这种

模型时使用了 $5° \times 5°$ 小方区。若某小方区的观测次数少于 10，则不建立它的模型。

③ 对盐度-密度进行双频率统计

把审查过的小方区内等于或大于 100 m 层的全部历史资料，进行盐度-密度双频率统计。先将小方区内的盐度和密度按照总的取值范围划分成若干个小的区间，组成一些小的"统计单元"。一般情况下，小"统计单元"的宽度取 0.05 kg/m³，高度取 0.1‰。然后统计出每一小单元对应的盐度和密度在实测资料中出现的次数和频率，这就是双频率分布统计（图 2.3）。

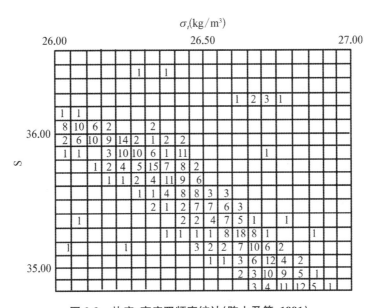

图 2.3　盐度-密度双频率统计(陈上及等，1991)

④ 百分位法确定密度取一定范围值时盐度的期望和变化极限

由图 2.3 可见，一旦确定了密度的取值范围，例如它由 26.20 kg/m³ 变化到 26.25 kg/m³，那么双频率分布统计就化为盐度的单频率分布统计。计算并画出密度取一定范围值时相应的盐度频率分布（见图 2.4）。

在这样的盐度频率分布图上，以第 50 个百分位点对应的盐度值，作为密度取一定范围值时，该小方区内盐度的期望值；以第 1 个百分位点对应的盐度值，作为密度取一定范围值时，该小方区内盐度变化范围的下界；以第 99 个百分位点对应的盐度值，作为密度取一定范围值时，该小方区内盐度变化范围的上界（见图 2.4）。

按这样的方法，分别求出小方区内每一给定的密度范围值，对应的盐度期望值和变化极

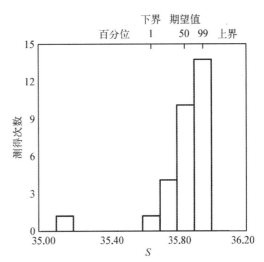

图 2.4　盐度的出现次数和频率统计
(陈上及等，1991)

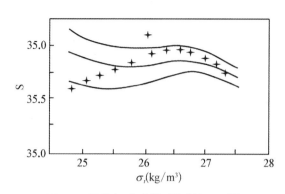

图 2.5 用盐度-密度模型控制新观测的盐度资料质量

"+"的坐标表示新观测数据的量值

限值。这里之所以用百分位法确定盐度的变化范围,而不用标准差表示是因为盐度观测值一般并不服从正态分布。

⑤ 判别盐度异常值

以密度为变量,以盐度为函数,将密度取一定值时,对应盐度的期望和变化的极限值的点分别连成曲线,用它们表示盐度的期望和变化范围(图 2.5)。这种表示不同密度下,盐度的期望和变化范围的统计模型称为盐度-密度模型。若新观测的盐度值落在模型的变化范围内,则认为是正确可靠的数据;否则,就认为是异常值(图 2.5)。

早在 1976 年,美国国家海洋资料中心曾用经过检验的 560 000 个站次的南森站资料建立了 305 个 5°×5°方区的盐度-密度模型,并对南森站的盐度观测数据进行了质量控制。该中心还用此模型控制了 STD 和 CTD 的盐度观测数据的质量,收到了较理想的效果(Molinelli et al., 1981b)。

国家海洋信息中心在南森站资料文档的基础上,根据我国海区的特点,采用本方法建立了相应的质量控制模型。

5) 用密度的稳定性判别水温数据中的异常值

与盐度-密度模型检验相对应,在南森站、STD 和 CTD 等资料的质量控制中,可用密度的稳定性检验判别它们的温度数据中是否有异常值。

由物理海洋学可知,大洋的密度场是成层稳定的。正常情况下,上层海水的密度应小于下层的。若上层的密度值比下层密度显著大,则海水处在很不稳定的异常状态,就有必要分析其具体原因。若这种密度的异常分布不是由于大风等海洋环境因素所致,则应怀疑计算密度所使用的压力、温度和盐度数据中含有过失误差。

一般情况下,海水现场密度的大小取决于压力值的大小,盐度和温度值是次要的。但在压力相同的条件下,密度对温度异常的反应要比对盐度的敏感的多。这样就可先用 4)中介绍的盐度-密度模型控制盐度数据的质量,然后采用绝热处理的方法,让两层海水处在压力相同的条件下,检验其密度的稳定性是否异常,进而判别计算密度所使用的温度值是否含有过失误差。这就是用密度的稳定性判别水温数据中异常值方法的基本思想。

设相邻两层海水中,上一层的温度、盐度和压力值分别为 T_1、S_1 和 P_1,下一层的温度、盐度和压力分别为 T_2、S_2 和 P_2,为检验密度的稳定性,可作如下处理和计算:

① 确定绝热处理中两层海水的平均压力 P_A

$$P_A = \frac{1}{2}(P_1 + P_2) \tag{2.31}$$

② 计算绝热梯度

由热力学知,绝热梯度是指水体在绝热变化中,单位压力所对应的温度变化。绝热梯度

$\Gamma(S，T，P)$ 是盐度 S、温度 T 和压力 P 的函数(库什尼尔 B. M.等,1983)

$$\Gamma(S，T，P)=\dfrac{T_1\dfrac{\partial V}{\partial T}}{C_P} \tag{2.32}$$

式中,$T_1=T+273.15$ 是绝对温度,单位为 K;$\dfrac{\partial V}{\partial T}$ 是热膨胀,单位为 $\mathrm{m^3/(kg \cdot ℃)}$;$C_P$ 是压力为 P 时海水的比热,单位为 $\mathrm{J/(kg \cdot ℃)}$。在大洋中,$\Gamma(S，T，P)$ 的变化范围一般为 $1\times10^{-5}\sim2\times10^{-5}℃/\mathrm{kPa}$。$\Gamma(S，T，P)$ 的算法很多,目前最常用的是 Bryden(1973)的多项式拟合法

$$\begin{aligned}\Gamma(S，T，P)=&a_0+a_1T+a_2T^2+a_3T^3+(b_0+b_1T)(S-35)+\\&[c_0+c_1T+c_2T^2+c_3T^3+(d_0+d_1T)(S-35)]P+\\&[e_0+e_1T+e_2T^2]P^2\end{aligned} \tag{2.33}$$

式中,$a_0=+3.580\,3\times10^{-5}$;$a_1=+8.525\,8\times10^{-6}$;$a_2=-6.836\,0\times10^{-8}$;$a_3=+6.622\,8\times10^{-10}$;$b_0=+1.893\,2\times10^{-6}$;$b_1=-4.239\,3\times10^{-8}$;$c_0=+1.874\,1\times10^{-8}$;$c_1=-6.779\,5\times10^{-10}$;$c_2=+8.733\,0\times10^{-12}$;$c_3=-5.448\,1\times10^{-14}$;$d_0=-1.135\,1\times10^{-10}$;$d_1=+2.775\,9\times10^{-12}$;$e_0=-4.620\,6\times10^{-13}$;$e_1=+1.867\,6\times10^{-14}$;$e_2=-2.168\,7\times10^{-16}$。式(2.33)计算结果的标准差为 $3.38\times10^{-8}℃/\mathrm{kPa}$。可用下列数据检查此式的计算结果是否正确:当 $S=40‰$,$T=40℃$,$P=100\,000\ \mathrm{kPa}$ 时,$\Gamma(S，T，P)=3.255\,976\times10^{-5}℃/\mathrm{kPa}$。

③ 计算绝热变化

计算两层海水分别由压力 P_1 和 P_2 处变化到 P_A 时,对应温度的绝热变化 ΔT_1 和 ΔT_2:

$$\begin{cases}\Delta T_1=\Gamma(S_1，T_1，P_1)(P_A-P_1)\\\Delta T_2=\Gamma(S_2，T_2，P_2)(P_A-P_2)\end{cases} \tag{2.34}$$

④ 计算现场密度

计算两层海水在绝热条件下分别变到压力为 P_A 处的现场密度 σ_1 和 σ_2:

$$\begin{cases}\sigma_1=\sigma_{S_1,(T_1+\Delta T_1),P_A}\\\sigma_2=\sigma_{S_2,(T_2+\Delta T_2),P_A}\end{cases} \tag{2.35}$$

⑤ 比较 σ_1 是否显著地比 σ_2 大

若 σ_1 比 σ_2 显著大,说明两层海水显著不稳定,应进一步分析这种不稳定是否是由于异常的温度数据所致。另外,σ_1 比 σ_2 显著大的标准是必须使两者之差大于计算密度过程中的测量误差效应。在实际检验中,一般规定两者之差大于 0.01 个 σ_t 单位时,才算 σ_1 比 σ_2 显著地大,即

$$\sigma_1-\sigma_2=\Delta\sigma>0.01 \tag{2.36}$$

⑥ 判别温度是否有异常

用式(2.36)的方法对每两层海水进行稳定性检验,判别温度是否有异常。为慎重起见,应在计算机上显示温、盐的垂直分布和 $\Delta\sigma$ 的分布情况,并对检验出的温度异常作进一步分析,由计算者判断温度异常值中是否含有过失误差。对那些一时难以判断的温度异常值,最

好给它们加上质量标识符,仍然把它们保留在原来的资料中。

以上就是通过密度的稳定性检验判别水温数据中是否含有异常值的基本方法。美国国家海洋资料中心将该方法和上文中介绍的盐度-密度模型检验结合起来,对其搜集到的南森站、STD 和 CTD 资料进行了质量控制。只有经过质量审查和质量控制之后的数据才可以进行进一步的处理。

2.4 数据预处理

2.4.1 数据匹配

2.4.1.1 数据匹配原因

在研究科学问题时,有时会同时用到许多不同的参数。而这些参数可能不是同时测量的,而是来自走航、台站、浮标或不同的卫星观测资料。因此,就需要对不同来源的数据进行匹配,以保证数据的同步性。

2.4.1.2 数据匹配方法

数据匹配时,应由数据量少的数据匹配数据量多的数据。若是实测数据和卫星数据进行匹配,那么应该由实测数据来找与之匹配的卫星数据。且所匹配数据之间的空间距离一般不能超过卫星数据空间分辨率的一半,所匹配数据之间的时间间隔不能超过卫星数据时间分辨率的一半。若是两组不同的卫星数据进行匹配,应当由分辨率低的卫星数据寻找与之匹配的高分辨率卫星数据。且所匹配数据之间的空间距离一般不能超过空间分辨率较低的卫星数据的空间分辨率的一半,所匹配数据之间的时间间隔一般不能超过时间分辨率较低的卫星数据的时间分辨率的一半。

匹配时要注意:

(1)网格点是否匹配

比如,同为 $1° \times 1°$,网格点所在的位置可能是$(0°, 0°)$、$(1°E, 1°N)$等,也可能是$(0.5°E, 0.5°N)$、$(0.5°E, 1.5°N)$等。若网格点一致,则可以直接进行匹配;若网格点不一致,则需要进行网格重构(详见 2.4.2)。

(2)南纬的表述

根据惯例,南纬可以用$-1°$, $-2°$, $-3°$, …, $-90°$表示,也可用 $91°$, $92°$, …, $180°$表示。不同的数据,南纬的表述方法可能不同,匹配时应当统一南纬格式,才能获得正确的匹配数据。

(3)西经的表述

根据惯例,西经可以用$-1°$, $-2°$, $-3°$, …, $-180°$表示,也可用 $181°$, $182°$, …, $360°$表示。但是,在处理台风数据时尤其要注意,可能会遇到用 $1°$, $2°$, $3°$, …, $180°$表示西经的情况。不同的数据,西经的表述方法可能不同,匹配时应该统一西经格式,以获得正确的匹配数据。

(4)日期的表述

日期的表述可能是儒略日的形式,也可能是年、月、日的形式,需要转换为相同的格式,比如统一转换为年、月、日的形式。其中儒略日是从格林威治标准时间开始的计时。起点的时间(0 日)回溯至儒略历的公元前 4713 年 1 月 1 日中午 12 点,这个日期是三种多年周期的共同起点,且是历史上最接近现代的一个起点。例如,2000 年 1 月 1 日的 UT12:00 的儒略日是 2 451 545。可用[year, month, day, hour, minuter, second]＝yu_epoch2ymd(epoch, epoyear, epomonth, epoday, epohour, epominuter, eposecond)函数将相对于 epoyear 年 epomonth 月 epoday 日的时间 epoch 转化为年 year、月 month 和日 day。

(5) 时间的表述

时间可能是 12 小时制或 24 小时制,在进行数据匹配时也需要转换为相同的时间格式。

2.4.1.3　数据匹配步骤

下面以实测数据和卫星数据相匹配为例说明数据匹配的步骤,流程图见图 2.6。

(1) 匹配时间、地点

根据卫星数据的时空分辨率,要求空间距离不能超过 0.5°,时间间隔不能超过 1 个小时。

① 循环读取实测数据

这是为什么要用数据量少的数据查找数据量多的数据的原因。数据量少的数据,循环次数更少。

② 查找与实测数据匹配的卫星数据

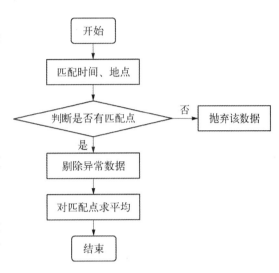

图 2.6　数据匹配流程图

使用 index＝find(abs(SATLAT－lat(i))＜0.5 & (abs(SATLON－lon(i))＜0.5 | abs(SATLON－lon(i))＞359.5) & (DAY＝＝day{i}(j) & abs(HOUR-time{i}(j))＜1))语句查找与实测数据空间距离不超过 0.5°、时间间隔不超过 1 小时的卫星数据。此处,lat(i)、lon(i)、day{i}(j)、time{i}(j)是实测数据对应的纬度、经度、日期和时间;SATLAT、SATLON、DAY、HOUR 是卫星数据对应的纬度、经度、日期和时间。

选出与实测数据的纬度小于 0.5°的卫星数据,同时还要满足经度之差的绝对值小于0.5。而对经度来说,0°和 360°是重合的,所以经度之差的绝对值大于 359.5 也符合要求。日期需要是同一天,时间之差的绝对值需要小于 1。这里要注意,若该数据中还包含其他年份或月份的数据,还要保证年份和月份相同。

对每一个实测数据进行卫星数据匹配,直到所有的数据都匹配完成为止。

(2) 判断有无匹配点

使用 isempty(index)命令判断 index 是否为空。若返回 1,表示 index 为空矩阵,即没有匹配到数据;若返回 0,表示 index 不是空矩阵,即有匹配数据。注意,若没有匹配点,则对应的实测数据或者低分辨率网格数据也抛弃掉,因为匹配数据是一一对应、成对出现的。

(3) 剔除不合理的异常数据

使用 2.3.4.2 节的异常值判别方法,判别匹配数据中有无异常值,并将不合理的异常数据剔除。

(4) 对匹配点求平均

均值的计算方法有算数平均和反距离加权平均等方法(详见 3.1.1 节)。

（5）匹配结果分析

1）双频率统计

将实测数据和卫星数据按照总的取值范围划分成若干个小的区间，组成一些小的"统计单元"。对于波陡数据，小"统计单元"的宽度和高度可取 0.002 5。统计出每一小单元中匹配数据出现的次数。

2）绘制匹配结果对比图

如图 2.7 所示，将匹配点以散点的形式绘制到图上，并以匹配数据落入各"统计单元"的数量绘制等值线。绘制 1∶1 对角线作为标准线，用以标注数据点是否高估或低估。若以实测数据为真值（横坐标），那么位于 1∶1 对角线之上的属于高估的数据，位于 1∶1 对角线之下的属于低估的数据。

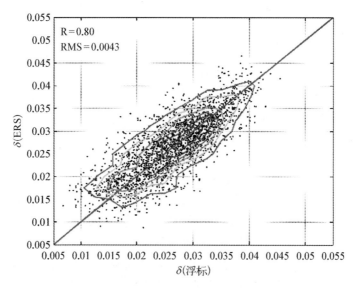

图 2.7　反演的波陡与浮标测量的波陡的匹配结果（Yu et al., 2013）

3）匹配效果分析

若大部分散点位于 1∶1 对角线上，数据比较均匀的分散在 1∶1 对角线两侧，且线上、线下部分基本对称，说明卫星反演的结果较好，没有高估或低估现象。

除了根据 1∶1 对角线和散点数量等值线外，还可通过相关系数 R（详见 3.4.1 节）和均方根误差 RMS（详见 3.2.5 节）来表征卫星反演结果的优劣。

2.4.2　网格重构

2.4.2.1　网格重构的原因

在科学研究时，有时需要同时对多种不同来源的参数进行匹配，或者需要对分辨率相同，但网格中心点不同的卫星数据进行匹配。此时，就要根据需要重构网格。

2.4.2.2　网格重构方法

（1）设置网格的时空分辨率和中心点

设置网格时要注意，尽量不要使数据落入网格的边界。数据一旦落入网格边界，其归属就有了分歧,增加匹配误差。另外,重置网格的时空分辨率一般不高于时空分辨率最低的数据的时空分辨率。这样可以避免插值,也可以保证各网格数据连续。也可以选择某一最低时空分辨率的网格作为重构网格。

　　具体做法是,根据数据的空间覆盖范围,以及选取的分辨率,规则地重新定义每个网格中心的经纬度。比如:纬度 lat＝0:1:20,经度 lon＝120:1:130,就是在 0°N～20°N,120°E～130°E 的范围内,划分了 1°×1° 的网格。在该例中,网格中心点刚好落到了整数经纬度上。但是要注意,网格中心点不一定是整数。刚才的例子也可以设置为纬度 lat＝−0.5:1:20.5,经度 lon＝119.5:1:130.5。

　　重构网格时,除了设置空间网格之外,还需要设置时间分辨率,比如每天一个数据还是每月一个数据。

　　(2) 匹配数据到网格上

　　设置好网格的时空分辨率和中心点之后,就可以对所设置网格的时间和空间分别进行循环,找出与其时间间隔和空间距离在半时空分辨率内的所有数据,剔除不合理的异常值,并对相同参数求平均。如此操作,所有的数据就都在同一个网格下了。网格重构流程如图 2.8 所示。

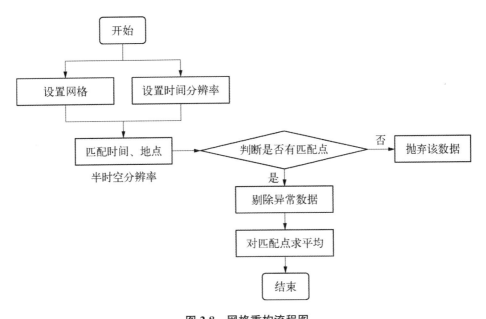

图 2.8　网格重构流程图

　　数据匹配和网格重构是数据预处理的重要内容,将为后续数据处理打下基础。

2.4.3　数据的标准化和归一化

2.4.3.1　数据标准化和归一化处理的原因
主要有三个情形需要进行标准化和归一化处理:

(1) 数字较大难以收敛

(2) 数据不呈正态分布

当然,对于不呈正态分布的数据的处理方法有很多种,除了标准化和归一化方法之外,在3.3.4节中还会介绍,通过变量变换的方法将其变为正态分布。

(3) 建立多变量模型时

由于各变量的性质不同,通常具有不同的量纲和数量级。当各变量间的数值相差很大时,若直接用原始数据进行分析,就会突出数值较大的变量在综合分析中的作用,相对削弱数值较小的变量的作用。因此,为了保证结果的可靠性,在数据分析之前,通常需要对原始数据进行标准化处理,利用标准化后的数据进行建模分析。

如图2.9中所示,x_1的取值为$0 \sim 2\,000$,而x_2的取值为$1 \sim 5$。假如只有这两个特征量,对其进行优化时,会得到一个窄长的椭圆形,这会导致在梯度下降时,梯度的方向为与等高线的方向相垂直而走之字形路线(图a),从而迭代速度很慢。相比之下,经过归一化处理之后,图b的迭代就会很快,因为迭代方向固定,不会走偏。所以,将数据进行标准化处理可以显著提升模型的收敛速度。

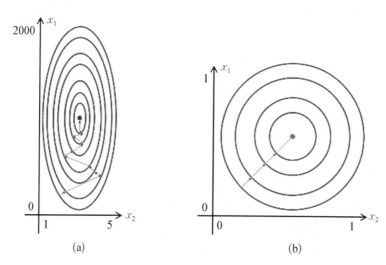

图 2.9　归一化模型

标准化还可以提高模型的精度,这在涉及距离计算的算法时效果显著。比如在计算欧氏距离时,因为x_2的取值范围较小,在距离计算时其对结果的影响会远远小于x_1的影响,这就会造成精度的损失。所以标准化处理是很有必要的,它可以让各个特征量对结果做出的贡献具有可比性。

2.4.3.2　标准化和归一化的异同点

(1) 数据的标准化

数据的标准化是将数据按比例缩放,使之落入一个小的特定区间。常用于去除数据的单位限制,将其转化为无量纲的纯数值,便于不同单位或量级的指标进行比较和加权。

目前数据标准化的方法有多种,归结起来可以分为直线型方法(比如极值法、标准差法)、折线型方法(如三折线法)和曲线型方法(如半正态性分布法等)。不同的标准化方法,对系统的评价结果会产生不同的影响。但是,现在在数据标准化方法的选择上,还没有通用的法则可以遵循。其中最典型的标准化就是数据的归一化处理,即将数据统一映射到

[0，1]区间上。

（2）数据的归一化

归一化主要有两种形式，一种是把数值变为[0，1]之间的小数，使得数据处理更加方便；另一种是把有量纲的表达式变为无量纲的表达式，既保证了运算的便捷，又能凸显出物理量的本质含义。

所以归一化是标准化的一种类型，标准化不限制目标区间，而归一化一般将目标区间设置为[0，1]。

2.4.3.3　数据标准化的方法

（1）min-max 标准化

min-max 标准化也叫 0-1 标准化、线性函数归一化、极差标准化和离差标准化，是对原始数据进行线性变换，使结果落到[0，1]区间。具体算法是用每一个数值减去其最小值再除以最大值与最小值之差

$$x^* = \frac{x - x_{\min}}{x_{\max} - x_{\min}} \tag{2.37}$$

式中，x^* 为 min-max 标准化之后的数据；$x_{\max}$ 为样本数据的最大值；$x_{\min}$ 为样本数据的最小值。

若要将数据 min-max 标准化到[a，b]区间范围，其计算步骤为：

1）找到原样本数据 x 的最小值 $x_{\min}$ 及最大值 $x_{\max}$

2）计算系数 k

$$k = \frac{b - a}{x_{\max} - x_{\min}} \tag{2.38}$$

3）计算得到标准化到[a，b]区间的数据 x^*

$$x^* = a + k(x - x_{\min}) = b + k(x - x_{\max}) = \frac{a(x_{\max} - x) + b(x - x_{\min})}{x_{\max} - x_{\min}}$$

$$= \frac{ax_{\max} - bx_{\min} + (b - a)x}{x_{\max} - x_{\min}} \tag{2.39}$$

这就是一个线性变换，在坐标系上就是求直线方程。先求出系数，代入一个点对应的值（x 的最大/最小就对应 x^* 的最大/最小）就可以了。该方法有一个缺陷，就是当有新数据加入时，可能会导致最大值和最小值的变化，需要重新定义最大最小值。

（2）z-score 标准化

z-score 标准化也是最常见的标准化方法，是统计计算中最为常用的标准化方法，SPSS中的标准化方法就是 z-score 标准化。z-score 标准化也叫作标准差标准化，该方法使用原始数据的均值和标准差进行数据标准化。经过处理的数据符合均值为 0，标准差为 1 的标准正态分布。

z-score 标准化的具体做法就是用每一个数值减去其均值再除以其标准差

$$x^* = \frac{x - \mu}{\sigma} \tag{2.40}$$

式中，x^* 为 z－score 标准化之后的变量值；x 为实际变量值；μ 为数据 x 的均值；σ 为数据 x 的标准差。

z－score 标准化方法适用于变量的最大值和最小值未知的情况，或有超出取值范围的离群数据的情况。该种标准化方式要求原始数据的分布近似为高斯分布，否则效果会变得很糟糕。

z－score 标准化处理的步骤如下：

1）求出变量的算术平均值 μ 和标准差 σ

2）利用公式(2.40)进行标准化处理

标准化后的变量值围绕 0 上下波动，大于 0 说明高于平均水平，小于 0 说明低于平均水平。在实际应用中，可以直接使用 MATLAB 的 z－score 函数进行处理。

（3）log 函数转换

log 函数转换方法主要是通过以 10 为底的 log 函数转换的方法实现标准化，具体做法是令

$$x^* = \log_{10}(x) \tag{2.41}$$

式中，x^* 为 log 函数转换标准化之后的变量值；x 为实际变量值。该方法要求所有的数据都大于等于 1。这样处理之后的结果不一定落到[0，1]范围内，若想落到[0，1]范围内，就需要再除以 $\log_{10}(x_{max})$

$$x^* = \frac{\log_{10}(x)}{\log_{10}(x_{max})} \tag{2.42}$$

式中，x_{max} 为样本数据的最大值。

（4）atan 函数转换

atan 函数转换是用反正切函数来实现数据标准化的，即令

$$x^* = atan(x) \tag{2.43}$$

式中，x^* 为 atan 函数转换标准化之后的变量值；x 为实际变量值。

若原始数据大于等于 0，那么经过 atan 函数转换之后会映射到[0，1]区间。而小于 0 的数据将被映射到[−1，0]区间上。

（5）小数定标标准化

小数定标标准化是通过移动数据的小数点位置来进行标准化的。而小数点移动的位数取决于变量的最大绝对值。具体做法是令

$$x^* = \frac{x}{10^j} \tag{2.44}$$

式中，x^* 为小数定标标准化之后的变量值；x 为实际变量值；j 是满足条件的最小整数。

例如，假定 x 的取值是从 −986 到 917，那么 x 的最大绝对值是 986。在使用小数定标

标准化时,用每个值除以 1 000(此时,$j=3$),这样,-986 就被标准化为 -0.986。

(6) 除以数据之和标准化

除以数据之和标准化是对每个数值除以数据之和

$$x_i^* = \frac{x_i}{\sum x_i} \tag{2.45}$$

式中,x_i^* 为除以数据之和标准化之后的变量值;x_i 为每一个实际变量值。此时,x_i^* 之和为 1。

在这些标准化处理方法中,其中最常用的数据标准化方法是 min‑max 标准化和 z‑score 标准化。注意,标准化会对原始数据做出改变,因此需要保存所使用的标准化方法的参数,以便对后续数据进行统一的标准化及用于数据的还原。

数据的标准化和归一化也是数据预处理的重要内容,将为回归分析等后续数据处理打下基础。但是,读者要注意,标准化处理过的数据,经过回归分析等运算之后,最终要经过反标准化处理,才能得到原数据的回归值。

2.4.4　数据的反标准化

2.4.4.1　min‑max 标准化的反标准化

min‑max 标准化是对原始数据的每一个值减去其最小值再除以最大值与最小值之差[见式(2.37)]。为了能够进行反标准化处理,在进行标准化时,一定要同时保留原始数据的最大值和最小值。这样,标准化后的数据,经过回归分析等运算之后得到的回归值,只需要对每个数据乘以最大值与最小值之差再加上最小值就可以实现反标准化了。

归一化到[0,1]区间的反标准化方程为

$$y = y^*(y_{max} - y_{min}) + y_{min} \tag{2.46}$$

归一化到[a,b]区间的反标准化方程为

$$y = \frac{y^*(y_{max} - y_{min}) - a y_{max} + b y_{min}}{b - a} \tag{2.47}$$

式中,y^* 为标准化的数据经过回归分析等运算之后得到的回归值;y 为反标准化之后的数据;y_{max} 为原样本数据的最大值;y_{min} 为原样本数据的最小值;a 为标准化区间的下限;b 为标准化区间的上限。

2.4.4.2　z‑score 标准化的反标准化

z‑score 标准化是对原始数据的每一个值减去其均值再除以其标准差[见式(2.40)]。为了能够进行反标准化处理,在进行标准化时,一定要同时保留原始数据的均值和标准差。

反标准化时,只需对每个数据乘以标准差再加上均值就可以了

$$y = \sigma y^* + \mu \tag{2.48}$$

式中,y^* 为标准化的数据经过回归分析等运算之后得到的回归值;y 为反标准化之后的数据;μ 为数据 y 的均值;σ 为数据 y 的标准差。

2.4.4.3 log 函数转换标准化的反标准化

log 函数转换标准化是对原始数据的每一个值求了以 10 为底的 log 函数。在反标准化时，只需对每个数据求 10 的指数倍就可以了

$$y = 10^{y^*} \tag{2.49}$$

对于落到 [0，1] 范围内的 log 函数转换标准化的处理，在进行反标准化时，需要进行

$$y = y_{\max}^{y^*} \tag{2.50}$$

式中，y^* 为经过 log 函数转换标准化处理的变量；y 为反标准化之后的数据；$y_{\max}$ 为原样本数据的最大值。

2.4.4.4 atan 函数转换标准化的反标准化

atan 函数转换标准化是对原始数据的每一个值求了反正切。在反标准化时，只需对每个数据求正切就可以了

$$y = \tan(y^*) \tag{2.51}$$

式中，y^* 为经过 atan 函数转换标准化处理的变量；y 为反标准化之后的数据。

2.4.4.5 小数定标标准化的反标准化

小数定标标准化是对原始数据的每一个值除以 10^j [见式(2.44)]。为了能够进行反标准化处理，在进行标准化时，一定要同时保留 j 值。在进行反标准化时，只需对每个数据乘以 10^j 就可以了

$$y = y^* \times 10^j \tag{2.52}$$

式中，y^* 为标准化处理的变量；y 为反标准化后的数据；j 是标准化时使用的指数，是满足条件的最小整数。

2.4.4.6 除以数据之和标准化的反标准化

除以数据之和的标准化是对原始数据的每一个值除以数据之和。为了能够进行反标准化，在进行标准化时，一定要同时保留原始数据之和。在进行反标准化时，只需对每个数据乘以数据之和就可以了

$$y_i = y_i^* \times \sum y_i \tag{2.53}$$

式中，y^* 为除以数据之和标准化处理的变量；y 为反标准化之后的数据；$\sum y_i$ 为原始数据之和。

数据的反标准化是标准化处理之后必须要进行的操作，请读者勿忘。

2.4.5 海洋资料的内插

在站点资料观测中，由于种种原因，温度和盐度的实测水层往往不是预定的标准层。要获得标准层上的温度、盐度值，需要对实测值进行内插处理。再如，CTD 资料起初是按压力记存温度、电导率数据的，若需要按标准层深度输出各要素的结果，也要进行内插。此外，在进行时间序列观测时，测得的资料中可能存在含有过失误差的异常值，把它舍弃之后，也需要用相邻

的正确数据插补上一个正常的值。由此可见,插值问题是海洋资料处理中的一个基本问题。

在电子计算机推广普及之前,海洋工作者通常用画图的方法内插,即先用手工画出温度、盐度的垂直分布图,或时间序列的过程曲线,从图上读取标准层的温、盐值,或其他要素的内插值。这种经典的插补方法能够灵活掌握各要素的分布变化趋势,读取的内插值基本可以满足资料处理的要求。但是,由于这种方法速度慢,缺乏一个客观的统一标准,因此不适应大量的资料处理。

随着计算机技术在海洋学领域的推广,采用计算机技术进行数值内插越来越为广大海洋工作者所重视,目前已经提出了多种数值内插法,并用数值内插取代了过去的经典插补方法。掌握数值内插的基本方法及其应用,对于处理好海洋资料是非常必要的。

2.4.5.1　线性和抛物线插值及其有关的内插法

设在 $[a,b]$ 区间上,实际存在的连续函数为 $y=f(x)$,当 x 依次取 $x_0,x_1,\cdots,x_n$ 时,$f(x)$ 在这些点上的对应值分别为 $y_0,y_1,\cdots,y_n$。所谓插值法,就是求一个确定的函数 $\tilde{y}=\varphi(x)$,去近似实际存在的函数 $y=f(x)$,并要求近似函数 $\varphi(x)$ 与被近似函数 $f(x)$ 在点 $x_0,x_1,\cdots,x_n$ 处具有相同的函数值 $y_0,y_1,\cdots,y_n$,甚至具有相同的某阶导数值。通常称 $x_0,x_1,\cdots,x_n$ 为插值基点、节点或结点,$f(x)$ 为被插值函数,$\varphi(x)$ 为插值函数(陈上及等,1991)。

若 $f(x)$ 具有周期函数的性质,$\varphi(x)$ 取周期函数的表达式较好。但是,在大多数情况下,$\varphi(x)$ 取多项式的形式,此时称 $\varphi(x)$ 为插值多项式。在南森站资料处理中,$x_0,x_1,\cdots,x_n$ 表示深度,$y_0,y_1,\cdots,y_n$ 表示某要素在这些深度上的实测值。

(1) 拉格朗日插值多项式及其性质

在海洋资料处理中,常见的线性和抛物线插值法,实际是拉格朗日插值多项式的两种特殊形式。为了对这两种插值法有更深刻的认识,这里简单说明拉格朗日插值多项式的一般形式及其特性(陈上及等,1991)。

一个实际存在的函数 $y=f(x)$,它在 $x_0,x_1,\cdots,x_n$ 处的观测值为 $y_0,y_1,\cdots,y_n$,在次数不超过 n 的多项式中,可以找到一种近似多项式 $\tilde{y}=\varphi(x)$,使得

$$\varphi(x_k)=y_k,\quad (k=0,1,\cdots,n) \tag{2.54}$$

这种多项式就是拉格朗日插值多项式,其表达式为(北京大学等,1962;武汉大学等,1979)

$$\tilde{y}=\varphi(x)=\sum_{k=0}^{n}L_k(x)y_k=L_0(x)y_0+L_1(x)y_1+\cdots+L_n(x)y_n \tag{2.55}$$

式中

$$L_k(x)=\frac{(x-x_0)(x-x_1)\cdots(x-x_{k-1})(x-x_{k+1})\cdots(x-x_n)}{(x_k-x_0)(x_k-x_1)\cdots(x_k-x_{k-1})(x_k-x_{k+1})\cdots(x_k-x_n)} \tag{2.56}$$

又设 $E(x)$ 为用 $\varphi(x)$ 代替 $f(x)$ 时产生的余项,即

$$E(x)=f(x)-\varphi(x) \tag{2.57}$$

数学上已经证明 $E(x)$ 可表示为

$$E(x) = \frac{f^{(n+1)}(\zeta)}{(n+1)!} - \pi(x) \tag{2.58}$$

式中，$f^{(n+1)}(\zeta)$ 为变量 x 在 $[a, b]$ 区间内某一点 ζ 处的 $(n+1)$ 阶导数值，而

$$\pi(x) = (x-x_0)(x-x_1)\cdots(x-x_n) \tag{2.59}$$

拉格朗日插值多项式具有如下特性：由式(2.55)可见，这种插值法的插值结果仅与基点 x_k，y_k，$(k=0, 1, \cdots, n)$ 有关，与被插值函数 $f(x)$ 的形式一般没有什么关系。若 $f(x)$ 是次数不超过 n 的多项式，那么从式(2.57)和式(2.58)可知，取 $(n+1)$ 个点为基点的插值多项式就必定是它自身。从式(2.58)可见，插值余项与 n 有关，插值使用的基点越多，多项式的次数越高，余项越小，近似程度越好。但 n 越大，插值曲线抖动越厉害，保凸性越差(南开大学数学系讲义，1977)。为了插值的保凸性，即得到形状理想的插值曲线，插值多项式的次数不能太高。可见高的近似度与好的保凸性的要求，两者是对立统一的，在处理海洋资料中只能兼顾两者，采用一些折中的插值方案。

(2) 线性和抛物线等插值方法

下面介绍两种最常见的拉格朗日插值法，及用这些插值公式组合形成的其他内插法。

1) 线性内插法

设某要素在 x_0 和 x_1 处的观测值分别为 y_0 和 y_1，要内插求出 x 处的要素值 y，其中 $x_0 \leqslant x \leqslant x_1$，则可用线性插值公式计算 $\tilde{y}$ 值

$$\tilde{y} = y_0 + \frac{(y_1-y_0)}{(x_1-x_0)}(x-x_0) \tag{2.60}$$

线性插值公式实际是 $n=1$ 时拉格朗日插值多项式的特殊形式。由式(2.58)可知，由于 $n=1$，因而其近似程度较差。但当要素本身呈线性变化时，例如在温、盐的混合层内，用此法效果较好。另外，线性插值得到的图形是直线，不会出现凸起现象，因此常把它跟其他插值法相结合，组成插值方案。它的具体应用将在 2.4.5.3 节中进行介绍。

2) 抛物线插值法

若某要素在 x_0，x_1 和 x_2 处的观测值分别为 y_0，y_1 和 y_2，其中 $x_0 < x_1 < x_2$，要插值的 x 点位于 x_0 和 x_2 之间，则抛物线插值公式为

$$\tilde{y} = \frac{(x-x_1)(x-x_2)}{(x_0-x_1)(x_0-x_2)}y_0 + \frac{(x-x_0)(x-x_2)}{(x_1-x_0)(x_1-x_2)}y_1$$
$$+ \frac{(x-x_0)(x-x_1)}{(x_2-x_0)(x_2-x_1)}y_2 \tag{2.61}$$

式中，$\tilde{y}$ 为 x 点对应的插值。

当 x 位于 x_0 与 x_1 之间，即 $x_0 < x < x_1$ 时，称式(2.61)为上三点抛物插值公式；当到 x 位于 x_1 与 x_2 之间，即 $x_1 < x < x_2$ 时，式(2.61)表示的是下三点抛物插值公式。式(2.61)是 $n=2$ 时的拉格朗日插值公式的特殊形式。抛物线插值法在海洋资料内插中较为常见。

3) 两个抛物线插值平均法

Rattray et al. (1962)对上、下三点抛物线插值法进行了分析，发现若根据 4 个实测层

(x_0, x_1, x_2, x_3)上的观测值(y_0, y_1, y_2, y_3)，分别用上三点和下三点抛物线插值法计算位于x_1和x_2之间的x处的插值，其结果相差较大。并且在大多数情况下，两个插值结果将分别落在真值两侧。若将它们进行平均，其结果会更加接近真值。据此，他提出了两个抛物线插值平均法。具体做法是：

① 计算x处的上三点插值

利用(x_0, y_0)、(x_1, y_1)和(x_2, y_2)这三点上的实测值，根据式(2.61)，算出x处的上三点插值，把该插值记为Φ_1。

② 计算x处的下三点插值

利用(x_1, y_1)、(x_2, y_2)和(x_3, y_3)这三点上的实测值，求出x处的下三点插值，并把该插值记为Φ_2。仿照式(2.61)，Φ_2可计算为

$$\Phi_2 = \frac{(x-x_2)(x-x_3)}{(x_1-x_2)(x_1-x_3)}y_1 + \frac{(x-x_1)(x-x_3)}{(x_2-x_1)(x_2-x_3)}y_2 + \frac{(x-x_1)(x-x_2)}{(x_3-x_1)(x_3-x_2)}y_3 \tag{2.62}$$

③ 对x处的两个抛物线插值求平均
平均结果$\bar{y}$为

$$\bar{y} = \frac{\Phi_1 + \Phi_2}{2} \tag{2.63}$$

4）参考曲线法

两个抛物线插值平均法所得插值结果的逼近程度有了较大的改进，但同时产生了另一个问题。在强跃层的拐点附近，插值结果会出现扩大化了的凸起现象（见图2.10），插值曲线的保凸性较差。为了克服不合理的凸起现象，Reiniger et al.（1968）提出了参考曲线法和加权抛物线法，参考曲线的插值公式为

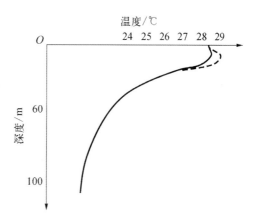

图 2.10　两个抛物线插值平均法导致的不合理凸起现象（陈上及等，1991）

——线为正常垂直分布，－－－－线为两个抛物线插值平均法得到的插值曲线

$$\tilde{y}_R = \frac{\Phi_{12} + \dfrac{(\Phi_{12}-\Phi_{23})^2\Phi_{01} + (\Phi_{01}-\Phi_{12})^2\Phi_{23}}{(\Phi_{12}-\Phi_{23})^2 + (\Phi_{01}-\Phi_{12})^2}}{2} \tag{2.64}$$

式中，

$$\Phi_{ij} = \frac{y_i(x-x_j) - y_j(x-x_i)}{x_i - x_j} \tag{2.65}$$

式中，y_i和y_j分别为x_i和x_j处要素的实测值；$\tilde{y}_R$为x处的插值结果。该公式仍然需要四个点上的实测值。

利用 $\widetilde{y}_R$ 和上、下三点抛物线插值结果 Φ_1 和 Φ_2,可得到加权抛物线法的插值公式

$$\widetilde{y}_r = \frac{\mid \widetilde{y}_R - \Phi_1 \mid \Phi_2 + \mid \widetilde{y}_R - \Phi_2 \mid \Phi_1}{\mid \widetilde{y}_R - \Phi_1 \mid + \mid \widetilde{y}_R - \Phi_2 \mid} \tag{2.66}$$

式中,$\widetilde{y}_r$ 为插值层 x 处的插值结果。

2.4.5.2 三次样条函数和 Akima 插值法

2.4.5.1 中介绍的插值方法都是以拉格朗日插值多项式为基础的,它们把插值区间 $[a, b]$ 分成若干段,分别进行插值。用这些插值法得到的插值曲线虽然是连续的,但由于不考虑插值函数在各段相连接处导数的连续性,因而一般得到的整个插值曲线不光滑,常出现角点,而样条函数和 Akima 插值法可以克服拉格朗日插值法的缺陷。

(1) 三次样条函数插值法

样条这个词本来是指在飞机或轮船的制造过程中,为了描绘其光顺的外形曲线所使用的一种工具。Schoenberg(1946)根据样条这一放样工具表现出来的数学特性,构造了样条函数这一概念。自 60 年代开始,样条函数颇为数学界所重视,很快形成了现代数值分析中一个十分重要的分支,并在数值积分,数值微分以及数值插值中有着广泛的应用。若用它作插值函数,可以得到由一段段三次多项式拼接而成的插值曲线。在拼接处,不仅函数本身是连续的,而且其一阶和二阶导数也是连续的。因而整个插值曲线光滑自然。样条函数的内容十分丰富,下面仅介绍三次样条插值函数。

1) 三次样条插值多项式的表达式

设 $[a, b]$ 是被插值函数 $f(x)$ 中 x 的变化区间,在 $[a, b]$ 区间上有 $n+1$ 个基点上的观测值 $(x_0, y_0), (x_1, y_1), \cdots, (x_n, y_n)$,其中

$$a = x_0 < x_1 < x_2 < \cdots < x_{n-1} < x_n = b \tag{2.67}$$

下面用 Δ 表示基点的这种划分或分布。又设 $S_\Delta(x)$ 为对应于 Δ 的三次样条插值多项式。在数学上 $S_\Delta(x)$ 有两种导出途径和两种表达形式。一种是用 $S_\Delta(x)$ 在 x_j $(j=0, 1, \cdots, n)$ 处的二阶导数值 $M_j = S''_\Delta(x_j)$ 作为待定参数,导出 $S_\Delta(x)$ 的表达式(武汉大学等,1979);另一种是用 x_j 处的一阶导数值 $m_j = S'_\Delta(x_j)$ 作为待定参数,导出 $S_\Delta(x)$ 的表达式。下面详细给出后者的表达式。

若以 $S'_\Delta(x_j)$ 作为待定参数(记为 m_j),利用埃尔米特插值多项式会很容易地导出在 $[x_{j-1}, x_j]$ 上的三次样条插值多项式 $S_\Delta(x)$

$$\begin{aligned} S_\Delta(x) = &\, m_{j-1} \frac{(x_j - x)^2(x - x_{j-1})}{h_j^2} - m_j \frac{(x - x_{j-1})^2(x_j - x)}{h_j^2} \\ &+ y_{j-1} \frac{(x_j - x)^2[2(x - x_{j-1}) + h_j]}{h_j^2} \\ &+ y_j \frac{(x - x_{j-1})^2[2(x_j - x) + h_j]}{h_j^2} \quad (j = 1, 2, \cdots, n) \end{aligned} \tag{2.68}$$

其中一阶导数 m_j 可用下式求出

$$\lambda_j m_{j-1} + 2 m_j + \mu_j m_{j+1} = c_j \quad (j = 1, 2, \cdots, n-1) \tag{2.69}$$

式中

$$c_j = 3\lambda_j y[x_{j-1}, x_j] + 3\mu_j y[x_j, x_{j+1}]$$

$$= 3\lambda_j \frac{y_j - y_{j-1}}{h_j} + 3\mu_j \frac{y_{j+1} - y_j}{h_{j+1}} \tag{2.70}$$

$$h_j = x_j + x_{j-1} \tag{2.71}$$

$$\lambda_j = \frac{h_{j+1}}{h_j + h_{j+1}} \tag{2.72}$$

$$\mu_j = 1 - \lambda_j = \frac{h_j}{h_j + h_{j+1}} \tag{2.73}$$

$y[x_{j-1}, x_j]$ 和 $y[x_j, x_{j+1}]$ 表示一阶差商。

2) 边界条件

要想在 $[a, b]$ 区间上求得每一段上的 $S_\Delta(x)$，需要求解 $n+1$ 个一阶导数 $m_j(j=0, 1, \cdots, n)$ 值，但在式(2.69)中，只有 $n-1$ 个表示 $m_j(j=0, 1, \cdots, n-1)$ 的方程式。为了组成闭合方程组，求解一阶导数值，还得借助样条函数的两个边界条件。根据被插值函数 $f(x)$ 的变化性质及实际观测能力，边界条件有如下几种给法：

① 周期函数的边界条件

对于周期函数，可以假设

$$\begin{cases} y_0 = y_n, & m_0 = m_n \\ y_1 = y_{n+1}, & m_1 = m_{n+1} \end{cases} \tag{2.74}$$

此时，式(2.69)变成

$$\begin{cases} 2m_1 + \mu_1 m_2 + \lambda_1 m_n = c_1 \\ \lambda_j m_{j-1} + 2m_j + \mu_j m_{j+1} = c_j \\ \mu_n m_1 + \lambda_n m_{n-1} + 2m_n = c_n \end{cases} \tag{2.75}$$

式中，$j = 2, 3, \cdots, n-1$。式(2.75)中有 n 个未知的一阶导数，同时有 n 个对应的方程式，因而方程组是闭合的，可求出 $m_1, m_2, \cdots, m_n$，再利用 $m_0 = m_n$ 定出 m_0。

② 非周期函数的边界条件

有两种非周期函数的边界条件，第一种认为要素在两个端点所处的区间 $[x_0, x_1]$ 和 $[x_{n-1}, x_n]$ 上呈线性变化。例如温、盐在上混合层和下均匀层的变化可以这样处理。在这种情况下，可以设 m_0 和 m_n 为已知，它们可分别表示成

$$\begin{cases} m_0 = \dfrac{y_1 - y_0}{x_1 - x_0} \approx f'(x_0) \\ m_n = \dfrac{y_n - y_{n-1}}{x_n - x_{n-1}} \approx f'(x_n) \end{cases} \tag{2.76}$$

将边界条件式(2.76)同式(2.69)联立，可得

$$\begin{cases} 2m_0 + \mu_0 m_1 = c_0 \\ \lambda_j m_{j-1} + 2m_j + \mu_j m_{j+1} = c_j \\ \lambda_n m_{n-1} + 2m_n = c_n \end{cases} \tag{2.77}$$

式中，$j = 1, 2, \cdots, n-1$；$\mu_0 = \lambda_n = 0$；$c_0 \approx 2f'(x)$；$c_n \approx 2f'(x_n)$。由式(2.77)可求出所需要的一阶导数。

第二种边界条件是假设函数 $f(x)$ 在两端点 x_0 和 x_n 处的二阶导数 $f''(x_0)$ 和 $f''(x_n)$ 是已知的，此时可导出

$$\begin{cases} \mu_0 = \lambda_n = 1 \\ c_0 = 3\dfrac{y_1 - y_0}{h_1} - \dfrac{h_1}{2}f''(x_0) \\ c_n = 3\dfrac{y_n - y_{n-1}}{h_n} + \dfrac{h_n}{2}f''(x_n) \end{cases} \tag{2.78}$$

由此可得

$$\begin{cases} 2m_0 + m_1 = c_0 \\ \lambda_j m_{j-1} + 2m_j + \mu_j m_{j+1} = c_j \\ m_{n-1} + 2m_n = c_n \end{cases} \tag{2.79}$$

式中，$j = 1, 2, \cdots, n-1$。由式(2.79)同样可求出 $m_j(j = 0, 1, \cdots, n)$。

除了上述边界条件外，还可以给出其他边界条件，这里不一一赘述。

3) 计算步骤

有了式(2.68)～(2.73)，再利用任何一种边界条件同式(2.69)组成求导数闭合方程组，就可计算位于 $[x_{j-1}, x_j]$ 区间上 x 处的插值 $S_\Delta(x)$。

计算步骤为：

① 计算 h_j, λ_j, μ_j 和 c_j

根据式(2.71)、(2.72)、(2.73)和(2.68)分别算出 h_j, λ_j, μ_j 和 $c_j(j = 1, 2, \cdots, n-1)$。

② 计算一阶导数

将具体的边界条件与式(2.69)联立，组成如式(2.75)、式(2.77)或式(2.79)所示的闭合方程组，并利用线性代数的追赶法(武汉大学等，1979)求解，具体算出一阶导数。

③ 计算插值 $S_\Delta(x)$

根据插值变量 x 所处的区间 $[x_{j-1}, x_j]$，利用式(2.68)算出与 x 对应的插值 $S_\Delta(x)$。

姜景忠等(1981)介绍了样条函数在海洋水文资料处理中的应用，列出了样条插值的具体算法。

(2) Akima 插值法

Akima(1970)认为，有经验的海洋学家用手工画图得到的内插曲线，既光顺又自然，比一般数值内插得到的曲线更合理。因此应以手工画图内插得到的结果作为内插效果的标准。他指出，手工画图内插得到的结果之所以较为理想，是因为内插时主要考虑与内插点相邻的两个实测点上要素量值的大小及变化趋势，不顾及要素全部观测值的大小和总体变化。

据此 Akima 提出了一种新的内插法。

该方法规定,要在两个实测点之间进行内插,除要用到这两个点上的实测值外,还要用到与这两个点相邻的四个实测点上的要素值。也就是说,要在两个实测点之间进行内插,共需六个实测点。设用 i ($i=1, 2, \cdots, 6$) 表示这六个实测点的序列号,其坐标为(x_i, y_i),插值点(x, y)位于第三和第四个实测点之间,即 $x_3 < x < x_4$,则插值 y 可计算为

$$y = p_0 + p_1 (x - x_3) + p_2 (x - x_3)^2 + p_3 (x - x_3)^3 \tag{2.80}$$

式中

$$\begin{cases} p_0 = y_3 \\ p_1 = t_3 \\ p_2 = \dfrac{3 \dfrac{y_4 - y_3}{x_4 - x_3} - 2t_3 - t_4}{x_4 - x_3} \\ p_3 = \dfrac{t_3 + t_4 - 2 \dfrac{y_4 - y_3}{x_4 - x_3}}{(x_4 - x_3)^2} \end{cases} \tag{2.81}$$

上式中 t_3 和 t_4 分别是第 3 和第 4 号实测点要素的斜率,它们分别用 1, 2, 3, 4, 5 和 2, 3, 4, 5, 6 号点上的实测值表示。在一般情况下,t_3 和 t_4 可计算为

$$t_i = \frac{| m_{i+1} - m_i | m_{i-1} + | m_{i-1} - m_{i-2} | m_i}{| m_{i+1} - m_i | + | m_{i-1} - m_{i-2} |} (i = 3, 4) \tag{2.82}$$

式中,m_i 为斜率,可表示为

$$m_i = \frac{y_{i+1} - y_i}{x_{i+1} - x_i} \tag{2.83}$$

注意,分母为零时,式(2.82)是不成立的,在这种情况下,Akima(1970)规定,$t_i = \dfrac{1}{2} (m_{i-1} + m_i)$ 或 $t_i = m_i$。

此外,为了能够在末端的两个实测点之间采用上述方法作内插,Akima(1970)提出可在端点之外增设两个假定的实测点,并用外推法推出这两个假定实测点上的数值。这种外推法需要用到末端三个实测点上的数据。设最末端实测点的坐标为(x_3, y_3),与它相邻的两个实测点的坐标分别为(x_1, y_1)和(x_2, y_2)外推的两个假设的实测点的坐标为(x_4, y_4)和(x_5, y_5),若

$$x_5 - x_3 = x_4 - x_2 = x_3 - x_1 \tag{2.84}$$

成立,则 y_4 和 y_5 可用

$$\frac{y_5 - y_4}{x_5 - x_4} - \frac{y_4 - y_3}{x_4 - x_3} = \frac{y_4 - y_3}{x_4 - x_3} - \frac{y_3 - y_2}{x_3 - x_2} = \frac{y_3 - y_2}{x_3 - x_2} - \frac{y_2 - y_1}{x_2 - x_1} \tag{2.85}$$

进行外推。例如,要求坐标为(x_4, y_4)这一假定实测点的坐标,由式(2.84)和(2.85)可得

$$\begin{cases} x_4 = x_3 + x_2 - x_1 \\ y_4 = \left(2\,\dfrac{y_3 - y_2}{x_3 - x_2} - \dfrac{y_2 - y_1}{x_2 - x_1}\right)(x_4 - x_3) + y_3 \end{cases} \tag{2.86}$$

有了这两个假定的实测点之后,就可以用式(2.80)在坐标为(x_2, y_2)和(x_3, y_3)的末端的两个实测点之间进行内插。

Akima 是以手工画图内插法得出的插值曲线为标准,比较内插结果的优劣。在拉格朗日插值中,若多项式的次数太高,会出现不合理的振动。三次样条内插法得到的曲线,很接近手工内插的结果,但仍然没有 Akima 的结果好。正因为如此,日本资料中心在处理南森站资料中,已用 Akima 方法取代了曾经用过的两个抛物线插值平均内插法。此外,在现代计算机自动绘图中,也广泛采用了 Akima 的数值插值法。需要说明的是,在应用中,于观测层的末端实测点之间,一般不用上述外推法,扩大 Akima 插值法的区间范围,防止由于外推引起不合理现象。

2.4.5.3 数值内插法在南森站资料处理中的应用

为了说明数值内插在海洋资料,尤其是南森站资料处理中的具体应用,有必要对内插方法的性能作简单分析比较,指出它们的长处和缺陷。在此基础上,将以几个国家海洋资料中心南森站内插方案为例,说明在制订数值内插方案时,应根据海洋要素变化的实际情况,本着取长补短的原则,将各种内插方法有效地结合起来,组成切实可行的插值方案。

(1) 数值内插方法的比较

在海洋资料处理中,内插效果较好的标准主要包含两个内容:一是要求插值的逼近精度高;二是插值得到的曲线的保凸性好,即像有经验的海洋科学家用手工画图得到的插值曲线那样光顺、自然、合理。但从数学上来说,这两者往往是相互矛盾的。

线性插值的精度比较低,插值曲线呈折线状,很不光顺,但它不会出现凸起现象,即插值不会同时大于它的两个相邻实测值。因此,当逼近精度较高的内插法得到的曲线出现凸起时,可用线性插值取代凸起的值。

上三点和下三点抛物线插值法的逼近精度比线性的要高,得到的插值曲线也比较光滑,但它们有时会出现凸起现象。需要指出,当用这两种方法内插同一个标准层时,若其中一个出现了凸起,另一个则不会出现类似的现象。因此,当一个抛物线插值出现凸起时,可以改用另一个。

两个抛物线插值平均法较一个抛物线插值的逼近精度有所提高,但在强跃层拐点处会出现凸起现象。参考曲线法能够避免凸起现象的发生。

以上插值法都是以拉格朗日插值多项式为基础的,没有考虑要素在插值基点处的变化趋势,即要素的导数对插值效果的影响,因而所得插值曲线是分段光滑的。三次样条函数和Akima 插值法考虑到要素导数值的效应,因而得到的整个插值曲线都是光滑的。三次样条函数插值法具有最小模、最佳逼近和收敛的数学特性,而 Akima 的插值法所得曲线比样条函数插值曲线更光顺、自然。两者的共同缺陷是在强跃层处,会出现凸起现象。在这种情况下,可用线性插值或优选三点抛物线插值取代它们的结果。

（2）各国资料中心处理南森站资料使用的内插方案

下面以美国、加拿大、日本和我国资料中心处理南森站资料使用的插值方法和有关规定为例,说明部分数值内插法在海洋资料处理中的具体应用。

1）美国资料中心的内插方案

该中心在处理南森站资料的方案中规定,表层和底层采用线性内插法。其他层次主要采用式(2.62)所示的下三点抛物线插值法,当插值 Φ_2 不落在其相邻的两实测值 y_1 和 y_2 之间,即出现凸起时,不论凸起是否合理,一概用线性插值取代 Φ_2。此外,它出版图集时,根据用户的要求,曾经采用过三次拉格朗日插值多项式。

2）加拿大资料中心的内插方法

该中心处理南森站资料的方案规定,表层和底层采用线性插值。其他层次用过两种方法,一种是式(2.63)所示的两个抛物线插值平均法,另一种是式(2.66)所示的加权抛物线法。

3）日本资料中心的内插方法

日本资料中心在处理黑潮联合调查南森站资料时规定,表层和底层采用线性内插,其他层次主要采用式(2.63)所示的两个抛物线插值平均法。当插值 $\bar{y}$ 不落在相其相邻的实测值 y_1 和 y_2 之间时,则用线性插值取代之。1983 年该中心对内插方案作了修订,新方案规定,若实测层大于 4 层,则用 Akima 插值法。当 Akima 插值的结果出现凸起时,则用线性插值取代之。

4）我国资料中心使用的内插法

我国海洋资料中心在出版南森站资料和整编图集中,最初采用过两抛物线插值平均法,后来改用优选三点抛物线插值法(Bendat et al., 1971)。建立南森站资料文档时采用的插值方案,基本与日本资料中心的新方案相同。

由此可见,在海洋资料处理中,往往要根据海洋资料的分布特征,将几种性质不同的插值方法结合起来,组成符合要求的插值方案。

习　题

一、选择题

1. 测量值与真值之间的差值为(　　　)。

A. 相对误差　　　　B. 相对偏差　　　　C. 绝对误差　　　　D. 绝对偏差

2. 以下哪种方法不是判别异常值的方法?(　　　)

A. 肖维勒准则　　　B. 莱茵达准则　　　C. 狄克松准则　　　D. 傅里叶准则

3. 衡量测量值的均值与被测量真值的符合程度的是(　　　)。

A. 精密度　　　　　B. 准确度　　　　　C. 分辨率　　　　　D. 精细度

二、判断题

1. 在一定的测量条件下,多次重复测量,所得的误差的量值和正负号的变化呈较明显的规律性,则该误差为偶然误差。(　　　)

2. 可以通过剩余误差代数和法将系统误差从数据中分离出来。（　　）

三、思考题

1. 海洋观测资料的质量与哪些因素有关？

2. 是否发现异常值就要马上剔除呢？为什么？

3. 按照产生原因的性质，可以将误差分为系统误差、随机误差和过失误差，它们各自的特点是什么？

选择题答案：ＣＤＢ

判断题答案：ＦＴ

第 3 章

海洋资料的统计特征量及统计检验

导学：本章主要介绍在气候诊断与预测中用来表征基本气候状态特征的统计量，包括中心趋势统计量、变化幅度统计量、分布特征统计量和相关统计量，能够表示气候变量的中心趋势、变化幅度、分布形式和相关程度。通过某一气候变量序列的均值和方差能够了解其变化的平均状况和变化幅度；但不清楚这种状况是否稳定、变化是否显著，因此需要进行统计检验。自相关系数和皮尔逊相关系数仅仅显示气候变量前后时刻和两变量间的相关程度，相关性是否显著必须经过统计检验。因此，统计检验的概念和统计检验的流程也是本章的重点。

经过本章的学习，在方法论层面，同学们应当学会并了解海洋资料的统计特征量及统计检验的方法。在实践能力上，应当能够对海洋变量的时间序列进行统计特征量计算和统计检验。具备这两个能力，就能够提取海洋变量序列的平均状况、变化幅度、相关程度、分布特征以及这些统计特征是否显著。

3.1 中心趋势统计量

中心趋势统计量是表征气候变量中心趋势的统计量，表示气候变量分布中心在数值上的大小，也表征了气候变量变化的平均水平。中心趋势统计量主要有均值、中位数和众数三种。

3.1.1 均值

均值是描述某一气候变量样本平均水平的量，是代表样本取值中心趋势的统计量。由中心极限定理可以证明（劳 C. R.，1987），即使在原始数据不服从正态分布时，均值总是趋于正态分布的。因此，均值是气候统计中最常用的一个基本概念。均值有算数平均、网格平均、面积加权平均、滑动平均和矢量平均几种类型。

3.1.1.1 算数平均

算数平均值可以作为变量总体数学期望 μ 的一个估计。若变量遵从正态分布，其均值则是数学期望 μ 的最好估计值。把包含 n 个样本的一个变量 x，即 $x_1, x_2, \cdots, x_i, \cdots$，

x_n,视为离散随机过程的一次特定实现,该过程的算数平均值定义为

$$\bar{x} = \frac{1}{n}(x_1 + x_2 + \cdots + x_n) = \frac{1}{n}\sum_{i=1}^{n} x_i \tag{3.1}$$

算数平均对应 MATLAB 中的 mean 命令。算数平均值的特点是随测量结果(或测量次数)而变化,能够代表样本数列的特征,当 n 足够大时,也可作为期望的估计量。在时间维度上有日平均、旬平均、月平均、年平均、多年平均等均值,在空间维度上有垂向平均、断面平均、某海区大面平均等。

3.1.1.2 分段平均

在建立两要素关系时,经常会遇到散点分散的情况,为了更好地了解两要素之间的关系,通常会将数据按照从大到小分为几段,然后再平均,该方法叫做分段平均。

比如,风速是影响二氧化碳交换速率的重要因素之一,因为海洋表面所含的能量主要来自风,而且风速数据很容易获得。但是,由于影响交换速率的因素很多,所以使用绘制的风速和交换速率的散点图都较分散。为了更好地了解风和 CO_2 交换速率之间的关系,对风速数据进行了分段平均,将风速从 0 到最大值按照 0.5 m/s 的间隔进行分段,然后将每段对应的风速和 CO_2 交换速率分别进行平均(Yu et al.,2016)。这样,每段数据都可以得到一个风速值和一个交换速率值。经过分段平均之后,相关关系更加显著。

3.1.1.3 网格平均

在 2.4.1 数据匹配和 2.4.2 网格重构中,都涉及对匹配到网格内的数据进行平均。以图 3.1 中的 $1° \times 1°$ 网格为例,其中心点位于 $(0°, 0°)$ 上。在数据匹配时,与中心点 $(0°, 0°)$ 的空间距离不能大于空间分辨率的一半,即 $0.5°$,因此,只有落入灰色区域的数据点符合匹配要求。此处,一共有 5 个数据落入匹配区(见图 3.1)。这五个数据点的变量值分别为 H_1,H_2,$\cdots$,H_5。可以对匹配区的数据进行非加权网格平均和反距离加权平均。

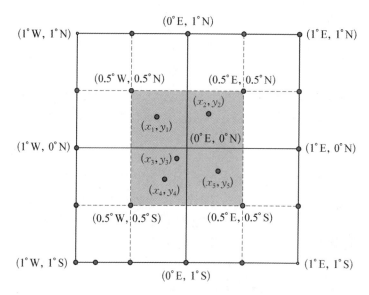

图 3.1 中心点 $(0°, 0°)$ 的匹配区

（1）非加权网格平均

这五个数的非加权网格平均为

$$\overline{H} = \frac{H_1 + H_2 + H_3 + H_4 + H_5}{5} \qquad (3.2)$$

即这五个数值的算数平均值,该算数平均值 $\overline{H}$ 就是网格中心点$(0°,0°)$处的变量值。

（2）反距离加权平均

因为这五个点距离中心点$(0°,0°)$的远近是不同的,距离近的点对中心点的贡献大,距离远的点对中心点的贡献小。所以,以与中心点距离的倒数为权重进行反距离加权平均。

1）计算权重系数

以(x_1,y_1)点为例,其与中心点$(0°,0°)$的距离为

$$r_1 = \sqrt{x^2 + y^2} \qquad (3.3)$$

其他四点与中心点$(0°,0°)$的距离为 r_2 到 r_5,则(x_1,y_1)点的权重系数 a_1 为

$$a_1 = \frac{\dfrac{1}{r_1}}{\dfrac{1}{r_1} + \dfrac{1}{r_2} + \dfrac{1}{r_3} + \dfrac{1}{r_4} + \dfrac{1}{r_5}} \qquad (3.4)$$

任意 i 点的权重系数 a_i 为

$$a_i = \frac{\dfrac{1}{r_i}}{\displaystyle\sum_{j=1}^{n} \dfrac{1}{r_j}} \qquad (3.5)$$

2）计算反距离加权平均值

中心点$(0°,0°)$处反距离加权平均值为

$$\overline{H} = a_1 H_1 + a_2 H_2 + a_3 H_3 + a_4 H_4 + a_5 H_5 \qquad (3.6)$$

该反距离加权平均值 $\overline{H}$ 就是网格中心点$(0°,0°)$处的变量值。

任意点处的反距离加权平均值为

$$\overline{H} = \sum a_i H_i \qquad (3.7)$$

3.1.1.4　面积加权平均

（1）面积加权平均的原因

与反距离加权平均类似,当对不同面积上的变量进行平均时,需要考虑变量值所对应面积的大小。面积越大,其对变量平均值的贡献就应该越大;面积越小,对变量平均值的贡献就越小,甚至没有影响。所以以变量所对应的面积为权重进行面积加权平均。

假设某变量 H 有 n 个观测值 $H_i(i=1,2,3,\cdots,n)$,每一个观测值 H_i 所对应的面积为 $A_i(i=1,2,3,\cdots,n)$,则变量 H 在总面积上的面积加权平均值 $\overline{H}$ 为

$$\overline{H} = \frac{\sum\limits_{i=1}^{n} H_i A_i}{\sum\limits_{i=1}^{n} A_i} \tag{3.8}$$

当每个观测值所对应的面积均相同时,如均为 A,则变量 H 在总面积上的面积加权平均值 $\overline{H}$ 简化为其算数平均值

$$\overline{H} = \frac{\sum\limits_{i=1}^{n} H_i A_i}{\sum\limits_{i=1}^{n} A_i} = \frac{\sum\limits_{i=1}^{n} H_i A}{\sum\limits_{i=1}^{n} A} = \frac{A \sum\limits_{i=1}^{n} H_i}{n A} = \frac{\sum\limits_{i=1}^{n} H_i}{n} \tag{3.9}$$

此时,不需要进行面积加权。

海洋和大气数据常常是网格化的数据,如 $1° \times 1°$,或者 $2° \times 2°$,虽然看起来每个网格面积都是一样的,但是地球是一个球体,同为 $1° \times 1°$或者 $2° \times 2°$,其在赤道的面积与在极地的面积大相径庭。以 $2° \times 2°$网格为例,赤道处的网格面积为 $4.945\,7 \times 10^{10}$ m^2,北纬 $60°$处的网格面积为 $2.472\,9 \times 10^{10}$ m^2。赤道处的网格面积比北纬 $60°$处的网格面积大 1 倍。因此,对于海洋和大气数据来说,面积加权平均十分必要。那么应该如何对海洋和大气数据进行面积加权平均呢?

(2)面积加权平均的方法

1)计算地球表面微分元的面积

因为微分元很小,故可将其近似看做矩形(见图 3.2),其面积 dA 为

$$dA = l_1 \times l_2 \tag{3.10}$$

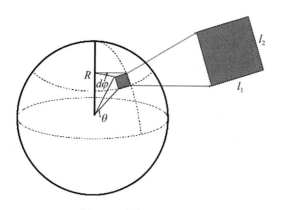

图 3.2　地球表面微分元

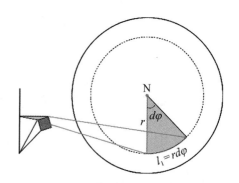

图 3.3　从北极上空往下看计算微元的边 l_1

① 从北极上空往下看

如图 3.3 所示,r 为地球表面微分元所在纬圈的半径,$d\varphi$ 为地球表面微分元所占据的经度范围大小。因为 $d\varphi$ 特别小,而 r 很长,所以可以用 r 和 $d\varphi$ 的乘积来计算地球表面微分元的边 l_1

$$l_1 = rd\varphi \tag{3.11}$$

② 从左往右看

如图 3.4 所示,可以将地球半径 R、地球表面微分元所在纬圈的半径 r 以及部分经线看做一个三角形,则纬圈的半径 r 可以计算为:

$$r = R\cos\theta \tag{3.12}$$

所以地球表面微分元的边 l_1 为

$$l_1 = rd\varphi = R\cos\theta d\varphi \tag{3.13}$$

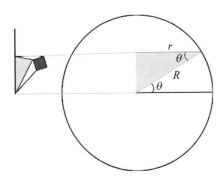 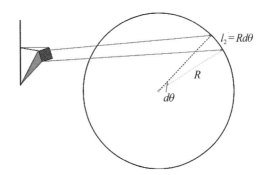

图 3.4　从左往右看计算微元的边 l_1　　　　图 3.5　从左往右看计算微元的边 l_2

③ 从左往右看

如图 3.5 所示,R 为地球半径,$d\theta$ 为地球表面微分元所占据的纬度范围大小。因为 $d\theta$ 特别小,而 R 很长,所以可以用 R 与 $d\theta$ 的乘积计算地球表面微分元的边 l_2

$$l_2 = Rd\theta \tag{3.14}$$

所以地球表面微分元的面积为

$$dA = l_1 l_2 = R\cos\theta d\varphi \times Rd\theta = R^2\cos\theta d\varphi d\theta \tag{3.15}$$

式中,dA 就是某一个微元的面积 A_i。需要注意的是,$d\varphi$ 和 $d\theta$ 的单位需要是弧度制单位而不是以°为单位。以 $2° \times 2°$ 的网格数据为例,$2°$ 经度分辨率对应的 $d\varphi$ 为

$$d\varphi = \frac{2°}{180°}\pi = \frac{\pi}{90} \tag{3.16}$$

$2°$ 纬度分辨率对应的 $d\theta$ 为

$$d\theta = \frac{2°}{180°}\pi = \frac{\pi}{90} \tag{3.17}$$

2) 计算面积加权平均

所以,全球或区域的面积加权平均值 $\bar{x}$ 为

$$\bar{x} = \frac{\sum\limits_{i=1}^{n} x_i A_i}{\sum\limits_{i=1}^{n} A_i} \tag{3.18}$$

式中，$A_i = R^2 \cos\theta_i d\varphi d\theta$。注意：不参与计算的无效值的网格的面积也不参与求和。函数 areamean＝yu_areamean(indata,inlat,inlon,inab,injingwei)可用于计算面积加权值。

3.1.1.5 滑动平均

（1）方法概述

滑动平均常用于时间序列分析,用确定时间序列的平滑值来显示变化趋势,是趋势拟合技术最基础的方法,相当于低通滤波器。其目的是滤去某一波动周期的变化,求得在此周期内的平均值。

首先根据具体问题的要求及样本量大小确定滑动长度 k。滑动长度相当于一个窗口(见图 3.6),从第一个数据开始,框住滑动长度即 k 个数据,将这 k 个数据求平均,并把均值赋予中间位置的点,即 $1 + \dfrac{k-1}{2}$ 处的点,然后将长度为 k 的滑动窗口向右滑动 1 个数,即框住了第 2 个到第 $k+1$ 个数,并对这 k 个数据求平均,并把均值赋予中间位置的点,即 $2 + \dfrac{k-1}{2}$ 处的点,如此继续,直到滑动到框住最后一个数据为止。

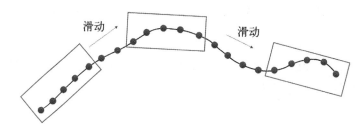

图 3.6 滑动平均示意图

对样本量为 n 的序列 x,以 k 为滑动长度,其滑动平均序列表示为

$$x_{j+(k-1)/2} = \frac{1}{k} \sum_{i=1}^{k} x_{i+j-1}, \ j = 1, 2, \cdots, n-k+1 \tag{3.19}$$

若 $n = 100$，$k = 9$(奇数),则 $n-k+1 = 100-9+1 = 92$，$\dfrac{k-1}{2} = \dfrac{9-1}{2} = 4$，$\hat{x}_{j+4} = \dfrac{1}{9}\sum\limits_{i=1}^{9} x_{i+j-1}, j = 1, 2, \cdots, 92$。其中，$\hat{x}_{1+4} = \hat{x}_5 = \dfrac{1}{9}\sum\limits_{i=1}^{9} x_{i+1-1} = \dfrac{1}{9}\sum\limits_{i=1}^{9} x_i = \dfrac{1}{9}(x_1 + x_2 + \cdots + x_9)$ 对应于 t_5 时刻；$\hat{x}_{2+4} = \hat{x}_6 = \dfrac{1}{9}\sum\limits_{i=1}^{9} x_{i+2-1} = \dfrac{1}{9}\sum\limits_{i=1}^{9} x_{i+1} = \dfrac{1}{9}(x_2 + x_3 + \cdots + x_{10})$ 对应于 t_6 时刻；$\hat{x}_{92+4} = \hat{x}_{96} = \dfrac{1}{9}\sum\limits_{i=1}^{9} x_{i+92-1} = \dfrac{1}{9}\sum\limits_{i=1}^{9} x_{i+91} = \dfrac{1}{9}(x_{92} + x_{93} + \cdots + x_{100})$ 对应于 t_{96} 时刻。

若 $n=100$，$k=10$（偶数），则 $n-k+1=100-10+1=91$，$\hat{x}_j=\dfrac{1}{10}\sum_i^{10}x_{i+j-1}$，$j=1$，

2，$\cdots$，91。其中，$\hat{x}_1=\dfrac{1}{10}\sum_{i=1}^{10}x_{i+1-1}=\dfrac{1}{10}\sum_{i=1}^{10}x_i=\dfrac{1}{10}(x_1+x_2+\cdots+x_{10})$，$\hat{x}_2=$

$\dfrac{1}{10}\sum_{i=1}^{10}x_{i+2-1}=\dfrac{1}{10}\sum_{i=1}^{10}x_{i+1}=\dfrac{1}{10}(x_2+x_3+\cdots+x_{11})$，其平均值为 $\bar{x}_1=\dfrac{\hat{x}_1+\hat{x}_2}{2}=$

$\dfrac{1}{20}[(x_1+x_2+\cdots+x_{10})+(x_2+x_3+\cdots+x_{11})]=\dfrac{1}{20}(x_1+2x_2+\cdots+2x_{10}+x_{11})$ 对应

于 t_6 时刻；用同样的方法可以计算得到 $\bar{x}_2=\dfrac{\hat{x}_2+\hat{x}_3}{2}=\dfrac{1}{20}(x_2+2x_3+\cdots+2x_{11}+x_{12})$ 对应

于 t_7 时刻；$\bar{x}_{90}=\dfrac{\hat{x}_{90}+\hat{x}_{91}}{2}=\dfrac{1}{20}(x_{90}+2x_{91}+\cdots+2x_{99}+x_{100})$ 对应于 t_{95} 时刻。

所以，作为一种规则，滑动长度 k 最好取奇数，以使平均值可以加到时间序列中项的时间坐标上；若是取偶数，可以对滑动平均后的新序列取每两项的平均值，以使滑动平均对准中间排列。但是一般来说，滑动长度是根据情况自行选择的，所以一般取奇数，这样就可以免去很多麻烦。

滑动平均之后的序列长度比原序列短了 $k-1$，前后各少了 $\dfrac{k-1}{2}$ 个数，这部分的处理将在 5.1.3 节进行讨论。可以证明，经过滑动平均后，周期长度短于滑动长度的周期信号被削弱，从而使序列中的长期变化趋势得以显现。滑动平均在时间序列的变化趋势上有优势，但是却过多的削弱了波动振幅，这是滑动平均的一个缺点。可以从滑动平均序列曲线图来诊断序列的变化趋势。例如可以看其演变趋势有几次明显的波动，是呈上升还是呈下降趋势。

（2）滑动平均的具体步骤

首先根据具体问题的要求及样本量大小确定滑动长度 k，找出序列的前 k 个数据并求和 $s(1)$。判断是否 $k+1>n$，若否，则减去平均时段的第一个数据，并加上第 $k+1$ 个数据，再次对序列求和得到 $s(2)$。再判断是否 $k+1>n$，若否，则一直循环下去，直到 $k+1>n$，则将所有得到的 s 除以 k，滑动平均结束，可以计算出第 1，2，$\cdots$，$n-k+1$ 个平滑值，该流程如图 3.7 所示。函数 x_mean = yu_moving_average(x,k) 可用于计算滑动平均。

（3）滑动平均在余流计算中的应用

u_1，u_2，$\cdots$，u_n 为实测海流东分量的逐时流速，若要求逐时的余流流速，就必须滤去潮流流速。众所周知，半日潮的周期为 12 小时 25 分钟，全日潮的周期时 24 小时 50 分钟。而在一个完整的潮汐周期内，涨潮和落潮时的潮流方向是相反的。若以东向为正，则

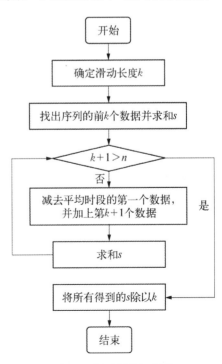

图 3.7 滑动平均流程图

西向为负。即完整潮汐周期内的潮流流速的算数求和应该为 0。因此,取 25 小时作为滑动长度就可以去除全日潮和半日潮的影响。

也就是有一个长度为 25 的滑动窗口,首先框住第 1 个到第 25 个数,对这 25 个数求平均,并将平均值赋给中间时刻,即第 13 时刻。然后将滑动窗口右移,框住第 2 个到第 26 个数,对这 25 个数求平均,并将平均值赋给中间时刻,即第 14 时刻。以此类推,直到框住最后一个数据为止。由此可得到余流序列

$$\begin{cases} \bar{u}_{13} = \dfrac{u_1 + u_2 + \cdots + u_{25}}{25} \\ \bar{u}_{14} = \dfrac{u_2 + u_3 + \cdots + u_{26}}{25} \\ \cdots \\ \bar{u}_{i+12} = \dfrac{u_i + u_{i+1} + \cdots + u_{i+24}}{25} \end{cases} \quad i = 1, 2, 3, \cdots, n-k+1 \tag{3.20}$$

可以发现,随着该周期数列起点的不同,代表数列的滑动平均值也不同。

3.1.1.6 矢量平均

(1) 矢量的概念

在海洋资料中,像质量、长度、时间、密度、能量、温度等只有大小没有方向的量,被称为标量;而像风、浪、流这样既有大小,又有方向的量,被称为矢量。矢量有两种表示方式,一种是用大小和角度表示,另一种是用东分量和北分量表示。

(2) 大气、海洋矢量要素的方向定义

这里要注意,风向是指来向,流向是指去向,两者是不同的。这主要是因为大气和海洋的习俗不同。大气科学中涉及的矢量主要是风,气象上把风吹来的方向确定为风的方向。因此,风来自北方叫做北风,风来自南方叫做南风。用角度表示风向时,是把圆周分成 360°,北风是 0°(或 360°),东风是 90°,南风是 180°,西风是 270°,其余风向都可以由此计算出来。因为该定义与笛卡尔坐标系不一致,所以在绘图和计算时多有不便。所以,一般会将角度、大小定义的矢量转换为用东分量和北分量定义的矢量,便于矢量绘图。函数 $[u, v]=$ Wind_Direction_Atmospheric(angle_A, V) 可以将由大气科学定义的风向角、大小转换为东分量和北分量。

在海洋科学中,因为海浪主要是由风生成的,所以海浪传播方向的定义往往与风向相同,都是指来向。但是,不同的数据发布中心所发布的数据并不都遵循该规则。比如,remss 数据网站上的风速数据,使用的是海洋规则。即是把圆周分成 360°,风吹向北方是 0°(或 360°),风吹向东方是 90°,风吹向南方是 180°,风吹向西方是 270°,其余风向都可以由此计算出来。为了绘图方便,一般会将角度、大小定义的矢量转换为用东分量和北分量定义的矢量。$[u, v]=$ Wind_Direction_oceanographic(angle_O, V) 可以将由海洋科学定义的风向角、大小转换为东分量和北分量。

读者在处理使用大小和角度表征矢量的数据时,要特别注意 readme 和相应的数据说明文档,看角度是用大气规则定义的还是使用海洋规则定义的。不管矢量是如何定义的,在对

矢量求平均时,既要考虑其大小,又要考虑其方向。

在矢量平均时,一般分别对大小和角度求平均,矢量大小的平均,直接求算数平均值即可。所以,对于用东分量和北分量表示的矢量,首先会将其转换为角度和大小。本书倾向于使用海洋科学的角度规则,即将圆周分成 360°,风吹向北方是 0°(或 360°),风吹向东方是 90°,风吹向南方是 180°,风吹向西方是 270°。函数 $[\text{angle}, V] = \text{Vector\_angle}(u, v)$ 可以将东分量和北分量转换为海洋科学规则的风向角及大小。

(3)矢量方向的平均方法

矢量方向的平均,方法有算数平均法、主导方向法和分量平均法。

1)算数平均法

算数平均法是直接对矢量的方向求算数平均。但是如此计算得到的方向,与事实差距较大,特别是当风向在 0°附近变化时。

2)主导方向法

主导方向法是将主导方向作为其平均风向,即出现频率最多的方向的中值作为其主导方向。函数 $[\text{Table}, \text{main\_direction}, \text{main\_inx}, \text{fanwei}] = \text{YU\_WindRose}(\text{angle}, V, \text{Options})$ 可绘制玫瑰图及计算主导方向。

3)分量平均法

分量平均法是直接对东分量和北分量进行平均,再通过平均东分量和北分量比值的反正切计算平均角度。函数 $[\text{m\_angle}, \text{m\_V}] = \text{Vector\_aver\_arithmetic}(u, v)$ 可实现分量平均法计算平均角度。

3.1.1.5 节中,使用滑动平均法求余流时,以东分量做了例子,也可以用相同的方法求得余流的北分量。再使用两个分量求得余流大小 V 和方向 φ

$$
\begin{aligned}
V &= \left[\left(\frac{\sum\limits_{i=1}^{n} u_i}{n} \right)^2 + \left(\frac{\sum\limits_{i=1}^{n} v_i}{n} \right)^2 \right]^{\frac{1}{2}} = \left[\frac{1}{n^2} \left(\sum\limits_{i=1}^{n} u_i \right)^2 + \frac{1}{n^2} \left(\sum\limits_{i=1}^{n} v_i \right)^2 \right]^{\frac{1}{2}} \\
&= \left\{ \frac{1}{n^2} \left[\left(\sum\limits_{i=1}^{n} u_i \right)^2 + \left(\sum\limits_{i=1}^{n} v_i \right)^2 \right] \right\}^{\frac{1}{2}} = \frac{1}{n} \left[\left(\sum\limits_{i=1}^{n} u_i \right)^2 + \left(\sum\limits_{i=1}^{n} v_i \right)^2 \right]^{\frac{1}{2}}
\end{aligned}
\tag{3.21}
$$

$$
\varphi = \arctan \left| \frac{\sum\limits_{i=1}^{n} u_i}{\sum\limits_{i=1}^{n} v_i} \right|
\tag{3.22}
$$

3.1.2 中位数

随机变量的中位数对应于分布函数等于 $\frac{1}{2}$ 处的 x 值。它是表示数据中心位置的第二个位置特征量。由于取算数平均值作为位置参数易受极端值的影响,采用中位数就可不受极端值的影响。

若气候变量 x_1，x_2，$\cdots$，x_n 是按降序排列的 n 个变量，那么位置居中的那个数就是中位数，也称为中值。当样本量 n 为奇数时，中位数就是它们中最中间的一个数

$$\check{x} = x_{\frac{n+1}{2}} \tag{3.23}$$

当样本量 n 为偶数时，不存在居中的数，中位数就是最中间的两个数的算术平均数

$$\check{x} = \frac{1}{2}\left(x_{\frac{n}{2}} + x_{\frac{n}{2}+1}\right) \tag{3.24}$$

此时，求得的中位数并非实测值，而是一个抽象的数。

若连续变量 $x\,(a \leqslant x \leqslant b)$ 的概率密度函数为 $f(x)$，则该分布的中位数 c 满足等式

$$\int_a^c f(x)dx = \int_c^b f(x)dx \tag{3.25}$$

c 点的累计频率为

$$P(c) = 50\% \tag{3.26}$$

此外，也有人把中位数定义为等分分布密度函数曲线下面积的变量值（见 3.1.4 分位数中的 $x_{a-0.5}$）。

中位数的优点是计算简便，尤其是当极端值不确定，只知中间各项数值及其在总项中的大小次序时，无法计算算数平均值，但可求得中位数。在样本量较小的情况下，该点显得尤为显著。对于一个基本遵从正态分布的变量，异常值或极端值会对均值产生十分显著的影响。但是，使用中位数就不会受异常值或极端值的影响。例如，在潮汐资料中，因水尺零点设置不当，最高潮位超过水尺最高点，或最低潮位低于水尺零点，无法记录最高或最低的实际潮位，只知超出水尺标度范围的次数，此时就不能计算平均水位了，需要计算中位数水位。

中位数的缺点是不能用代数方法处理。例如，只知总数及项数时，不能求中位数，使中位数的使用有一定的局限性。

3.1.3　众数

众数是表示数据中心位置的另一个位置特征量。在一实测序列中，出现频数最多的那个数，称为该数列的众数，也称众值。对于连续变量，众数就是概率密度函数 $f(x)$ 达到最大值处的 x 值。众数必须满足 $f'(x) = 0$，由此，可解得随机变量的众数。

众数和中位数都是描述随机变量分布集中趋势的数字特征。当随机变量的分布曲线呈正态分布时，算数平均值、众数和中位数三者合一。若呈偏态分布时（见图 3.8），因为众数不受极端项的影响，其位置固定不变。其中，集中位置偏向数值小的一侧，称为正偏态分布；集中位置偏向数值大的一侧，称为负偏态分布。算数平均值因受极端项的影响最大，偏离众数最远。中位数仅受极端项数值的影响，因此略偏离于众数。

3.1.4　分位数

除了表示中心趋势的统计量外，还有一个与数列位置有关的统计量是分位数。那么，什

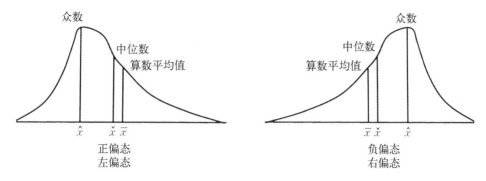

图 3.8　算数平均值、中位数、众数的位置

么是分位数呢? 为便于说明问题,可用标准正态随机
变量定义:设 $Z \sim N(0,1)$,若 x_α 满足

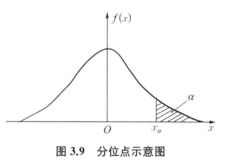

$$P\{Z > x_\alpha\} = \alpha \quad 0 \leqslant P \leqslant 1 \quad (3.27)$$

则称 x_α 为分位数或分位点,如图 3.9 中所示:

当 $\alpha = 0.25$ 时,称 x_α 为上四分位数,简称上分位
点;当 $\alpha = 0.75$ 时,称 x_α 为下四分位数,简称下分位
点;当 $\alpha = 0.5$ 时,称 x_α 为中位点;当 $\alpha = 0.1$ 时,称 x_α

图 3.9　分位点示意图

为上十分位点;当 $\alpha = 0.01$ 时,称 x_α 为上百分位点;其他分位点可以此类推。

3.2　变化幅度统计量

统计量均值和中位数等中心趋势统计量仅仅描述了气候变量分布中心在数值上的大
小,也就是只给出了气候变量变化的平均水平,却没有给出这种变化与正常情况的偏差和变
化的波动。因此,必须借助于离散特征量,即表征距离分布中心远近程度的统计量来进行描
述。离散特征量包括极差、距平、平均差、平均相对变率、方差、标准差和变差系数等。

3.2.1　极差

极差就是最大值与最小值之差,记为

$$D = \max\{x_i\} - \min\{x_i\}, 1 \leqslant i \leqslant n \quad (3.28)$$

在海洋资料中,极差也称为变幅、振幅、变程、较差或全距。极差表示数列中变量的变化
范围,往往随样本容量的大小而不同。例如,一日内最高、最低水温之差为日较差;一年内最
高、最低月平均水温之差称为水温平均年较差;历年最高、最低水温之差称为历年水温极差。

3.2.2　距平

距平实际上是对原变量的一种变换,将原变量减去其在某一时期内的均值即为距平值。
它是表示气候变量偏离正常情况的量。例如,水温的月距平值、年距平值都是海洋气候资料

分析中常用的特征值。

一组数据的某一个数 x_i 与均值 $\bar{x}$ 之间的差就是距平 x'，即

$$x' = x_i - \bar{x} \tag{3.29}$$

气候变量的一组数据 x_1，x_2，$\cdots$，x_n 与其均值的差异就构成了距平序列

$$x_1 - \bar{x}, \; x_2 - \bar{x}, \; \cdots, \; x_n - \bar{x} \tag{3.30}$$

在气候诊断分析中，常用距平序列(3.30)来代替气候变量观测数据。任何气候变量序列，经过距平化处理，都可以化为均值为 0 的序列。这样处理可以给分析带来很多便利，计算结果也更直观。

3.2.3　平均差

平均差是距平绝对值的平均，也称为平均绝对变率。设一样本资料的样本容量为 n，均值为 $\bar{x}$，则平均差为

$$\bar{d} = \frac{1}{n} \sum_{i=1}^{n} | x_i - \bar{x} | \tag{3.31}$$

平均差可以用来衡量海洋要素长年变量的大小。因它考虑了全部记录，要比极差有更好的代表性。

3.2.4　平均相对变率

为了使平均差所表示的离散程度不受量纲的影响，可采用平均差与均值之比，称为平均相对变率，简称变率，记作

$$\bar{d}_r = \frac{\bar{d}}{\bar{x}} \tag{3.32}$$

3.2.5　方差与标准差

方差是用来表征样本数列离散程度的一个特征量，在概论统计中占有重要地位。随机变量各个测值 ξ 与其数学期望 μ 差值平方的数学期望，称为随机变量的方差，记为 $D(\xi)$（陈上及等，1991）

$$D(\xi) = E (\xi - \mu)^2 \tag{3.33}$$

方差的平方根称为均方差，记作 σ。方差的计算公式有：离散型

$$D(\xi) = \sum_{i=1}^{n} (x_i - \mu)^2 p_i \tag{3.34}$$

式中，p_i 为 x_i 出现的概率。

连续型

$$D(\xi) = \int_{-\infty}^{+\infty} (x-\mu)^2 f(x) dx \tag{3.35}$$

实际上,总体方差是无法求得的,只能根据现有的实测资料求总体方差的估计值,称为样本方差。为了使其与总体方差 σ^2 有所区别,样本方差记作 s^2。样本方差与标准差是描述样本中数据与以均值 $\bar{x}$ 为中心的平均振动幅度的特征量。它们也可以作为变量总体方差和标准差的估计。在海洋和大气中,也常称标准差为均方差。样本方差实际上是距平方的均值

$$s^2 = \frac{1}{n} \sum_{i=1}^{n} (x_i - \bar{x})^2 = \frac{1}{n} \sum_{i=1}^{n} x_i^2 - \bar{x}^2 \tag{3.36}$$

式中,$\sum_{i=1}^{n} (x_i - \bar{x})^2$ 为偏差平方和,以便同观测值 x_i 与某一常数 c 的离差平方和 $\sum_{i=1}^{n} (x_i - c)^2$ 相区别。方差的平方根 s,称为该数列的标准差,是均方差 σ 的估计值

$$s = \sqrt{\frac{1}{n} \sum_{i=1}^{n} (x_i - \bar{x})^2} = \sqrt{\frac{1}{n} \sum_{i=1}^{n} x_i^2 - \bar{x}^2} \tag{3.37}$$

方差估计量 s^2 不具有稳定性。假设一组数据有 n 个数据 $x_1, x_2, \cdots, x_n$,若以 m 个数据为一组,将数列 $x_1, x_2, \cdots, x_n$ 分为 k 组,得另一数列 $y_1, y_2, \cdots, y_k$,则其方差为 k 组方差之和,即 $s_n^2 > \sum_{i=1}^{k} s_i^2$,说明方差是随着分组而下降。举一个极端的例子,若将 n 个数据分为 n 组,则每一组数据的方差都为 0,那么总的方差也为 0。说明方差的确是随着分组而下降的。所以对于过于分散的数据,可以通过 3.1.1.2 分段平均法来获得数据的规律。

若令 $K_i = \dfrac{x_i}{\bar{x}}$,$K_i$ 称为模比系数,则

$$s = \bar{x} \sqrt{\frac{1}{n} \sum_{i=1}^{n} (K_i - 1)^2} \tag{3.38}$$

方差 s^2 并不是总体方差 $D(\xi)$ 的无偏估计,若要得到总体方差的无偏估计,可采用其无偏估计值 s^{*2}:

$$s^{*2} = \frac{1}{n-1} \sum_{i=1}^{n} (x_i - \bar{x})^2 \tag{3.39}$$

当 n 很大时,s^* 与标准差 s 很接近;只有当 n 很小时,应采用 s^{*2} 来估计总体方差 σ^2。在使用 MATLAB 的 std(x,flag,dim) 命令求均方根时,flag 给出了无偏估计的选项,flag=0 是除以 $n-1$,flag=1 是除以 n;dim 表示维数,dim=1 是按照列计算,dim=2 是按照行计算,若是三维的矩阵,dim=3 就按照第三维来计算数据。默认的 std 格式是 std(x,0,1)。读者可根据需要选择合适的算法。

这里要注意,方差具有以下性质:

(1) 常数的方差等于 0,即 $D[c]=0$。

(2) 随机变量 c(常数)倍的方差,等于该随机变量方差的 c^2 倍,即 $D(c\xi)=c^2 D(\xi)$。

（3）两个独立随机变量之和的方差等于各自方差的和，即 $D(\xi_1 + \xi_2) = D(\xi_1) + D(\xi_2)$。

（4）随机变量对数学期望之偏差平方的数学期望小于它对任何常数之离差平方的数学期望，即 $D(\xi) = E(\xi - E(\xi))^2 < E(\xi - c)^2$。

3.2.6 离差系数(变差系数)

标准差是反映变量离散度大小的一个特征量，它不仅要受变量极差（即最大值与最小值之差）的影响，还受变量本身平均水平的影响，有时无法很好地描述变量之间的差异。所以，在比较两个不同数列时，应用标准差与平均值的比值来作比较，此比值称为离差系数，也称为变差系数或变异系数，记作 C_v，即

$$C_v = \frac{s}{\bar{x}} \tag{3.40}$$

或

$$C_v = \frac{s^*}{\bar{x}} = \frac{1}{\bar{x}} \sqrt{\frac{\sum_{i=1}^{n} (x_i - \bar{x})^2}{n-1}} = \sqrt{\frac{\sum_{i=1}^{n} (K_i - 1)^2}{n-1}} \tag{3.41}$$

离差系数 C_v 是海洋水文统计中，尤其在极值分析中最常用的一个统计量。

3.3 分布特征统计量及正态分布检验

众所周知，正态分布在统计学中具有非常重要的地位，大多数气候诊断方法和预测模型是在气候变量呈正态分布假定的前提下进行的。因此，对于气候变量是否呈正态分布形态的检验是十分必要的。正态分布检验不仅可以判断原始变量是否服从正态分布，还可以检验那些原本不遵从正态分布而经某种数学变换后的变量是否已成为正态分布形式。

对变量进行正态分布统计检验，最简便的方法是对描述观测数据总体分布密度图形的特征量的偏度系数和峰度系数进行检验。

3.3.1 分布特征统计量

偏度系数和峰度系数是描述气候变量分布特征的两个重要统计量。其中偏度系数是表征分布形态与平均值偏离的程度，作为分布不对称的测度。峰度系数则是表征分布形态图形顶峰的凸平度的统计量。为便于进行统计检验，给出标准偏度系数和峰度系数的计算公式，偏度系数为（魏凤英，2013）

$$g_1 = \sqrt{\frac{1}{6n}} \sum_{i=1}^{n} \left(\frac{x_i - \bar{x}}{s} \right)^3 \tag{3.42}$$

峰度系数为

$$g_2 = \sqrt{\frac{n}{24}} \left[\frac{1}{n} \sum_{i=1}^{n} \left(\frac{x_i - \bar{x}}{s} \right)^4 - 3 \right] \tag{3.43}$$

式(3.42)和式(3.43)中的 x_i 是具体的观测值；$\bar{x}$ 是均值，用式(3.1)算出；s 是标准差，用式(3.37)算出。

标准偏度系数的意义是由 g_1 的取值符号而定的。当 g_1 为正时，表明分布图形的顶峰偏左，称为正偏度；当 g_1 为负时，表明分布图形的顶峰偏右，称为负偏度；当 g_1 为 0 时，表明分布图形对称(见图 3.8)。

标准峰度系数的意义是由 g_2 的取值符号而定的。当 g_2 为正时，表明分布图形坡度偏陡；当 g_2 为负时，表明分布图形坡度平缓；当 g_2 为 0 时，表明分布图形坡度正好与正态分布一致，坡度正好。

3.3.2 正态分布偏度和峰度检验

若 $g_1 = 0$，$g_2 = 0$ 时，表明研究的变量为理想正态分布变量。所以，可以利用 g_1 和 g_2 值偏离 0 的程度来确定变量是否遵从正态分布。在实际应用中，也是通过对 g_1 和 g_2 进行统计检验，以判断变量是否近似正态分布。

当样本量 n 足够大时，标准偏度系数 g_1[式(3.42)]和标准峰度系数 g_2[式(3.43)]都以标准正态分布 $N(0, 1)$ 为渐进分布。因此，对某一变量作正态性检验，就是提出变量遵从正态分布的原假设，对计算出的样本标准偏度系数和峰度系数作检验。确定出显著性水平 α，查标准正态分布 u_α 值表即可得出结论。注意，由于正态分布具有对称性，查表时显著性水平应为 $\alpha/2$。例如，给定 $\alpha = 0.05$，查表时，要找对应 $\alpha/2 = 0.025$ 的分布函数值。其查表顺序是，在标准正态分布 u_α 值表中，先从左栏找到 0.02，然后平行向右移，移至对应上栏对应 5 处，相交点的值为 1.96，即为 u_α 值。除了查表之外，也可以使用 MATLAB 的 norminv($1 - \alpha/2$, 0, 1)函数计算得到。

3.3.3 检验步骤

正态分布检验的步骤为：

(1) 根据公式(3.42)计算偏度系数 g_1。

(2) 根据公式(3.43)计算峰度系数 g_2。

(3) 提出原假设 H_0：即变量遵从正态分布。

(4) 确定显著性水平 α 的取值，如 $\alpha = 0.05$ 表示在原假设正确的情况下，接受该原假设的可能性有 95%，而拒绝该假设的可能性较小。

(5) 查表，对 $\alpha = 0.05$，根据正态分布的对称性，从正态分布函数表上查出与 $\alpha/2$ 水平相对应的数值，即确定出临界值 $u_{\alpha/2} = u_{0.025} = 1.96$，也可以使用 MATLAB 的代码 norminv($1 - 0.025$, 0, 1)计算得到。

(6) 按给定的显著性水平对接受还是拒绝假设作出推断。比较统计量计算值与临界值，看其是否落入否定域中，若落入否定域则拒绝原假设。此处需要 g_1 和 g_2 的绝对值均小于临界值 1.96 才接受原假设，否则就拒绝原假设。即若 $|g_1| \geqslant u_{\alpha/2} = u_{0.025} = 1.96$ 或

$\mid g_2\mid\geqslant u_{a/2}=u_{0.025}=1.96$，则否定原假设；若$\mid g_1\mid<u_{a/2}=u_{0.025}=1.96$且$\mid g_2\mid<u_{a/2}=u_{0.025}=1.96$，则接受原假设。

（7）得出结论。如在$\alpha=0.05$显著性水平上，可以认为某变量近似遵从正态分布。

注意：对一个变量进行检验，只有偏度和峰度均接受原假设，才可以认为样本来自正态分布总体。函数 yu_normal_test(x,a)可用于实现正态分布偏度和峰度检验，输入数据x为数据序列，a为显著性水平。

3.3.4 数据正态化变换

对于不遵从正态分布的变量可以作适当的变换，使其正态化。常用的变换有对数变换、平方根变换、角变换和幂变换等。

3.3.4.1 对数变换

对数变换是一种常用的正态化变换方法，优点是计算简便。对原始数据x_i取对数

$$x_i'=\ln x_i,\ i=1,\ 2,\ \cdots,\ n \tag{3.44}$$

3.3.4.2 平方根变换

对离散型变量用平方根变换十分奏效，即

$$x_i'=\sqrt{x_i+0.5},\ i=1,\ 2,\ \cdots,\ n \tag{3.45}$$

3.3.4.3 角变换

对于遵从二项分布的变量，可采用角变换

$$x_i'=\arcsin\sqrt{x_i},\ i=1,\ 2,\ \cdots,\ n \tag{3.46}$$

3.3.4.4 幂变换

对于不清楚分布形式的变量，使用幂变换最合适。幂变换有 BC(Boc‐Cox)幂变换、欣克利(Hinkley)幂变换和 BT(Box‐Tidwell)幂变换等。选取最佳幂次涉及优化问题，计算较繁杂，不一一赘述。

请读者选择合适的变换方法将非正态分布的数据转化为正态分布数据。

3.4 相关统计量及相关性检验

在海洋的物理过程中，各要素间往往有着相互联系和相互制约的关系。比如，水温的升降与天气变化过程、气温的升降密切相关。可以通过相关分析建立各要素间的相关关系式，由一个或多个变量预报另一变量。

又如在岸滨海洋站资料中，有的观测年代很短，有的观测很不连续，可以通过与长年观测的邻近站进行相关分析，建立相关关系式，来对该站所短缺资料作出估计或插补。相关分析在海洋科学研究、环境预报、海洋资料处理和海洋工程设计参数的估计中都十分有意义。相关分析是多元统计分析的基础，应用很广。

3.4.1　皮尔逊相关系数及其检验

3.4.1.1　皮尔逊相关系数

皮尔逊相关系数是描述两个随机变量线性相关的统计量,一般简称为相关系数或点相关系数,用 r 来表示。它也作为两总体相关系数 ρ 的估计。设变量 ξ 的测值数列为 x_1,x_2,$\cdots$,x_n,其平均值为 $\bar{x}$;变量 η 的测值数列为 y_1,y_2,$\cdots$,y_n,其平均值为 $\bar{y}$,则 ξ 和 η 两数列间的相关系数为

$$r = \frac{\sum\limits_{i=1}^{n}(x_i - \bar{x})(y_i - \bar{y})}{\sqrt{\sum\limits_{i=1}^{n}(x_i - \bar{x})^2}\sqrt{\sum\limits_{i=1}^{n}(y_i - \bar{y})^2}} \tag{3.47}$$

也可以用标准差形式计算

$$r = \frac{\dfrac{1}{n}\sum\limits_{i=1}^{n}(x_i - \bar{x})(y_i - \bar{y})}{\sqrt{\dfrac{1}{n}\sum\limits_{i=1}^{n}(x_i - \bar{x})^2}\sqrt{\dfrac{1}{n}\sum\limits_{i=1}^{n}(y_i - \bar{y})^2}} = \frac{\text{cov}(x,y)}{s_x s_y} \tag{3.48}$$

式中,S_x 为变量 x 的标准差;S_y 为变量 y 的标准差;$\text{cov}(x,y)$ 为两变量 x,y 的协方差。

容易证明,相关系数 r 的取值在 $-1.0 \sim +1.0$ 之间。当 $r > 0$ 时,表明两变量呈正相关,越接近 1.0,正相关越显著,当 $r = 1$ 时,为完全正相关;当 $r < 0$ 时,表明两变量呈负相关,越接近 -1.0,负相关越显著,当 $r = -1$ 时,为完全负相关;当 $r = 0$ 时,则表示两变量相互独立,为完全不相关。通常认为,$|r|$ 在 0.7 以上,表示相关较好;$|r|$ 在 0.3 以下,表示相关很差。

若观测的数据不是确定的数值,而只是序号或两变量呈非线性关系时,则不能随便去套用皮尔逊相关系数的计算公式。可以先作适当的数据变换,然后再进行相关系数计算。对于不是确定数值的数据,可以计算非参数相关,如斯皮尔曼秩相关系数或肯德尔秩相关系数(陶澍,1994)来考察两变量间的相依关系。秩相关系数是依赖于对数据排序求秩而进行的,这里不多作赘述。

据统计学中的大样本定理(王梓坤,1976),样本量大于 30 才有统计意义。当样本量较小时,计算所得的相关系数可能会与总体相关系数偏离甚远。此时,可以用无偏相关系数加以校正。将无偏相关系数记为 r^*

$$r^* = r\left[1 + \frac{1 - r^2}{2(n-4)}\right] \tag{3.49}$$

式中,r 为皮尔逊相关系数;n 为数据个数,即样本量。

这里要特别强调的是,与后面要介绍的关联度不同,皮尔逊相关系数是基于数理统计的。而且用于计算相关系数的两个量必须是确定的数值,且必须呈线性相关。所以在对两变量求相关系数之前,可以先绘出它们的散点图(图 3.10),查看它们之间是否呈线性关系。

若呈线性关系,则可直接计算皮尔逊相关系数,若不呈线性关系则需要对数据做一些转换,转换的方法将在 4.1.4 节中进行介绍。此外,还要求两变量服从一定的概率分布,如正态分布。正态分布的检验方法,详见 3.3.2 节。

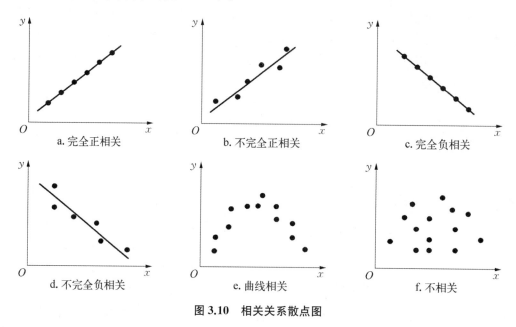

a. 完全正相关　　　　　b. 不完全正相关　　　　　c. 完全负相关

d. 不完全负相关　　　　　e. 曲线相关　　　　　f. 不相关

图 3.10　相关关系散点图

另外,还必须注意,由实测资料计算得到的相关系数并非是总体的真正相关系数,仅仅是样本的相关系数,有一定的随机性。它能否代表总体相关系数,尚需进行统计检验。

3.4.1.2　相关性检验

正态总体的相关检验实际上是两个变量间或不同时刻间观测数据的独立性检验。相关系数 r 实际上是总体相关系数 ρ 的渐进无偏估计。所谓相关检验,就是检验 ρ 为 0 的假设是否显著。提出原假设 $H_0: \rho = 0$,即假设两变量相互独立不相关。

相关系数检验有 3 种方法。

(1) 标准差法

当样本容量 $n > 100$ 时,可用下式检验

$$\begin{cases} |r| > 2.698\sigma(r) \text{ 时}, r \text{ 是显著的} \\ |r| < 2.698\sigma(r) \text{ 时}, r \text{ 是不显著的} \end{cases} \tag{3.50}$$

式中,$\sigma(r)$ 为相关系数的标准差,其表达式为

$$\sigma(r) = \frac{1-r^2}{\sqrt{n-1}} \approx \frac{1-r^2}{\sqrt{n}} \tag{3.51}$$

MATLAB 函数 Correlation_test_std(tyr, twin) 可用于皮尔逊相关系数的标准差法检验,若样本量小于 30,给出的是式(3.49)的无偏相关系数。

(2) t 检验

当样本容量较小时,可采用 t 检验。在假设总体相关系数 $\rho = 0$ 成立的条件下,相关系数

r 的概率密度函数正好是 t 分布的密度函数,因此可用 t 检验对 r 进行显著性检验。构造统计量 t

$$t = r\sqrt{\frac{n-2}{1-r^2}} \tag{3.52}$$

式中,r 为皮尔逊相关系数;n 为数据个数。所构造的统计量 t 遵从自由度 $\nu = n - 2$ 的 t 分布。给定显著性水平 α,查 t 分布表,若 $|t| > t(\alpha, \nu)$,则拒绝原假设,认为相关系数 r 是显著的;若 $|t| < t(\alpha, \nu)$,则接受原假设,认为相关系数 r 是不显著的。其中 $t(\alpha, \nu)$ 为显著水平为 α,自由度为 ν 时查得的 t 的临界数,自由度 $\nu = n - 2$。

例如,若样本量 $n = 20$,那么自由度 $\nu = n - 2 = 18$。若取显著性水平 $\alpha = 0.05$,那么查 t 分布表,ν 所在的第一列对应的是自由度,第一行对应的是显著性水平。所以,可以先根据第一列找到对应的自由度,找到数值为 18 的一行,然后向右找到显著性水平 0.05 对应的列,所对应的数值就是 t 的临界数。此处,$t(\alpha, \nu) = t(0.05, 18) = 2.10$。除了查表之外,$t(\alpha, \nu)$ 也可以使用 MATLAB 的 tinv$(1 - \alpha/2, \nu)$ 函数计算得到。函数 Correlation_test_t(tyr,twin, a)可进行皮尔逊相关系数的 t 检验,若样本量小于 30,给出的是式(3.49)的无偏相关系数。

（3）相关系数检验表法

为检验方便,已构造出不同自由度,不同显著性水平的相关系数检验表。表中给出了不同自由度,不同显著性水平下相关系数达到显著性水平的最小值。在实际检验过程中,自由度已知,给定显著性水平,就可以直接查表对相关系数进行显著性检验。注意,这里自由度为 $n - 2$。

例如,样本量 $n = 20$,自由度 $\nu = n - 2 = 18$,查检验相关系数 $\rho = 0$ 的临界值表,第一列对应的是自由度,第一行对应的是显著性水平。可以先找到 18 所在的行,再找到显著性水平 0.05 所对应的列,行列相交,恰好对应值 0.443 8。若 $|r| \geqslant 0.443 8$,则 r 在 $\alpha = 0.05$ 的水平上显著。否则不显著,此时,配回归直线就无意义了。也可找到显著性水平 0.01 所对应的列,行列相交,恰好对应值 0.561 4。若 $|r| \geqslant 0.561 4$,则 r 在 $\alpha = 0.01$ 的水平上显著。显然,α 越小,要求显著程度则越高。

除此之外,可以使用 MATLAB 的[R,P] = corrcoef(a,b)函数计算出两变量 a、b 的相关系数 R 和显著性水平 P。这里,R 是一个 2×2 矩阵,第 1 个和第 4 个元素分别表示 a 和 b 的自相关,第 2 个和第 3 个元素分别表示 a 与 b 的相关系数和 b 与 a 的相关系数,两个值是相等的。P 表示相关性检验的显著性水平 α 值,P 也是一个 2×2 矩阵,第 2 个和第 3 个元素分别表示 a 与 b 之间相关系数的显著性水平。P 值越小表示变量 a、b 的相关性越显著。如,P < 0.05 表示通过了 95% 的显著性检验,P < 0.01 表示通过了 99% 的显著性检验。函数 Correlation_test_rho(tyr,twin)可实现皮尔逊相关系数的相关系数检验表法,若样本量小于 30,给出的是式(3.49)的无偏相关系数。

读者在计算皮尔逊相关系数时,一定要注意两变量是否呈线性,也一定要对相关性进行检验。

3.4.1.3　计算步骤

（1）正态分布检验

使用 3.3.2 节的 yu_normal_test 函数进行统计检验,确定两个变量均服从正态分布。

（2）计算皮尔逊相关系数

使用式（3.47）或式（3.48）计算两变量之间的皮尔逊相关系数。也可以直接使用MATLAB 的[R,P]=corrcoef(a,b)函数计算。

（3）计算无偏相关系数

当样本量小于 30 时，使用式（3.49）计算无偏相关系数。

（4）相关性检验

提出原假设 $H_0: \rho=0$，统计表述为"总体相关系数为 0"。给定显著性水平 α，进行相关显著性检验。

1）标准差法

使用式（3.51）计算相关系数的标准差，使用式（3.50）判断相关性是否显著。

2）t 检验法

使用式（3.52）计算 t 统计量，给定显著性水平 $\alpha=0.05$，查自由度 $\nu=n-2$ 时的 t 分布表，或可以使用 MATLAB 的 tinv($1-\alpha/2, \nu$)计算得到临界值 t_α。若 $|t|>t_\alpha$，则拒绝原假设，认为相关系数 r 是显著的；若 $|t|<t_\alpha$，则接受原假设，认为相关系数 r 是不显著的。

3）相关系数检验表法

给定显著性水平 $\alpha=0.05$，查自由度 $\nu=n-2$ 时的相关系数表，得到临界值 r_α。若 $|r|>r_\alpha$，则拒绝原假设，认为相关系数 r 是显著的；若 $|r|<r_\alpha$，则接受原假设，认为相关系数 r 是不显著的。

注意，当取不同的 α 值时，得出的结论可能是不同的。而不同的结论并不矛盾，因为它们是在不同的显著性水平下作出的结论。因此，在诊断分析中，当希望做出否定原假设，即判断两变量间是否存在相关关系时，应该注意显著性水平的选取，α 取得小一些，得出的结论可靠性就大一些。

在实际工作中，人们依赖相关系数提供的信息对未来做出预测。那么，相关系数是否具有稳定性是预报效果好坏的关键。因此，许多学者都在探索检验相关稳定性的方法（朱盛明，1982）。若两个变量的统计特性不随时间变化，相关系数必然有良好的稳定性。根据该特性，有学者提出用计算滑动相关系数和序贯检验的方法来检验相关是否稳定（林学椿，1978；丁裕国，1987）。

3.4.2 自相关系数及其检验

3.4.2.1 自相关系数

自相关系数是描述某变量不同时刻之间相关关系的统计量。将滞后长度为 j 的自相关系数记为 $r(j)$，$r(j)$ 是总体相关系数 $\rho(j)$ 的渐近无偏估计。不同滞后长度的自相关系数可以给出某一时刻信息与其后 j 时刻信息之间的联系，由此判断根据 x_i 预测 x_{i+j} 的可能性。对于变量 x，滞后长度为 j 的自相关系数 $r(j)$ 是序列 x_1 到 x_{n-j} 与序列 x_{j+1} 到 x_n 之间的相关关系

$$r(j) = \frac{1}{n-j} \sum_{i=1}^{n-j} \left(\frac{x_i - \bar{x}}{s} \right) \left(\frac{x_{i+j} - \bar{x}}{s} \right) \tag{3.53}$$

式中,$\bar{x}$ 和 s 分别是长度为 n 的变量 x 的时间序列的算数平均值和标准差(也叫均方差),$\bar{x}$ 由式(3.1)求出,s 由式(3.37)求出;j 是滞后长度;n 是样本数(即数据个数)。

自相关系数的计算有两种方法,这两种方法的第一步都是连续设置滞后长度,即 $j=1$, 2, …, k,这样可以得到 k 个不同时刻的自相关系数 $r(1)$, $r(2)$, …, $r(k)$。$j=1$, 2, …, k 分别代表了滞后 1 个时间间隔,滞后 2 个时间间隔,…,滞后 k 个时间间隔,一般取 $k<n-1$。第一种方法是按照式(3.53)计算自相关系数。第二种方法是将 $i=1$, 2, …, $n-j$ 时刻的数据看作一个序列(如 $a=x_i$, $i=1$, 2, …, $n-j$),将 $i+j=1+j$, $2+j$, …, n 时刻的数据看作另一个序列(如 $b=x_{i+j}$, $i+j=1+j$, $2+j$, …, n),直接对序列 a 和 b 使用式(3.47)求皮尔逊相关系数,若数据个数小于 30 还需要使用式(3.49)校正为无偏相关系数。同时,可以用 3.4.1.2 皮尔逊相关系数的检验方法对其显著性进行检验。注意,这两种方法的计算结果是有差异的,尽管差异并不是很大。读者在计算时,尽量选择第一种方法,因为第一种方法的定义更加严格。

3.4.2.2　自相关显著性检验

跟皮尔逊相关系数一样,也需要对自相关系数进行显著性检验,实际上就是检验不同时刻间观测数据的独立性。自相关系数的相关性检验需要检验总体相关系数 $\rho(j)$ 为 0 的假设是否显著,即提出原假设 H_0:即 $\rho(j)=0$。当样本量足够大时,对于滞后长度为 j 的自相关系数的显著性检验,可以通过构造统计量 $u(j)$ 进行检验

$$u(j)=r(j)\sqrt{n-j} \tag{3.54}$$

式中,$r(j)$ 为自相关系数;n 为样本数(即数据个数);j 为滞后长度。$u(j)$ 遵从渐近的 $N(0,1)$ 正态分布。

给定显著性水平 α,查标准正态分布 u_α 值表。查表时,要找对应 $\alpha/2$ 的分布函数值。若 $|u(j)|>u_{\alpha/2}$,则拒绝原假设,认为自相关系数是显著的;否则,则认为自相关系数是不显著的。除了查表之外,也可以使用 MATLAB 的 norminv$(1-\alpha/2, 0, 1)$ 函数计算得到临界值 $u_{\alpha/2}$。通过对自相关系数的检验,可以判断气候变量是否具有持续性。函数[r,p,r3,p2]=self_corr(x)可以用于计算自相关系数并进行自相关显著性检验。

3.4.2.3　计算步骤

(1)正态分布检验

使用 3.3.2 节的 yu_normal_test 函数进行统计检验,确定变量均服从正态分布。

(2)连续设置滞后长度

令滞后长度为 $j=1$, 2, …, k,取 $k=n-1$。

(3)计算自相关系数

对每一个滞后长度,均使用自相关系数的计算公式(3.53)计算出自相关系数,这样可以得到 k 个不同时刻的自相关系数 $r(1)$, $r(2)$, …, $r(k)$。

(4)使用公式(3.54)计算统计量 $u(j)$

可以得到 k 个不同时刻的统计量 $u(1)$, $u(2)$, …, $u(k)$。

(5)提出原假设 H_0

即总体自相关系数 $\rho(j)=0$。

（6）确定显著性水平 α 的取值

如 $\alpha = 0.05$ 表示在原假设正确的情况下,接受该原假设的可能性有 95%,而拒绝该假设的可能性较小。

（7）计算临界值 $u_{\alpha/2}$

对显著性水平 α,根据正态分布的对称性,从正态分布函数表中查出与 $\alpha/2$ 水平相对应的数值,即确定出临界值 $u_{\alpha/2}$,也可以使用 MATLAB 的函数 norminv$(1-\alpha/2, 0, 1)$ 计算得到。

（8）判断是否接受原假设

按给定的显著性水平对接受还是拒绝原假设作出推断。比较统计量计算值 $u(j)$ 与临界值 $u_{\alpha/2}$,若 $|u(j)| > u_{\alpha/2}$,则拒绝原假设,认为自相关系数是显著的;否则,则认为自相关系数是不显著的。若接受原假设说明序列 x_1 到 x_{n-j} 与序列 x_{j+1} 到 x_n 之间相互独立,若拒绝原假设说明序列 x_1 到 x_{n-j} 与序列 x_{j+1} 到 x_n 之间有显著的相关性,即自相关显著。

（9）得出结论

比如,在 $\alpha = 0.05$ 的显著性水平上,可以认为变量序列与滞后其 j 年的序列之间相互独立,没有显著的相关性。

3.4.3 关联度

表征气候变量关系密切程度的相关系数是以数理统计为基础的,要求足够大的样本量及数据遵从一定的概率分布。而灰色关联度是一种相对性排序的量,来源于几何相似,它的实质是进行曲线间几何形态的比较。几何形状越相近的序列,变化趋势就越接近,其关联程度就越高;几何形状越不同的序列,变化趋势就越不同,其关联程度就越低(魏凤英,2013)。关联度适合表征小样本变量之间的关联程度。灰色系统理论中有绝对值关联度和速度关联度(邓聚龙,1985),这里给出一种更适合于气候变量的关联度计算方案(曹鸿兴等,1993),称之为优序度。

在研究一些变量对另一些变量的影响时,选择的变量就是自变量,而被影响的变量就是因变量。例如,研究风对浪的影响时,风是自变量,浪是因变量。设有一个因变量 $x_0 = [x_{01}, x_{02}, \cdots, x_{0n}]$ 及 m 个自变量 $x_i = [x_{i1}, x_{i2}, \cdots, x_{in}](i = 1, 2, \cdots, m)$,其中 n 是样本个数,m 是自变量个数。下面介绍计算优序度的具体步骤。

3.4.3.1 极差标准化处理

为了去除变量本身数值大小对计算结果的影响,需要对原始数据进行极差标准化处理(详见 2.4.3.3)

$$x'_{ij} = \frac{x_{ij} - \min x_{ij}}{\max x_{ij} - \min x_{ij}} \tag{3.55}$$

式中,i 是变量序号,$i = 0, 1, 2, \cdots, m$,其中 0 对应因变量,1,$\cdots$,m 对应自变量;j 是样本(或数据)序号,$j = 1, 2, \cdots, n$。为了简便,标准化之后的数据仍然记为 x_{ij}。

3.4.3.2 计算权重系数

权重系数 a_i 体现了第 i 个自变量在 m 个自变量中距离因变量远近程度的相对关系。

权重系数 a_i 的计算方法有两种。

（1）不考虑距离权重的方法

第一种方法是用 l_i+1 和 s_i+1 的比值计算权重系数

$$a_i = \frac{l_i+1}{s_i+1} \tag{3.56}$$

式中，l_i 是第 i 个自变量的所有样本在 m 个自变量序列中与因变量序列取最大距离 $\max \Delta x_{ij}$ 的个数；s_i 是第 i 个自变量的所有样本在 m 个自变量序列中与因变量序列取最小距离 $\min \Delta x_{ij}$ 的个数。最大距离 $\max \Delta x_{ij}$ 和最小距离 $\min \Delta x_{ij}$ 指的是因变量与每个自变量的差值的绝对值的最大值和最小值

$$\begin{cases} \max \Delta x_{ij_l} = \max \mid x_{0j_l} - x_{ij_l} \mid \\ \min \Delta x_{ij_s} = \min \mid x_{0j_s} - x_{ij_s} \mid \end{cases} \tag{3.57}$$

式中，j_l 为使用第 j_l 列计算因变量与每个自变量的差值的绝对值的最大值，j_s 为使用第 j_s 列计算因变量与每个自变量的差值的绝对值的最小值，$i=0，1，2，\cdots，m$ 是因变量和自变量。在某时间截口（如第几列）上各取出其最大距离和最小距离，再计算两者的个数。

例 3.1 表 3.1 是使用公式(3.55)对原始数据进行极差标准化处理之后的结果，其中各行为因变量和各自变量，除了表头之外，第一行为 $i=0$，对应因变量 k，即 CO_2 交换速率；第二行为 $i=1$，对应自变量 U_{10}，即十米高度处的风速；第三行为 $i=2$，对应自变量 H_s，即有效波高；第四行为 $i=3$，对应自变量 W，即白帽覆盖率；第五行为 $i=4$，对应自变量 θ，即风向；第六行为 $i=5$，对应自变量 SST，即海表面温度。第 $1 \sim 12$ 列对应的是第 $1 \sim 12$ 个时刻的数据。请计算 U_{10}、H_s、W、θ、SST 与 k 之间的关联度。

表 3.1　极差标准化处理之后的数据

数据 j ＼ 变量 i	$j=1$	$j=2$	$j=3$	$j=4$	$j=5$	$j=6$	$j=7$	$j=8$	$j=9$	$j=10$	$j=11$	$j=12$
$i=0$ 因变量 k	0.92	0.83	0.75	0.67	0.58	0.50	0.42	0.33	0.25	0.17	0.08	0.00
$i=1$ 自变量 U_{10}	0.75	0.92	0.58	0.83	0.58	0.67	0.25	0.50	0.25	0.25	0.08	0.08
$i=2$ 自变量 H_s	0.58	0.83	0.42	0.67	0.25	0.50	0.17	0.33	0.17	0.42	0.00	0.17
$i=3$ 自变量 W	1.00	0.58	0.75	0.42	0.67	0.25	0.50	0.17	0.17	0.00	0.17	0.33
$i=4$ 自变量 θ	0.25	0.50	0.17	0.33	0.17	0.17	0.25	0.25	0.50	0.58	0.33	0.17
$i=5$ 自变量 SST	0.92	0.58	0.83	0.42	0.67	0.92	0.58	0.83	0.42	0.67	0.42	0.67

解:

表 3.2 中是因变量与自变量之差 $|x_0 - x_i|$，分别是用表 3.1 的第 1 行减去第 2~6 行得到。查看第一列(不包括表头)，即第 $j=1$ 时刻，找出此列中的最大值标为灰色，最小值标为加粗。可以看出，在 $j=1$ 时刻，差值最大的是 $|x_0 - x_4| = |k - \theta|$，即第四个自变量 θ 与因变量的距离最大；差值最小的是 $|x_0 - x_5| = |k - SST|$，即第五个自变量 SST 与因变量的距离最小。以此类推，分别找出 $j=1~12$ 时刻，距离最大和距离最小的自变量。然后，在 l_i 列中给出了各行(对应各自变量)中，与因变量取最大距离的个数。比如，在第一行中，没有数字被标成灰色，即一共有 0 个数与因变量取最大距离，所以 $l_1=0$。在第四行中，有 6 个数字被标成灰色，即一共有 6 个数与因变量取最大距离，所以 $l_4=6$。类似的，在 s_i 列中给出了各行(对应各自变量)中，与因变量取最小距离的个数。比如，在第一行中，有 5 个数字被标成加粗，即一共有 5 个数与因变量取最小距离，所以 $s_1=5$。

表 3.2 计算因变量与自变量之差 $|x_0 - x_i|$

$|x_0 - x_i|$ \\ 数据 j	$j=1$	$j=2$	$j=3$	$j=4$	$j=5$	$j=6$	$j=7$	$j=8$	$j=9$	$j=10$	$j=11$	$j=12$	l_i	s_i
$|x_0 - x_1| = |k - U_{10}|$	0.17	0.08	0.17	0.17	**0.00**	0.17	0.17	0.17	**0.00**	**0.08**	**0.00**	**0.08**	$l_1 = 0$	$s_1 = 5$
$|x_0 - x_2| = |k - H_s|$	0.33	**0.00**	0.33	**0.00**	0.33	**0.00**	0.25	**0.00**	0.08	0.25	0.08	0.17	$l_2 = 1$	$s_2 = 4$
$|x_0 - x_3| = |k - W|$	0.08	0.25	**0.00**	0.25	0.08	0.25	**0.08**	0.17	0.08	0.17	0.08	0.33	$l_3 = 0$	$s_3 = 2$
$|x_0 - x_4| = |k - \theta|$	0.67	0.33	0.58	0.33	0.42	0.33	0.17	0.08	0.25	0.42	0.25	0.17	$l_4 = 6$	$s_4 = 0$
$|x_0 - x_5| = |k - SST|$	**0.00**	0.25	0.08	0.25	0.08	0.42	0.17	0.50	0.17	0.50	0.33	0.67	$l_5 = 5$	$s_5 = 1$

最大值用灰色标出，最小值用加粗标出。

使用式(3.56)计算得到 $a_1 = \dfrac{l_1 + 1}{s_1 + 1} = \dfrac{0 + 1}{5 + 1} = \dfrac{1}{6}$。以此类推，得到 $i=2~5$ 时的权重系数 a_i(见表 3.3)。

表 3.3 权重系数结果

权重系数	a_1	a_2	a_3	a_4	a_5
方法一	0.17	0.40	0.33	7.00	3.00
方法二	0	∞	0	∞	∞

编程时，找出因变量与各自变量差值的绝对值的最大值和最小值，定义两个矩阵，在最大值矩阵中，最大距离处(即绝对值最大处)的数值为 1，其他地方值为 0；在最小值矩阵中，

最小距离处(即绝对值最小处)的数值为 1,其他值为 0。根据最大值和最小值矩阵,分别计算每个变量所有 12 个样本在 5 个自变量序列中与因变量序列取最大距离和最小距离的个数 l_i 和 s_i,即从最大值和最小值矩阵中分别找出每一行数据中取值为 1 的数据个数。然后根据 l_i 和 s_i 计算权重系数 a_i。

(2) 考虑距离权重的方法

第二种方法是从数量的角度定义权重系数,a_i 用 u_i 和 v_i 的比值计算得到

$$a_i = \frac{u_i}{v_i} \tag{3.58}$$

式中,u_i 和 v_i 除了分别是 l_i 和 s_i 的函数之外,还是最大值和与最小值和的函数

$$\begin{cases} u_i = \dfrac{1}{l_i + 1} \sum_{k=1}^{l_i} \max \Delta x_{ijl_k} \\ v_i = \dfrac{1}{s_i + 1} \sum_{k=1}^{s_i} \min \Delta x_{ijs_k} \end{cases} \tag{3.59}$$

式中,l_i 和 s_i 与式(3.56)中的意义相同,但此处最大值 $\max \Delta x_{ij_l}$ 和最小值 $\min \Delta x_{ij_s}$ 的定义与第一种方法中的定义有所不同。第一种方法中用的是因变量与每个自变量差值的绝对值的最大值和最小值[见公式(3.57)],而此处用的是因变量与每个自变量差值的平方的最大值和最小值

$$\begin{cases} \max \Delta x_{ij_l} = \max (x_{0j_l} - x_{ij_l})^2 \\ \min \Delta x_{ij_s} = \min (x_{0j_s} - x_{ij_s})^2 \end{cases} \tag{3.60}$$

虽然最大值和最小值的定义不同,但两种方法计算出的最大值个数 l_i 和最小值个数 s_i 并无差异。但因为第二种方法中除了最大值、最小值的个数 l_i 和 s_i 外,还考虑了实际的最大值和与最小值和,所以两种方法求得的权重系数 a_i 有很大差异。编者更建议使用第二种方法,因为其考虑了与因变量的实际最大、最小距离,更为合理。注意,当 l_i 和 s_i 为 0 时,即某一变量没有出现与因变量差值的平方的最大值和最小值时,$\sum_{k=1}^{l_i} \max \Delta x_{ijl_k}$ 或 $\sum_{k=1}^{s_i} \min \Delta x_{ijs_k}$ 没有能求和的数值,此时,取 $\sum_{k=1}^{l_i} \max \Delta x_{ijl_k} = 0$、$\sum_{k=1}^{s_i} \min \Delta x_{ijs_k} = 0$。

对于例 3.1,使用式(3.58)可以计算得到权重系数 a_i(见表 3.3)。对比发现,使用两种不同方法计算得到的权重系数结果差异很大。

3.4.3.3　计算因变量与自变量之间的关联系数

可以使用权重系数计算因变量与自变量之间的关联系数,关联系数可以表征各个序列在不同时刻的关联程度。因变量与自变量之间的关联系数为

$$\xi_{ij} = \frac{1}{1 + a_i (x_{0j} - x_{ij})^2} \tag{3.61}$$

式中,a_i 为权重系数;i 是自变量序号,$i = 1, 2, \cdots, m$;j 是样本(或数据)序号,$j = 1, 2, \cdots, n$。

用两种不同权重系数方法计算得到的关联系数的结果差异也较大,第二种权重系数得到的结果两极分化更加严重。注意,当某一数值 x_{ij} 与因变量 x_{0j} 相等时,关联系数 ξ_{ij} 会出现无效值。这主要是因为分子出现了无穷大值与 0 的平方的乘积,而根据洛比达法则,其乘积应为 0,所以对应的关联系数 ξ_{ij} 应为 1。

3.4.3.4 计算关联度

对关联系数 ξ_{ij} 求平均,可以得到关联度 r_i

$$r_i = \frac{1}{n} \sum_{j=1}^{n} \xi_{ij} \tag{3.62}$$

式中,i 是自变量序号,$i = 1, 2, \cdots, m$。

关联度是表征序列间关联程度大小的综合指标。由表 3.4 可以发现,使用两种权重系数计算方法,计算得到的关联度有很大差异。这种差异不仅仅表现在数值上,也表现在与因变量的关系上。第二种权重系数计算得到的结果两极分化更加严重。在例 3.1 中,使用第一种权重系数计算方法,得出与因变量的密切程度排序为: 第 1 个变量>第 3 个变量>第 2 个变量>第 5 个变量>第 4 个变量;使用第二种权重系数计算方法,得出与因变量的密切程度排序为: 第 1 个变量=第 3 个变量>第 2 个变量>第 5 个变量>第 4 个变量。虽然会出现排序不同的结果,但排序和关系基本一致。一般建议选取第二种权重系数的计算方法,因为其考虑了与因变量的实际最大最小距离,更为合理。

表 3.4 第一种权重系数计算得到的关联度

关 联 度	r_1	r_2	r_3	r_4	r_5
使用第一种权重系数	1.00	0.98	0.99	0.60	0.79
使用第二种权重系数	1.00	0.33	1.00	0.00	0.08

3.4.3.5 结论判别

根据关联度的大小判断因变量跟哪个自变量的关系最密切,跟哪个自变量的关系最差。在例 3.1 中,与因变量 CO_2 关系最好的是十米风速 U_{10},关系最差的是风向 θ。

函数 $[r, r2] = \text{priority}(x)$ 可用于计算关联度,其中 x 为输入数据,即用于计算关联度的数据,其中第一行代表因变量,其他行代表各自变量,列代表变量的各个样本。输出数据 r 和 r2 分别是使用两种权重系数计算方法计算得到的关联度。

3.5 统计检验与统计假设

3.5.1 概述

统计检验的基本思想是针对想要检验的实际问题,提出统计假设。所谓统计假设实际上就是用统计语言表达出期望得出结论的问题。例如,想了解东海和南海的海平面高度是否一致,可以将统计假设表达为"东海和南海的海平面高度均值没有差异",然后用特定的检验方法计算,并按照给定的显著性水平对接受还是拒绝假设做出推断。

需要强调的是,由于所有的统计检验,无一例外,都是针对总体而言的,因此统计假设也必须与总体有关(魏凤英,2013)。例如,东海和南海的海平面高度均值的比较,统计假设不能表述为"两海域海平面均值相同或不同",必须表述为"两总体均值相同或两样本来自均值相同的总体"。

统计检验是对"两者择一"作出判断的方法,其统计假设包括相互对立的两方面,即原假设和对立假设。原假设是检验的直接对象,常用 H_0 表示;对立假设是检验结果拒绝原假设时,必然接受的结论,用 H_1 表示。多数情况下,统计假设可以用数学符号表达。例如,原假设 H_0 为:$\mu_1 = \mu_2$,就是检验两总体均值相等的统计假设。

由于显著性水平 α 的取值与是否拒绝原假设密切相关,因此,为保证检验的客观性,应该在检验前就确定出适当的显著性水平。通常取 0.05,有时也取 0.01,即在原假设正确的情况下,接受该原假设的可能性有 95% 或 99%,而拒绝该假设的可能性较小。

3.5.2　统计检验的一般流程

(1) 明确需要检验的问题,提出统计假设

(2) 确定显著性水平 α

(3) 针对所研究的问题,选取一个适当的统计量

例如,检验两组样本均值差异或样本均值与总体均值之间有无差异可选用 u 检验和 t 检验;检验方差的显著性(即变量是否稳定)可选用 χ^2 检验和 F 检验等。通常这些统计量的分布均有表可查。

(4) 根据观测样本计算有关统计量

(5) 确定临界值

对给定的显著性水平 α,从相应表中查出与 α 水平相应的数值,即确定出临界值。

(6) 判断是否接受原假设

比较统计量的计算值与临界值,看其是否落入否定域中。若落入否定域则拒绝原假设,否则,接受原假设。

3.6　气候稳定性检验

某一地区的气候是否稳定,可以通过比较该地区不同时段气候变量的均值或方差是否发生显著变化来判断。另外,比较两个地区的气候变化是否存在显著差异,也可以通过检验均值和方差有无有显著差异来判断。常用的检验方法有 u 检验、t 检验、χ^2 检验和 F 检验等。

3.6.1　u 检验

u 检验可用于两方面的检验:一个是总体均值的检验,可用于检验某地的气候是否稳

定;另一个是两个总体均值的检验,用于检验两地的气候变化是否存在显著差异。

3.6.1.1 检验某地气候是否稳定

当方差 σ^2 已知,且比较稳定时,只需要对均值进行检验。所谓均值检验,就是检验样本均值 $\bar{x}$ 和总体均值无偏估计 μ_0 之间的差异是否显著。用 u 检验就可以进行这方面的检验。构造 u 统计量

$$u = \frac{\bar{x} - \mu_0}{\sigma}\sqrt{n} \tag{3.63}$$

式中,$\bar{x}$ 为样本均值;μ_0 和 σ 是原总体的均值和标准差;n 为样本量。

若假设总体均值没有改变,即 $\mu = \mu_0$,则 $\bar{x}$ 遵从正态分布 $N\left(\mu_0, \frac{\sigma^2}{n}\right)$,构造的统计量 u 遵从标准正态分布 $N(0,1)$。由正态分布 u_α 值表可以查得 u_{α_1} 和 u_{α_2},使得

$$P(u \leqslant u_{\alpha_1}) + P(u \geqslant u_{\alpha_2}) = \alpha_1 + \alpha_2 = \alpha \tag{3.64}$$

由于正态分布的对称性,查表时,显著性水平应为 $\alpha/2$。例如,给定 $\alpha = 0.05$,查表时,要找对应 $\alpha/2 = 0.025$ 的分布函数值 1.96,就是临界值 $u_{\alpha/2}$,也可以使用 MATLAB 的代码 norminv$(1-0.025,0,1)$ 计算得到。若 $|u| \geqslant u_{\alpha/2} = u_{0.025} = 1.96$,则否定原假设,若 $|u| < u_{\alpha/2} = u_{0.025} = 1.96$,则接受原假设。

检验步骤为:

(1) 提出原假设

H_0 为:$\mu = \mu_0$,用统计语言表述为"总体均值与样本均值之间没有显著差异"。

(2) 分清总体和样本

该步骤是实际应用中最难的部分,也是最重要的部分。因为分清总体和样本之后,就可以套用公式进行计算了。一般来说,较长的时间序列,比如几十年,可以看做是总体;较短的时间序列,比如几年,可以看做是总体的样本。

(3) 计算出原总体的均值 μ_0

总体的均值 μ_0 可用式(3.1)计算得到。

(4) 计算原总体的标准差 σ

原总体的标准差 σ 可使用式(3.37)计算得到。

(5) 判断总体是否服从正态分布

使用 3.3.2 节的正态分布偏度和峰度检验方法进行检验,也可以直接使用 yu_normal_test 函数进行检验。

(6) 计算样本均值 $\bar{x}$

使用式(3.1)计算样本的算数平均值 $\bar{x}$。

(7) 确定显著性水平 α 的取值

一般,可以取 $\alpha = 0.05$。意味着,在原假设正确的情况下,接受该原假设的可能性有 95%,而拒绝该假设的可能性较小。

(8) 使用式(3.63)计算统计量 u

式中,$\bar{x}$ 是由步骤(6)获得的样本均值,μ_0 是由步骤(3)获得的原总体的均值,σ 是由步

骤(4)获得的原总体标准差，n 是样本量。

（9）查找或计算临界值 $u_{\alpha/2}$

对 $\alpha=0.05$，根据正态分布的对称性，从正态分布函数表上查出与 $\alpha/2$ 水平相应的数值，即确定出临界值 $u_{\alpha/2}=u_{0.025}=1.96$，也可以使用 norminv$(1-0.025,0,1)$ 计算得到。

（10）推断是否接受原假设

比较统计量计算值与临界值，看其是否落入否定域中，若落入否定域则拒绝原假设。若 $|u| \geqslant u_{\alpha/2}=u_{0.025}=1.96$，则否定原假设，若 $|u| < u_{\alpha/2}=u_{0.025}=1.96$，则接受原假设。

（11）得出结论

比如，在 $\alpha=0.05$ 显著性水平上，可以认为样本均值与总体均值无显著差异，即变量是稳定的。注意：该结论是在 $\alpha=0.05$ 的显著性水平上得出的，如果以更低的显著性水平进行检验，有可能得出不同的结论。

3.6.1.2　检验两个总体的均值是否相等

诊断两地气候状况是否有显著差异就可以使用 u 检验方法。假设观测数据 x 和 y 分别遵从正态分布 $N(\mu_1,\sigma_1^2)$ 和 $N(\mu_2,\sigma_2^2)$，若要检验两个均值是否相等，就是检验原假设 H_0：$\mu_1=\mu_2$。x 和 y 的样本量分别为 n_1 和 n_2，样本均值 $\bar{x}$ 和 $\bar{y}$。它们均为正态分布，且相互独立，因此 $\bar{x}-\bar{y}$ 也服从正态分布。构造 u 统计量

$$u=\frac{\bar{x}-\bar{y}}{\sqrt{\dfrac{\sigma_1^2}{n_1}+\dfrac{\sigma_2^2}{n_2}}} \tag{3.65}$$

式中，σ_1 和 σ_2 为两总体均方差。u 遵从标准正态分布 $N(0,1)$。

检验步骤为：

（1）提出原假设

H_0 为：$\mu_1=\mu_2$，用统计语言表述为"两总体均值之间没有显著差异"。注意：这里是两总体均值的检验，下面的方差和均值用的都是两总体的。

（2）分清两组数据

该步骤是实际应用中最难，也最重要的部分。因为分清两总体之后，就可以套用公式进行计算了。一般分别对应两地域较长时间序列。

（3）分别计算出两组数据的算数平均值 $\bar{x}$ 和 $\bar{y}$

（4）分别计算出两组数据的标准差 σ_1 和 σ_2

（5）判断两组数据是否服从正态分布

使用 3.3.2 节的正态分布偏度和峰度检验方法进行检验，也可直接使用 yu_normal_test 函数进行检验。

（6）确定显著性水平 α 的取值

一般取 $\alpha=0.05$，意味着，在原假设正确的情况下，接受该原假设的可能性有 95%，而拒绝该假设的可能性较小。

（7）使用式(3.65)计算统计量 u

式中，$\bar{x}$ 和 $\bar{y}$ 是由步骤(3)计算得到的均值，σ_1 和 σ_2 是由步骤(4)计算得到的标准差，n_1

和 n_2 为两数据的样本量。注意，n_1 和 n_2 可以是不同的。

（8）查找或计算临界值 $u_{\alpha/2}$

对显著性水平 $\alpha=0.05$，根据正态分布的对称性，从正态分布函数表上查出与 $\alpha/2$ 水平相应的数值，即确定出临界值 $u_{\alpha/2}=u_{0.025}=1.96$，也可以使用 norminv$(1-0.025,0,1)$ 计算得到。

（9）推断是否接受原假设

比较统计量计算值与临界值，看其是否落入否定域中。若落入否定域则拒绝原假设。若 $|u|\geqslant u_{\alpha/2}=u_{0.025}=1.96$，则否定原假设，若 $|u|<u_{\alpha/2}=u_{0.025}=1.96$，则接受原假设。

（10）得出结论

例如，在 $\alpha=0.05$ 的显著性水平上，某地变量均值与另一地变量均值之间存在显著性差异。注意：该结论是在 $\alpha=0.05$ 的显著性水平上得出的，以其他的显著性水平进行检验，有可能得出不同的结论。

归纳起来，u 检验的适用情况为：首先，要求方差是已知的。其次，对服从正态分布的观测对象，样本量大或者小都是适用的。而若样本量足够大，即使观测对象不遵从正态分布，也是适用的。因为当样本量足够大时，可以认为其样本均值近似遵从正态分布。

3.6.2　t 检验

在进行统计检验时，会遇到总体方差未知的情况。此时，u 检验就束手无策了。而 t 检验也是一种均值统计检验的方法，它适用于方差未知的情况，对于变量遵从正态分布的均值检验，小样本也适用。和 u 检验一样，t 检验也可以用于检验某地的气候是否稳定，以及两地的气候变化是否存在显著差异。在总体方差 σ^2 未知的情况下，使用样本方差 s^2 来进行估计。

3.6.2.1　t 检验-检验某地气候是否稳定

构造检验总体均值的 t 统计量

$$t=\frac{\bar{x}-\mu_0}{s}\sqrt{n} \tag{3.66}$$

式中，$\bar{x}$ 和 s 分别代表样本的均值和标准差；μ_0 为总体均值；n 为样本量。在确定显著性水平 α 之后，根据自由度 $\nu=n-1$，查 t 分布表，若 $|t|\geqslant t_\alpha$，则拒绝原假设。

t 检验和 u 检验的区别在于，t 检验用样本均方差 s 替代了 u 检验中的总体标准差 σ，这是因为 t 检验中没有总体标准差 σ。

检验步骤为：

（1）提出原假设

H_0 为：$\mu=\mu_0$，用统计语言表述为"总体均值与样本均值之间没有显著差异"。

（2）分清总体和样本

该步骤在实际应用中非常重要。因为分清总体和样本之后，直接套用公式就可以了。一般来说，较长的时间序列，比如几十年，可以看做是总体；较短的时间序列，比如几年，可以看做是总体的样本。

（3）计算样本均值 $\bar{x}$

（4）计算样本标准差（或均方差）s

（5）确定显著性水平 α 的取值

一般取 $\alpha=0.05$，表示在原假设正确的情况下，接受该原假设的可能性有 95%，而拒绝该假设的可能性较小。

（6）使用式（3.66）计算统计量 t

式中，$\bar{x}$ 由步骤（3）计算得到；s 由步骤（4）计算得到；μ_0 为已给定的总体均值；n 为样本量。

（7）查表或计算获得临界值 t_a

对显著性水平 $\alpha=0.05$，结合自由度，$\nu=n-1$，从 t 分布表中查出与 α 水平相对应的数值，即确定出临界值 t_a。除了查表之外，t_a 也可以使用 MATLAB 的 tinv$(1-\alpha/2,\nu)$ 函数计算得到。

（8）推断是否接受原假设

比较统计量计算值与临界值，看其是否落入否定域中，落入否定域则拒绝原假设。若 $|t|\geqslant t_a$，则拒绝原假设，若 $|t|<t_a$，则接受原假设。

（9）得出结论

例如，在 $\alpha=0.05$ 的显著性水平上，可以认为某变量总体均值没有发生显著性变化，即在该时段，该变量是稳定的。注意：该结论是在 $\alpha=0.05$ 的显著性水平上得出的，若以更低的显著性水平进行检验，有可能得出不同的结论。

函数[t,ta]=t_test_1(x,miu0,a)可用于使用 t 检验方法检验某地气候是否稳定。输入数据 x 是需要进行 t 检验的样本，miu0 是总体的均值，a 为显著性水平；输出数据 t 为所构造的 t 统计量值，ta 为 t 检验的临界值。除此之外，还会返回总体均值有无显著变化的结论。

3.6.2.2　检验两地气候变化是否存在显著差异

t 检验还可以用来检验两地气候变化是否存在显著差异。构造检验两个总体均值有无显著差异的 t 统计量

$$t=\frac{\bar{x}-\bar{y}}{\sqrt{\dfrac{(n_1-1)s_1^2+(n_2-1)s_2^2}{n_1+n_2-2}}\sqrt{\dfrac{1}{n_1}+\dfrac{1}{n_2}}} \tag{3.67}$$

式中，$\bar{x}$、$\bar{y}$、n_1、n_2 为观测数据 x 和 y 的均值和样本量；s_1^2 和 s_2^2 分别表示两个样本的方差。

式（3.67）所构造的 t 统计量遵从自由度 $\nu=n_1+n_2-2$ 的 t 分布。若样本量 n_1 和 n_2 都很大，可以使用类似于 u 检验的公式进行近似计算，只需要将 u 检验中的总体方差 σ^2 变成样本方差 s^2 就可以了

$$t=\frac{\bar{x}-\bar{y}}{\sqrt{\dfrac{s_1^2}{n_1}+\dfrac{s_2^2}{n_2}}} \tag{3.68}$$

检验步骤为：

（1）提出原假设

H_0 为：$\mu_1 = \mu_2$，用统计语言表述为"两总体均值之间没有显著差异"。

注意：在构造 t 统计量时，用的是两样本的均值和方差，但是这里提出的统计假设，是针对总体的，这是因为所有的统计检验无一例外都是针对总体而言的。

（2）分清两个总体的样本

该步骤在实际应用中是比较难的，一般来说，较长的时间序列，比如几十年，可以看做是总体，使用 u 检验；较短的时间序列，比如几年，可以看做是总体的样本，使用 t 检验。但是具体以多少年为限，其实并没有一个统一的标准。

（3）计算两组数据的均值 $\bar{x}$ 和 $\bar{y}$

（4）计算出两样本方差 s_1^2 和 s_2^2

（5）确定显著性水平 α 的取值

一般取 $\alpha = 0.05$，表示在原假设正确的情况下，接受该原假设的可能性有 95%，而拒绝该假设的可能性较小。

（6）使用式（3.68）计算统计量 t

式中，$\bar{x}$ 和 $\bar{y}$ 由步骤（3）计算得到；s_1^2 和 s_2^2 由步骤（4）计算得到；n_1 和 n_2 为样本量。

（7）计算自由度 ν

自由度 $\nu = n_1 + n_2 - 2$，其中 n_1 和 n_2 为样本量。

（8）查表或计算获得临界值 t_α

对显著性水平 $\alpha = 0.05$，结合自由度 ν，从 t 分布表上查出与 α 水平相应的数值，即确定出临界值 t_α。除了查表之外，t_α 也可以使用 MATLAB 的 tinv$(1 - \alpha/2, \nu)$ 函数计算得到。

（9）推断是否接受原假设

比较统计量计算值与临界值，看其是否落入否定域中，若落入否定域则拒绝原假设。若 $|t| \geqslant t_\alpha$，则拒绝原假设，若 $|t| < t_\alpha$，则接受原假设。

（10）得出结论

比如，在 $\alpha = 0.05$ 的显著性水平上，某地变量均值与另一区域变量均值之间存在显著性差异。该结论可能与 u 检验的结果一致或不同。注意：该结论是在 $\alpha = 0.05$ 的显著性水平上得出的，若以更低的显著性水平进行检验，有可能得出不同的结论。

函数 $[t, ta] = $ t_test_2(x, y, a) 可用于使用 t 检验方法检验两地气候状况是否有显著差异。

u 检验和 t 检验，都是针对均值的统计检验。而方差可以反映某一变量观测数据的偏离程度，是变量稳定与否的重要测度，因此对方差的检验与均值检验同样重要。χ^2 检验可以对正态总体的方差有无显著改变进行检验，F 检验可以用来检验两个总体的方差是否存在显著差异。

3.6.3 χ^2 检验

χ^2 检验可以用于检验正态总体的方差有无显著改变，适用于变量服从正态分布，且仅限于对总体方差显著性的检验。

3.6.3.1　正态总体均值 μ 已知

若已知（或能够计算得到）正态总体的均值 μ 和标准差 σ，可以使用观测样本 $x_i(i=1,$ $2，\cdots，n)$，以及正态总体的均值 μ 和标准差 σ 构造 χ^2 统计量

$$\chi^2 = \sum_{i=1}^{n} \left(\frac{x_i - \mu}{\sigma} \right)^2 \tag{3.69}$$

式（3.69）所构造的 χ^2 统计量将服从自由度 $\nu = n$ 的 χ^2 分布。

在确定显著性水平之后，查 χ^2 分布表，结合自由度 $\nu = n$ 查出上界 $\chi^2_{\frac{\alpha}{2}}$ 和下界 $\chi^2_{1-\frac{\alpha}{2}}$，若 χ^2 位于上下界之间，则说明总体方差没有显著变化，否则，说明总体方差有显著变化。

检验步骤为：

（1）提出原假设

H_0 为：$\sigma = \sigma_0$，用统计语言表述为"总体方差与样本方差之间没有显著差异"。

（2）分清总体和样本

这是一个非常关键的步骤。在 3.6.1 节 u 检验和 3.6.2 节 t 检验中介绍过，一般来说，较长的时间序列，比如几十年，可以看做是总体；较短的时间序列，比如几年，可以看做是总体的样本。但是在有些例子中，总体也不过是一个月的数据，样本是几天的数据，所以，总体和样本是两个相对的概念，是序列相对长短的比较。

（3）计算总体均值 μ

（4）计算总体标准差 σ

（5）判断总体是否服从正态分布

使用 3.3.2 节学习过的正态分布偏度和峰度检验方法进行检验，也可以直接使用 yu_normal_test 函数进行检验。

（6）确定显著性水平 α 的取值

例如，可以取 $\alpha = 0.1$，表示在原假设正确的情况下，接受该原假设的可能性有 90%，而拒绝该假设的可能性较小。

（7）使用式（3.69）计算统计量 χ^2

式中，$x_i(i=1，2，\cdots，n)$ 是观测样本；正态总体的均值 μ 和标准差 σ 分别由步骤（3）和（4）计算得到；n 为样本个数。

（8）查表或计算获得临界值上界和下界

对显著性水平 $\alpha = 0.1$，结合自由度 $\nu = n$ 从 χ^2 分布表上查出与 α 水平相应的数值，即确定出上界 $\chi^2_{\frac{\alpha}{2}}$ 和下界 $\chi^2_{1-\frac{\alpha}{2}}$。除了查表之外，还可以使用 MATLAB 的 chi2inv$(1-\alpha/2，\nu)$ 计算上界 $\chi^2_{\frac{\alpha}{2}}$，chi2inv$(\alpha/2，\nu)$ 计算下界 $\chi^2_{1-\frac{\alpha}{2}}$。

（9）推断是否接受原假设

比较统计量计算值与临界值，看其是否落入否定域中，若落入否定域则拒绝原假设。若 $\chi^2 > \chi^2_{\frac{\alpha}{2}}$ 或 $\chi^2 < \chi^2_{1-\frac{\alpha}{2}}$ 则否定假设；若 $\chi^2_{1-\frac{\alpha}{2}} \leq \chi^2 \leq \chi^2_{\frac{\alpha}{2}}$ 则接受原假设。

（10）得出结论

例如，在 $\alpha = 0.1$ 的显著性水平上，认为总体方差与样本方差之间无显著差异。注意：该结论是在 $\alpha = 0.1$ 的显著性水平上得出的，若以更低的显著性水平进行检验，有可能得出不同的结论。

3.6.3.2 正态总体均值 μ 未知

若只知正态总体的标准差 σ，而未知均值 μ，则不能使用 3.6.3.1 节的 χ^2 统计量进行检验。此时，需要定义新的 χ^2 统计量。若 s^2 是来自正态总体 $N(\mu, \sigma^2)$ 中的样本方差，则可以使用样本方差 s^2、总体方差 σ^2 和样本数 n 构造一个新的 χ^2 统计量：

$$\chi^2 = \frac{(n-1)s^2}{\sigma^2} \tag{3.70}$$

式(3.70)适用于总体方差 σ^2 已知的情况，且仅限于对总体方差显著性的检验。在确定显著性水平 α 之后，查 χ^2 分布表，结合自由度 $\nu = n-1$ 查出上界 $\chi^2_{\frac{\alpha}{2}}$ 和下界 $\chi^2_{1-\frac{\alpha}{2}}$，若 χ^2 位于上下界之间，即 $\chi^2_{1-\frac{\alpha}{2}} \leqslant \chi^2 \leqslant \chi^2_{\frac{\alpha}{2}}$，则接受原假设，说明总体方差没有显著变化，否则，若 $\chi^2 > \chi^2_{\frac{\alpha}{2}}$ 或 $\chi^2 < \chi^2_{1-\frac{\alpha}{2}}$，则否定假设，说明总体方差有显著变化。

检验步骤为：

（1）提出原假设

H_0 为：$\sigma = \sigma_0$。

用统计语言表述为"总体方差与样本方差之间没有显著差异"。

（2）分清总体和样本

在该例子中，总体是：上海 10 月逐日地面相对湿度。样本是：又测得的 5 天相对湿度。只是现在没有总体的具体数值和均值，只知其标准差。

（3）计算样本方差 s^2

即计算又测得的 5 天相对湿度的方差。

（4）确定显著性水平 α 的取值

此处，取 $\alpha = 0.1$。表示在原假设正确的情况下，接受该原假设的可能性有 90%，而拒绝该假设的可能性较小。

（5）计算统计量 χ^2

其中 s^2 是样本方差，n 是样本个数，此处是 5，σ^2 是正态总体的方差。

（6）计算自由度

自由度 $\nu = n-1 = 5-1 = 4$，这里要注意，之前正态总体的均值已知的情况中，自由度 $\nu = n$。

（7）查表或计算获得临界值上界和下界

对 $\alpha = 0.1$，结合自由度 $\nu = 4$ 从 χ^2 分布表上查出与 α 水平相应的数值，即确定出上界 $\chi^2_{\frac{\alpha}{2}}$ 和下界 $\chi^2_{1-\frac{\alpha}{2}}$，查表得到，上界 $\chi^2_{\frac{0.1}{2}} = \chi^2_{0.05} = 9.49$，下界 $\chi^2_{1-\frac{0.1}{2}} = \chi^2_{1-0.05} = \chi^2_{0.95} = 0.711$。除了查表之外，也可以使用 MATLAB 的 $\text{chi2inv}(1-\alpha/2, \nu)$ 计算得到上界 $\chi^2_{\frac{\alpha}{2}}$，即 $\chi^2_{\frac{\alpha}{2}} = \text{chi2inv}\left(1 - \frac{0.1}{2}, 4\right) = 9.49$；也可以使用 $\text{chi2inv}(\alpha/2, \nu)$ 计算得到下界 $\chi^2_{1-\frac{\alpha}{2}}$，即 $\chi^2_{1-\frac{\alpha}{2}} = \text{chi2inv}\left(\frac{0.1}{2}, 4\right) = 0.711$。

（8）推断是否接受原假设

比较统计量计算值与临界值，看其是否落入否定域中。若落入否定域则拒绝原假设。

若 $\chi^2 > \chi^2_{\frac{\alpha}{2}}$ 或 $\chi^2 < \chi^2_{1-\frac{\alpha}{2}}$ 则否定假设;若 $\chi^2_{1-\frac{\alpha}{2}} \leqslant \chi^2 \leqslant \chi^2_{\frac{\alpha}{2}}$ 则接受原假设。

(9) 得出结论

例如,在 $\alpha = 0.1$ 的显著性水平上,认为总体方差与样本方差之间无显著差异。注意:该结论是在 $\alpha = 0.1$ 的显著性水平上得出的,若更低的显著性水平进行检验,有可能得出不同的结论。

3.6.4　F 检验

检验两个总体的方差是否存在显著差异,可以用 F 检验。在总体方差未知的情况下,假定 s_1^2 和 s_2^2 是来自两个相互独立正态总体的样本方差,构造统计量 F

$$F = \left(\frac{n_1}{n_1-1}s_1^2\right)\Big/\left(\frac{n_2}{n_2-1}s_2^2\right) \tag{3.71}$$

式中,n_1 和 n_2 是两个样本的数据个数;s_1^2 和 s_2^2 是两个样本的方差。构造的 F 统计量遵从自由度 $\nu_1 = n_1 - 1$,$\nu_2 = n_2 - 1$ 的 F 分布。给定显著性水平 α 之后,查 F 分布表,若 $F \geqslant F_{\alpha/2}$,则拒绝原假设;若 $F < F_{\alpha/2}$,则接受原假设。F 检验适用于变量服从正态分布和总体方差 σ^2 未知的情况。

检验步骤为:

(1) 提出原假设

H_0 为:$\sigma_1 = \sigma_2$,用统计语言表述为"两总体方差之间没有显著差异"。注意:在构造 F 统计量时,用的是两样本的方差,但是这里提出的统计假设,是针对总体的,因为所有的统计检验无一例外都是针对总体而言的。

(2) 分清两个总体的样本

用 F 检验对两总体方差是否存在显著差异进行检验时,无论数据多少都看做是样本,这是跟均值检验中不同的地方。

(3) 计算出两样本方差 s_1^2 和 s_2^2

(4) 确定显著性水平 α 的取值

例如,取 $\alpha = 0.1$ 表示在原假设正确的情况下,接受该原假设的可能性有 90%,而拒绝该假设的可能性较小。

(5) 使用式(3.71)计算统计量 F

式中,s_1^2 和 s_2^2 由步骤(3)计算得到;n_1 和 n_2 为样本量。

(6) 计算自由度 ν_1 和 ν_2

自由度 $\nu_1 = n_1 - 1$,$\nu_2 = n_2 - 1$。

(7) 查表或计算获得临界值

对显著性水平 $\alpha = 0.1$,结合自由度 $\nu_1 = n_1 - 1$、$\nu_2 = n_2 - 1$,从 F 分布表上查出与 $\alpha/2$ 水平相应的数值,即确定出临界值 $F_{\alpha/2}$。除了查表之外,$F_{\alpha/2}$ 也可以使用 MATLAB 的 finv$(1-\alpha/2, \nu 1, \nu 2)$ 函数计算得到。

(8) 推断是否接受原假设

比较统计量计算值与临界值,看其是否落入否定域中,若落入否定域则拒绝原假设。若 $F \geqslant F_{\alpha/2}$,则拒绝原假设;若 $F < F_{\alpha/2}$,则接受原假设。

（9）得出结论

在 $\alpha=0.1$ 的显著性水平上，认为某地某变量与另一区域该变量的样本方差无显著差异。注意：该结论是在 $\alpha=0.1$ 的显著性水平上得出的，若以更低的显著性水平进行检验，有可能得出不同的结论。

函数 $[F,Fa]= F\_test\_2(x,y,a1)$ 可用于使用 F 检验方法检验两地气候稳定性是否有显著差异。其中输入数据 x 和 y 是需要进行 F 检验的样本；a1 为显著性水平。输出数据：F 为所构造的 F 统计量值；Fa 为 F 检验的临界值 $F_{a/2}$，除此之外，还会返回两总体之间方差有无显著性差异的结论。

除了检验两地气候稳定性是否有显著差异外，F 检验还可用于方差分析。将数据按不同时间间隔进行分组，然后利用 F 检验来检验不同组的组内方差与组间方差的显著性。此外，F 检验常被作为确定线性回归模型自变量入选和剔除的标准。利用 F 检验还可以判断自回归滑动平均模型降阶后与原模型之间是否有显著性差异，以此确定模型的阶数。

本章介绍了中心趋势统计量、变化幅度统计量、分布特征统计量及正态分布检验、相关统计量及相关性检验、统计检验与统计假设及气候稳定性检验几个部分，这是数据处理最基本的内容，几乎所有的选题都能用得到，请读者根据选题内容进行统计量的计算和检验，并作出恰当的分析。

习　题

一、选择题

1. 检验两个总体的方差是否存在显著差异，可以用（　　）。

A. u 检验　　　　　B. t 检验　　　　　C. χ^2 检验　　　　　D. F 检验

2. 对于不清楚分布形式的变量，使用哪种变换公式最合适？（　　）

A. 对数变换　　　　B. 平方根变换　　　　C. 角变换　　　　D. 幂变换

二、判断题

1. 常用的数据正态化变换有：对数变换、平方根变换、角变换、幂变换。（　　）

2. F 检验可以用于总体均值的检验，可用于检验某地的气候是否稳定。（　　）

3. 对于不清楚分布形式的变量，使用角变换是最合适的。（　　）

三、思考题

1. 请简述统计检验的步骤。

2. 简述直方图的绘制方法以及判断是否合理。

3. 相关系数的定义及其研究意义。

选择题答案：D D

判断题答案：T F F

第 4 章

回 归 分 析

导学： 回归分析是处理变量相关性的一种数理统计方法。一般来说，相关变量之间是不存在确定性关系的，但一旦对事物内部的规律了解到一定程度后，这种相关性也可能转化为确定性关系，反映出变量之间的客观规律。在不同海区、不同时间观测或调查得到的海洋观测数据，由于受各种随机因素的影响，不一定存在确定性关系，无明显的规律。回归分析就是应用数学的方法对大量海洋实测资料进行处理分析，从而得出较能反映其内部相关的关系，以及符合客观规律的数学表达式。以达到使用已知变量预测未知变量的目的。主要内容包括：通过分析实测数据，确定不同变量间关系的数学表达式，并对这些关系式的可信程度进行统计检验；根据一个或几个变量值，预测另一个变量或多个变量的估计值，并确定其精度；分析变量与因变量、因变量与因变量之间的关系，找出哪些变量是主要的，哪些是次要的，哪些与因变量之间的相关更为密切；分析各个影响因素的时间效应，以掌握其影响预报量的关键时刻。回归分析是海洋资料分析中最常用的一种手段，尤其在海洋水文预报、渔况预报、海洋工程、海洋开发环境等资料的统计分析中应用更为广泛。

经过本章的学习，在方法论层面，同学们应当学会并了解回归分析及置信度检验的方法。在实践能力上，应当能够对不同海洋变量进行回归分析、置信度检验及变量预测。具备这两个能力，就能够进行一元和多元线性回归了。

4.1 一元线性回归

一元回归是处理两变量之间关系的一种方法。例如，海水温度和太阳辐射这两个变量若存在一定的关系，则可以通过分析观测数据，建立两者之间关系的经验公式。若这两个变量之间的关系是线性的，那么可以用一元线性回归方程表示，该过程就称为一元线性回归。这是回归分析中最基本的，也是海洋资料分析中用得最多的直线拟合问题（陈上及等，1991）。

4.1.1 一元线性回归方程的求解

一元线性回归的步骤如下。

4.1.1.1 绘制散点图

设因变量 y 在某种程度上随自变量 x 变化，为了寻求两者之间关系的定量表达式，需要先绘制散点图(见图 3.10)。根据散点图发现，图 a 和 c 中的所有点都落在直线上，分别对应于 x、y 的完全正相关和完全负相关；b 和 d 中的点位于直线附近，x 和 y 也成线性关系，分别是不完全正相关和不完全负相关；e 大约呈曲线，可以按照一定的转换，将数据转换为线性关系；f 比较杂乱无章，但可能这才是海洋数据的常态，不能放弃分析。一般来说，可以通过 3.1.1.2 节的分段平均和 4.1.4 节的数据转换等方法使得两变量的关系更为明朗。

4.1.1.2 检验相关显著性

使用 3.4.1 节中的方法，MATLAB 的[R,P]＝corrcoef(x,y)函数计算并检验相关性是否显著。

4.1.1.3 建立一元线性回归方程

回归直线可用式(4.1)表示

$$y_c = a + bx \tag{4.1}$$

式中，a 为回归直线在 y 轴上的截距；b 为回归直线的斜率，即自变量 x 的回归系数；y_c 为根据回归方程(4.1)计算出的因变量预测值。只要根据 x、y 的实测值求得参数 a 和 b，回归方程就可以确定了。

4.1.1.4 求解一元线性回归方程

在实际工作中，确定直线回归方程的方法有很多，最常用的方法是最小二乘法。根据确定回归直线的原则，所有的散点距直线越近越好，即各散点与回归直线的离差平方和最小的那条直线为最佳回归直线。具体做法就是将每一个预报值 y_i 与回归值 y_{ci} 做差并求其平方和

$$Q = \sum_{i=1}^{n} (y_i - y_{ci})^2 \tag{4.2}$$

具体实践中，可以直接使用 MATLAB 的相应函数进行计算。首先使用[p,S]＝polyfit(x,y,1)语句计算回归系数 b＝p(1)和截距 a＝p(2)。直线回归方程为：y＝p(1)$*x$＋p(2)。

注意，$(\bar{x}, \bar{y})$ 是散点的中心，可以用式(4.3)是否成立来检验回归直线的准确性

$$\bar{y} = a + b\bar{x} \tag{4.3}$$

若等式不成立，说明回归直线不准确。

使用[yc,delta]＝polyval(p,x,S)语句计算回归方程(4.1)所对应的因变量回归值 y_c 和因变量的标准误差估计值 delta。如此求得的直线回归方程 $y_c = a + bx$ 在一定程度上反映了因变量 y 与自变量 x 的内在规律，图 3.10a~d 中的直线就是因变量 y 对自变量 x 的回归直线，各测值数据点越集中于直线附近，回归直线的效果就越好。但是回归效果究竟如何，

还需要进行进一步检验。

4.1.2　线性回归方程的回归效果检验

4.1.2.1　检验回归效果是否显著

构造 F 统计量

$$F = (n-2) \frac{\sum\limits_{i=1}^{n} (y_{ci} - \bar{y})^2}{\sum\limits_{i=1}^{n} (y_i - y_{ci})^2} \tag{4.4}$$

也可以使用相关系数 r 构造 F 统计量

$$F = \frac{r^2}{1-r^2}(n-2) \tag{4.5}$$

式中，y_c 为使用回归方程(4.1)计算得到的因变量回归值；$\bar{y}$ 为因变量 y 的平均值；n 为自变量或因变量的数据个数。

所构造的 F 统计量遵从 $F(1, n-2)$ 分布。在显著性水平 α 下，可查 F 分布表得到临界值 F_α，除了查表之外，F_α 也可以使用 MATLAB 的 finv$(1-\alpha, 1, n-2)$ 函数计算得到。若 $F > F_\alpha$，表示回归效果显著；若 $F < F_\alpha$，表示回归效果不显著，说明因变量 y 除了受自变量 x 影响外，还受其他不可忽视的随机因素的影响。

4.1.2.2　回归方程精度的计算

直线回归方程(4.1)中，x 与 y 两变量的相互关系，只是一种统计上的相关关系，并非确定性的函数关系。已知 x 值，并不能精确地求出 y 值。利用回归方程(4.1)只能求得 y 的回归值 y_c，而实际值 y 因为受到其他随机因素的影响，必定围绕回归值 y_c 波动。y 值偏离回归值 y_c 波动的大小，反映了回归方程的精度。该精度可以用剩余标准差 s 来估计

$$s = s_{yx} = \sqrt{\frac{\sum\limits_{i=1}^{n} (y_i - y_{ci})^2}{n-2}} \tag{4.6}$$

通常，实际值 y 偏离回归值 y_c 的波动是服从正态分布的。所以对于固定的 x，y 值以回归值 y_c 为中心呈对称分布。离回归值 y_c 越近，实际值 y 出现的概率就越大；离回归值 y_c 越远，实际值 y 出现的概率就越小。y 值出现的概率与剩余标准差 s 的大小有关。剩余标准差 s 越小，数据越集中，y 的估计精度越高。所以，可以把剩余标准差 s 作为回归方程精度的标志。一般会在回归直线 $y = a + bx$ 附近做两条平行直线

$$\begin{cases} y_1 = a - 2s + bx \\ y_2 = a + 2s + bx \end{cases} \tag{4.7}$$

那么，在全部可能出现的 y 值中，约有 95% 的数据点会落在这两条直线之间的范围内（图 4.1）。

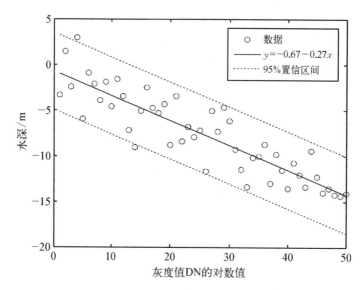

图 4.1　灰度值 DN 的对数值与水深的线性关系

4.1.2.3　回归方程的稳定性

在实验条件不变的情况下,由实测数据求得的回归系数 b 和截距 a,除了受自变量 x 的影响之外,还可能受到各种随机因素的影响,因此,也可能会产生波动。其波动的大小,直接影响回归方程的稳定性。波动程度越小,回归方程效果越好。可以根据一批样本容量足够大的观测数据,对回归系数 b、截距 a 和回归值 y_c 的稳定性做出估计。

（1）回归系数 b 的稳定性

回归系数 b 的波动范围,可以由 b 的标准差 s_b 表示

$$s_b = \frac{s}{\sqrt{\sum_{i=1}^{n}(x_i - \bar{x})^2}} \tag{4.8}$$

式中,s 为剩余标准差;x 为自变量;$\bar{x}$ 为 x 的平均值。

可以发现回归系数 b 的波动幅度,不仅与剩余标准差 s 有关,还取决于观测数据 x 的波动程度。剩余标准差 s 越小,自变量 x 越分散,都会使回归系数 b 的波动越小,b 值越准确。由此可见,样本容量越大,自变量 x 的分布范围越大,所得的回归系数就越可靠。

回归系数 b 的置信区间及其显著性,可用 t 检验来判断。假设总体回归系数 $\mu = 0$,结合回归系数 b 和 b 的标准差 s_b 构造 t 统计量

$$t = \frac{b - \mu}{s_b} \tag{4.9}$$

该 t 统计量服从自由度为 $n-2$ 的 t 分布。在显著性水平 α 下,查 t 分布表,可得临界值 t_α。除了查表之外,t_α 也可以使用 MATLAB 的 tinv$(1-\alpha/2, n-2)$ 函数计算得到。若 $|t| \geqslant t_\alpha$,说明回归方程中的回归系数在 α 的显著性水平上是显著的,回归方程稳定。$|t| < t_\alpha$,则不显著,方程不稳定。

（2）截距 a 的稳定性

截距 a 的波动范围也可由其标准差 s_a 表示

$$s_a = s \sqrt{\frac{1}{n} + \frac{\bar{x}^2}{\sum\limits_{i=1}^{n}(x_i - \bar{x})^2}} \qquad (4.10)$$

式中，s 为剩余标准差；n 为自变量个数；$\bar{x}$ 为 x 的平均值；$l_{xx} = \sum\limits_{i=1}^{n}(x_i - \bar{x})^2 = \sum\limits_{i=1}^{n} x_i^2 - \frac{1}{n}\left(\sum\limits_{i=1}^{n} x_i\right)^2$ 为自变量 x 的离差平方和。

截距 a 不仅与剩余标准差 s 及离差平方和 l_{xx} 有关，还随样本容量 n 的增大而减小。因此，由小样本求得的回归方程，其稳定性比较差。

（3）回归值 y_c 的稳定性

对于固定的自变量 x 来说，回归值 $y_c = a + bx$ 也随着系数 a、b 的波动而波动，其波动程度可用其标准差 s_{yc} 表示

$$s_{yc} = s \sqrt{\frac{1}{n} + \frac{(x - \bar{x})^2}{\sum\limits_{i=1}^{n}(x_i - \bar{x})^2}} \qquad (4.11)$$

式中，s 为剩余标准差；n 为自变量个数；$\bar{x}$ 为自变量 x 的平均值；$l_{xx} = \sum\limits_{i=1}^{n}(x_i - \bar{x})^2$ 为自变量 x 的离差平方和。

对于固定的自变量 x，预报量 y 是在回归值 $y_c = a + bx$ 附近波动的，其波动范围可用剩余标准差 s 表示。但因为回归值 y_c 本身也有波动，所以，预报量 y 波动程度的标准差实际上要比剩余标准差大一些。此时，预报量 y 的标准差 s_y 为剩余标准差 s 与回归值 y_c 的标准差 s_{yc} 之和

$$s_y = s \sqrt{1 + \frac{1}{n} + \frac{(x - \bar{x})^2}{\sum\limits_{i=1}^{n}(x_i - \bar{x})^2}} \qquad (4.12)$$

根据式（4.12）可以发现，预报值 y 的精度与自变量 x 有关。自变量 x 越接近其均值 $\bar{x}$，预报值 y 越稳定，精度越高；自变量 x 离均值 $\bar{x}$ 越远，预报值 y 的波动幅度越大，精度就越差。

如图 4.2 所示，两条虚曲线表示回归值 y_c 的波动范围（置信带），外边两根实曲线表示预报值 y 的波动范围。由式（4.12）可知，当 n 足够大，同时 x 接近其均值 $\bar{x}$ 时，s_y 可近似地用 s 表示。此时，图 4.2 中的曲线比较直，可用直线来逼近。当 x 离均值 $\bar{x}$ 越远，y 值的准确性就越差。根据正态分布理论，对于给定的自变量 $x = x_0$，预报量 y 值在回归值 y_{c0} 附近波动，它的

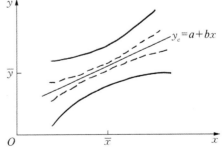

图 4.2　回归值 y_c 与预报值
y 波动大小的示意图

置信区间为 $y_{c0} \pm t_a \cdot s_y$,概率为 $1-\alpha$。

函数[a,b]=yu_polyfit1(x,y,a1,a2)可实现一元线性回归,其中输入数据 x 为自变量,y 为预报量,a1 为回归效果的显著性水平,a2 为回归系数 b 的显著性水平;输出数据 a 为截距,b 为斜率,除此之外,还有回归效果是否显著以及回归系数 b 是否显著的结论。

4.1.3 回归系数与相关系数的关系

相关系数仅表示两个变量之间的相互关系,只有定性的描述意义;而回归系数却能揭示因变量随自变量变化的变率,是具有因果关系的函数。除此之外,y 与 x 的相关系数 r_{yx} 和 x 与 y 的相关系数 r_{xy} 是一致的,即相关系数是对称的

$$r_{yx} = r_{xy} = \frac{l_{xy}}{\sqrt{l_{xx} \cdot l_{yy}}} = r \tag{4.13}$$

而 y 对 x 的回归系数 b_{yx} 和 x 对 y 的回归系数 b_{xy} 是不一致的,即回归系数是不对称的

$$\begin{cases} b_{yx} = \dfrac{l_{xy}}{l_{xx}} = \dfrac{\sum\limits_{i=1}^{n}(x_i - \bar{x})\sum\limits_{i=1}^{n}(y_i - \bar{y})}{\sum\limits_{i=1}^{n}(x_i - \bar{x})^2} \\[3em] b_{xy} = \dfrac{l_{xy}}{l_{yy}} = \dfrac{\sum\limits_{i=1}^{n}(x_i - \bar{x})\sum\limits_{i=1}^{n}(y_i - \bar{y})}{\sum\limits_{i=1}^{n}(y_i - \bar{y})^2} \end{cases} \tag{4.14}$$

另外,两个回归系数 b_{yx} 和 b_{xy} 的乘积等于相关系数的平方

$$b_{yx} \cdot b_{xy} = \frac{l_{xy}}{l_{xx}} \cdot \frac{l_{xy}}{l_{yy}} = r^2 \tag{4.15}$$

此外,根据相关系数和样本值 x 及 y 的标准差 s_x 和 s_y,还可计算出 y 对 x 的回归系数:

$$b_{yx} = \frac{s_y}{s_x} \cdot r \tag{4.16}$$

同样,可以得到 x 对 y 的回归系数

$$b_{xy} = \frac{s_x}{s_y} \cdot r \tag{4.17}$$

式中,s_x 和 s_y 分别为变量 x 和 y 的标准差。由此可见,只要知道两个变量的样本标准差,就可以由相关系数求得回归系数。但所用的相关系数 r 必须是显著的,才能断定 x 与 y 之间可能存在的线性关系。反之,也可由回归系数求得相关系数。

4.1.4 曲线直线化

在海洋中,各种现象由于影响因子的复杂化,因变量与自变量之间的关系并非都是线性

关系。此时,选配某种类型的曲线反而要比选配直线更符合实际一些。这些曲线可分为两类,一类看起来是非线性而实质上却是线性的,例如

$$y_i = a + bx_i + cx_i^2 + d\cos x_i + \varepsilon_i \tag{4.18}$$

式中, $i = 1, 2, \cdots, n$。式(4.18)中 x_i 是已知的,那么 x_i^2 和 $\cos x_i$ 都是已知的,令 $x_i^2 = z_i$, $\cos x_i = u_i$,代入式(4.18),可以得到一个新公式

$$y_i = a + bx_i + cz_i + du_i + \varepsilon_i \tag{4.19}$$

式中, $i = 1, 2, \cdots, n$。显然,关系式(4.19)是线性的。对于这种假非线性的回归问题,只要进行变量变换,把非线性关系转化为一元或多元的线性关系,就可以用线性回归或多项式回归的方法进行解决,这样就扩大了线性回归分析方法的应用范围。

另一类是实质上的非线性回归。例如,最大波高 H 与对应周期 T 之间的关系为

$$T = AH^b \tag{4.20}$$

对于这种真正的非线性回归,原则上可以用最小二乘法求解,但需要对具体问题进行具体分析。非线性回归的分析,主要有曲线回归的选配、曲线直线化、曲线回归的检验三个步骤。首先,画出自变量与因变量关系的散点分布图(如图 3.10),然后根据图形形状与几种常见的标准曲线类型图进行比较,选出其中最相符的一种曲线类型,进行变量变换。将变换后的变量绘成新的散点分布图,看这些散点是否呈明显的线性分布。若呈直线分布,就可以应用直线回归的方法计算回归系数。

最常见的标准曲线类型有:幂函数曲线、双曲线、指数函数曲线、对数函数曲线和 S 型曲线。

4.1.4.1　幂函数曲线

(1) 不含常数项的幂函数曲线

常见的幂函数曲线的形式是

$$y = Ax^b \tag{4.21}$$

式中, A 是幂函数的待定系数; b 是自变量 x 的幂。 A 和 b 可以根据变量 y 与 x 的实测数据确定。

幂函数曲线的图形如图 4.3 所示。当 $b > 0$ 时,曲线通过 $(0, 0)$ 和 $(1, A)$ 两点, y 随着 x 的增加而增加。当 $b = 1$ 时,是一条无常数项的直线。当 $b < 0$ 时,曲线通过 $(1, A)$, y 随着 x 的增加而减小。当 $b = -1$ 时,是标准双曲线。当 $b = 2$ 时,是标准抛物线。可见幂函数曲线与其他曲线有着广泛的内在联系。

幂函数曲线的系数 A 和幂 b 的求解步骤为:

1) 对式(4.21)的两边取对数

即可得到

$$\ln y = \ln A + b\ln x \tag{4.22}$$

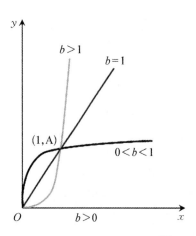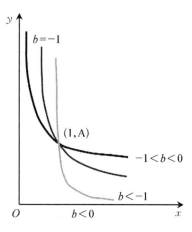

图 4.3 幂函数曲线

2) 令 $x_1 = \ln x$，$y_1 = \ln y$，$a = \ln A$

将 x_1、y_1 和 a 代入式(4.22)，则幂函数变为 $y_1 = a + bx_1$ 的形式。

3) 计算一元线性回归系数

根据 4.1.1 节的一元线性回归方程的解法求得 a 和 b。

4) 求得 $A = e^a$

（2）包含常数项的幂函数曲线

若幂函数曲线带有常数项，例如

$$y = c + Ax^b \tag{4.23}$$

则需要先确定常数项 c。此时，幂函数曲线的系数 A、幂 b 及常数项 c 的求解步骤为：

1) 确定常数项 c

① 在 x 序列里取相距较远的两个值 x_1 和 x_2

② 取 x_1 和 x_2 的几何平均值

即令 $x_3 = \sqrt{x_1 x_2}$。注意，若计算得到的 x_3 并非真实存在的自变量，则取与 x_3 的取值最接近的自变量为 x_3。

③ 取 x_1，x_2 和 x_3 所对应的 y 值

④ 将 (x_1, y_1)，(x_2, y_2)，(x_3, y_3) 代入幂函数曲线(4.23)

计算得到

$$\begin{cases} y_1 - c = Ax_1^b \\ y_2 - c = Ax_2^b \\ y_3 - c = Ax_3^b \end{cases} \tag{4.24}$$

将(4.24)两两相除，然后，对两边取对数，得

$$\begin{cases} \ln \dfrac{y_1 - c}{y_2 - c} = b\ln\left(\dfrac{x_1}{x_2}\right) \\ \ln \dfrac{y_2 - c}{y_3 - c} = b\ln\left(\dfrac{x_2}{x_3}\right) \end{cases} \tag{4.25}$$

对(4.25)消去 b,并去其对数符号,得

$$\frac{y_1-c}{y_2-c}=\left(\frac{y_2-c}{y_3-c}\right)^{K} \tag{4.26}$$

式中 $K=\ln\frac{x_1}{x_2}\Big/\ln\frac{x_2}{x_3}$,可由 x_1,x_2 和 x_3 的实测值求得。

式(4.26)经整理后,即得

$$c=\frac{y_1y_2-y_3^2}{y_1+y_2-2y_3} \tag{4.27}$$

2) 令 $y_c=y-c$,求解 A 和 b

得到没有常数项的幂函数

$$y_c=Ax^b \tag{4.28}$$

这就成了式(4.21)的形式,再使用(1)不含常数项的幂函数曲线的求解方法计算得到系数 A 和幂 b。这样,就能求得式(4.23)的具体表达式。

4.1.4.2　双曲线

普通双曲线的表达式是

$$\frac{1}{y}=a+\frac{b}{x} \tag{4.29}$$

可变换为

$$\frac{x}{y}=b+ax \tag{4.30}$$

其图形如图 4.4 所示,有两根渐近线,图 4.4(b)的曲线为通过原点(0,0),且 $a>0$,$b>0$ 的曲线。

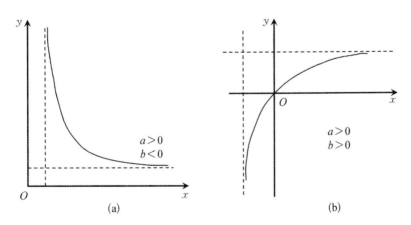

图 4.4　双曲线

双曲线的系数 b 和常数 a 的求解步骤为:

(1) 双曲线式(4.29)

1) 令 $y_1=1/y$,$x_1=1/x$,将双曲线表达式(4.29)化为线性方程

$$y_1 = a + bx_1 \tag{4.31}$$

2）计算一元线性回归系数

根据 4.1.1 节的一元线性回归方程的解法求得 a 和 b。

3）将 y_1 取倒数还原

即可得到双曲线(4.29)的具体表达式。

（2）将双曲线化为线性方程

1）令 $y_1 = x/y$，将双曲线(4.30)化为线性方程 $y_1 = b + ax$

2）计算一元线性回归系数

据 4.1.1 节一元线性回归方程的解法求得 a 和 b，即可得到双曲线(4.30)的具体表达式。

4.1.4.3　指数函数曲线

（1）不含常数项的指数函数曲线 Ⅰ

普通指数函数曲线的表达式是

$$y = Ae^{bx} \tag{4.32}$$

其图形如图 4.5 所示，当 $b > 0$ 时是递增函数，当 $b < 0$ 时是递减函数。

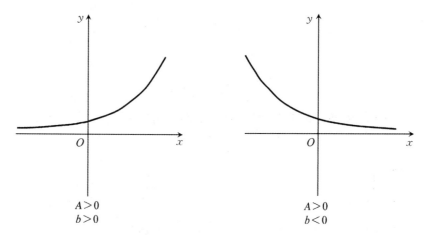

图 4.5　指数函数曲线 $y = Ae^{bx}$

指数函数曲线的系数 A 和幂 b 的求解步骤为：

1）对式(4.32)的两边取对数

即可得到

$$\ln y = \ln A + bx \tag{4.33}$$

2）令 $y_1 = \ln y$，$a = \ln A$

将 y_1 和 a 代入式(4.33)，则指数函数曲线(4.32)就化为线性方程 $y_1 = a + bx$。

3）计算一元线性回归系数

根据 4.1.1 节的一元线性回归方程的解法求得 a 和 b。

4）对 y_1 和 a 取 e 指数还原

即令 $A = e^a$，$y = e^{y_1}$，就可以得到指数函数的具体表达式(4.32) $y = Ae^{bx}$。

（2）不含常数项的指数函数曲线 Ⅱ

指数函数曲线还有这样的形式

$$y = Ae^{\frac{b}{x}} \tag{4.34}$$

函数的图形如图 4.6 所示。

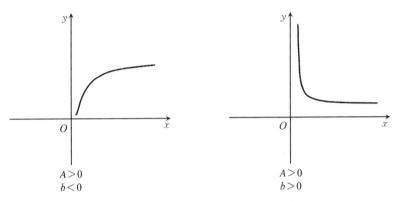

$$A > 0 \qquad\qquad A > 0$$
$$b < 0 \qquad\qquad b > 0$$

图 4.6　指数函数曲线 $y = Ae^{b/x}$

指数函数曲线的系数 A 和幂 b 的求解步骤为：

1）对 x 取倒数

即令 $x_1 = 1/x$，将 x_1 代入式(4.34)可得 $y = Ae^{bx_1}$，就化为了式(4.32)的指数函数形式

2）求解指数函数曲线的系数 A 和幂 b

使用(1)中的求解步骤求解。

（3）包含常数项的指数函数曲线 Ⅰ

若指数函数曲线式(4.32)带有常数项 c，例如有这样的形式

$$y = c + Ae^{bx} \tag{4.35}$$

则需要先确定常数项 c。此时，指数函数曲线的系数 A、幂 b 及常数项 c 的求解步骤为：

1）确定常数项 c

① 在 x 序列里取相距较远的两个值 x_1 和 x_2

② 取 x_1 和 x_2 的算数平均值

即令 $x_3 = (x_1 + x_2)/2$。注意，若计算得到的 x_3 并非真实存在的自变量，则取与 x_3 的取值最接近的自变量为 x_3。

③ 取 x_1，x_2 和 x_3 所对应的 y 值

④ 将 (x_1, y_1)，(x_2, y_2)，(x_3, y_3) 代入指数函数曲线(4.35)

计算得到

$$c = \frac{y_1 y_2 - y_3^2}{y_1 + y_2 - 2y_3} \tag{4.36}$$

也可令 $x_3 = 2x_2 - x_1$，将 (x_1, y_1)，(x_2, y_2)，(x_3, y_3) 代入指数函数曲线(4.35)，可以计算

得到 c 值:

$$c = \frac{y_1 y_3 - y_2^2}{y_1 + y_3 - 2y_2} \tag{4.37}$$

2) 将式(4.35)中的常数项 c 移到等号左边然后两边取对数

则式(4.35)变换为:

$$\ln(y - c) = \ln A + bx \tag{4.38}$$

3) 令 $y_1 = \ln(y - c)$,$a = \ln A$

将 y_1、a 代入式(4.38),将式(4.35)化为线性方程 $y_1 = a + bx$。

4) 计算一元线性回归系数

据 4.1.1 节一元线性回归方程的解法求得 a 和 b。

5) 对 y_1 和 a 取 e 指数还原

即令 $A = e^a$,$y = e^{y_1} + c$,即可得到指数函数的具体表达式(4.35) $y = c + A e^{bx}$。

(4) 包含常数项的指数函数曲线 II

若指数函数曲线式(4.34)带有常数项 c,例如有这样的形式

$$y = c + A e^{\frac{b}{x}} \tag{4.39}$$

则需要先确定常数项 c。此时,指数函数曲线的系数 A、幂 b 及常数项 c 的求解步骤为:

1) 确定常数项 c

① 在 x 序列里取相距较远的两个值 x_1 和 x_2

② 计算 x_3

可以取 x_1 和 x_2 的算数平均值,即令 $x_3 = (x_1 + x_2)/2$,也可令 $x_3 = 2x_2 - x_1$。注意,若计算得到的 x_3 并非真实存在的自变量,则取与 x_3 的取值最接近的自变量为 x_3。

③ 取 x_1,x_2 和 x_3 所对应的 y 值

将 (x_1, y_1),(x_2, y_2),(x_3, y_3) 代入指数函数曲线(4.39)可以计算得到 c。

2) 将式(4.39)中的常数项 c 移到等号左边,然后两边取对数

则式(4.39)变换为:

$$\ln(y - c) = \ln A + \frac{b}{x} \tag{4.40}$$

3) 令 $x_1 = 1/x$,$y_1 = \ln(y - c)$,$a = \ln A$

将 x_1、y_1 和 a 代入式(4.40),则指数函数曲线(4.39)化为线性方程 $y_1 = a + bx_1$。

4) 计算一元线性回归系数

据 4.1.1 节一元线性回归方程的解法求得 a 和 b。

5) 对 y_1 和 a 取 e 指数还原

即令 $A = e^a$,$y = e^{y_1} + c$,即可得到指数函数(4.39)的具体表达式。

4.1.4.4　对数函数曲线

对数函数与指数函数互为反函数,常用的对数函数有的带常数,有的是以 10 为底的对数函数曲线,具有以下形式

$$y = a + b \lg x \tag{4.41}$$

其图形如图 4.7 所示。

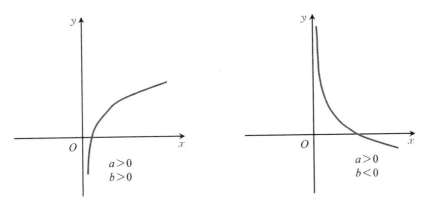

图 4.7 对数曲线 $y = a + b \lg x$

对数函数曲线的常数项 a 及系数 b 的求解步骤为：

(1) 令 $x_1 = \lg x$，将式(4.41)化为一元线性方程 $y = a + b x_1$

(2) 计算一元线性回归系数

据 4.1.1 节一元线性回归方程的解法求得 a 和 b，即可得到对数函数(4.41)的具体表达式。

4.1.4.5 S 型曲线

常见的 S 型曲线的表达主要有两种：

(1) 第一种 S 型曲线

$$y = \frac{1}{a + be^{-x}} \tag{4.42}$$

其图形如图 4.8 (a)图所示。第一种 S 型曲线的常数项 a 及系数 b 的求解步骤为：

1) 令 $y_1 = 1/y$，$x_1 = e^{-x}$，将式(4.42)化为线性方程 $y_1 = a + b x_1$

2) 计算一元线性回归系数

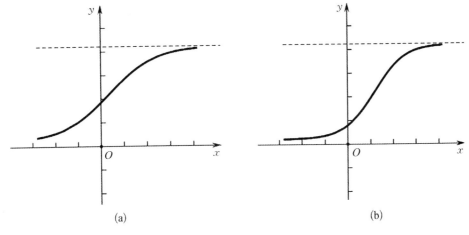

(a) (b)

图 4.8 S 型曲线

据4.1.1节一元线性回归方程的解法求得 a 和 b,即可得到 S 型曲线(4.42)的具体表达式。

(2) 第二种 S 型曲线

$$y = \frac{c}{1 + e^{(a-bx)}}$$ (4.43)

其图形如图 4.8(b)图所示。第二种 S 型曲线的常数项 a、c 及系数 b 的求解步骤为:

1) 确定常数项 c

① 选等距离的点 (x_1, y_1),(x_2, y_2),(x_3, y_3)

即 $x_3 - x_2 = x_2 - x_1$。

② 取 x_1,x_2 和 x_3 所对应的 y 值

③ 将 (x_1, y_1),(x_2, y_2),(x_3, y_3) 代入第二种 S 型曲线(4.43)

计算得到

$$c = \frac{2y_1 y_2 y_3 - y_2^2(y_1 + y_3)}{y_1 y_3 - y_2^2}$$ (4.44)

2) 公式变换

式(4.43)可以写为

$$\frac{c - y}{y} = e^{(a-bx)}$$ (4.45)

3) 对式(4.45)两边取自然对数

可以得到

$$\ln \frac{c - y}{y} = a - bx$$ (4.46)

4) 令 $y_1 = \ln((c-y)/y)$

将 y_1 代入式(4.46),则式(4.43)化为线性方程 $y_1 = a - bx$。

5) 计算一元线性回归系数

据4.1.1节一元线性回归方程的解法求得 a 和 b,即可得到 S 型曲线(4.43)的具体表达式。

4.1.5 曲线回归的检验

在进行曲线直线化时,只要经过变量变换,曲线就可以转换为直线了。但是,在曲线回归分析的过程中,常常会发现,并不是所有的散点都在一条直线或曲线上,往往有不同程度的离散。在这种情况下,回归误差是配直线最小呢,还是配曲线最小? 这必须要经过线性或非线性检验才能断定。在选配曲线回归的过程中,若散点的分布既类似于某一类曲线,又类似于另一类曲线,需要判断配哪一类曲线的回归误差最小,也必须作出最佳曲线类型的比较与选择。即使在同一曲线类型中,也有选配哪一条曲线才是最佳曲线的问题。为了解决这些问题,都需要进行回归效果的检验(陈上及等,1991)。

4.1.5.1 线性或非线性检验

若两个变量之间的相关系数趋于零,则说明它们之间不存在简单的线性关系,但却不等于说,它们之间就没有关系,因为两变量之间的内在关系还可以通过曲线关系来表示。这种相关称为曲线相关或非线性相关。曲线相关可以用相关比 R 来表示(中国科学院,1979)

$$R = \sqrt{1 - \frac{\sum\limits_{i=1}^{n}(y_i - y_{ci})^2}{\sum\limits_{i=1}^{n}(y_i - \bar{y})^2}} \tag{4.47}$$

式中,相关比 $0 \leqslant R \leqslant 1$。若相关比 R 大于单相关系数 r,说明曲线相关;若相关比 R 等于单相关系数 r,说明直线相关。而且 $R-r$ 越大,曲线性越显著。那么,$R-r$ 值达到多大才算是曲线关系呢?就需要对 R 与 r 的差异作显著性检验。

(1) t 检验

设线性与非线性的检验标准为

$$d = R^2 - r^2 \tag{4.48}$$

d 越大,曲线性越显著。但 d 总是有波动的,d 的波动程度可用它的标准差 σ_d 来表示

$$\sigma_d = 2\sqrt{\frac{d}{n}} \tag{4.49}$$

相关比 R 与单相关系数 r 之间差异的显著性可以用 t 检验的方法来检验,构建 t 统计量

$$t = \frac{d}{\sigma_d} = \frac{R^2 - r^2}{2\sqrt{\dfrac{R^2 - r^2}{n}}} \tag{4.50}$$

该 t 统计量服从自由度为 $(n-2)$ 的 t 分布。对于给定的显著性水平 α,查 t 分布表可以获得临界值 t_α。除了查表之外,t_α 也可以使用 MATLAB 的 tinv$(1-\alpha/2, n-2)$ 函数计算得到。若 $t > t_\alpha$,表示相关比 R 与单相关系数 r 的差异显著,为曲线关系。若 $t < t_\alpha$,散点轨迹却仍趋于曲线分布,此时,t 检验就无效了,就需检验直线回归与曲线回归的剩余标准差 s 的大小,s 值越小,散点配线的拟合度越好。

(2) 比较剩余标准差 s 的大小

设 Q_1 与 s_1 分别为某一回归直线的剩余平方和及剩余标准差,Q_2、s_2 分别是某一回归曲线的剩余平方和及剩余标准差。其中,剩余标准差 s 为

$$s_i = \sqrt{\frac{Q_i}{n-2}} \tag{4.51}$$

式中,$i=1,2$ 分别表示直线和曲线方程;剩余平方和 Q_i 为

$$Q_i = \sum_{j=1}^{n}(y_{ij} - y_{cij})^2 \tag{4.52}$$

式中，y_i 为因变量；y_{ci} 为回归值。

当 $s_2 < s_1$ 时，表明选配曲线回归方程比选配直线回归方程效果好。反之，则是选配直线效果较好。

4.1.5.2 最佳曲线类型的选择

不论是在不同曲线类型中选择最佳类型，还是在同一曲线类型中选择最佳曲线，都要比较各种类型或各条曲线的剩余平方和 Q、剩余标准差 s 和相关指数 R^2。Q、s 最小的或者 R^2 最大的曲线就是最佳曲线类型或最佳曲线。其中相关指数 R^2 是相关比 R 的平方。

4.1.5.3 曲线回归方程的显著性检验

在确定了曲线类型及其表达式后，须对回归是否显著进行检验。若相关比 R 大于或然误差 P.E.R 的四倍，则曲线回归效果显著。其中，或然误差 P.E.R 是相关比 R 的函数

$$\text{P.E.R} = \pm 0.674\,5\,\frac{1-R^2}{\sqrt{n}} \tag{4.53}$$

4.2 多元线性回归

4.2.1 多元线性回归的基本方法

4.1.4 节中的曲线直线化是通过变量转换，将曲线化为直线，然后再用直线回归的方法进行处理。但有些曲线是不能作直线化处理的，例如二次多项式

$$y = \beta_0 + \beta_1 x + \beta_2 x^2 \tag{4.54}$$

就不能使用变量变换的方法使其直线化，只能化为二元线性回归方程，再按多元线性回归分析的方法处理。

依此类推，例如，变量 y 与 x 的关系设为 p 次多项式，x_i 处 y_i 值的随机误差 $\varepsilon_i (i=1, 2, \cdots, n)$ 服从正态分布 $N(0, \sigma^2)$，这样就可以得到多项式回归模型

$$y_i = \beta_0 + \beta_1 x_i + \beta_2 x_i^2 + \cdots + \beta_p x_i^p + \varepsilon_i \tag{4.55}$$

其中，y_i；x_i，x_i^2，$\cdots$，x_i^p 为第 i 次实测数据，$i=1, 2, \cdots, n$。令 $x_{i1}=x_1$，$x_{i2}=x_1^2$，$\cdots$，$x_{ip}=x_1^p$，那么式 (4.55) 的多项式回归模型就化为了一般的多元线性回归模型

$$\begin{cases} y_1 = \beta_0 + \beta_1 x_{11} + \beta_2 x_{12} + \cdots + \beta_p x_{1p} + \varepsilon_1 \\ y_2 = \beta_0 + \beta_1 x_{21} + \beta_2 x_{22} + \cdots + \beta_p x_{2p} + \varepsilon_2 \\ \cdots \\ y_n = \beta_0 + \beta_1 x_{n1} + \beta_2 x_{n2} + \cdots + \beta_p x_{np} + \varepsilon_n \end{cases} \tag{4.56}$$

式 (4.56) 可写成矩阵形式

$$Y = X\beta + \varepsilon \tag{4.57}$$

$$\text{式中},\ Y=\begin{cases}y_1\\y_2\\\vdots\\y_n\end{cases};\ X=\begin{cases}1&x_{11}&x_{12}&\cdots&x_{1p}\\1&x_{21}&x_{22}&\cdots&x_{2p}\\\cdots\cdots&\cdots\cdots&\cdots\cdots&\cdots\cdots&\cdots\cdots\\1&x_{n1}&x_{n2}&\cdots&x_{np}\end{cases};\ \beta=\begin{cases}\beta_0\\\beta_1\\\beta_2\\\vdots\\\beta_p\end{cases};\ \varepsilon=\begin{cases}\varepsilon_1\\\varepsilon_2\\\vdots\\\varepsilon_n\end{cases}。\ \text{其中}\ \varepsilon\ \text{是}\ n\ \text{维随}$$

机向量,它的分向量是相互独立的。

在多元线性回归方程的参数估计中,最小二乘法是最常用的方法,因此也称多元线性回归为最小二乘回归。但是,由于数据收集的局限性,使得自变量之间,客观上存在近似线性关系,即存在复共线性关系。这种关系会导致最小二乘法估计效果不稳定,甚至出现回归系数符号与实况相反的情况。对此,许多学者提出了改进办法(陈希孺等,1987;王学仁等,1989)。例如,消除自变量之间复共线性关系的主成分回归(见 4.2.2)和特征根回归(见 4.2.3),直接降低回归系数均方误差的岭回归等就是常用的方法。

设因变量 y 与 m 个自变量 x_1,x_2,$\cdots$,x_m 有线性关系,那么建立 y 的 m 元线性回归模型

$$y=\beta_0+\beta_1 x_1+\beta_2 x_2+\cdots+\beta_m x_m+\varepsilon \tag{4.58}$$

式中,β_0,β_1,β_2,$\cdots$,β_m 为回归系数;ε 是遵从正态分布 $N(0,\sigma^2)$ 的随机误差。

在实际问题中,对 y 与 x_1,x_2,$\cdots$,x_m 作 n 次观测,即 y_t,x_{1t},x_{2t},$\cdots$,x_{mt},那么有

$$y_t=\beta_0+\beta_1 x_{1t}+\beta_2 x_{2t}+\cdots+\beta_m x_{mt}+\varepsilon_t \tag{4.59}$$

那么建立多元回归方程的基本方法是:

第一步,由观测值确定回归系数中 β_0,β_1,β_2,$\cdots$,β_m 的估计 b_0,b_1,b_2,$\cdots$,b_m,从而得到 y_t 对 x_{1t},x_{2t},$\cdots$,x_{mt} 的线性回归方程

$$y_{ct}=b_0+b_1 x_{1t}+\cdots+b_m x_{mt}+e_t \tag{4.60}$$

式中,y_{ct} 是 y_t 的估计;e_t 是误差估计,也称为残差。

第二步是对回归效果进行统计检验。

第三步是利用回归方程进行预报。

4.2.1.1 回归系数的最小二乘法估计(正交多项式)

为了得到回归系数 β_0,β_1,β_2,$\cdots$,β_m 的估计值 b_0,b_1,b_2,$\cdots$,b_m,一般采用最小二乘法,使得全部观测值 y_t 与回归值 y_{ct} 的残差平方和 Q 达到最小。残差平方和 Q 为

$$Q=\sum_{t=1}^n e_t^2=\sum_{t=1}^n (y_t-y_{ct})^2=\sum_{t=1}^n (y_t-b_0-b_1 x_{1t}-\cdots-b_m x_{mt})^2 \tag{4.61}$$

因为 Q 是 b_0,b_1,b_2,$\cdots$,b_m 的非负二次式,所以一定存在最小值。按照极值原理,将 Q 分别对 b_0,b_1,b_2,$\cdots$,b_m 求偏导数,并令 $\dfrac{\partial Q}{\partial b_i}=0$。这样有 m 个方程 m 个未知数,就可求得回归系数 β_1,β_2,$\cdots$,β_m 的估计 b_1,b_2,$\cdots$,b_m。这 m 个方程为

$$\begin{cases} S_{11}b_1 + S_{12}b_2 + \cdots + S_{1m}b_m = S_{1y} \\ S_{21}b_1 + S_{22}b_2 + \cdots + S_{2m}b_m = S_{2y} \\ \vdots \\ S_{m1}b_1 + S_{m2}b_2 + \cdots + S_{mm}b_m = S_{my} \end{cases} \tag{4.62}$$

式中

$$\begin{cases} S_{ij} = S_{ji} = \sum_{t=1}^{n}(x_{it} - \bar{x}_i)(x_{jt} - \bar{x}_j) = \sum_{t=1}^{n}x_{it}x_{jt} - \frac{1}{n}\Big(\sum_{t=1}^{n}x_{it}\Big)\Big(\sum_{t=1}^{n}x_{jt}\Big) \\ S_{iy} = \sum_{t=1}^{n}(x_{it} - \bar{x}_i)(y_t - \bar{y}) = \sum_{t=1}^{n}x_{it}y_t - \frac{1}{n}\Big(\sum_{t=1}^{n}x_{it}\Big)\Big(\sum_{t=1}^{n}y_t\Big) \end{cases} \tag{4.63}$$

式中, $i = 1, 2, \cdots, m$; $j = 1, 2, \cdots, m$。

解线性方程组式(4.62),就可以求得回归系数 b_i, $i = 1, 2, \cdots, m$。将 b_i 代入方程就可以求出常数项 b_0

$$b_0 = \bar{y} - b_1\bar{x}_1 - b_2\bar{x}_2 - \cdots - b_m\bar{x}_m \tag{4.64}$$

其中

$$\begin{cases} \bar{y} = \frac{1}{n}\sum_{t=1}^{n}y_t \\ \bar{x}_i = \frac{1}{n}\sum_{t=1}^{n}x_{it} \end{cases} \tag{4.65}$$

式中, $i = 1, 2, \cdots, m$。

在实际计算时,可以用 MATLAB 的 $[b, bint, r, rint, stats] = regress(Y, X, alpha)$ 函

数直接计算。其中输入数据 $Y = \begin{cases} y_1 \\ y_2 \\ \vdots \\ y_n \end{cases}$ 为因变量,是一个 n 行 1 列的矩阵; $X =$

$\begin{cases} 1 & x_{11} & x_{12} & \cdots & x_{1m} \\ 1 & x_{21} & x_{22} & \cdots & x_{2m} \\ \cdots & \cdots & \cdots & \cdots & \cdots \\ 1 & x_{n1} & x_{n2} & \cdots & x_{nm} \end{cases}$ 是由各自变量构造的矩阵。值得注意的是, X 矩阵的第

一列对应的是所有值都为 1 的 1 列向量,它是常数项所对应的自变量,每个常数项乘以 1 还是原来的值;第二列对应的是 x_1 列向量;第三列对应的是 x_2 列向量;以此类推,第 $m+1$ 列对应的是 x_m 列向量。alpha 是多元线性回归的显著性水平(缺少时为默认值0.05)。输出数据 b 为多元线性回归的系数;bint 为回归系数的区间估计; r 为残差 e_t;stats 是用于检验回归模型的统计量,将在 4.2.1.2 节回归问题的统计检验中进行介绍。

类似地,多元多项式回归问题也可以化为多元线性回归问题来处理。例如,多变量多项式回归模型

$$y_i = \beta_0 + \beta_1 z_{i1} + \beta_2 z_{i2} + \beta_3 z_{i1}^2 + \beta_4 z_{i1} z_{i2} + \cdots + \varepsilon_i \tag{4.66}$$

令 $x_{i1} = z_{i1}$，$x_{i2} = z_{i2}$，$x_{i3} = z_{i1}^2$，$x_{i4} = z_{i1} z_{i2}$ 就可以把式(4.66)多元多项式回归问题变换为多元线性回归问题进行解决了。

多项式回归可以处理相当一类非线性问题，任何一个函数都可以分段用多项式来逼近。不论因变量 y 与其他自变量的关系如何，总是可以用多项式回归进行分析。因此，它在回归分析中占有重要地位，对海洋资料的分析也是很有用的(陈上及等，1991)。

4.2.1.2　回归问题的统计检验

在建立 y 的 m 元线性回归模型时，假定因变量 y 与 m 个自变量 x_1，x_2，$\cdots$，x_m 具有线性关系。但是，y 与 x_i 之间的线性关系究竟是否显著呢？ 所建立的回归方程效果如何呢？ 这些都需要进行统计检验才能回答。

回归方程效果的检验可以通过方差分析、F 检验和复相关系数来进行。

（1）方差分析

检验回归方程效果的优劣及其预测精度可以通过方差分析来实现。将 y 的总离差平方和 S_{yy} 分解为

$$S_{yy} = U + Q \tag{4.67}$$

式中，$S_{yy} = \sum_{t=1}^{n} (y_t - \bar{y})^2$ 由因变量 y_t 与其均值之差的平方和计算得到，自由度 $f_{yy} = n - 1$。$U = \sum_{t=1}^{n} (y_{ct} - \bar{y})^2$ 是回归平方和，由回归值 y_{ct} 与 y_t 的均值之差的平方和计算得到。在与误差相比的意义下，回归平方和 U 的大小反映了自变量的重要程度，其自由度为 $f_U = m$。$Q = \sum_{t=1}^{n} (y_t - y_{ct})^2$ 是残差平方和，由因变量 y_t 与回归值 y_{ct} 之差的平方和求得。残差平方和 Q 的大小反映了试验误差对结果的影响，其自由度为 $f_Q = n - m - 1$。

（2）F 检验

F 检验就是利用 U 和 Q 的相对大小来衡量回归效果，即检验所建立的回归方程是否有意义。F 检验的步骤为：

1）构造 F 统计量

$$F = \frac{U/m}{Q/(n-m-1)} \tag{4.68}$$

式中，U 为回归平方和；Q 为残差平方和；m 为自变量的个数；n 为观测数据的个数。

2）提出原假设 $H_0 : \beta_0 = \beta_1 = \beta_2 = \cdots = \beta_m = 0$

若 H_0 成立，则认为回归方程没有意义。可以证明，当 H_0 为真时，统计量 F 遵从自由度为 m 和 $n - m - 1$ 的 F 分布。

3）给定显著性水平 α，计算临界值 $F_\alpha(m, n-m-1)$

对显著性水平 α，结合自由度 $\nu_1 = m$、$\nu_2 = n - m - 1$，从 F 分布表上查出与 $\alpha/2$ 水平相应的数值，即确定出临界值 $F_\alpha(m, n-m-1)$。除了查表之外，$F_\alpha(m, n-m-1)$ 也可以使用 MATLAB 的 finv$(1-\alpha, \nu1, \nu2)$ 函数计算得到。

4）推断是否接受原假设

比较统计量计算值(4.68)与临界值 $F_a(m, n-m-1)$，看其是否落入否定域中，若落入否定域则拒绝原假设。若 $F > F_a(m, n-m-1)$，则拒绝原假设，认为回归方程有显著意义；若 $F \leqslant F_a(m, n-m-1)$，则接受原假设，认为回归方程没有意义。

5）得出结论

例如，在 α 的显著性水平上，认为回归方程有显著意义。

（3）复相关系数

回归方程效果的好坏也可以通过复相关系数来衡量。一个变量 y 与若干变量 x_i 之间的线性关系可以由一个多元线性回归方程表示。复相关系数是衡量因变量 y 与估计值 y_c 之间线性关系的一个量。复相关系数 R 是因变量 y_t、估计值 y_{ct} 和均值 $\bar{y}$ 的函数

$$R = \frac{\sum_{t=1}^{n} (y_t - \bar{y})(y_{ct} - \bar{y})}{\sqrt{\sum_{t=1}^{n} (y_t - \bar{y})^2 \sum_{t=1}^{n} (y_{ct} - \bar{y})^2}} \tag{4.69}$$

复相关系数 R 也可以表示为残差平方和 Q 及总离差平方和 S_{yy} 的函数

$$R = 1 - \frac{Q}{S_{yy}} \tag{4.70}$$

R 的绝对值越大，表示回归效果越好。

4.2.1.1 节中介绍过，在实际计算时，可以用 MATLAB 的 $[b, bint, r, rint, stats] =$ regress(Y, X, alpha) 函数直接计算多元线性回归系数。在输出数据中，有一个 stats 量，它是用于检验回归模型的统计量，有四个数值：复相关系数的平方 R^2；由 U、Q、n、m 构造的 F 统计量(4.68)的值 F；与统计量 F 相对应的概率 p 以及误差方差的估计。其中，复相关系数 R^2 越接近 1，说明回归方程越显著。

给定原假设 $H_0: \beta_0 = \beta_1 = \beta_2 = \cdots = \beta_m = 0$。对于给定的显著性水平 α，可以使用 MATLAB 的 finv($1-\alpha$, m, n-m-1) 函数计算得到其临界值 $F_a(m, n-m-1)$。若所构造的统计量 $F > F_a(m, n-m-1)$，则拒绝 H_0，说明回归方程有显著意义。F 越大，说明回归方程越显著。也可以不计算临界值 F_a，直接使用 F 所对应的概率 p 与显著性水平 α 进行比较，若 $p < \alpha$，则拒绝 H_0，回归方程有显著意义。p 值越小越好。

（4）自变量作用的检验

方差分析和复相关系数都可用来检验回归方程的总体效果。但是这并不能说明每个自变量 x_i 都有效果。检验各个自变量 x_i 对 y 的作用是否显著，需要逐一对自变量进行检验。检验步骤为：

1）提出原假设 $H_0: \beta_i = 0, i = 1, 2, \cdots, m$

2）构造 F_i 统计量

$$F_i = \frac{b_i^2 / C_i}{Q(n-2)} \tag{4.71}$$

式中,i 对应于各自变量,$i=1, 2, \cdots, m$,m 是自变量的个数;Q 为残差平方和,由式(4.61)计算得到;b_i 为自变量 x_i 所对应的回归系数的估计;n 为观测数据的个数;C_i 为

$$C_i = \Big[\sum_{t=1}^{n} (x_{it} - \bar{x}_i)^2 \Big]^{-1} \tag{4.72}$$

式中,x_{it} 为各自变量;$\bar{x}_i$ 为各自变量的均值。

统计量 F_i 遵从分子自由度为 1,分母自由度为 $n-2$ 的 F 分布。

3) 给定显著性水平 α,计算临界值 $F_\alpha(1, n-2)$

对显著性水平 α,结合自由度 $\nu_1=1$、$\nu_2=n-2$,从 F 分布表上查出与 α 水平相应的数值,即确定出临界值 $F_\alpha(1, n-2)$。除了查表之外 $F_\alpha(1, n-2)$ 也可以使用 MATLAB 的 finv$(1-\alpha, \nu1, \nu2)$ 函数计算得到。

4) 推断是否接受原假设

比较统计量计算值(4.71)与临界值 $F_\alpha(1, n-2)$,看其是否落入否定域中,若落入否定域则拒绝原假设。若 $F_i > F_\alpha(1, n-2)$,则拒绝原假设,认为 x_i 在显著性水平 α 上对 y 的作用是显著的;若 $F_i \leqslant F_\alpha(1, n-2)$,则接受原假设,认为 x_i 在显著性水平 α 上对 y 的作用是不显著的。

5) 得出结论

例如,在 α 的显著性水平上,认为 x_i 在显著性水平 α 上对 y 的作用是显著的。注意:该结论是在 α 的显著性水平上得出的,若以更低的显著性水平进行检验,有可能得出不同的结论。

函数[yc,b11]=yu_LS(X,Y,alpha,a2)可用于实现回归系数的最小二乘法估计。其中输入数据 X 为自变量矩阵,由 m 个自变量 $x_1, x_2, \cdots, x_m$ 构成,第 i 列是第 i 个自变量 x_i;Y 为因变量矩阵,是一个列向量;alpha 是回归方程效果检验的显著性水平;a2 是自变量作用检验的显著性水平。输出数据 yc 是最终的多元线性回归值,b11 是回归系数。除此之外,还会给出在 $\alpha=$alpha 的显著性水平上,回归方程有无显著意义;以及给出 m 个自变量 $x_i(i=1, 2, \cdots, m)$ 在 $\alpha=$a2 的显著性水平上,对因变量 Y 的作用是否显著等结论。

4.2.1.3 利用回归方程进行预测

求得回归方程的最终目的还是预测。将给定的样本值 $x_{1t+1}, x_{2t+1}, \cdots, x_{mt+1}$ 代入回归方程,就可得到 $t+1$ 时刻的因变量预测值

$$y_{ct+1} = b_0 + b_1 x_{1t+1} + \cdots + b_m x_{mt+1} \tag{4.73}$$

在实际使用时,应该给出 y_{ct+1} 的给定显著性水平的置信区间。当样本量 n 较大,而且 x_{it+1} 接近于均值 $\bar{x}_i$ 时,就可以近似地认为 $y_{t+1}=y_{ct+1}$ 遵从 $N(0, \sigma^2)$ 的正态分布。

给定显著性水平 α,则

$$P(y_{ct+1} - u_\alpha \sigma < y_{t+1} < y_{ct+1} + u_\alpha \sigma) = 1 - \alpha \tag{4.74}$$

式中,u_α 为显著性水平 α 所对应的正态分布临界值,可查正态分布函数表得到,也可以使用 norminv$(1-\alpha/2,0,1)$ 计算得到。

而因为方差 σ 是未知的,所以使用 σ 的无偏估计量 S_y 代替。S_y 是残差平方和 Q、观测数据的个数 n 和自变量的个数 m 的函数

$$S_y = \sqrt{\frac{Q}{n-m-1}} = \sqrt{\frac{\sum_{t=1}^{n}(y_t - y_{ct})^2}{n-m-1}} \quad (4.75)$$

因此,y_{t+1} 在显著性水平 α 下的置信区间为:$(y_{ct+1} - u_a S_y, \ y_{ct+1} + u_a S_y)$。

在研究海洋中某变量与其他变量间的关系时,多元线性回归是一种常用的方法,但这种方法也具有很多缺点,比如计算复杂,计算量会随着自变量个数的增加而迅速增加;第二个缺点是回归系数间存在着相关性,每剔除一个自变量后,对其他变量又需要重新进行计算。在自变量之间存在近似线性关系,即存在复共线性时,回归的正规方程组(4.62)会出现严重病态,导致回归方程极不稳定,此时最小二乘法就不适用了。为了简化计算,消除回归系数间的相关性,通常采用主成分回归来进行多元线性回归。

4.2.2 主成分回归

若方程中的自变量相互无关,仅独立的对因变量有影响,那么正规方程组(4.62)的系数矩阵为对角矩阵,给计算带来了便利。而且,由自变量间的复共线性造成的问题就不复存在了。

在实际问题中,自变量间并非一定是相互无关的,常常需要人为的筛选或构造。对于具有多个自变量的线性回归问题,可以构造一些潜变量作为新的自变量,这些潜变量是由原有自变量进行线性变换得到,且可以反映出原有变量所包含的基本信息。主成分分析就可以达到这种目的。利用主成分分析,从多元随机变量的观测样本矩阵中提取主成分,它们是原变量的线性组合,且相互正交。利用某种判据,选取前几项方差较大的主成分,略去方差较小的一些主成分。这样不仅保留了大部分原有信息,又消除了复共线性,克服了最小二乘回归的缺点。这种利用主成分作为新自变量进行回归的方法,是 Massy(1965)提出的,称为主成分回归,简称 PCR。

由于这里回归系数估计值的数学期望不再等于待估系数,因此,不再是无偏估计,而称为有偏估计。应当强调的是,对于有偏估计,仅仅在存在复共线性时,才优于通常的最小二乘回归无偏估计。因此,在建立回归方程时,需要先研究自变量间是否存在复共线性。若存在复共线性才使用有偏估计,否则还是利用最小二乘无偏估计,毕竟最小二乘无偏估计具有坚实的理论基础和应用实践(陈上及等,1991)。

主成分回归的计算步骤为:

4.2.2.1 标准化处理

首先,需要将 m 个自变量 x_1,x_2,$\cdots$,x_m 和因变量 Y 分别进行标准化处理。标准化的方法请见 2.4.3 节数据的标准化和归一化。这里一般使用 z-score 标准化方法,同时记录下因变量 Y 的均值和标准差,以用于对回归值进行反标准化处理。m 个自变量 x_1,x_2,$\cdots$,x_m 经过 z-score 标准化处理之后的结果为 x_{1N},x_{2N},$\cdots$,x_{mN}

$$x_{iN} = \frac{x_i - \mu_i}{\sigma_i} \tag{4.76}$$

式中，x_{iN} 为 z‑score 标准化之后的自变量值；x_i 为实际自变量值；μ_i 为自变量 x_i 的均值；σ_i 为自变量 x_i 的标准差；$i=1,2,\cdots,m$，m 为自变量个数。

因变量 Y 经过 z‑score 标准化处理之后的结果为 Y_N

$$Y_N = \frac{Y - \mu_Y}{\sigma_Y} \tag{4.77}$$

式中，Y_N 为 z‑score 标准化后的因变量值；Y 为实际因变量值；μ_Y 为因变量 Y 的均值；σ_Y 为因变量 Y 的标准差。

4.2.2.2　构建自变量矩阵 X_N

将经过标准化处理之后的 m 个自变量 x_{1N}，x_{2N}，$\cdots$，x_{mN} 构建为自变量矩阵 X_N。X_N 矩阵的第一列对应的是 x_{1N} 列向量，第二列对应的是 x_{2N} 列向量，以此类推，第 m 列对应的是 x_{mN} 列向量。

$$X_N = \begin{bmatrix} x_{11N} & x_{12N} & \cdots & x_{1mN} \\ x_{21N} & x_{22N} & \cdots & x_{2mN} \\ \vdots & \vdots & \vdots & \vdots \\ x_{n1N} & x_{n2N} & \cdots & x_{nmN} \end{bmatrix} \tag{4.78}$$

注意，该 X_N 矩阵与 4.2 节多元线性回归中的 X 矩阵是不同的，此处 X_N 矩阵的第一列直接就是 x_{1N} 列向量，而不是所有值都为 1 的 1 列向量。

4.2.2.3　求解协方差矩阵 $X_N^T X_N$ 的特征根及相应的特征向量

由于自变量 x_i 和因变量 Y 都经过了标准化处理，因此这里的协方差矩阵 $A=X_N^T X_N$ 就是相关矩阵。在实际应用中，可以使用 MATLAB 的 svd 函数计算相关矩阵的特征根及特征向量。因为 svd 函数计算得到的特征根是从大到小排列的，所以得到的 m 个特征根分别为：$\lambda_1 \geqslant \lambda_2 \geqslant \cdots \geqslant \lambda_m$，其相应特征向量为 υ_1，υ_2，$\cdots$，υ_m，这些特征向量组成了正交矩阵 V。其中，V 的第一列对应特征向量 υ_1，第二列对应特征向量 υ_2，以此类推，第 m 列对应特征向量 υ_m。

$$V = \begin{bmatrix} \upsilon_{11} & \upsilon_{12} & \cdots & \upsilon_{1m} \\ \upsilon_{21} & \upsilon_{22} & \cdots & \upsilon_{2m} \\ \vdots & \vdots & \vdots & \vdots \\ \upsilon_{m1} & \upsilon_{m2} & \cdots & \upsilon_{mm} \end{bmatrix} \tag{4.79}$$

4.2.2.4　计算主成分矩阵 T

主成分矩阵 T 是自变量矩阵 X_N 与由特征向量组成的正交矩阵 V 的乘积

$$T = X_N V \tag{4.80}$$

主成分 T 是 m 个原自变量的线性组合

$$t_i = \upsilon_{1i}x_{1N} + \upsilon_{2i}x_{2N} + \cdots + \upsilon_{mi}x_{mN} \tag{4.81}$$

式中，$i = 1, 2, \cdots, m$。

则主成分 T 可写为

$$T = \begin{bmatrix} \sum_{i=1}^{m}x_{1iN}\upsilon_{i1} & \sum_{i=1}^{m}x_{1iN}\upsilon_{i2} & \cdots & \sum_{i=1}^{m}x_{1iN}\upsilon_{ip} & \sum_{i=1}^{m}x_{1iN}\upsilon_{ip+1} & \sum_{i=1}^{m}x_{1iN}\upsilon_{ip+2} & \cdots & \sum_{i=1}^{m}x_{1iN}\upsilon_{im} \\ \sum_{i=1}^{m}x_{2iN}\upsilon_{i1} & \sum_{i=1}^{m}x_{2iN}\upsilon_{i2} & \cdots & \sum_{i=1}^{m}x_{2iN}\upsilon_{ip} & \sum_{i=1}^{m}x_{2iN}\upsilon_{ip+1} & \sum_{i=1}^{m}x_{2iN}\upsilon_{ip+2} & \cdots & \sum_{i=1}^{m}x_{2iN}\upsilon_{im} \\ \vdots & \vdots & \vdots & \vdots & \vdots & \vdots & & \vdots \\ \sum_{i=1}^{m}x_{niN}\upsilon_{i1} & \sum_{i=1}^{m}x_{niN}\upsilon_{i2} & \cdots & \sum_{i=1}^{m}x_{niN}\upsilon_{ip} & \sum_{i=1}^{m}x_{niN}\upsilon_{ip+1} & \sum_{i=1}^{m}x_{niN}\upsilon_{ip+2} & \cdots & \sum_{i=1}^{m}x_{niN}\upsilon_{im} \end{bmatrix}$$

$$\tag{4.82}$$

4.2.2.5 诊断变量之间是否存在复共线性

诊断自变量矩阵 X 是否存在复共线性，有两种简便的方法。一种是特征根法，另一种是条件数法。

（1）特征根法

若 $X_N^T X_N$ 至少有一个特征根近似为 0，则矩阵 X 至少存在一个复共线性关系。假设特征根 $\lambda_{p+1}, \lambda_{p+2}, \cdots, \lambda_m \approx 0$，与它们对应的标准正交特征向量为 $\upsilon_{1p+1}, \upsilon_{2p+2}, \cdots, \upsilon_{mm}$，若存在复共线性，则有

$$\upsilon_{1i}x_1 + \upsilon_{2i}x_2 + \cdots + \upsilon_{pi}x_m \approx 0 \tag{4.83}$$

式中，$i = p+1, p+2, \cdots, m$。

但是，该方法有一个缺陷，就是没有给出一个定量的标准。所以，一般使用条件数法来判断是否存在复共线性以及复共线性的严重程度。

（2）条件数法

假设 $\lambda_p \approx 0$，则条件数 k 定义为

$$k = \frac{\lambda_1}{\lambda_p} \tag{4.84}$$

若 $0 < k < 100$，则认为不存在复共线性；若 $100 \leqslant k \leqslant 1\,000$，则认为存在较强复共线性；若 $k > 1\,000$，则认为存在严重的复共线性。这样，就找到了不存在复共线性的特征根 $\lambda_1, \lambda_2, \cdots, \lambda_p$，以及它们所对应的特征向量 $\upsilon_1, \upsilon_2, \cdots, \upsilon_p$。

4.2.2.6 求出 p 个主成分

若原自变量存在复共线性，则其正规方程组（4.56）出现了病态。若 $\lambda_{p+1}, \lambda_{p+2}, \cdots, \lambda_m$ 接近于 0，则主成分矩阵 T 的第 $p+1$ 列 t_{p+1}，第 $p+2$ 列 t_{p+2}，$\cdots$，第 m 列 t_m 的取值也接近于 0，可以将其略去。则主成分矩阵 T 的前 p 列 $t_1, t_2, \cdots, t_p$ 几乎可以反映原变量 $x_1, x_2, \cdots, x_m$ 的所有信息。将主成分矩阵 T 的前 p 列 $t_1, t_2, \cdots, t_p$ 记为 T_1，正交矩阵 V 的前 p 列 $\upsilon_1, \upsilon_2, \cdots, \upsilon_p$ 记为 V_1

$$T_1 = \begin{bmatrix} \sum_{i=1}^{m} x_{1iN}v_{i1} & \sum_{i=1}^{m} x_{1iN}v_{i2} & \cdots & \sum_{i=1}^{m} x_{1iN}v_{ip} \\ \sum_{i=1}^{m} x_{2iN}v_{i1} & \sum_{i=1}^{m} x_{2iN}v_{i2} & \cdots & \sum_{i=1}^{m} x_{2iN}v_{ip} \\ \vdots & \vdots & \vdots & \vdots \\ \sum_{i=1}^{m} x_{niN}v_{i1} & \sum_{i=1}^{m} x_{niN}v_{i2} & \cdots & \sum_{i=1}^{m} x_{niN}v_{ip} \end{bmatrix} \tag{4.85}$$

$$V_1 = \begin{bmatrix} v_{11} & v_{12} & \cdots & v_{1p} \\ v_{21} & v_{22} & \cdots & v_{2p} \\ \vdots & \vdots & \vdots & \vdots \\ v_{m1} & v_{m2} & \cdots & v_{mp} \end{bmatrix} \tag{4.86}$$

4.2.2.7 求出回归系数 β 的主成分估计矩阵 β_c

回归系数 β 的主成分估计矩阵 β_c 为

$$\beta_c = V_1 \alpha_1 = V_1 (T_1^T T_1)^{-1} T_1^T Y \tag{4.87}$$

式中, $\alpha_1 = (T_1^T T_1)^{-1} T_1^T Y$ 是 p 维参数。

β_c 的第 i 个分量为

$$\beta_{ci} = \alpha_1 v_{i1} + \alpha_2 v_{i2} + \cdots + \alpha_p v_{ip} \tag{4.88}$$

式中, $i = 1, 2, \cdots, m$。

4.2.2.8 计算得到原变量的主成分回归方程 Y_{cN}

根据式(4.87)回归系数 β 的估计 β_c 计算得到原变量的主成分回归方程

$$Y_{cN} = \beta_{c1} x_{1N} + \beta_{c2} x_{2N} + \cdots + \beta_{cm} x_{mN} \tag{4.89}$$

用矩阵表示为

$$Y_{cN} = X_N \beta_c \tag{4.90}$$

4.2.2.9 对回归值 Y_{cN} 进行反标准化处理

反标准化的方法请见 2.4.4 节数据的反标准化, 反标准化处理之后的结果为 Y_c

$$Y_c = \sigma_Y Y_{cN} + \mu_Y \tag{4.91}$$

式中, Y_c 为 z-score 反标准化处理之后最终的主成分回归值; Y_{cN} 为反标准化之前的主成分回归值; μ_Y 为因变量 Y 的均值; σ_Y 为因变量 Y 的标准差。

4.2.2.10 回归方程效果的检验

回归方程效果的具体检验方法请见 4.2.1.2 节回归问题的统计检验。检验步骤为:

(1) 构造 F 统计量

$$F = \frac{\sum\limits_{t=1}^{n} (Y_{ct} - \mu_Y)^2 / m}{\sum\limits_{t=1}^{n} (Y_t - Y_{ct})^2 / (n-m-1)} \tag{4.92}$$

式中,Y_c 为 z-score 反标准化处理之后最终的主成分回归值;μ_Y 为因变量 Y 的均值;m 为自变量的个数;n 为样本个数。

(2) 提出原假设 $H_0 : \beta_0 = \beta_1 = \beta_2 = \cdots = \beta_m = 0$

若 H_0 成立,则认为回归方程没有意义。可以证明,当 H_0 为真时,统计量 F 遵从自由度为 m 和 $n-m-1$ 的 F 分布。

(3) 给定显著性水平 α,计算临界值 $F_\alpha(m, n-m-1)$

对显著性水平 α,结合自由度 $\nu_1 = m$、$\nu_2 = n-m-1$,从 F 分布表上查出与 $\alpha/2$ 水平相应的数值,即确定出临界值 $F_\alpha(m, n-m-1)$。除了查表之外,$F_\alpha(m, n-m-1)$ 也可以使用 MATLAB 的 finv$(1-\alpha/2, \nu1, \nu2)$ 函数计算得到。

(4) 推断是否接受原假设

比较统计量计算值(4.92)与临界值 $F_\alpha(m, n-m-1)$,看其是否落入否定域中,若落入否定域则拒绝原假设。若 $F > F_\alpha(m, n-m-1)$,则拒绝原假设,认为回归方程有显著意义;若 $F \leqslant F_\alpha(m, n-m-1)$,则接受原假设,认为回归方程没有显著意义。

(5) 得出结论

例如,在 α 的显著性水平上,认为回归方程有显著意义。

4.2.2.11　对自变量作用进行检验

(1) 提出原假设 $H_0 : \beta_i = 0$,$i = 1, 2, \cdots, m$

(2) 构造 F_i 统计量

$$F_i = \frac{\beta_{ci}^2 \Big/ \Big[\sum\limits_{t=1}^{n} (x_{it} - \mu_i)^2 \Big]^{-1}}{(n-2) \sum\limits_{t=1}^{n} (Y_t - Y_{ct})^2} \tag{4.93}$$

式中,x_i 为实际自变量值;μ_i 为数据 x_i 的均值;$i = 1, 2, \cdots, m$,m 为自变量的个数;n 为样本个数。统计量 F_i 遵从分子自由度为 1,分母自由度为 $n-2$ 的 F 分布。

(3) 给定显著性水平 α,计算临界值 $F_\alpha(1, n-2)$

对显著性水平 α,结合自由度 $\nu_1 = 1$、$\nu_2 = n-2$,从 F 分布表上查出与 $\alpha/2$ 水平相应的数值,即确定出临界值 $F_\alpha(1, n-2)$。除了查表之外 $F_\alpha(1, n-2)$ 也可以使用 MATLAB 的 finv$(1-\alpha/2, \nu1, \nu2)$ 函数计算得到。

(4) 推断是否接受原假设

比较统计量计算值(4.71)与临界值 $F_\alpha(1, n-2)$,看其是否落入否定域中,若落入否定域则拒绝原假设。若 $F_i > F_\alpha(1, n-2)$,则拒绝原假设,认为 x_i 在显著性水平 α 上对 y 的作用是显著的;若 $F_i \leqslant F_\alpha(1, n-2)$,则接受原假设,认为 x_i 在显著性水平 α 上对 y 的作用是不显著的。

（5）得出结论

例如，在 α 的显著性水平上，认为 x_i 在显著性水平 α 上对 y 的作用是显著的。注意：该结论是在 α 的显著性水平上得出的，若以更低的显著性水平进行检验，有可能得出不同的结论。

函数 $[yc, beta] = yu\_PCR(X, Y, alpha, a2)$ 可实现主成分回归。其中输入数据 X 为自变量矩阵，由 m 个自变量 $x_1, x_2, \cdots, x_m$ 构成，第 i 列是第 i 个自变量 x_i

$$X = \begin{bmatrix} x_{11} & x_{12} & \cdots & x_{1i} & \cdots & x_{1m} \\ x_{21} & x_{22} & \cdots & x_{2i} & \cdots & x_{2m} \\ \vdots & \vdots & \vdots & \vdots & \vdots & \vdots \\ x_{n1} & x_{n2} & \cdots & x_{ni} & \cdots & x_{nm} \end{bmatrix} \tag{4.94}$$

Y 为因变量矩阵，是一个列向量；alpha 是回归方程效果检验的显著性水平；a2 是自变量作用检验的显著性水平。输出数据 yc 是最终的主成分回归值；beta 是主成分回归的系数。除此之外，还会给出各特征根 $\lambda_1, \lambda_2, \cdots, \lambda_m$ 是否存在复共线性；在 $\alpha = $ alpha 的显著性水平上，回归方程有无显著意义；以及给出 m 个自变量 $x_i(i = 1, 2, \cdots, m)$ 在 $\alpha = $ a2 的显著性水平上，对因变量 Y 的作用是否显著等结论。

主成分回归消除了复共线性，优化了回归方程。但是，主成分回归仅仅是从原变量的样本数据中提取主成分，没有考虑自变量 x_i 与因变量 Y 的关系。

4.2.3　特征根回归

特征根回归是主成分回归的推广形式，它将因变量 Y 考虑在内提取主成分，从而在消去原自变量复共线性的同时，也使所建立的回归方程能够表征自变量与因变量之间的相关关系。特征根回归的计算步骤为：

4.2.3.1　标准化处理

特征根回归的第一步跟主成分回归一样，也是对自变量 $x_1, x_2, \cdots, x_m$ 和因变量 Y 分别进行标准化处理。此处，仍然使用 2.4.3 节的 z-score 标准化方法，同时记录下因变量 Y 的均值和标准差，以用于对回归值进行反标准化处理。

m 个自变量 $x_1, x_2, \cdots, x_m$ 经过式（4.76）的 z-score 标准化处理之后的结果为 x_{1N}，$x_{2N}, \cdots, x_{mN}$。因变量 Y 经过式（4.77）的 z-score 标准化处理之后的结果为 Y_N。

4.2.3.2　构建为自变量矩阵 X_N

将经过标准化处理之后的因变量 Y_N 和自变量 $x_{1N}, x_{2N}, \cdots, x_{mN}$ 构建为自变量矩阵 X_N。X_N 矩阵的第一列对应的是因变量 Y_N 列向量，第二列对应的是自变量 x_{1N} 列向量，第三列对应的是 x_{2N} 列向量，以此类推，第 $m+1$ 列对应的是 x_{mN} 列向量

$$X_N = \begin{bmatrix} y_{1N} & x_{11N} & x_{12N} & \cdots & x_{1mN} \\ y_{2N} & x_{21N} & x_{22N} & \cdots & x_{2mN} \\ \vdots & \vdots & \vdots & \vdots & \vdots \\ y_{nN} & x_{n1N} & x_{n2N} & \cdots & x_{nmN} \end{bmatrix} \tag{4.95}$$

该 X_N 矩阵与 4.2.2 主成分回归中的 X_N 矩阵(4.78)的区别就在于包含了因变量。

4.2.3.3 求解协方差矩阵 $X_N^T X_N$ 的特征根及相应的特征向量

协方差矩阵 $A = X_N^T X_N$ 的特征根为 λ_1,λ_2,$\cdots$,λ_{m+1},相应的特征向量为 υ_1,υ_2,$\cdots$,υ_{m+1}。由于数据经过了标准化处理,因此这里的协方差矩阵就是增广相关矩阵。在实际应用中,可以使用 MATLAB 的 svd 函数计算增广相关矩阵的特征根及特征向量。因为 svd 函数计算得到的特征根是从大到小排列的,所以 $m+1$ 个特征根分别为:$\lambda_1 \geqslant \lambda_2 \geqslant \cdots \geqslant \lambda_{m+1}$,其相应特征向量为 υ_1,υ_2,$\cdots$,υ_{m+1}。

4.2.3.4 诊断变量之间是否存在复共线性

使用条件数法来判断是否存在复共线性以及复共线性的严重程度。做法跟 4.2.2 节主成分回归中介绍的一致,使用式(4.84)计算条件数 k 并判断。这样,就找到了不存在复共线性的特征根 λ_1,λ_2,$\cdots$,λ_{p1} 它们所对应的特征向量 υ_1,υ_2,$\cdots$,υ_{p1}。

4.2.3.5 将同时都非常接近于 0 的 λ_i,υ_{1i} 去掉

将同时都非常接近于 0 的 λ_i、υ_{1i} 去掉,即去掉 $\lambda_i \approx 0$,$\upsilon_{1i} \approx 0$,$i = 1, 2, \cdots, m+1$。在实际操作时,若 $\lambda_i \leqslant 0.05$,$|\upsilon_{1i}| \leqslant 0.10$ 就认为它们近似等于 0。这样,就得到了特征根 λ_1,λ_2,$\cdots$,λ_p 以及它们所对应的特征向量 υ_1,υ_2,$\cdots$,υ_p。

4.2.3.6 计算权重 w_i

根据特征根 λ_1,λ_2,$\cdots$,λ_p 和特征向量 υ_1,υ_2,$\cdots$,υ_p 计算权重 w_i

$$w_i = \frac{\upsilon_{1i}}{\lambda_i \sum_{j=1}^{p} (\upsilon_{1j}^2 / \lambda_j)} \tag{4.96}$$

式中,$i = 1, 2, \cdots, p$。

4.2.3.7 计算回归系数 β 的最小二乘估计 b

根据特征向量 υ_1,υ_2,$\cdots$,υ_p 和权重 w_i 计算回归系数 β 的最小二乘估计 b(汤进龙等,2002)

$$b_j = -\sqrt{\sum_{t=1}^{n} (Y_t - \mu_Y)^2} \sum_{i=1}^{p} \upsilon_{j+1i} w_i \tag{4.97}$$

式中,$j = 1, 2, 3, \cdots, m$。

4.2.3.8 计算原变量的主成分回归方程

根据回归系数 β 的最小二乘估计 b 得到原变量的主成分回归方程 Y_{cN}

$$Y_{cN} = b_1 x_1 + b_2 x_2 + \cdots + b_m x_m \tag{4.98}$$

用矩阵表示为

$$Y_{cN} = X_N^* b \tag{4.99}$$

其中,X_N^* 表示 X_N 的第 $2 \sim m+1$ 列。

4.2.3.9 对回归值 Y_{cN} 进行反标准化处理

反标准化的方法请见 2.4.4 节数据的反标准化。使用式(4.91)进行反标准化处理之后

的结果为 Y_c。

4.2.3.10　检验

使用 4.2.2.10 节回归方程效果的检验中的方法检验式(4.98)回归方程效果是否显著,使用 4.2.2.11 节对自变量作用进行检验的方法检验 x_i 在显著性水平 α 上对 Y 的作用是否显著。

函数[yc,b]=yu_LRR(X,Y,alpha,a2)可实现特征根回归。其中输入数据 X 为自变量矩阵,由 m 个自变量 x_1,x_2,$\cdots$,x_m 构成,第 i 列是第 i 个自变量 x_i;Y 为因变量矩阵,是一个列向量;alpha 是回归方程效果检验的显著性水平;a2 是自变量作用检验的显著性水平。输出数据 yc 是最终的特征根回归值;b 是特征根回归的系数。除此之外,还会给出各特征根 λ_1,λ_2,$\cdots$,λ_m 是否存在复共线性;λ_i,υ_{1i} 是否接近于 0,$i=1$,2,$\cdots$,$m+1$;在 $\alpha=$alpha 的显著性水平上,回归方程有无显著意义;以及给出 m 个自变量 x_i($i=1$,2,$\cdots$,m)在 $\alpha=$a2 的显著性水平上,对因变量 Y 的作用是否显著等结论。

分别使用最小二乘回归、主成分回归和特征根回归方法对同一组自变量 x_i 和因变量 Y 进行回归,并比较回归系数。会发现回归系数除了数值差异较大之外,符号也会有变化。若某自变量出现了回归系数符号相反的情况,表明在三种回归方法中,该自变量对因变量 Y 的作用是相反的。这是因为,若自变量矩阵存在严重的复共线性,则可能导致最小二乘回归系数符号与实况相反,此时需要用有偏估计方法。最终要根据具体的物理意义选择合适的回归方法。除了主成分回归和特征根回归之外,还有一些其他的有偏估计方法,比如岭回归等,能够克服自变量之间存在的复共线性,此处不多作赘述。

4.2.4　阶段回归

海洋中任何一个预报量都会受到许多因子的影响,必须挑选一些影响较大的因子作为自变量建立多元线性回归方程,而因子的选择是建立方程的关键。筛选的方法有很多,阶段回归挑选法就是其中之一。

阶段回归挑选法也称为阶差分析,是根据影响因子与预报量的单相关系数的大小进行挑选的,一经选入,就不再被剔除。这些回归系数不会因为选入因子的增加而改变,计算过程比较简便,是海洋水温预报、渔况预报最常用的一种方法。

阶段回归的基本原理是:在逐步挑选影响因子的同时,逐步校正预报误差,直到所选因子的预报误差小于给定的允许(预报)误差为止。阶段回归的计算步骤如图 4.9 所示。

4.2.4.1　选择影响因子

阶段回归挑选法的第一步是选好影响因子 x_i,$i=1$,2,$\cdots$,m,m 是影响因子的个数。每个影响因子 x_i 都有 n 个数据。合理选择影响因子是提高预报精度的重要环节,那么应当怎样选择影响因子 x_i 呢?通常根据可能得到的实测资料,考虑大气和海洋环流、海洋水文特征、海区环境等特点,预选出一些不同时段、不同区域影响因子的物理量和生物量,进行相关普查,从中选出与预报量的单相关系数最大的物理量为影响因子。

选配影响因子时,还应当注意:

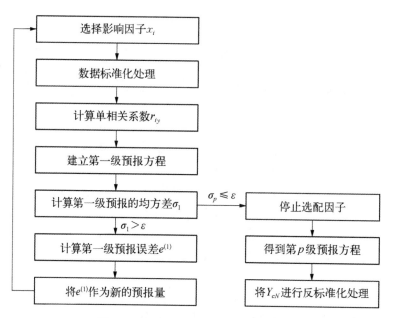

图 4.9 阶段回归挑选法的计算流程图

（1）所选因子必须对预报量有直接或间接的影响，并有一定的物理意义。

（2）影响因子在时间上必须超前于预报量的变化。

超前的时间距离按预报期的长短而定，根据水温预报的经验，一般超前 20～45 天。

（3）影响因子资料的获得不应当依赖于预报。

（4）资料的质量必须可靠，要经过质量审查。

质量审查的方法请见 2.3 节海洋观测资料的质量审查和质量控制。

（5）影响因子与预报量测量值需要一一对应，缺一不可。

（6）影响因子之间要相互独立。

4.2.4.2 数据标准化处理

选好影响因子之后，需要对各影响因子和预报量测值进行标准化。此处，是将每个变量值减去其均值再除以其离差平方和的开方

$$x_{iN} = \frac{x_i - \bar{x}_i}{\sqrt{\sum\limits_{t=1}^{n} (x_{it} - \bar{x}_i)^2}} \tag{4.100}$$

式中，$i = 1, 2, \cdots, m$；x_i 为 m 个自变量 $x_1, x_2, \cdots, x_m$；$\bar{x}_i$ 为自变量 x_i 的均值；x_{iN} 为经过标准化处理之后的结果 $x_{1N}, x_{2N}, \cdots, x_{mN}$；$\sum\limits_{t=1}^{n} (x_{it} - \bar{x}_i)^2$ 为 x_i 的离差平方和。

因变量 Y 经过标准化处理之后的结果为 Y_N

$$Y_N = \frac{Y - \bar{Y}}{\sqrt{\sum\limits_{t=1}^{n} (Y_t - \bar{Y})^2}} \tag{4.101}$$

式中,$\sum\limits_{t=1}^{n}(Y_t-\overline{Y})^2$ 是 Y 的离差平方和。

该标准化方法和 z-score 标准化方法类似,为了对回归值进行反标准化处理,需要保留离差平方和 $\sum\limits_{t=1}^{n}(Y_t-\overline{Y})^2$ 及均值 $\overline{Y}$。

4.2.4.3 计算单相关系数 r_{iy}

计算所有因子 x_{iN} 与 Y_N 的单相关系数 r_{iy}

$$r_{iy}=\sum_{t=1}^{n}x_{iNt}Y_{Nt} \tag{4.102}$$

式中,$i=1,2,\cdots,m$,代表各自变量。

4.2.4.4 建立第一级预报方程

选出相关系数最大的因子,建立第一级预报方程。比如 r_{1y} 是 r_{iy} 中绝对值最大的,即

$$\max\{|r_{iy}|\}=r_{1y} \tag{4.103}$$

那么第一个自变量 x_{1N} 就是所选的第一个重要因子,即头号影响因子。然后使用自变量 x_1 和 Y 建立一元线性回归方程

$$Y_{cN}^{(1)}=a_1+b_1x_{1N} \tag{4.104}$$

这就是第一级预报方程,上标(1)表示这是第一级预报方程,以后第二级、第三级预报方程,会有上标(2)、(3)。回归系数 b_1 和截距 a_1 使用最小二乘法求得,具体计算方法请见 4.1.1 节一元线性回归方程的求解。

4.2.4.5 计算第一级预报的均方差 σ_1

计算出最初预报方程的第一级预报均方差 σ_1

$$\sigma_1=\sqrt{\frac{\sum\limits_{t=1}^{n}(Y_{Nt}-Y_{cNt}^{(1)})^2}{n}} \tag{4.105}$$

然后判断 σ_1 是否小于给定的误差精度 ε:若 $\sigma_1 \leqslant \varepsilon$,那么停止选配因子;若 $\sigma_1 > \varepsilon$,那么继续选配下一个因子。其中,误差精度 ε,也称为允许误差的临界值,可以根据样本容量的大小,资料质量的好坏和预报对象所要求的精度等情况而定。在水温预报中,允许误差一般取 $0.5 \sim 0.8℃$ 之间。有时,由于所选配的影响因子都不好,尽管选入的因子个数很多,但是仍然不能收敛于 ε,达不到预期效果。此时,可以比较前后两次的均方根误差小于等于 δ 时,即

$$|\sigma_{k+1}-\sigma_k| \leqslant \delta \tag{4.106}$$

表明再选入因子对提高预报精度的贡献已经不大,可以停止计算了。一般取 $\delta=0.005$。

在挑选影响因子的过程中,若均方差 σ 一直不能小于等于 ε,或者前后两次均方根误差之差的绝对值不能小于等于 δ 时,说明回归效果不好,需要重新考虑影响因子的选配。

此处,若 $\sigma_1 > \varepsilon$,就需要继续选配影响因子。

4.2.4.6 计算第一级预报误差 $e^{(1)}$

计算出最初预报方程的第一级预报误差 $e^{(1)}$

$$e^{(1)} = Y_N - Y_{cN}^{(1)} = Y_N - a_1 - b_1 x_{1N} \tag{4.107}$$

预报误差 e 的上标(1)也是指预报方程的级数。

4.2.4.7 重复第 4.2.4.2~4.2.4.5 步

将 $e^{(1)}$ 作为新的预报量,然后重复第 4.2.4.2~4.2.4.5 步。

(1)将 $e^{(1)}$ 进行标准化

第一级预报误差 $e^{(1)}$ 经过标准化处理之后的结果为 $e_N^{(1)}$

$$e_N^{(1)} = \frac{e^{(1)} - \overline{e^{(1)}}}{\sqrt{\sum_{t=1}^{n} \left(e_t^{(1)} - \overline{e^{(1)}}\right)^2}} \tag{4.108}$$

式中,$\sum_{t=1}^{n} \left(e_t^{(1)} - \overline{e^{(1)}}\right)^2$ 是 $e^{(1)}$ 的离差平方和。

(2)计算单相关系数 $r_{ie^{(1)}}$

计算出 $e^{(1)}$ 与所有 m 个可能影响因子 $x_{iN}(i=1, 2, \cdots, m)$ 之间的单相关系数 $r_{ie^{(1)}}$

$$r_{ie^{(1)}} = \sum_{t=1}^{n} x_{iNt} e_{Nt}^{(1)} \tag{4.109}$$

式中,$i=1, 2, \cdots, m$,代表各自变量。

(3)建立第二级预报方程

选出单相关系数最大的因子,建立第二级预报方程。比如 $r_{2e^{(1)}}$ 是 $r_{ie^{(1)}}$ 中绝对值最大的,那么第二个自变量 x_2 就是所选的第二个重要因子。然后使用自变量 x_2 和 $e_N^{(1)}$ 建立一元线性回归方程

$$e_{cN}^{(1)} = a_2 + b_2 x_{2N} \tag{4.110}$$

这就是第二级回归方程。

(4)计算第二级预报的均方差 σ_2

计算出预报量估计值的均方误差 σ_2

$$\sigma_2 = \sqrt{\frac{\sum_{t=1}^{n} (e_{Nt}^{(1)} - e_{cNt}^{(1)})^2}{n}} \tag{4.111}$$

判断 σ_2 是否小于给定的误差精度 ε:若 $\sigma_2 \leqslant \varepsilon$,那么停止选配因子;此时,预报方程为

$$Y_{cN}^{(2)}=Y_{cN}^{(1)}+e_{cN}^{(1)}=a_1+b_1x_{1N}+a_2+b_2x_{2N}$$
$$=(a_1+a_2)+b_1x_{1N}+b_2x_{2N} \tag{4.112}$$

4.2.4.8 计算得到第 p 级预报方程

若 $\sigma_2>\varepsilon$，那么继续选配下一个因子，直至第 p 次，$\sigma_p\leqslant\varepsilon$ 时为止。此时，得到第 p 级预报方程

$$Y_{cN}^{(p)}=Y_{cN}^{(1)}+e_{cN}^{(1)}+e_{cN}^{(2)}+\cdots+e_{cN}^{(p-1)}=\sum_{j=1}^{p}a_j+\sum_{j=1}^{p}b_jx_{jN} \tag{4.113}$$

式中，$p\leqslant m$。

用阶段回归方法建立预报方程时，所选因子只进不出，而且回归系数也不因新因子的选入而改变。同一个影响因子被选入一次后，还可能会再次被选入，选入的因子不宜过多，一般不多于 8 个。设第 1 次选入 x_{1N} 时的回归系数为 b_1，至第 j 次 x_{1N} 再次被选入时回归系数为 b_j，则影响因子 x_{1N} 的回归系数应当是第 1 次与第 j 次的回归系数之和。此时，影响因子 x_{1N} 的回归方程是

$$Y_{cN}(x_{1N})=(a_1+a_j)+(b_1+b_j)x_{1N} \tag{4.114}$$

4.2.4.9 将标准化预报值 Y_{cN} 还原

求得最佳回归方程后，将求得的标准化预报值 Y_{cN} 还原。只需要将每个标准化的预报值乘以 Y 的离差平方和的开方再加上 Y 的均值

$$Y_c=Y_{cN}^{(p)}\sqrt{\sum_{t=1}^{n}(Y_t-\overline{Y})^2}+\overline{Y} \tag{4.115}$$

式中，$\sum_{t=1}^{n}(Y_t-\overline{Y})^2$ 是 Y 的离差平方和；$\overline{Y}$ 为均值。

这样，影响因子的阶段回归挑选法就完成了。

尽管海洋中的任何一个预报量都会受众多因子的影响，回归方程中所含的因子并非越多越好，而是必须从为数众多的因子中挑选最佳的变量进入回归方程，使得该方程包含所有对因变量 Y 有显著贡献的变量，而不包含对因变量 Y 的贡献不显著的变量。下一节中，将学习其中一个建立最优回归方程的方法——逐步回归。

4.2.5 逐步回归

回归方程中的影响因子并非越多越好，若回归方程中含有对预报量 Y 不起作用或作用很小的变量，剩余平方和并不会因此有所减少，相反地还可能因为自由度的减少而增大剩余平方和，而且，还会影响回归方程的稳定性，降低回归效果。因此，可以在所考虑的所有变量中，按这些变量对预报量 Y 贡献的显著程度，由大到小，逐个地引入回归方程，对于那些作用不显著的变量，概不引入。对于那些早先被引入，后因引入别的新变量，使它由显著变为不显著的变量要随时从回归方程中剔除出去。具体地说，每引入一个变量后，要在已引入回归方程的变量中，选出对 Y 的作用（即偏回归平方和）最小的一个变量，进行显著性检验，若不

显著,就把它从方程中剔除。每次剔除了所有不显著的变量后,对那些未选入回归方程的变量,选出偏回归平方和最大的一个,进行显著性检验,若显著,就把它引入回归方程。依此继续下去,直到回归方程中再无变量可以剔除,也没有变量可以引入时为止。此时,建立的回归方程才是最终求得的最佳方程。

逐步回归的计算步骤如图 4.10 所示。

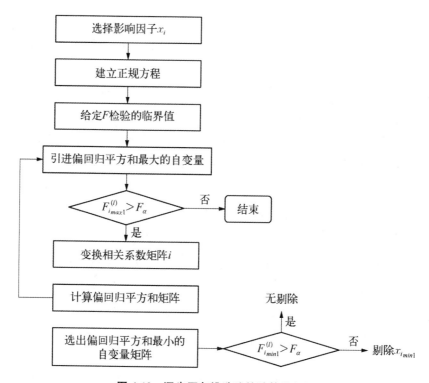

图 4.10 逐步回归挑选法的计算流程图

4.2.5.1 影响因子的选配

影响因子的选配,可以根据物理意义,选出对因变量有显著影响的变量,也可以选择不同区域,不同时间段的变量。例如,研究海洋水文气象因子对某站月平均水位的影响时,可根据物理意义及经验选配影响因子,发现风和气温对水位的影响较为显著。比如,风是海洋能量的重要输入源,所以可以选择不同方向上的风动量和风能量。可以把对水位影响较大的风向分为 NE、E、SW、W 四个方位,并求出各方位的风频率(f)及平均风速(v),并把各方位的 fv 和 fv^2 作为风对水位影响的主要因子,共选用了如下 10 个自变量参加逐步回归计算:

x_1:NE 向的 fv;fv 代表的是动量。

x_2:E 向的 fv;

x_3:SW 向的 fv;

x_4:W 向的 fv;

x_5:NE 向的 fv^2;fv^2 代表的是能量。

x_6：E 向的 fv^2；

x_7：SW 向的 fv^2；

x_8：W 向的 fv^2；

x_9：月平均气温；

x_{10}：月平均降水量；

y：月平均水位。

4.2.5.2　建立正规方程

（1）由原始数据计算均值、方差和协方差

根据 10 个自变量 x_i 和因变量 y 的原始数据计算均值、离差平方和及交差乘积和

均值 $\overline{x_i}$ 和 $\bar{y}$ 为

$$\overline{x_i} = \frac{1}{n} \sum_{t=1}^{n} x_{it} \tag{4.116}$$

$$\bar{y} = \frac{1}{n} \sum_{t=1}^{n} y_t \tag{4.117}$$

离差平方和 l_{ii} 与 l_{yy}

$$l_{ii} = \sum_{t=1}^{n} x_{it}^2 - \frac{1}{n} \left(\sum_{t=1}^{n} x_{it} \right)^2 \tag{4.118}$$

$$l_{yy} = \sum_{t=1}^{n} y_t^2 - \frac{1}{n} \left(\sum_{t=1}^{n} y_t \right)^2 \tag{4.119}$$

交差乘积和 l_{ij}、l_{iy} 与 l_{yi}

$$l_{ij} = \sum_{t=1}^{n} x_{it} x_{jt} - \frac{1}{n} \left(\sum_{t=1}^{n} x_{it} \right) \left(\sum_{t=1}^{n} x_{jt} \right) \tag{4.120}$$

$$l_{iy} = l_{yi} = \sum_{t=1}^{n} x_{it} y_t - \frac{1}{n} \left(\sum_{t=1}^{n} x_{it} \right) \left(\sum_{t=1}^{n} y_t \right) \tag{4.121}$$

式中，$i, j = 1, 2, \cdots, m$，m 为变量的个数，此处为 10；$t = 1, 2, \cdots, n$，n 为数据的个数。

（2）求相关系数矩阵 $A^{(0)}$

$$A^{(0)} = \begin{bmatrix} r_{11}^{(0)} & \cdots & r_{1m}^{(0)} & r_{1y}^{(0)} \\ \vdots & \ddots & \vdots & \vdots \\ r_{m1}^{(0)} & \cdots & r_{mm}^{(0)} & r_{my}^{(0)} \\ r_{y1}^{(0)} & \cdots & r_{ym}^{(0)} & r_{yy}^{(0)} \end{bmatrix} \tag{4.122}$$

式中，上标(0)为步数；$r_{ij}^{(0)}$ 是两个自变量间的单相关系数

$$r_{ij}^{(0)} = r_{ji}^{(0)} = \frac{l_{ij}}{\sqrt{l_{ii} l_{jj}}} \tag{4.123}$$

式中，$i,j=1,2,\cdots,m$，m 为变量的个数，此处为 10；r_{ii} 是同一变量间的单相关系数，值为 1。

r_{iy} 和 r_{yi} 是自变量 x_i 与因变量 y 间的单相关系数

$$r_{iy}^{(0)}=r_{yi}^{(0)}=\frac{l_{iy}}{\sqrt{l_{ii}l_{yy}}} \tag{4.124}$$

式中，$i,j=1,2,\cdots,m$，m 为变量的个数，此处为 10；上标(0)为步数。

矩阵 $A^{(0)}$ 是对称矩阵，是逐步回归的初始矩阵。

4.2.5.3 选定显著性检验的临界值

为了衡量选进或剔除变量的方差贡献是否显著，需要预先给定一个 F 检验的标准(即 F 检验临界值)。可以根据给定的置信度 α，查表求得 F 检验临界值 F_α，也可以使用 MATLAB 的 $finv(1-\alpha,df_1,df_2)$ 函数求得 F 检验临界值 F_α。若 $F>F_\alpha$，说明贡献显著；若 $F\leqslant F_\alpha$，说明贡献不显著。

因为 F_α 值与自由度有关，而在逐步回归分析中，剩余自由度随着引进变量个数的改变而不断发生变化。只有当样本容量较大时，F_α 值随着自由度的变化而改变的幅度才较小。为了便于计算机的计算，可以根据样本容量 n 及可能进入回归方程的自变量个数 k，按照分子自由度 $df_1=1$，分母自由度 $df_2=n-k-1$，计算 F 检验临界值 F_α。在该例中，数据个数 $n=52$，估计在 10 个自变量中可能有 3 个会被引入回归方程，即 $k=3$。所以 $df_1=1$，$df_2=n-k-1=52-3-1=48$，$F_{0.05}=finv(0.95,1,48)=4.04$，以此作为检验预报因子是否显著的标准。

4.2.5.4 逐步计算

(1) 第一步$(l=1)$：选择第 1 个自变量进入回归方程

1) 计算各变量的偏回归平方和 $P_i^{(l)}$

$$P_i^{(l)}=\frac{[r_{iy}^{(l-1)}]^2}{r_{ii}^{(l-1)}} \tag{4.125}$$

式中，上标(l)为步数，此处为 1；$i,j=1,2,\cdots,m$，m 为变量的个数，这里为 10。所以此处：

$$P_i^{(1)}=\frac{[r_{iy}^{(0)}]^2}{r_{ii}^{(0)}} \tag{4.126}$$

2) 选出偏回归平方和最大的自变量

$$P_{i_{max1}}^{(1)}=\max\{P_i^{(1)}\} \tag{4.127}$$

即第 i_{max1} 个自变量 $x_{i_{max1}}$ 对因变量 y 的贡献最大。此处，所有 10 个自变量中，自变量 x_9，即月平均气温，对因变量的贡献最大，即

$$P_9^{(1)}=\max\{P_1^{(1)},P_2^{(1)},\cdots,P_{10}^{(1)}\} \tag{4.128}$$

3) 考虑引进第 i_{max1} 个自变量并对其进行显著性检验

考虑引进第 i_{max1} 个自变量 $x_{i_{\text{max1}}}$，计算 $F_{i_{\text{max1}}}^{(l)}$，以对其进行显著性检验

$$F_{i_{\text{max1}}}^{(l)} = \frac{(n-q-1)P_{i_{\text{max1}}}^{(l)}}{Q^{(l-1)} - P_{i_{\text{max1}}}^{(l)}} = \frac{(n-q-1)P_{i_{\text{max1}}}^{(l)}}{r_{yy}^{(l-1)} - P_{i_{\text{max1}}}^{(l)}} \tag{4.129}$$

式中，上标 (l) 为步数；n 为数据个数；$Q^{(l-1)} = r_{yy}^{(l-1)}$ 是第 $l-1$ 步的剩余平方和；q 为选入方程的变量个数。

判断 $F_{i_{\text{max1}}}^{(l)}$ 是否大于 F_α：若 $F_{i_{\text{max1}}}^{(l)} > F_\alpha$，说明第 i_{max1} 个自变量 $x_{i_{\text{max1}}}$ 对 y 的方差贡献显著，可以把 $x_{i_{\text{max1}}}$ 引入回归方程；若 $F_{i_{\text{max1}}}^{(l)} \leqslant F_\alpha$，说明第 i_{max1} 个自变量 $x_{i_{\text{max1}}}$ 对 y 的方差贡献不显著，不能把 $x_{i_{\text{max1}}}$ 引入回归方程。

此处，考虑引进自变量 x_9，计算 $F_9^{(1)}$，以对其进行显著性检验

$$F_9^{(1)} = \frac{(n-1-1)P_9^{(1)}}{Q^{(0)} - P_9^{(1)}} = \frac{(n-1-1)P_9^{(1)}}{r_{yy}^{(0)} - P_9^{(1)}} \tag{4.130}$$

式中，上标 (1) 为步数；n 为数据个数，此处为 52。

判断 $F_9^{(1)}$ 是否大于 F_α，若 $F_9^{(1)} > F_\alpha$，说明 x_9 对 y 的方差贡献显著，可以把 x_9 引入回归方程；若 $F_9^{(1)} \leqslant F_\alpha$，说明 x_9 对 y 的方差贡献不显著，不能把 x_9 引入回归方程。此处，$F_9^{(1)} > F_\alpha$，所以考虑把 x_9 引入回归方程。

4) 将第 i_{max1} 个自变量引入回归方程

对 $A^{(l-1)}$ 作 $r_{i_{\text{max1}} i_{\text{max1}}}^{(l-1)}$ 元扫除消去变换，将 $A^{(l-1)}$ 变为 $A^{(l)}$

$$A^{(l)} = \begin{pmatrix} r_{11}^{(l)} & \cdots & r_{1m}^{(l)} & r_{1y}^{(l)} \\ \vdots & \ddots & \vdots & \vdots \\ r_{m1}^{(l)} & \cdots & r_{mm}^{(l)} & r_{my}^{(l)} \\ r_{y1}^{(l)} & \cdots & r_{ym}^{(l)} & r_{yy}^{(l)} \end{pmatrix} \tag{4.131}$$

式中，上标 (l) 为步数；i，$j = 1, 2, \cdots, m$，m 为变量的个数。

对 $A^{(l-1)}$ 作 $r_{i_{\text{max1}} i_{\text{max1}}}^{(l-1)}$ 元扫除消去变换为

$$\begin{cases} r_{i_{\text{max1}} i_{\text{max1}}}^{(l)} = \dfrac{1}{r_{i_{\text{max1}} i_{\text{max1}}}^{(l-1)}}, \ i = j = i_{\text{max1}} \\[3mm] r_{ii_{\text{max1}}}^{(l)} = -\dfrac{r_{ii_{\text{max1}}}^{(l-1)}}{r_{i_{\text{max1}} i_{\text{max1}}}^{(l-1)}}, \ i \neq i_{\text{max1}}, \ j = i_{\text{max1}} \\[3mm] r_{i_{\text{max1}} j}^{(l)} = \dfrac{r_{i_{\text{max1}} j}^{(l-1)}}{r_{i_{\text{max1}} i_{\text{max1}}}^{(l-1)}}, \ i = i_{\text{max1}}, \ j \neq i_{\text{max1}} \\[3mm] r_{ij}^{(l)} = r_{ij}^{(l-1)} - \dfrac{r_{ii_{\text{max1}}}^{(l-1)} r_{i_{\text{max1}} j}^{(l-1)}}{r_{i_{\text{max1}} i_{\text{max1}}}^{(l-1)}}, \ i \neq i_{\text{max1}}, \ j \neq i_{\text{max1}} \end{cases} \qquad \begin{cases} r_{i_{\text{max1}} y}^{(l)} = \dfrac{r_{i_{\text{max1}} y}^{(l-1)}}{r_{i_{\text{max1}} i_{\text{max1}}}^{(l-1)}}, \ i = i_{\text{max1}} \\[3mm] r_{y i_{\text{max1}}}^{(l)} = -\dfrac{r_{y i_{\text{max1}}}^{(l-1)}}{r_{i_{\text{max1}} i_{\text{max1}}}^{(l-1)}}, \ j = i_{\text{max1}} \\[3mm] r_{iy}^{(l)} = r_{iy}^{(l-1)} - \dfrac{r_{ii_{\text{max1}}}^{(l-1)} r_{i_{\text{max1}} y}^{(l-1)}}{r_{i_{\text{max1}} i_{\text{max1}}}^{(l-1)}}, \ i \neq i_{\text{max1}} \\[3mm] r_{yj}^{(l)} = r_{yj}^{(l-1)} - \dfrac{r_{y i_{\text{max1}}}^{(l-1)} r_{i_{\text{max1}} j}^{(l-1)}}{r_{i_{\text{max1}} i_{\text{max1}}}^{(l-1)}}, \ j \neq i_{\text{max1}} \\[3mm] r_{yy}^{(l)} = r_{yy}^{(l-1)} - \dfrac{r_{y i_{\text{max1}}}^{(l-1)} r_{i_{\text{max1}} y}^{(l-1)}}{r_{i_{\text{max1}} i_{\text{max1}}}^{(l-1)}} \end{cases}$$

$$\tag{4.132}$$

本例中，$i_{\text{max1}}=9$，所以将 x_9 引入回归方程，对 $A^{(0)}$ 作 $r_{99}^{(0)}$ 元扫除消去变换，将 $A^{(0)}$ 变为 $A^{(1)}$

$$A^{(1)} = \begin{pmatrix} r_{11}^{(1)} & \cdots & r_{1m}^{(1)} & r_{1y}^{(1)} \\ \vdots & \ddots & \vdots & \vdots \\ r_{m1}^{(1)} & \cdots & r_{mm}^{(1)} & r_{my}^{(1)} \\ r_{y1}^{(1)} & \cdots & r_{ym}^{(1)} & r_{yy}^{(1)} \end{pmatrix} \tag{4.133}$$

式中，上标(1)为步数；i，$j=1,2,\cdots,m$，m 为变量的个数，此处为 10。对 $A^{(0)}$ 作 $r_{99}^{(0)}$ 元扫除消去变换为

$$\begin{cases} r_{99}^{(1)} = \dfrac{1}{r_{99}^{(0)}} \\[2mm] r_{i9}^{(1)} = -\dfrac{r_{i9}^{(0)}}{r_{99}^{(0)}}, \ i \neq 9 \\[2mm] r_{9j}^{(1)} = \dfrac{r_{9j}^{(0)}}{r_{99}^{(0)}}, \ i=9, j \neq 9 \\[2mm] r_{ij}^{(1)} = r_{ij}^{(0)} - \dfrac{r_{i9}^{(0)} r_{9j}^{(0)}}{r_{99}^{(0)}}, \ i \neq 9, j \neq 9 \end{cases} \qquad \begin{cases} r_{y9}^{(1)} = -\dfrac{r_{y9}^{(0)}}{r_{99}^{(0)}} \\[2mm] r_{9y}^{(1)} = \dfrac{r_{9y}^{(0)}}{r_{99}^{(0)}} \\[2mm] r_{iy}^{(1)} = r_{iy}^{(0)} - \dfrac{r_{i9}^{(0)} r_{9y}^{(0)}}{r_{99}^{(0)}}, \ i \neq 9 \\[2mm] r_{yj}^{(1)} = r_{yj}^{(0)} - \dfrac{r_{y9}^{(0)} r_{9j}^{(0)}}{r_{99}^{(0)}}, \ j \neq 9 \\[2mm] r_{yy}^{(1)} = r_{yy}^{(0)} - \dfrac{r_{y9}^{(0)} r_{9y}^{(0)}}{r_{99}^{(0)}} \end{cases} \tag{4.134}$$

各 $r_{ij}^{(1)}$ 具体为：

$$\begin{cases} r_{11}^{(1)} = r_{11}^{(0)} - \dfrac{r_{19}^{(0)} r_{91}^{(0)}}{r_{99}^{(0)}} \\[2mm] r_{12}^{(1)} = r_{12}^{(0)} - \dfrac{r_{19}^{(0)} r_{92}^{(0)}}{r_{99}^{(0)}} \\[2mm] \cdots \\[2mm] r_{19}^{(1)} = -\dfrac{r_{19}^{(0)}}{r_{99}^{(0)}} \end{cases} \begin{cases} \cdots \\[2mm] r_{91}^{(1)} = \dfrac{r_{91}^{(0)}}{r_{99}^{(0)}} \\[2mm] \cdots \\[2mm] r_{99}^{(1)} = \dfrac{1}{r_{99}^{(0)}} \end{cases} \begin{cases} r_{1y}^{(1)} = r_{1y}^{(0)} - \dfrac{r_{19}^{(0)} r_{9y}^{(0)}}{r_{99}^{(0)}} \\[2mm] \cdots \\[2mm] r_{9y}^{(1)} = \dfrac{r_{9y}^{(0)}}{r_{99}^{(0)}} \\[2mm] r_{y1}^{(1)} = r_{y1}^{(0)} - \dfrac{r_{y9}^{(0)} r_{91}^{(0)}}{r_{99}^{(0)}} \end{cases} \begin{cases} \cdots \\[2mm] r_{y9}^{(1)} = -\dfrac{r_{y9}^{(0)}}{r_{99}^{(0)}} \\[2mm] r_{yy}^{(1)} = r_{yy}^{(0)} - \dfrac{r_{y9}^{(0)} r_{9y}^{(0)}}{r_{99}^{(0)}} \end{cases} \tag{4.135}$$

逐步回归和阶段回归不同，变量一旦选入，不会再次重复选入。

5）引入第 i_{max1} 个自变量后的结果

回归方程中已经含有了第 i_{max1} 个自变量 $x_{i_{\text{max1}}}$，标准回归系数为

$$b_{i_{\text{max1}}}^{\prime(l)} = r_{i_{\text{max1}} y}^{(l)} \tag{4.136}$$

剩余平方和 $Q^{(l)}$ 为

$$Q^{(l)} = r_{yy}^{(l)} \tag{4.137}$$

剩余标准误差 $\sigma^{(l)}$ 为

$$\sigma^{(l)} = \sqrt{\frac{Q^{(l)}}{n-q-1}} \tag{4.138}$$

方差 $s^{2(l)}$ 为

$$s^{2(l)} = \frac{Q^{(l)}}{n-q-1} \tag{4.139}$$

复相关系数 $R^{(l)}$ 为

$$R^{(l)} = \sqrt{1 - \frac{Q^{(l)}}{l_{yy}}} \tag{4.140}$$

式中,上标 (l) 为步数; $i, j = 1, 2, \cdots, m$, m 为变量的个数; n 为数据个数; q 为已选入方程的变量个数。

本例中,将变量 x_9 引入后的结果是:回归方程中已经含有了自变量 x_9;计算得到标准回归系数为

$$b'^{(1)}_9 = r^{(1)}_{9y} \tag{4.141}$$

剩余标准误差 $\sigma^{(1)}$ 为

$$\sigma^{(1)} = \sqrt{\frac{Q^{(1)}}{n-1-1}} = \sqrt{\frac{r^{(1)}_{yy}}{n-1-1}} \tag{4.142}$$

复相关系数 $R^{(1)}$ 为

$$R^{(1)} = \sqrt{1 - \frac{Q^{(1)}}{l_{yy}}} = \sqrt{1 - \frac{r^{(1)}_{yy}}{l_{yy}}} \tag{4.143}$$

式中,上标 (1) 为步数; $i, j = 1, 2, \cdots, m$, m 为变量的个数,此处为 10; n 为数据个数,此处为 52; q 为选入方程的变量个数,此处为 1。

(2) 第二步 $(l=2)$:挑选第二个新自变量进入回归方程

1) 使用公式(4.125)计算各变量的偏回归平方和

$$P^{(2)}_i = \frac{\left[r^{(1)}_{iy}\right]^2}{r^{(1)}_{ii}} \tag{4.144}$$

式中,上标 $(1)(2)$ 为步数; $i = 1, 2, \cdots, m$, m 为变量的个数,此处为 10。

2) 尚不必考虑剔除变量,仅考虑引入新变量

目前回归方程中只有 $x_{i_{\max 1}}$ 一个自变量,所以还不需要考虑剔除变量,只考虑引进新变量就可以了。在逐步回归方法中,变量一旦选入,不会再次重复选入。因为 $x_{i_{\max 1}}$ 已经被选入,所以 $x_{i_{\max 1}}$ 不会再次重复选入。在比较偏回归平方和时,就不需要纳入比较了。此处

$$P^{(2)}_{i_{\max 2}} = \max\{P^{(2)}_1, P^{(2)}_2, \cdots, P^{(2)}_{i_{\max 1}-1}, P^{(2)}_{i_{\max 1}+1}, \cdots, P^{(2)}_m\} \tag{4.145}$$

本例中,回归方程中目前只有 x_9 一个自变量,所以还不需要考虑剔除变量,只考虑引进新变量就可以了。

$$P_4^{(2)} = \max\{P_1^{(2)}, P_2^{(2)}, \cdots, P_8^{(2)}, P_{10}^{(2)}\} \tag{4.146}$$

x_4 是 W 向的 fv。

3）考虑引进第 $i_{\max2}$ 个自变量并对其进行显著性检验

考虑引进第 $i_{\max2}$ 个自变量 $x_{i_{\max2}}$，使用公式(4.129)计算 $F_{i_{\max2}}^{(2)}$，以对其进行显著性检验。判断 $F_{i_{\max2}}^{(l)}$ 是否大于 F_α：若 $F_{i_{\max2}}^{(l)} > F_\alpha$，说明第 $i_{\max2}$ 个自变量 $x_{i_{\max2}}$ 对 y 的方差贡献显著，可以把 $x_{i_{\max2}}$ 引入回归方程；若 $F_{i_{\max2}}^{(l)} \leqslant F_\alpha$，说明第 $i_{\max2}$ 个自变量 $x_{i_{\max2}}$ 对 y 的方差贡献不显著，不能把 $x_{i_{\max2}}$ 引入回归方程。

此处，考虑引进自变量 x_4，计算 $F_4^{(2)}$，以对其进行显著性检验

$$F_4^{(2)} = \frac{(n-2-1)P_4^{(2)}}{Q^{(1)} - P_4^{(2)}} = \frac{(n-2-1)P_4^{(2)}}{r_{yy}^{(1)} - P_4^{(2)}} \tag{4.147}$$

式中，上标(2)为步数；n 为数据个数，此处为 52。

判断 $F_4^{(2)}$ 是否大于 F_α，若 $F_4^{(2)} > F_\alpha$，说明 x_4 对 y 的方差贡献显著，可以把 x_4 引入回归方程；若 $F_4^{(2)} \leqslant F_\alpha$，说明 x_4 对 y 的方差贡献不显著，不能把 x_4 引入回归方程。此处，$F_4^{(2)} > F_\alpha$，所以考虑把 x_4 引入回归方程。

4）将第 $i_{\max2}$ 个自变量引入回归方程

对 $A^{(l-1)}$ 作 $r_{i_{\max2}i_{\max2}}^{(l-1)}$ 元扫除消去变换，使用公式(4.131)、(4.132)将 $A^{(l-1)}$ 变为 $A^{(l)}$。本例中，$i_{\max2}=4$，所以将 x_4 引入回归方程，对 $A^{(1)}$ 作 $r_{44}^{(1)}$ 元扫除消去变换，将 $A^{(1)}$ 变为 $A^{(2)}$

$$A^{(2)} = \begin{pmatrix} r_{11}^{(2)} & \cdots & r_{1m}^{(2)} & r_{1y}^{(2)} \\ \vdots & \ddots & \vdots & \vdots \\ r_{m1}^{(2)} & \cdots & r_{mm}^{(2)} & r_{my}^{(2)} \\ r_{y1}^{(2)} & \cdots & r_{ym}^{(2)} & r_{yy}^{(2)} \end{pmatrix} \tag{4.148}$$

式中，上标(2)为步数；$i, j = 1, 2, \cdots, m$，m 为变量的个数，此处为 10。

对 $A^{(1)}$ 作 $r_{44}^{(1)}$ 元扫除消去变换为

$$\begin{cases} r_{11}^{(2)} = r_{11}^{(1)} - \dfrac{r_{14}^{(1)} r_{41}^{(1)}}{r_{44}^{(1)}} \\[2mm] r_{12}^{(2)} = r_{12}^{(1)} - \dfrac{r_{14}^{(1)} r_{42}^{(1)}}{r_{44}^{(1)}} \\[1mm] \vdots \\[1mm] r_{14}^{(2)} = -\dfrac{r_{14}^{(1)}}{r_{44}^{(1)}} \\[1mm] \vdots \\[1mm] r_{41}^{(2)} = \dfrac{r_{41}^{(1)}}{r_{44}^{(1)}} \\[1mm] \vdots \\[1mm] r_{44}^{(2)} = \dfrac{1}{r_{44}^{(1)}} \end{cases} \qquad \begin{cases} r_{1y}^{(2)} = r_{1y}^{(1)} - \dfrac{r_{14}^{(1)} r_{4y}^{(1)}}{r_{44}^{(1)}} \\[2mm] r_{4y}^{(2)} = \dfrac{r_{4y}^{(1)}}{r_{44}^{(1)}} \\[2mm] r_{yy}^{(2)} = r_{yy}^{(1)} - \dfrac{r_{y4}^{(1)} r_{4y}^{(1)}}{r_{44}^{(1)}} \end{cases} \tag{4.149}$$

5) 引入第 $i_{\max 2}$ 个自变量后的结果

标准回归系数为

$$\begin{cases} b'^{(l)}_{i_{\max 1}} = r^{(l)}_{i_{\max 1} y} \\ b'^{(l)}_{i_{\max 2}} = r^{(l)}_{i_{\max 2} y} \end{cases} \tag{4.150}$$

剩余平方和 $Q^{(l)}$ 使用公式(4.137)计算;剩余标准误差 $\sigma^{(l)}$ 使用公式(4.138)计算;复相关系数 R 使用式(4.140)计算。

本例中,将变量 x_4 引入后的结果是:回归方程中已经含有了自变量 x_9 和 x_4;计算得到标准回归系数为

$$\begin{cases} b'^{(2)}_9 = r^{(2)}_{9y} \\ b'^{(2)}_4 = r^{(2)}_{4y} \end{cases} \tag{4.151}$$

剩余标准误差 $\sigma^{(2)}$ 为

$$\sigma^{(2)} = \sqrt{\frac{Q^{(2)}}{n-2-1}} = \sqrt{\frac{r^{(2)}_{yy}}{n-2-1}} \tag{4.152}$$

复相关系数 $R^{(2)}$ 为

$$R^{(2)} = \sqrt{1 - \frac{Q^{(2)}}{l_{yy}}} = \sqrt{1 - \frac{r^{(2)}_{yy}}{l_{yy}}} \tag{4.153}$$

式中,上标(2)为步数;$i, j = 1, 2, \cdots, m$,m 为变量的个数,此处为 10;n 为数据个数,此处为 52;q 为选入方程的变量个数,此处为 2。

(3) 第三步($l=3$):挑选第三个新自变量进入回归方程

1) 使用式(4.125)计算各变量的偏回归平方和

$$P^{(3)}_i = \frac{\left[r^{(2)}_{iy} \right]^2}{r^{(2)}_{ii}} \tag{4.154}$$

式中,上标(2)、(3)为步数;$i = 1, 2, \cdots, m$,m 为变量的个数,此处为 10。

2) 考虑已选变量是否应当删除

目前回归方程中有 $x_{i_{\max 1}}$ 和 $x_{i_{\max 2}}$ 两个自变量,所以需要考虑已选变量 $x_{i_{\max 1}}$、$x_{i_{\max 2}}$,是否应当删除。选出 $x_{i_{\max 1}}$ 和 $x_{i_{\max 2}}$ 中偏回归平方和最小的自变量。假设此处自变量 $x_{i_{\min 1}}$ 的偏回归平方和最小

$$P^{(3)}_{i_{\min 1}} = \min\{ P^{(3)}_{i_{\max 1}},\ P^{(3)}_{i_{\max 2}} \} \tag{4.155}$$

计算 $F^{(l)}_{i_{\min 1}}$,以对其进行显著性检验

$$F^{(l)}_{i_{\min 1}} = \frac{(n-q-1)\left[b^{(l-1)}_{i_{\min 1}} \right]^2}{r^{(l-1)}_{yy} - r^{(l-1)}_{i_{\min 1} i_{\min 1}}} \tag{4.156}$$

式中,上标(l)为步数;$i, j = 1, 2, \cdots, m$,m 为变量的个数;n 为数据个数;q 为选入方程的

变量个数。

判断 $F_{i_{\min 1}}^{(l)}$ 是否大于 F_α：若 $F_{i_{\min 1}}^{(l)} > F_\alpha$，说明所有被选入的自变量 $x_{i_{\max 1}}$ 和 $x_{i_{\max 2}}$ 对因变量 y 的贡献都很显著，即自变量 $x_{i_{\max 1}}$ 和 $x_{i_{\max 2}}$ 均不能删除；若 $F_{i_{\min 1}}^{(l)} \leqslant F_\alpha$，说明第 $i_{\min 1}$ 个自变量 $x_{i_{\min 1}}$ 对 y 的方差贡献不显著，需要将自变量 $x_{i_{\min 1}}$ 删除。删除之后，需要再次判断剩余选入的偏回归平方和最小的自变量是否贡献显著，若显著则保留；若不显著则删除，直到所有已选入的自变量均显著为止。

本例中，目前回归方程中有 x_9 和 x_4 两个自变量，需要考虑已选变量 x_9、x_4 是否应当删除。选出 x_9 和 x_4 中偏回归平方和最小的自变量，此处，自变量 x_4 的偏回归平方和最小

$$P_4^{(3)} = \min\{P_4^{(3)},\ P_9^{(3)}\} \tag{4.157}$$

计算 $F_4^{(3)}$，以对其进行显著性检验

$$F_4^{(3)} = \frac{(n-2-1)\left[b_4^{(2)}\right]^2}{r_{yy}^{(2)} - r_{44}^{(2)}} \tag{4.158}$$

式中，上标（2）、（3）为步数；$i,\ j = 1,\ 2,\ \cdots,\ m$，$m$ 为变量的个数，此处为 10；n 为数据个数，此处为 52；q 为选入方程的变量个数，此处为 2。

此处，$F_4^{(3)} > F_\alpha$，所以 x_9 和 x_4 对因变量 y 的贡献都很显著，即 x_9、x_4 均不能删除。

3）在未引进的变量中选入新变量

在逐步回归方法中，变量一旦选入，不会再次重复选入。因为 $x_{i_{\max 1}}$ 和 $x_{i_{\max 2}}$ 已经被选入，所以 $x_{i_{\max 1}}$ 和 $x_{i_{\max 2}}$ 不会再次重复选入。在比较偏回归平方和时，就不需要纳入比较了。此处

$$P_{i_{\max 3}}^{(3)} = \max\{P_1^{(3)},\ \cdots,\ P_{i_{\max 1}-1}^{(3)},\ P_{i_{\max 1}+1}^{(3)},\ \cdots,\ P_{i_{\max 2}-1}^{(3)},\ P_{i_{\max 2}+1}^{(3)},\ \cdots,\ P_m^{(3)}\} \tag{4.159}$$

本例中

$$P_1^{(3)} = \max\{P_1^{(3)},\ \cdots,\ P_3^{(3)},\ P_5^{(3)},\ \cdots,\ P_8^{(3)},\ P_{10}^{(3)}\} \tag{4.160}$$

x_1 是 NE 向的 fv；fv 代表的是动量。

4）考虑引进第 $i_{\max 3}$ 个自变量并对其进行显著性检验

考虑引进第 $i_{\max 3}$ 个自变量 $x_{i_{\max 3}}$，使用公式（4.129）计算 $F_{i_{\max 3}}^{(3)}$，以对其进行显著性检验。此处，考虑引进自变量 x_1，计算 $F_1^{(3)}$，以对其进行显著性检验

$$F_1^{(3)} = \frac{(n-3-1)P_1^{(3)}}{Q^{(2)} - P_1^{(3)}} = \frac{(n-3-1)P_1^{(3)}}{r_{yy}^{(2)} - P_1^{(3)}} \tag{4.161}$$

式中，上标（3）为步数；n 为数据个数，此处为 52。判断 $F_1^{(3)}$ 是否大于 F_α，若 $F_1^{(3)} > F_\alpha$，说明 x_1 对 y 的方差贡献显著，可以把 x_1 引入回归方程；若 $F_1^{(3)} \leqslant F_\alpha$，说明 x_1 对 y 的方差贡献不显著，不能把 x_1 引入回归方程。此处，$F_1^{(3)} > F_\alpha$，所以考虑把 x_1 引入回归方程。

5）将第 $i_{\max 3}$ 个自变量引入回归方程

对 $A^{(l-1)}$ 作 $r_{i_{\max 3} i_{\max 3}}^{(l-1)}$ 元扫除消去变换，使用式（4.131）、（4.132）将 $A^{(l-1)}$ 变为 $A^{(l)}$。本例中，$i_{\max 3} = 1$，所以将 x_1 引入回归方程，对 $A^{(2)}$ 作 $r_{11}^{(2)}$ 元扫除消去变换，将 $A^{(2)}$ 变为 $A^{(3)}$

$$A^{(3)} = \begin{pmatrix} r_{11}^{(3)} & \cdots & r_{1m}^{(3)} & r_{1y}^{(3)} \\ \vdots & \ddots & \vdots & \vdots \\ r_{m1}^{(3)} & \cdots & r_{mn}^{(3)} & r_{my}^{(3)} \\ r_{y1}^{(3)} & \cdots & r_{ym}^{(3)} & r_{yy}^{(3)} \end{pmatrix} \tag{4.162}$$

式中,上标(3)为步数;i,$j = 1$,2,$\cdots$,m,m 为变量的个数,此处为 10。

对 $A^{(2)}$ 作 $r_{11}^{(2)}$ 元扫除消去变换为

$$\begin{cases} r_{11}^{(3)} = \dfrac{1}{r_{11}^{(2)}} \\[2mm] r_{12}^{(3)} = \dfrac{r_{12}^{(2)}}{r_{11}^{(2)}} \\[2mm] \vdots \\[2mm] r_{21}^{(3)} = -\dfrac{r_{21}^{(2)}}{r_{11}^{(2)}} \\[2mm] r_{22}^{(3)} = r_{22}^{(2)} - \dfrac{r_{21}^{(2)} r_{12}^{(2)}}{r_{11}^{(2)}} \end{cases} \qquad \begin{cases} r_{1y}^{(3)} = \dfrac{r_{1y}^{(2)}}{r_{11}^{(2)}} \\[2mm] r_{2y}^{(3)} = r_{2y}^{(2)} - \dfrac{r_{21}^{(2)} r_{1y}^{(2)}}{r_{11}^{(2)}} \\[2mm] r_{y1}^{(3)} = -\dfrac{r_{y1}^{(2)}}{r_{11}^{(2)}} \\[2mm] r_{yy}^{(3)} = r_{yy}^{(2)} - \dfrac{r_{y1}^{(2)} r_{1y}^{(2)}}{r_{11}^{(2)}} \end{cases} \tag{4.163}$$

6)引入第 $i_{\max 3}$ 个自变量后的结果

标准回归系数为

$$\begin{cases} b_{i_{\max 1}}'^{(l)} = r_{i_{\max 1}y}^{(l)} \\ b_{i_{\max 2}}'^{(l)} = r_{i_{\max 2}y}^{(l)} \\ b_{i_{\max 3}}'^{(l)} = r_{i_{\max 3}y}^{(l)} \end{cases} \tag{4.164}$$

剩余平方和 $Q^{(l)}$ 使用公式(4.137)计算;剩余标准误差 $\sigma^{(l)}$ 使用公式(4.138)计算;复相关系数 R 使用公式(4.140)计算。

本例中,将变量 x_1 引入后的结果是:回归方程中已经含有了自变量 x_9、x_4 和 x_1;计算得到标准回归系数为

$$\begin{cases} b_9'^{(3)} = r_{9y}^{(3)} \\ b_4'^{(3)} = r_{4y}^{(3)} \\ b_1'^{(3)} = r_{1y}^{(3)} \end{cases} \tag{4.165}$$

剩余标准误差 $\sigma^{(3)}$ 为

$$\sigma^{(3)} = \sqrt{\frac{Q^{(3)}}{n-3-1}} = \sqrt{\frac{r_{yy}^{(3)}}{n-3-1}} \tag{4.166}$$

复相关系数 $R^{(3)}$ 为

$$R^{(3)} = \sqrt{1 - \frac{Q^{(3)}}{l_{yy}}} = \sqrt{1 - \frac{r_{yy}^{(3)}}{l_{yy}}} \tag{4.167}$$

式中,上标(3)为步数;i,$j=1$,2,$\cdots$,m,m 为变量的个数,此处为 10;n 为数据个数,此处为 52;q 为选入方程的变量个数,此处为 3。

（4）第四步（$l=4$）：重复（3），挑选第四个新自变量进入回归方程

1）使用公式(4.125)计算各变量的偏回归平方和

$$P_i^{(4)} = \frac{\left[r_{iy}^{(3)}\right]^2}{r_{ii}^{(3)}} \tag{4.168}$$

式中,上标(3)、(4)为步数;$i=1$,2,$\cdots$,m,m 为变量的个数,此处为 10。

2）考虑已选变量是否应当删除

目前回归方程中有 $x_{i_{\max 1}}$、$x_{i_{\max 2}}$ 和 $x_{i_{\max 3}}$ 三个自变量,所以需要考虑已选变量 $x_{i_{\max 1}}$、$x_{i_{\max 2}}$ 和 $x_{i_{\max 3}}$ 是否应当删除。使用公式(4.156)对 $x_{i_{\min 2}}$ 进行显著性检验。

本例中,目前回归方程中有 x_9、x_4 和 x_1 三个自变量,所以需要考虑已选变量 x_9、x_4 和 x_1 是否应当删除。选出 x_9、x_4 和 x_1 中偏回归平方和最小的自变量,此处,自变量 x_1 的偏回归平方和最小

$$P_1^{(4)} = \min\{P_1^{(4)}, P_4^{(4)}, P_9^{(4)}\} \tag{4.169}$$

计算 $F_1^{(4)}$,以对其进行显著性检验

$$F_1^{(4)} = \frac{(n-3-1)\left[b_1^{(3)}\right]^2}{r_{yy}^{(3)} - r_{11}^{(3)}} \tag{4.170}$$

式中,上标(3)、(4)为步数;i,$j=1$,2,$\cdots$,m,m 为变量的个数,此处为 10;n 为数据个数,此处为 52;q 为选入方程的变量个数,此处为 3。

此处,$F_1^{(4)} > F_\alpha$,所以 x_9、x_4 和 x_1 对因变量 y 的贡献都很显著,即 x_9、x_4 和 x_1 均不能删除。

3）在未引进的变量中选入新变量

在逐步回归方法中,变量一旦选入,不会再次重复选入。因为 x_9、x_4 和 x_1 已经被选入,所以 x_9、x_4 和 x_1 不会再次重复选入。在比较偏回归平方和时,就不需要纳入比较了。

此处

$$P_5^{(4)} = \max\{P_2^{(4)}, P_3^{(4)}, P_5^{(4)}, \cdots, P_8^{(4)}, P_{10}^{(4)}\} \tag{4.171}$$

x_5 是 NE 向的 fv^2,fv^2 代表的是能量。

4）考虑引进自变量 x_5 并对其进行显著性检验

考虑引进自变量 x_5,计算 $F_5^{(4)}$,以对其进行显著性检验

$$F_5^{(4)} = \frac{(n-4-1)P_5^{(4)}}{Q^{(3)} - P_5^{(4)}} = \frac{(n-4-1)P_5^{(4)}}{r_{yy}^{(3)} - P_5^{(4)}} \tag{4.172}$$

式中,上标(4)为步数;n 为数据个数,此处为 52。判断 $F_5^{(4)}$ 是否大于 F_α,若 $F_5^{(4)} > F_\alpha$,说明 x_5 对 y 的方差贡献显著,可以把 x_5 引入回归方程。若 $F_5^{(4)} \leqslant F_\alpha$,说明 x_5 对 y 的方差贡献不显著,不能把 x_5 引入回归方程。此处,$F_5^{(4)} > F_\alpha$,所以考虑把 x_5 引入回归方程。

5）将 x_5 引入回归方程

对 $A^{(3)}$ 作 $r_{55}^{(3)}$ 元扫除消去变换，将 $A^{(3)}$ 变为 $A^{(4)}$

$$A^{(4)} = \begin{pmatrix} r_{11}^{(4)} & \cdots & r_{1m}^{(4)} & r_{1y}^{(4)} \\ \vdots & \ddots & \vdots & \vdots \\ r_{m1}^{(4)} & \cdots & r_{mm}^{(4)} & r_{my}^{(4)} \\ r_{y1}^{(4)} & \cdots & r_{ym}^{(4)} & r_{yy}^{(4)} \end{pmatrix} \tag{4.173}$$

式中，上标(4)为步数；$i, j = 1, 2, \cdots, m$，m 为变量的个数，此处为 10。对 $A^{(3)}$ 作 $r_{55}^{(3)}$ 元扫除消去变换为

$$\begin{cases} r_{11}^{(4)} = r_{11}^{(3)} - \dfrac{r_{15}^{(3)} r_{51}^{(3)}}{r_{55}^{(3)}} \\ r_{12}^{(4)} = r_{12}^{(3)} - \dfrac{r_{15}^{(3)} r_{52}^{(3)}}{r_{55}^{(3)}} \\ \cdots \\ r_{15}^{(4)} = -\dfrac{r_{15}^{(3)}}{r_{55}^{(3)}} \end{cases} \begin{cases} \cdots \\ r_{51}^{(4)} = \dfrac{r_{51}^{(3)}}{r_{55}^{(3)}} \\ \cdots \\ r_{55}^{(4)} = \dfrac{1}{r_{55}^{(3)}} \end{cases} \begin{cases} r_{1y}^{(4)} = r_{1y}^{(3)} - \dfrac{r_{15}^{(3)} r_{5y}^{(3)}}{r_{55}^{(3)}} \\ r_{5y}^{(4)} = \dfrac{r_{5y}^{(3)}}{r_{55}^{(3)}} \\ r_{yy}^{(4)} = r_{yy}^{(3)} - \dfrac{r_{y5}^{(3)} r_{5y}^{(3)}}{r_{55}^{(3)}} \end{cases} \tag{4.174}$$

6）将第 5 个自变量 x_5 引入后的结果

回归方程中已经含有了自变量 x_9、x_4、x_1 和 x_5；标准回归系数为

$$\begin{cases} b_9'^{(4)} = r_{9y}^{(4)} \\ b_4'^{(4)} = r_{4y}^{(4)} \end{cases} \begin{cases} b_1'^{(4)} = r_{1y}^{(4)} \\ b_5'^{(4)} = r_{5y}^{(4)} \end{cases} \tag{4.175}$$

剩余标准误差 $\sigma^{(4)}$ 为

$$\sigma^{(4)} = \sqrt{\dfrac{Q^{(4)}}{n-4-1}} = \sqrt{\dfrac{r_{yy}^{(4)}}{n-4-1}} \tag{4.176}$$

复相关系数 $R^{(4)}$ 为

$$R^{(4)} = \sqrt{1 - \dfrac{Q^{(4)}}{l_{yy}}} = \sqrt{1 - \dfrac{r_{yy}^{(4)}}{l_{yy}}} \tag{4.177}$$

式中，上标(4)为步数；$i, j = 1, 2, \cdots, m$，m 为变量的个数，此处为 10。n 为数据个数，此处为 52；q 为选入方程的变量个数，此处为 4。

（5）第五步（$l=5$）：挑选第五个新自变量进入回归方程

1）计算各变量的偏回归平方和

$$P_i^{(5)} = \dfrac{\left[r_{iy}^{(4)} \right]^2}{r_{ii}^{(4)}} \tag{4.178}$$

式中，上标(4)、(5)为步数；$i = 1, 2, \cdots, m$，m 为变量的个数，此处为 10。

2）考虑已选变量是否应当删除

目前回归方程中有 x_9、x_4、x_1 和 x_5 四个自变量，所以需要考虑已选入的这些变量是否应当删除。选出四个变量中偏回归平方和最小的自变量 x_4

$$P_4^{(5)} = \min\{P_1^{(5)},\ P_4^{(5)},\ P_5^{(5)},\ P_9^{(5)}\} \tag{4.179}$$

计算 $F_4^{(5)}$，以对其进行显著性检验

$$F_4^{(5)} = \frac{(n-4-1)\left[b_4^{(4)}\right]^2}{r_{yy}^{(4)} - r_{55}^{(4)}} \tag{4.180}$$

式中，上标(4)、(5)为步数；$i,\ j = 1,\ 2,\ \cdots,\ m,\ m$ 为变量的个数，此处为10；n 为数据个数，此处为52；q 为选入方程的变量个数，此处为4。此处，$F_4^{(5)} > F_\alpha$，所以 x_9、x_4、x_1 和 x_5 四个变量对因变量 y 的贡献都很显著，均不能删除。

3）再考虑新变量的引进

此处，剩余的6个自变量中，自变量 x_6，即东向的 fv^2 的偏回归平方和最大

$$P_6^{(5)} = \max\{P_2^{(5)},\ P_3^{(5)},\ P_6^{(5)},\ P_7^{(5)},\ P_8^{(5)},\ P_{10}^{(5)}\} \tag{4.181}$$

计算 $F_6^{(5)}$，以对其进行显著性检验

$$F_6^{(5)} = \frac{(n-5-1)P_6^{(5)}}{Q^{(4)} - P_6^{(5)}} = \frac{(n-5-1)P_6^{(5)}}{r_{yy}^{(4)} - P_6^{(5)}} \tag{4.182}$$

式中，上标(5)为步数；n 为数据个数，此处为52。

此处，$F_6^{(5)} < F_\alpha$，所以不能把 x_6 引入回归方程。至此，回归方程已经没有变量可以删除，也没有变量可以引入，逐步回归已告结束。

4.2.5.5　结果

选入回归方程的重要变量是：x_9、x_4、x_1 和 x_5。因为以上计算的都是标准化的变量，所以需要把标准回归系数 b_i' 化为偏回归系数 b_i

$$b_i = b_i^{(l)} = b_i'^{(l-1)}\sqrt{\frac{l_{yy}}{l_{ii}}} = r_{iy}^{(l-1)}\sqrt{\frac{l_{yy}}{l_{ii}}} \tag{4.183}$$

常数项 b_0 为

$$b_0 = \bar{y} - b_1\bar{x}_1 - b_2\bar{x}_2 - \cdots - b_i\bar{x}_i \tag{4.184}$$

于是得到最佳回归方程

$$y_c = b_0 + b_1x_1 + b_2x_2 + \cdots + b_ix_i \tag{4.185}$$

该方程的剩余平方和 Q 为

$$Q = r_{yy}^{(l-1)} \tag{4.186}$$

剩余平方和 Q 是最终的系数矩阵中右下角的残差平方和项 r_{yy}。

剩余标准误差 σ 为

$$\sigma = \sqrt{\frac{Q^{(l-1)}}{n-q-1}} = \sqrt{\frac{r_{yy}^{(l-1)}}{n-q-1}} \tag{4.187}$$

复相关系数 R 为

$$R = \sqrt{1 - \frac{Q^{(l-1)}}{l_{yy}}} = \sqrt{1 - \frac{r_{yy}^{(l-1)}}{l_{yy}}} \tag{4.188}$$

式中,上标 $(l-1)$ 为步数; i, $j = 1$, 2, $\cdots$, m, m 为变量的个数; n 为数据个数; q 为选入方程的变量个数。根据 R 值的大小,可以检验所得回归方程效果的好坏。

本例中,相应的回归系数是

$$\begin{cases} b_1 = b_1'^{(4)}\sqrt{\dfrac{l_{yy}}{l_{11}}} = r_{1y}^{(4)}\sqrt{\dfrac{l_{yy}}{l_{11}}} & b_5 = b_5'^{(4)}\sqrt{\dfrac{l_{yy}}{l_{55}}} = r_{5y}^{(4)}\sqrt{\dfrac{l_{yy}}{l_{55}}} \\ b_4 = b_4'^{(4)}\sqrt{\dfrac{l_{yy}}{l_{44}}} = r_{4y}^{(4)}\sqrt{\dfrac{l_{yy}}{l_{44}}} & b_9 = b_9'^{(4)}\sqrt{\dfrac{l_{yy}}{l_{99}}} = r_{9y}^{(4)}\sqrt{\dfrac{l_{yy}}{l_{99}}} \end{cases} \tag{4.189}$$

常数项 b_0 为

$$b_0 = \bar{y} - b_1\bar{x}_1 - b_4\bar{x}_4 - b_5\bar{x}_5 - b_9\bar{x}_9 \tag{4.190}$$

从而得到回归方程

$$y_c = b_0 + b_1x_1 + b_4x_4 + b_5x_5 + b_9x_9 \tag{4.191}$$

根据回归方程(4.191)可以对月平均水位作出估计,并计算出其剩余平方和 Q

$$Q = r_{yy}^{(4)} \tag{4.192}$$

剩余标准误差 σ

$$\sigma = \sqrt{\frac{Q^{(4)}}{n-4-1}} = \sqrt{\frac{r_{yy}^{(4)}}{n-4-1}} \tag{4.193}$$

和复相关系数 R

$$R = \sqrt{1 - \frac{Q^{(4)}}{l_{yy}}} = \sqrt{1 - \frac{r_{yy}^{(4)}}{l_{yy}}} \tag{4.194}$$

函数 $[y1, b, b0, kl, Q, sss, sigema, R] = YU\_stepwise(X, Y)$ 可实现逐步回归。其中输入数据 X 为自变量,各列为各自变量 x_i, $i = 1$, 2, $\cdots$, m, m 为自变量个数;Y 为因变量,也是列向量。输出数据 b 为方程系数,b0 为方程常数项,kl 为所选择的自变量编号,Q 为剩余平方和,sss 为均方误差,sigema 为剩余标准误差,R 为复相关系数。

到这里,逐步回归就完成了。逐步回归分析方法,在海洋水文、海洋化学、海洋大气和海洋资源的分析研究中应用甚广,是一种重要的统计分析方法。但是,它只适用于多变量对单预报量的回归。若要同时预报多个预报量,用逐步回归方法对各个预报量分别进行回归,就会出现一些不合理现象。例如,若要预报同一海区沿岸相邻测站的平均海平面,设各站的平均海平面为 y_1,y_2,…,y_p,自变量为 x_1,x_2,…,x_m,若用逐步回归方法来筛选因子,建立的预报方程为

$$\begin{cases} y_1 = b_{10} + b_{11}x_1 + b_{12}x_2 + \cdots + b_{1m}x_m \\ y_2 = b_{20} + b_{21}x_1 + b_{22}x_2 + \cdots + b_{2m}x_m \\ \vdots \\ y_p = b_{p0} + b_{p1}x_1 + b_{p2}x_2 + \cdots + b_{pm}x_m \end{cases} \tag{4.195}$$

式中,未选入自变量的系数为零,对于不同的 y_i,选入的自变量可能会不完全相同。比如,同一海区的表层水温 x_i 或风应力 x_j 对沿岸相邻各站的影响基本相同,但在逐步回归预报方程(4.195)中,对各个 y_i 所选的自变量却有可能是不同的,这就与实际情况产生了矛盾。此外,根据逐步回归预报方程(4.195)虽然可以给出在给定显著性水平下的 y_i 的置信区间,但不容易得出这些置信区间同时存在的概率,因而会使平均海平面的预报估计量产生偏差。其主要原因是由于逐步回归所建立的回归方程(4.195)没有考虑各 y_i 之间的关系,此时就需要使用双重筛选逐步回归方法。

4.2.6 双重筛选逐步回归

张尧庭等(1980,1986,2013)提出了双重筛选逐步回归法,对常用的逐步回归方法进行了改进,既考虑了 $\{x_i\}$ 对 $\{y_i\}$ 的影响,又考虑到 y_i 之间的相互关系,把 y_i 也作为变量来筛选,可以将 y_i 分成几组同时进行预报。双重筛选是一种多变量对多预报量的逐步回归算法。

设有 m 个自变量 x_1,x_2,…,x_m 和 p 个因变量 y_1,y_2,…,y_p,它们的观测值为(x_{i1},x_{i2},…,x_{im},y_{i1},y_{i2},…,y_{ip}),双重筛选法是把 $\{x_i\}$、$\{y_j\}$ 都作为变量来考虑筛选,既反映了 $\{x_i\}$ 对 $\{y_j\}$ 的相关,又反映了 $\{y_j\}$ 之间的相关,合理地得到将 $\{y_j\}$ 分组的回归方程。双重筛选逐步回归的计算步骤如图 4.11 所示。

例如,已知营口(y_1)、秦皇岛(y_2)、塘沽(y_3)、龙口(y_4)等站点的平均水位、气压、风、水温、气温、降水和盐度等实测资料,可用双重筛选逐步回归方法,建立各站月平均水位的回归方程(陈上及等,1990)。为便于分析各风向及其相应风力与各港月平均水位的回归关系,可将各方位的风向频率(f)及其平均风速(v)等水文气象要素组合成 53 个因子(见表 4.1)。

表 4.1 各方位的风向频率(f)及其平均风速(v)等水文气象要素组合

影响因子	营口 y_1	秦皇岛 y_2	塘沽 y_3	龙口 y_4
NE 向风的 fv	x_1	x_{11}	x_{24}	x_{37}
E 向风的 fv	x_2	x_{12}	x_{25}	x_{38}
SW 向风的 fv	x_3	x_{13}	x_{26}	x_{39}
W 向风的 fv	x_4	x_{14}	x_{27}	x_{40}
N 向风的 fv^2	x_5	x_{15}	x_{28}	x_{41}

续 表

影响因子	营口 y_1	秦皇岛 y_2	塘沽 y_3	龙口 y_4
E 向风的 fv^2	x_6	x_{16}	x_{29}	x_{42}
SW 向风的 fv^2	x_7	x_{17}	x_{30}	x_{43}
W 向风的 fv^2	x_8	x_{18}	x_{31}	x_{44}
月平均气压		x_{19}	x_{32}	x_{45}
月平均气温	x_9	x_{20}	x_{33}	x_{46}
月降水量	x_{10}	x_{21}	x_{34}	x_{47}
月平均气温		x_{22}	x_{35}	x_{48}
月平均盐度		x_{23}	x_{36}	x_{49}
月平均水位	$x_{50}=y_1$	$x_{51}=y_2$	$x_{52}=y_3$	$x_{53}=y_4$

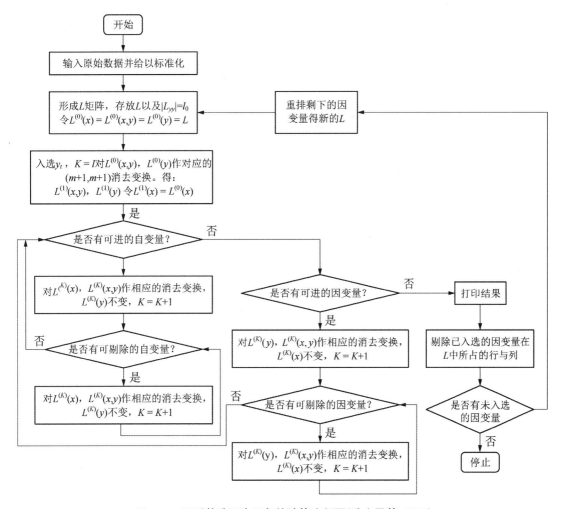

图 4.11 双重筛选逐步回归的计算流程图(陈上及等,1991)

4.2.7 积分回归

在海洋水文、海洋生物资源预报和海气相互作用的研究中,不仅要揭示预报量与影响因子(自变量)之间的关系,弄清楚哪些变量是主要影响因子,哪些是次要的影响因子,同时,还需要考虑自变量的时间变化规律。因为一个自变量不同时段的取值,对预报量的影响是不同的,在某一时段的影响可能大些,在另一时段的影响可能很小,有的时段其影响效应可能为正,有的时段可能为负。例如,要预报 E 站的某一旬的平均水温,可以把 S 站超前 3 个月各旬的平均水温作为各个自变量,建立 S 站各旬水温与 E 站当前水温的回归方程。

通过逐步回归分析,找出影响 E 站水温的关键时段是 S 站的哪一旬或哪几旬。这样,所要考虑的三个月共有 9 旬,若以各旬平均水温作为一个自变量,则共有 9 个自变量。为了保证回归方程的稳定性,样本容量应为自变量个数的 $5\sim10$ 倍以上,即要有 $45\sim90$ 年的实测资料。这是一个难以满足的条件。

为了克服该困难,可以用某正交多项式组成的函数 $\sum_{k=1}^{n}a_k\,\Phi_j$ 来逼近水温随时间变化的函数 $T(t)$,取其中对预报量的影响最显著的几旬的旬平均温度,作为新自变量,而不用所有各个旬的平均温度作为自变量。积分回归方程就是用来解决这方面的问题的。

4.2.7.1 基本原理

积分回归是利用正交多项式把较多的自变量化为较少的自变量,然后,用一般多元回归分析方法求解。设 Y 为某一海洋预报量,X_i 为影响预报量的 m 个自变量($i=1,2,\cdots,m$),把自变量对 Y 的整个影响过程分为 n_s 个时段,这样就可把某一时段(比如某季、某月、某旬)某一海洋要素(比如水温、盐度、海气温差等)值作为一个变量,则 Y 对 X_i 的回归方程可写为

$$Y=c+\sum_{i=1}^{m}\sum_{t_s=1}^{n_s}a_{it_s}X_{it_s} \tag{4.196}$$

式中,Y 为各时段各海洋要素的预报值;X_{it_s} 为第 t_s 时段第 i 个海洋要素值;a_{it_s} 为该要素(变量)的偏回归系数;c 为常数项。式(4.196)为一个 $n_s\times m$ 元线性回归方程,若想求得偏回归系数 a_{it_s} 和常数 c,就需要求解 $n_s\times m$ 元正规方程,这就显得太繁复了。为了寻求捷径,将 a_{it_s},X_{it_s} 分别看成是随时间变化的函数 $a_i(t_s)$ 和 $X_i(t_s)$,将其对预报量的影响分成若干个无穷小的时段,则式(4.196)可用积分回归形式表示

$$Y=c+\sum_{i=1}^{m}\int_0^{\tau}a_i(t)X_i(t)dt \tag{4.197}$$

式中,$X_i(t)$ 为 $(t+\Delta t)$ 时刻的第 i 个海洋要素值;$a_i(t)$ 为 $(t+\Delta t)$ 时刻第 i 个海洋要素每变化一个单位时对预报量的影响效果,称之为变量 X_i 的积分回归的偏回归系数;c 为常数项。

因为式(4.197)中的 $a_i(t)$ 是时间 t 的函数,可用时间的正交多项式函数表示,即

$$a_i(t)=\sum_j a_{ij}\Phi_j(t) \tag{4.198}$$

式中，$j=0$，1，2，$\cdots$；$\Phi_j(t)$ 为时间的 j 次正交多项式；a_{ij} 为 $\Phi_j(t)$ 的回归系数。若 j 取至五次项，将式(4.198)代入式(4.197)，得

$$Y = c + \sum_{i=1}^{m}\sum_{j=0}^{5} a_{ij}\int_{0}^{\tau}\Phi_j(t)X_i(t)dt = c + \sum_{i=1}^{m}\sum_{j=0}^{5} a_{ij}\rho_{ij} \tag{4.199}$$

式中

$$\rho_{ij} = \int_{0}^{\tau}\Phi_j(t)X_i(t)dt \tag{4.200}$$

对于实际的海洋观测数据，$\Phi_j(t)$ 和 $X_i(t)$ 往往为离散数据，所以取

$$\rho_{ij} = \sum_{t=0}^{\tau}\Phi_j(t)X_i(t) \tag{4.201}$$

式中，i 为变量序号；j 为多项式次数，$j=0$，1，2，$\cdots$，可任意取。由于正交函数具有收敛快的特点，取 $j=5$ 已能足够精确地拟合给定的函数，故式(4.199)可写成线性回归方程

$$Y = c + \sum_{i=1}^{m}\sum_{j=0}^{5} a_{ij}\rho_{ij} = c + \sum_{i=1}^{m}(a_{i0}\rho_{i0} + a_{i1}\rho_{i1} + a_{i2}\rho_{i2}$$
$$+ a_{i3}\rho_{i3} + a_{i4}\rho_{i4} + a_{i5}\rho_{i5}) \tag{4.202}$$

这就是常见的多元回归模式。式中，系数 c 和 a_{ij} 可用多元回归或逐步回归分析方法求解；ρ_{ij} 是由原自变量 $X_i(t)$ 变换过来的新自变量；ρ_{ij} 的取值可以按照式(4.201)由式(4.203)中的矩阵运算求得

$$(\rho_{kj})_i = (\Phi_{tj})(x_{kt})_i \tag{4.203}$$

式中，k 为观测序号，$k=1$，2，$\cdots$，n；$t=0$，1，2，$\cdots$，τ 为所划分的时段序号；$j=0$，1，$\cdots$，5 为正交多项式次数；$(\rho_{kj})_i$ 为第 i 个因子变换成新变量后所组成的矩阵

$$(\rho_{kj})_i = \begin{bmatrix} \rho_{10} & \rho_{11} & \cdots & \rho_{15} \\ \cdots & \cdots & \cdots & \cdots \\ \rho_{n0} & \rho_{n1} & \cdots & \rho_{n5} \end{bmatrix} \tag{4.204}$$

$(x_{kt})_i$ 为第 i 个因子在未变换前的实测值所组成的矩阵

$$(x_{kt})_i = \begin{bmatrix} x_{10} & x_{11} & \cdots & x_{1\tau} \\ \cdots & \cdots & \cdots & \cdots \\ x_{n0} & x_{n1} & \cdots & x_{n\tau} \end{bmatrix} \tag{4.205}$$

Φ_{tj} 为由正交多项式表(见表 4.2)根据所分时段数查得，可组成矩阵

$$\Phi_{tj} = \begin{bmatrix} \Phi_{00} & \Phi_{01} & \cdots & \Phi_{05} \\ \cdots & \cdots & \cdots & \cdots \\ \Phi_{\tau 0} & \Phi_{\tau 1} & \cdots & \Phi_{\tau 5} \end{bmatrix} \tag{4.206}$$

查表 4.2 时,表中的 $n=\tau$, $t=0$, 1, 2, $\cdots$, τ, $j=0$, 1, 2, 3, 4, 5。也可以使用函数 $[A, s, r] = \mathrm{phi}(n, a, b)$ 查找 Φ_{tj} 值,其中 $n=\tau$ 为每段数据的长度;a 为正交多项式次数,对应 Φ_{tj} 的 j, $a=0$, 1, $\cdots$, 5;b 为所划分的时段序号,对应 Φ_{tj} 的 t, $b=0$, 1, 2, $\cdots$, n。所以可以用循环的方法计算 $[\Phi_{tj}, s, r] = \mathrm{phi}(\tau, j, t)$,也可以只计算 $\Phi_{tj} = \mathrm{phi}(\tau, j, t)$。此处,若 $t=0$,或者 $j=0$ 时,$\Phi_{tj}=1$。

表 4.2 正交多项式表(陈上及等,1991)

n	3		4			5				6				
	Φ_1	Φ_2	Φ_1	Φ_2	Φ_3	Φ_1	Φ_2	Φ_3	Φ_4	Φ_1	Φ_2	Φ_3	Φ_4	Φ_5
$\Phi_i(x)$	−1	+1	−3	+1	−1	−2	+2	−1	+1	−5	+5	−5	+1	−1
	0	−2	−1	−1	+3	−1	−1	+2	−4	−3	−1	+7	−3	+5
	+1	+1	+1	−1	−3	0	−2	0	+6	−1	−4	+4	+2	−10
			+3	+1	+1	+1	−1	−2	−4	+1	−4	−4	+2	+10
						+2	+2	+1	+1	+3	−1	−7	−3	−5
										+5	+5	+5	+1	+1
s_i	2	6	20	4	20	10	14	10	70	70	84	180	28	252
λ_i	1	3	2	1	10/3	1	1	5/6	35/12	2	3/2	5/3	7/12	21/10

n	7					8					9				
	Φ_1	Φ_2	Φ_3	Φ_4	Φ_5	Φ_1	Φ_2	Φ_3	Φ_4	Φ_5	Φ_1	Φ_2	Φ_3	Φ_4	Φ_5
$\Phi_i(x)$	−3	+5	−1	+3	−1	−7	+7	−7	+7	−7	−4	+28	−14	+14	−4
	−2	0	+1	−7	+4	−5	+1	+5	−13	+23	−3	+7	+7	−21	+11
	−1	−3	+1	+1	−5	−3	−3	+7	−3	−17	−2	−8	+13	−11	−4
	0	−4	0	+6	0	−1	−5	+3	+9	−15	−1	−17	+9	+9	−9
	+1	−3	−1	+1	+5	+1	−5	−3	+9	+15	0	−20	0	18	0
	+2	0	−1	−7	−4	+3	−3	−7	−3	+17	+1	−17	−9	+9	+9
	+3	+5	+1	+3	+1	+5	+1	−5	−13	−23	+2	−8	−13	−11	+4
						+7	+7	+7	+7	+7	+3	+7	−7	−21	−11
											+4	+28	+14	+14	+4
s_i	28	84	6	154	84	168	168	264	616	2 184	60	2 772	990	2 002	468
λ_i	1	1	1/6	7/12	7/20	2	1	2/3	7/12	7/10	1	3	5/6	7/12	3/20

n	10					11					12				
	Φ_1	Φ_2	Φ_3	Φ_4	Φ_5	Φ_1	Φ_2	Φ_3	Φ_4	Φ_5	Φ_1	Φ_2	Φ_3	Φ_4	Φ_5
$\Phi_i(x)$	+1	−4	−12	+18	+6	0	−10	0	+6	0	+1	−35	−7	+28	+20
	+3	−3	−31	+3	+11	+1	−9	−14	+4	+4	+3	−29	−19	+12	+44
	+5	−1	−35	−17	+1	+2	−6	−23	−1	+4	+5	−17	−25	−13	+29
	+7	+2	−14	−22	−14	+3	−1	−22	−6	−1	+7	+1	−21	−33	−21

续　表

n	10					11					12				
	Φ_1	Φ_2	Φ_3	Φ_4	Φ_5	Φ_1	Φ_2	Φ_3	Φ_4	Φ_5	Φ_1	Φ_2	Φ_3	Φ_4	Φ_5
$\Phi_i(x)$	+9	+6	+42	+18	+6	+4	+6	−6	−6	−6	+9	+25	−3	−27	−57
						+5	+15	+30	+6	+3	+11	+55	+33	+33	+33
s_i	330	132	8 580	2 860	780	110	858	4 290	286	156	572	12 012	5 148	8 008	15 912
λ_i	2	1/2	5/3	5/12	1/10	1	1	5/6	1/12	1/40	2	3	2/3	7/24	3/20

$\bar{\Phi}_i(x)$ 的值在 i 为奇数时对 x 是反对称的,即 $\bar{\Phi}_i(x) = -\bar{\Phi}_i(N-x+1)$;在 i 为偶数时对 x 是对称的,即 $\bar{\Phi}_i(x) = \bar{\Phi}_i(N-x+1)$(参见 $n \leqslant 9$ 的表),故从 $n = 10$ 起只列出了 $\bar{\Phi}_i(x)$ 后一半的数值。

根据新自变量 ρ 和因变量 Y 的取值,就可以由式(4.202)按一般多元回归分析方法求解回归系数、分析回归效果。将所得的 a_{ij} 代入式(4.198),就可以得到 $a_i(t)$,根据 $a_i(t)$ 数值的大小,就能看出哪个自变量在哪一时段对因变量的影响最大。

4.2.7.2　计算步骤

下面举例说明积分回归的计算步骤。

例 4.1　已知山东荣成 1961～1978 年海带放养的年平均亩产量及成山头海洋站的旬平均水温,试用积分回归分析方法,求海带生长期成山头旬平均水温对荣成海带平均亩产量的影响,并建立回归方程(陈上及等,1991)。

计算步骤为:

(1)分离趋势离差项

例 4.1 所用荣成海带逐年平均亩产量资料取自缪国荣(1982),由表 4.3 可知,海带亩产量逐年线性增长趋势十分明显,这主要是因为海带育种不断改良,放养技术日益改进。这显然不是由于水温等海洋环境因素所能起的作用。因此,可以认为

$$Y = y_t + y_e \tag{4.207}$$

式中,Y 为海带的实际亩产量;y_t 为趋势产量;y_e 为环境产量。为保持海带生产条件的均一性,在进行积分回归之前,必须将实际亩产量进行分解。实际亩产量减去产量的时间趋势项后,所得的离差项,可视为一定海洋环境因子影响下的海带亩产量,简称环境产量。海带各年的趋势亩产量 y_t 可以用一元回归方程求得

$$y_t = a + bt_{yr} \tag{4.208}$$

式中,$t_{yr} = 1, 2, \cdots, n$,为各年;a 为回归直线在 y 轴上的截距;b 为回归直线的斜率,即自变量 t_{yr} 的回归系数。回归系数 b 和截距 a 可以用 [p, S] = polyfit(t_{yr}, Y, 1) 语句计算得到。其中 $a = $ p(2);$b = $ p(1),直线回归方程为:$y_t = $ p(1) ∗ t_{yr} + p(2)。海带环境产量为 $y_e = Y - y_t$,海带的实际亩产量 Y、趋势产量 y_t 和环境产量 y_e 随时间的变化如图 4.12 所示。环境产量 y_e 的波动,主要与水温、盐度、日照、水色透明度及营养盐等环境因子的变化有关。

表 4.3　荣城 1961～1978 年海带年平均亩产量及环境亩产量(kg)(缪铨生,2000)

年份	实际亩产量 Y	趋势亩产量 y_t	环境亩产量 $y_e = Y - y_t$
1961	640	553.24	86.8
1962	300	612.60	−312.6
1963	520	671.96	−152.0
1964	460	731.32	−271.3
1965	1 000	790.68	209.3
1966	990	850.04	140.0
1967	1 210	909.40	300.6
1968	1 110	968.75	141.2
1969	1 120	1 028.12	91.9
1970	1 020	1 087.48	−67.5
1971	1 250	1 146.84	103.2
1972	1 150	1 206.20	−56.2
1973	1 250	1 265.56	−15.6
1974	1 350	1 324.92	25.1
1975	1 620	1 384.28	235.7
1976	1 070	1 443.64	−373.6
1977	1 330	1 503.00	−173.0
1978	1 650	1 562.36	87.6

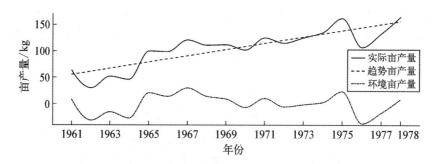

图 4.12　海带的逐年实际亩产量、趋势产量和环境产量

下面以海带的逐年环境亩产量 y_e 作为原始数据进行积分回归分析。

(2) 计算历年的 ρ_i 值

根据各海洋要素各时段的观测值 x_{kt},从正交多项式表(见表 4.2)查出对应于 t 的正交多项式函数,按式(4.203)求出各组的 ρ_j 值。

在例 4.1 中,根据海带从分苗(10 月中旬)到收割(6 月上旬)的生长期,按旬分为 24 个时段,算出各旬的平均水温。取 $\tau = 24$,查正交多项式表(见表 4.2)或使用函数 $\Phi_{tj} = \mathrm{phi}(\tau, j, t)$ 计算对应的正交多项式。再根据式(4.201)取五次项,分别计算新自变量 ρ_{ij} 值。其中 i 为各年数据,$i = 1, 2, 3, \cdots, n, n = 18$,有 18 年的数据;$j = 0, 1, 2, 3, 4, 5$,为正交多项式次数。例如，第 1 年中：$i=1$；$t=1, 2, \cdots, \tau, \tau=24$；$j=0, 1, 2, 3, 4, 5$。 $X(t)$ 为各旬对应的温度（见表 4.4），$\Phi_0(t)=1$，$\rho_{10}=\sum_{t=1}^{\tau}\Phi_0(t)X(t)=\sum_{t=1}^{\tau}X(t)$；$\Phi_1(t)=\Phi_{t1}=\mathrm{phi}(\tau, 1, t)$，$\rho_{11}=\sum_{t=1}^{\tau}\Phi_1(t)X(t)$；同样的，$\Phi_j(t)=\Phi_{tj}=\mathrm{phi}(\tau, j, t)$，$\rho_{1j}=\sum_{t=1}^{\tau}\Phi_j(t)X(t)$。 其他年份 $(i=1, 2, 3, \cdots, n, n=18)$，$\rho_{ij}=\sum_{t=1}^{\tau}\Phi_j(t)X(t)=\sum_{t=1}^{\tau}\Phi_{tj}X(t)$。 ρ_{ij} 就是由原自变量 $X_i(t)$ 变换过来的新自变量。

表 4.4　1961 年各旬的温度数据(陈上及等,1991)

旬号 t	1	2	3	4	5	6	7	8	9	10	11	12
$X(t)$	20.1	18.5	16.5	15.1	12.2	9.3	7.5	5.2	3.1	1.6	1.8	1.0
旬号 t	13	14	15	16	17	18	19	20	21	22	23	24
$X(t)$	1.4	2.1	2.4	3.1	4.2	5.4	6.4	7.6	8.8	10.5	11.5	12.7

（3）建立正规方程

由各组 ρ_j 值建立正规方程组和相关矩阵 $R^{(0)}$，根据由原自变量 $X_i(t)$ 变换过来的新自变量 ρ_{ij} 算得正规方程的系数 l_{ij}

$$l_{jj}=\sum_{t_{yr}=1}^{n}(\overline{\rho_{t_{yr}j}}-\rho_{t_{yr}j})^2=\sum_{t_{yr}=1}^{n}\rho_{t_{yr}j}^2-\frac{1}{n}\left(\sum_{t_{yr}=1}^{n}\rho_{t_{yr}j}\right)^2 \tag{4.209}$$

$$l_{ij}=\sum_{t_{yr}=1}^{n}(\overline{\rho_{t_{yr}i}}-\rho_{t_{yr}i})(\overline{\rho_{t_{yr}j}}-\rho_{t_{yr}j})$$

和常数项 l_{iy}

$$l_{iy}=\sum_{t=1}^{n}(\overline{\rho_{ti}}-\rho_{ti})(y_e-\overline{y_e}) \tag{4.210}$$

式中，$i=0, 1, 2, 3, 4, 5$；$j=0, 1, 2, 3, 4, 5$，均为正交多项式次数；$t_{yr}=1, 2, 3, \cdots, n$，$n=18$，代表各年，也代表各自变量。

例如：$l_{00}=\sum_{i=1}^{18}(\overline{\rho_{i0}}-\rho_{i0})^2=\sum_{i=1}^{18}\rho_{i0}^2-\frac{1}{n}\left(\sum_{i=1}^{18}\rho_{i0}\right)^2$，$l_{0y}=\sum_{i=1}^{18}(\overline{\rho_{i0}}-\rho_{i0})(y_e-\overline{y_e})$，以此类推，可求得其余的 l_{jj} 和 l_{jy}。因而，可以得到正规方程

$$\begin{cases} l_{00}a_0+l_{01}a_1+l_{02}a_2+l_{03}a_3+l_{04}a_4+l_{05}a_5=l_{0y} \\ l_{10}a_0+l_{11}a_1+l_{12}a_2+l_{13}a_3+l_{14}a_4+l_{15}a_5=l_{1y} \\ l_{20}a_0+l_{21}a_1+l_{22}a_2+l_{23}a_3+l_{24}a_4+l_{25}a_5=l_{2y} \\ l_{30}a_0+l_{31}a_1+l_{32}a_2+l_{33}a_3+l_{34}a_4+l_{35}a_5=l_{3y} \\ l_{40}a_0+l_{41}a_1+l_{42}a_2+l_{43}a_3+l_{44}a_4+l_{45}a_5=l_{4y} \\ l_{50}a_0+l_{51}a_1+l_{52}a_2+l_{53}a_3+l_{54}a_4+l_{55}a_5=l_{5y} \end{cases} \tag{4.211}$$

（4）解正规方程组

用最小二乘法或逐步回归分析解得多元线性方程中的回归系数 a_{ij} 及常数 c。按式（4.198）求积分回归的 $a(t)$，分析各变量的时间变化情况及其对因变量的回归效应。解得正规方程系数矩阵的逆矩阵 C，然后利用逆矩阵 C 中的各项，计算偏回归系数

$$\begin{cases} a_0 = c_{01}l_{1y} + c_{02}l_{2y} + c_{03}l_{3y} + c_{04}l_{4y} + c_{05}l_{5y} \\ a_1 = c_{11}l_{1y} + c_{12}l_{2y} + c_{13}l_{3y} + c_{14}l_{4y} + c_{15}l_{5y} \\ a_2 = c_{21}l_{1y} + c_{22}l_{2y} + c_{23}l_{3y} + c_{24}l_{4y} + c_{25}l_{5y} \\ a_3 = c_{31}l_{1y} + c_{32}l_{2y} + c_{33}l_{3y} + c_{34}l_{4y} + c_{35}l_{5y} \\ a_4 = c_{41}l_{1y} + c_{42}l_{2y} + c_{43}l_{3y} + c_{44}l_{4y} + c_{45}l_{5y} \\ a_5 = c_{51}l_{1y} + c_{52}l_{2y} + c_{53}l_{3y} + c_{54}l_{4y} + c_{55}l_{5y} \end{cases} \tag{4.212}$$

常数项 c 为

$$c = \bar{y}_e - a_0\bar{\rho}_0 - a_1\bar{\rho}_1 - a_2\bar{\rho}_2 - a_3\bar{\rho}_3 - a_4\bar{\rho}_4 - a_5\bar{\rho}_5 \tag{4.213}$$

结果，求得海带的环境产量 y_e 对 ρ_i 的五元线性回归方程为

$$y_e = c + a_0\rho_0 + a_1\rho_1 + a_2\rho_2 + a_3\rho_3 + a_4\rho_4 + a_5\rho_5 \tag{4.214}$$

式中，ρ_0 表示各旬平均水温之和对海带产量的影响；ρ_1，$\cdots$，ρ_5 表示水温的时间分布状况对海带产量的影响，各反映了受水温时间分布影响的信息。

（5）方差分析

为揭示新自变量 ρ_i 与海带产量 y_e 的线性关系是否达到显著水平，需对 y_e 的各项平方和及其自由度作方差分析，如表 4.5 所示。

表 4.5　水温与海带产量多元线性回归的方差分析（陈上及等，1991）

变差来源	平方和	自由度	均方
回归（ρ_0，ρ_1，ρ_2，ρ_3，ρ_4，ρ_5）	$U = \sum\limits_{i=0}^{5} a_i l_{iy}$	6	$\dfrac{U}{6}$
剩余	$Q = l_{YY} - U$	11	$\dfrac{Q}{11}$
总计	$l_{YY} = \sum y_e^2 - \dfrac{1}{n}\left(\sum y_e\right)^2$	17	

由表 4.5 可算得复相关系数 R

$$R = \sqrt{1 - \frac{Q}{l_{YY}}} \tag{4.215}$$

当自由度 $\mathrm{d}f_1 = 6$，$\mathrm{d}f_2 = 11$ 时，$F_{0.10} = 2.39$。可见，回归方程（4.214）不显著，说明单取

水温一个变量作为海带产量的影响因子是不够的,还应从各种环境因子中挑选主要因子,才能提高回归效果。积分回归方法跟主成分回归方法类似,只是积分回归的自变量是时间的函数,而且使用积分来代替求和。

4.2.8　最优子集回归

4.2.5 节中学习的逐步回归算法的最大优势是它的计算量较小,对内存的需求也很小。但是,从实践和理论上可以证明,在给定的自变量条件下并不能获得一个最优回归方程。另外,在逐步回归算法中,选入和剔除自变量都基于统计检验,而显著性水平 α 的选择具有任意性,很难从理论上以任何概率来保证所筛选自变量的显著性。特别是当引入方程的自变量很多时,所建立的回归方程,很容易通过回归效果的 F 检验或复相关系数检验,使检验流于形式。

在计算机高速发展的今天,计算量及内存容量已经不再是主要矛盾,因此用最优子集回归替代逐步回归成为一种趋势。最优回归子集简称 OSR,是从自变量所有可能的子集回归中以某种准则确定出一个最优回归方程的方法。

4.2.8.1　方法

所有可能的回归方法是由 Garside(1965)提出来的,之后由 Furnival(1971)和 Furnival et al.(1974)对这种方法进行了完善和修改。

假设某个回归有 m 个自变量,每个自变量都有在方程内或不在方程内两种状态,因此, m 个自变量的所有可能的变量子集就有 2^m 个。除去一个变量也不含的空集外,实际上有 2^m-1 个变量子集。所以,可以看到,计算量是随着自变量个数的增加呈指数增长的。当 m 比较大时,变量子集的个数会变得非常大,例如,当 $m=10$ 时,会有 $2^{10}-1=1\,023$ 个变量子集,计算量和内存量都是非常大的。对于 20 世纪 70 年代以前的计算条件,这种计算是无法想象的,即使在计算机高速发展的今天,当 m 很大时,计算也相当困难。因此,有学者设计了计算所有可能回归的最佳算法(魏凤英,2013)。

建立最优回归预测方程,就是要从所有可能的回归中确定出一个效果最优的子集回归。具体做法是:按照一定的目的和要求,选出一种变量选择准则 s,每一个子集回归都能计算出一个 s 值,共有 2^m-1 个 s 值。对于平均残差平方和准则、 C_p 准则和预测残差平方和准则来说,都是 s 越小对应的回归方程效果越好;在 2^m-1 个子集中, s 最小值对应的回归就是最优子集回归。对于 CSC 准则来说,则是 s 越大对应的回归方程效果越好;在 2^m-1 个子集中, s 最大值对应的回归就是最优子集回归。

4.2.8.2　计算

为了解决计算量与内存问题,统计学者相继设计出各种算法,其中 Furnival(1971)设计出的几种计算所有可能回归方式的方法应用最为广泛。这几种方法分别是:字典式、二进制式、自然式和家族式。表 4.6 给出自变量个数 $m=4$ 时,按 4 种方式计算所有可能回归的顺序。由表 4.6 看出,这几种计算方式的共同特点是每种变量子集只出现过一次,就可以获得所有可能的回归。然后,根据给定的准则,选择最优回归方程。但是,当 m 很大时,计算量就相当可观了(魏凤英,2013)。

表 4.6 计算所有可能回归的顺序 ($m=4$)(魏凤英, 2013)

序号	字典式	二进制式	自然式	家族式
1	1	1	1	1
2	1 2	2	2	2
3	1 2 3	1 2	3	3
4	1 2 3 4	3	4	4
5	1 2 4	1 3	1 2	1 2
6	1 3	2 3	1 3	1 3
7	1 3 4	1 2 3	1 4	2 3
8	1 4	4	2 3	1 2 3
9	2	1 4	2 4	1 4
10	2 3	2 4	3 4	2 4
11	2 3 4	1 2 4	1 2 3	3 4
12	2 4	3 4	1 2 4	1 2 4
13	3	1 3 4	1 3 4	1 3 4
14	3 4	2 3 4	2 3 4	2 3 4
15	4	1 2 3 4	1 2 3 4	1 2 3 4

因此,Furnival et al. (1974)又设计出了不需要计算所有可能的回归就可以求出最优子集回归的"分支定界法"。具体的计算思路是:将 m 个自变量,按某种原则分成若干组。设 A, B 为其中两组,若它们的残差平方和 $Q_A \leqslant Q_B$,则 B 变量组的所有可能子集回归的残差平方和不会再比 Q_A 小,因此 B 变量组的所有可能子集回归不需要计算。将 Q_A 视为一个界,凡是残差平方和比它大的变量组,其子集回归不全是最优的,不必计算。用这种构思计算最优子级回归可以大大地减少计算量(魏凤英, 2013)。

4.2.8.3 选择最优子集回归的准则

4.2.5 节中,逐步回归模型的确定,使用的是基于 F 检验的方法。对于大型回归问题,F 临界值不好确定。若 F 值取得太大,方程中的变量个数就会过少;若 F 值取得太小,又会使得大批变量进入方程,不符合实际情况。因此,选择合适的最优子集回归的识别标准是建立最优回归预测模型的一个重要问题。读者可以根据不同的目的选择不同的识别标准。这里介绍几种着眼于预测的识别标准(魏凤英, 2013)。

(1) 平均残差平方和准则

设 k 为任一子集回归中的自变量个数,相应的残差平方和 Q_k 为

$$Q_k = \sum_{t=1}^{n} (y_t - b_1 x_{1t} - b_2 x_{2t} - \cdots - b_k x_{kt})^2 \tag{4.216}$$

那么,平均残差平方和 M_{Q_k} 定义为

$$M_{Q_k} = \frac{Q_k}{n-k} \tag{4.217}$$

平均残差平方和标准，顾名思义，就是使用平均残差平方和 M_{Q_k} 作为变量选择准则 s。当自变量个数 k 较小时，残差平方和 Q_k 会随着自变量个数 k 的增加而减小；一旦 k 增加到一定的程度，残差平方和 Q_k 不会明显减小，体现了对自变量个数过多所实施的调整。该准则是以平均残差平方和 M_{Q_k} 越小越好为标准，选择回归子集。

（2）C_p 准则

按照 C_p 准则的原意，使用下标 p 代表含常数项在内的子集回归中自变量的个数。但这里为了统一，仍然使用 k 表示任一子集回归中自变量的个数。定义 C_p 统计量为

$$C_p = \frac{Q_k}{\hat{\sigma}^2} - (n - 2k) \tag{4.218}$$

式中，$\hat{\sigma}^2$ 为子集回归的方差 σ^2 的估计

$$\hat{\sigma}^2 = \frac{1}{n-1} \sum_{t=1}^{n} (y_t - \bar{y})^2 \tag{4.219}$$

C_p 准则与平均残差平方和标准类似，只是 C_p 准则除了考虑残差平方和外，还考虑了子集回归的方差。该准则也是以 C_p 的值越小越好为标准，选择回归子集。

（3）预测残差平方和准则

预测残差平方和准则，顾名思义，是从预测的观点出发的。但是，在计算预测偏差时，它与其他预测统计量的计算方法不同，它用独立样本来计算预测偏差。所谓独立样本，就是建立回归时未曾用过的样本。期望以此准则，选择出较好预测效果的子集回归。

在实际使用时，使用完整的观测样本所计算的回归结果来计算统计量，以避免计算多个方程的麻烦。预测残差平方和的统计量为

$$PRESS_k = \sum_{t=1}^{n} \left(\frac{q_t}{1 - S_{tt}} \right) \tag{4.220}$$

式中，S_{tt} 为最小二乘法计算过程中矩阵 $S = X(X^T X)^{-1} X^T$ 中的对角元素；q_t 为一般残差

$$q_t = | y_t - b_1 x_{1t} - b_2 x_{2t} - \cdots - b_k x_{kt} | \tag{4.221}$$

该方法以预测残差平方和 $PRESS_k$ 达到最小值为准则，选择最优子集回归。

（4）CSC 准则

CSC 准则是针对气候预测特点提出的一种同时考虑数量和趋势预测效果的双评分标准（Couple Score Criterion，简称 CSC）。设 k 为任一子集回归中的自变量个数，CSC_k 定义为

$$CSC_k = S_1 + S_2 \tag{4.222}$$

式中

$$S_1 = nR^2 = n\left(1 - \frac{Q_k}{Q_y}\right) \tag{4.223}$$

式中，Q_k 为残差平方和；Q_y 为气候学预报

$$Q_y = \frac{1}{n} \sum_{t=1}^{n} (y_t - \bar{y})^2 \qquad (4.224)$$

$$S_2 = 2I = 2\left[\sum_{i=1}^{I} \sum_{j=1}^{I} n_{ij} \ln n_{ij} + n \ln n - \left(\sum_{i=1}^{I} n_{i.} \ln n_{i.} + \sum_{j=1}^{I} n_{.j} \ln n_{.j}\right)\right] \qquad (4.225)$$

式中,I 为预报趋势类别数;n_{ij} 为 i 类事件与 j 类估计事件的列联表中的个数

$$\begin{cases} n_{.j} = \sum_{i=1}^{I} n_{ij} \\ n_{i.} = \sum_{j=1}^{I} n_{ij} \end{cases} \qquad (4.226)$$

CSC 准则以 CSC_k 值最大为准则选择最优子集回归。

本节只介绍了最优子集回归方法的一些基本概念,并没有详细介绍其具体做法,请同学们在需要时自行查找资料学习。

习　题

一、选择题

1. 不是选配影响因子的注意事项的是(　　)。

A. 影响因子与预报量测值需一一对应　　　B. 时间超前

C. 质量可靠　　　　　　　　　　　　　　D. 影响因子之间要相互联系

2. 下列关于阶段回归挑选法的说法错误的是(　　)。

A. 阶段回归挑选法也称阶差分析,是根据影响因子与预报量的单相关系数的大小进行挑选

B. 因子被选入之后依旧可以剔除

C. 回归系数不因选入因子的增加而改变

D. 逐步挑选影响因子的同时,逐步校正预报误差,直到所选因子的预报误差小于给定的允许误差为止

3. 如右图所示,表现的相关性如何?(　　)

A. 正相关

B. 负相关

C. 曲线相关

D. 不相关

二、判断题

1. 确定回归直线的原则:散点距直线越近越好。(　　)

2. 在阶段回归挑选法中,选配影响因子时,应该注意物理意义和时间超前的问题。(　　)

三、思考题

1. 在阶段回归挑选法中,怎样选择影响因子?

2. 什么是回归分析?

3. 如何选择最佳曲线类型?

选择题答案: D B D

判断题答案: T T

第 5 章

海洋时间序列分析

> **导学：** 随时间变化的一列海洋数据，构成了一个海洋时间序列。研究的变量常常是离散观测得到的随机序列，比如年海面高度序列、月海面温度序列、季平均波高序列等，都属于此类时间序列。海洋时间序列一般具有数据的取值会随着时间而变化；每一时刻的数据取值都具有随机性；前后时刻的数据之间存在着相关性和持续性；序列整体上有上升或下降趋势，并呈现出周期性震荡；在某一时刻，数据的取值可能会出现转折或突变等特征。
>
> 经过本章的学习，在方法论层面，同学们应当学会并了解海洋序列变化趋势的诊断方法、海洋序列的突变现象、周期性现象及时频结构等特征的诊断方法。在实践能力上，应当能够对海洋时间序列进行趋势分析、突变检测和周期分析。具备这些能力，就能够进行海洋时间序列分析了。

5.1 气候变化趋势分析

任何一个海洋时间序列 x_t 都可以看成由用以下几个分量构成

$$x_t = H_t + P_t + C_t + S_t + a_t \tag{5.1}$$

式中，H_t 是气候趋势分量，是指几十年时间尺度上显示出的气候变量的上升或下降趋势，它是一种相对序列长度而言的气候波动；P_t 为气候序列存在的一种固有周期性变化，比如年变化和月变化等；C_t 为循环变化分量，代表气候序列周期长度不严格的隐含周期性波动，如几年、十几年或几十年长度的波动；S_t 是平稳时间序列分量；a_t 是随机扰动项，又称为白噪声。

分离气候变化趋势的常用做法是用年、月或季的总量或平均值来构造气候的时间序列，这样就消除了固有周期性分量 P_t。然后再作统计处理，消除或削弱循环变化分量 C_t 和随机扰动项 a_t。这就可以将气候趋势分量 H_t 显示出来。而平稳时间序列分量 S_t 则可以由平稳随机序列分析方法进行处理（魏凤英，2013）。

常用的分离气候趋势的统计方法,主要有线性倾向估计,滑动平均,累计距平,五、七和九点二次平滑,五点三次平滑,三次样条函数等方法。

5.1.1　线性倾向估计

5.1.1.1　方法概述

用 x_i 表示样本量为 n 的某海洋变量,用 t_i 表示 x_i 所对应的时间,建立 x_i 与 t_i 之间的一元线性回归方程

$$x_{ci} = a + bt_i, \quad i = 1, 2, \cdots, n \tag{5.2}$$

式中,a 为回归常数;b 为回归系数。a 和 b 可以用最小二乘法进行估计。具体做法跟第 4 章中,第 4.1 节一元线性回归的做法是一致的。

方程(5.2)的含义是用一条最合理的直线来表示变量 x 与其对应时间 t 之间的关系。因为方程(5.2)右边的变量是 x 所对应的时间 t,而不是其他的变量,所以该方法属于时间序列分析的范畴。

5.1.1.2　计算步骤

在实际计算时:

(1) 构造变量 x_i 所对应的时间序列 t_i

t_i 可以是年份,例如:1 951,1 952,$\cdots$,2 020;也可以是序号,例如:1,2,$\cdots$,30;也可以是其他时间单位值。

(2) 计算回归系数 b、回归常数 a 及其相关系数 r

使用 MATLAB 的[p,S]=polyfit(t,x,1)语句计算回归系数 b=p(1)和回归常数 a=p(2)。使用[R,P]=corrcoef(t,x)语句计算出变量 x 和时间 t 之间的相关系数 R。其中:R 矩阵非对角线上的元素就是变量 x 与时间 t 之间的相关系数 r。

(3) 计算回归计算值 x_{ci}

将 a 和 b 带入一元线性回归方程 $x_{ci} = a + bt_i$,即可计算得到回归计算值 x_{ci}。

5.1.1.3　计算结果分析

对于线性回归的计算结果,主要分析回归系数 b 和相关系数 r。

(1) 回归系数 b——倾向值

回归系数 b 的符号表示海洋变量 x 的趋势倾向。当 b 的符号为正,即当 $b > 0$ 时,说明随着时间 t 的增加,变量 x 呈上升趋势;当 b 的符号为负,即当 $b < 0$ 时,说明随时间 t 的增加,变量 x 呈下降趋势。

b 值的大小反映了上升或下降的速率,即表示上升或下降的倾向程度。因此,通常将回归系数 b 称为倾向值,将这种方法叫做线性倾向估计。

(2) 相关系数 r

相关系数 r 表示变量 x 与时间 t 之间线性相关的密切程度。当 $r = 0$ 时,回归系数 b 为 0,即用最小二乘法估计确定的回归直线平行于 t 轴,说明 x 的变化与时间 t 无关;当 $r > 0$ 时,$b > 0$,说明 x 随时间 t 的增加呈上升趋势;当 $r < 0$ 时,$b < 0$,说明 x 随时间 t 的增加呈下降趋势。$|r|$ 越接近于 0,x 与 t 之间的线性相关就越小;反之,$|r|$ 越大,x 与 t 之间的线性相关

就越大。

5.1.1.4 显著性检验

若要判断变化趋势的程度是否显著,就要对相关系数进行显著性检验。

(1)确定显著性水平 α

α 通常取 0.05 或 0.01。

(2)查出临界值 r_α 并判断变化趋势是否显著

查找相关系数临界值表,查出临界值 r_α,若 $|r| > r_\alpha$,表明 x 随时间 t 的变化趋势是显著的,否则表明变化趋势是不显著的。

也可以使用 MATLAB 的 corrcoef 函数:$[R,P] = \mathrm{corrcoef}(t,x)$ 计算出两变量 x、t 的显著性水平。其中:P 表示相关性检验的显著性水平 α 值,P 值越小表示 x,t 的相关性越显著。如,$P < 0.05$,表示通过了 95% 的显著性检验,$P < 0.01$,表示通过了 99% 的显著性检验。

5.1.1.5 应用实例

例 5.1 用线性倾向来估计分析华北地区 1951～1995 年夏季(6～8 月)干旱指数的变化趋势(王馥棠,1997;魏凤英,2013)。

从两方面进行分析:

(1)分析干旱指数的变化趋势

对整体区域的干旱指数随时间的变化情况进行分析。

1)计算倾向值 b 和回归常数 a

倾向值 b 和回归常数 a 可以使用 MATLAB 的 $[p,S] = \mathrm{polyfit}(t,x,1)$ 语句计算得到。其中,$a = p(2)$;$b = p(1)$。得到的直线回归方程为:$x_c = p(1) * t + p(2)$。

2)计算变量预测值 x_c

变量预测值 x_c 可以使用 MATLAB 的 $[x_c, \mathrm{delta}] = \mathrm{polyval}(p, t, S)$ 语句计算得到。其中 delta 为标准误差估计值。

3)计算相关系数 R 和显著性水平 P

相关系数 R 和显著性水平可以使用 MATLAB 的 $[R, P] = \mathrm{corrcoef}(x, t)$ 语句计算得到。

4)绘制出线性趋势图

以年份为横坐标,以干旱指数为纵坐标,绘制干旱指数随时间的变化趋势图(见图 5.1)。图 5.1 中曲线为干旱指数,直线为方程(5.2)配置的回归直线 $x_c = p(1) * t + p(2)$。

从图 5.1 中可以看出,华北地区夏季干旱指数随时间呈下降趋势。本例中,$n = 45$,$\alpha = 0.05$,查表即可得到 $r_{0.05} = 0.2875$。比较发现相关系数 $|r| > r_{0.05} = 0.2875$,表明这种下降趋势在 $\alpha = 0.05$ 的显著性水平上是显著的。

(2)分析干旱指数变化趋势的分布情况

分别计算华北地区 24 个站点的夏季干旱指数的线性变化趋势,绘制出线性趋势分布图(见图 5.2)。图 5.2 是 24 个站干旱指数倾向值的等值线图。从图 5.2 中可以看出,除了张家口站外,华北其余各站的干旱指数的倾向值都是负值,即干旱指数是呈下降趋势的。其中烟台、长治等站的下降趋势明显,相关系数超过了 0.05 呈显著性水平($r_{0.05} = $

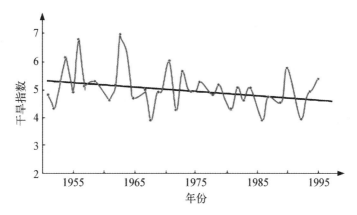

图 5.1　华北地区夏季干旱指数线性变化趋势

0.287 5)。

　　由此可以得出这样的结论：1951～1995
年间，无论是从区域整体还是从各个站的角
度分析，华北地区的夏季干旱指数均呈下降趋
势，即华北地区夏季的干旱程度变弱且趋势比
较明显。

5.1.2　累积距平

　　除了线性倾向估计之外，累积距平也是一
种常用的、由曲线来直观判断变化趋势的方
法。对于序列 x，其某一时刻 t 的累积距平可
以表示为

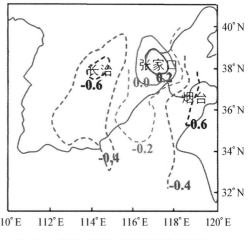

图 5.2　华北地区干旱指数线性趋势分布

$$x_{ct} = \sum_{i=1}^{t}(x_i - \bar{x}),\ t = 1, 2, \cdots, n \qquad (5.3)$$

式中，$\bar{x} = \dfrac{1}{n}\sum_{i=1}^{n}x_i$。

　　将 n 个时刻的累计距平值全部算出，即可绘出累积距平曲线，进行趋势分析。

5.1.2.1　计算步骤

在具体计算时，

1）计算出序列 x 的均值 $\bar{x}$。

2）使用公式(5.3)逐一计算出各个时刻的累积距平值 x_{ct}。

3）绘制出累积距平曲线。

5.1.2.2　计算结果分析

若累积距平曲线呈上升趋势，表示累积距平值随时间增加，对应的这部分原序列值都大
于均值；若曲线呈下降趋势，则表示累积距平值随时间减小，对应的这部分原序列值小于均

值。从曲线明显的上下起伏,可以判断出气候序列长期显著的演变趋势及持续性变化,甚至还可以诊断出发生突变的大致时间。从曲线小的波动变化可以考察出短期的距平值变化。

举例来说明一下累积距平的用法。图 5.3 为 1958~1994 年全球二氧化碳浓度和全球气温的累积距平曲线。首先分别计算出 1958~1994 年全球二氧化碳含量和全球气温序列的累积距平值,然后绘制出了它们的累积距平曲线图。

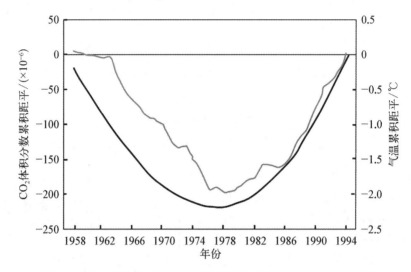

图 5.3   1958~1994 年全球二氧化碳浓度和全球气温的累积距平曲线

图 5.3 中横坐标为年份,纵坐标为累积距平值。从图 5.3 中可以看出,二氧化碳的累积距平均为负值,曲线的变化形态十分直观、清晰地展示出 1958~1994 年间全球二氧化碳经历了一次显著的波动。20 世纪 50 年代末至 70 年代中期,曲线呈下降趋势,表示累积距平值随时间减小,即 $x_i - \bar{x}$ 为负值,说明该时间段的二氧化碳值都是小于均值的。曲线的斜率为负值,随时间逐渐变大(斜率的绝对值随时间减小),说明距平值是逐渐增大的,即 $|x_i - \bar{x}|$ 逐渐减小,说明 CO_2 浓度是随时间增大的。70 年代末 80 年代初,曲线开始呈上升趋势直到现在,表示累积距平值随时间增加,说明该时间段的二氧化碳值都是大于均值的。曲线的斜率逐渐变大,说明距平值是逐渐增大的,说明 CO_2 浓度是随时间增大的。全球气温累积距平曲线的变化趋势与二氧化碳累积距平曲线有着十分一致的配合,从 70 年代末 80 年代初开始上升,说明 CO_2 浓度的变化可能对气温的变化有重要影响。

5.1.3   平滑方法

除了线性倾向估计和累积距平这两种方法之外,平滑方法也常被用于气候变化趋势分析。此时,滑动平均相当于低通滤波器,可以用确定时间序列的平滑值来显示变化趋势。平滑方法可以去除数据中的随机噪声,即小方差信号,保留有用信息,即大方差信号,提高信噪比。但是,不正确地平滑处理可能会将微弱信号当作噪声处理掉。

3.1.1.5 节介绍的滑动平均方法就是其中一种平滑方法。而最小二乘多项式平滑法是平滑方法中最有效的一种方法。

最小二乘多项式平滑法也称为卷积平滑、SG 平滑算法、移动窗口最小二乘多项式平滑等。下面以 7 点 3 次平滑为例进行说明多项式平滑。

（1）多项式平滑原理

假设数据为 x，选定的平滑窗口大小为 m，m 必须是奇数，此处以 7 为例。多项式的次数为 k，k 一般取 2 或 3，此处以 3 为例。若当前的平滑点是 x_0，前三个点分别记为 x_{-3}，x_{-2}，x_{-1}，后三个点分别记为 x_1，x_2，x_3（见图 5.4）。

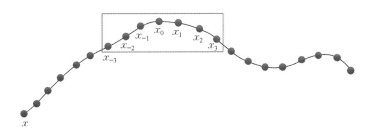

图 5.4　7 点 3 次多项式平滑示意图

移动窗口 7 点 3 次最小二乘多项式平滑就是利用中心点及其前后各 3 个点进行最小二乘拟合。每一个点可以表示为不同的多项式结果，所以 m 点 k 次就可以表示成含有 $k+1$ 个未知数、m 个方程的方程组。此处是以 7 点 3 次为例，所以有 $3+1=4$ 个未知数，$m=7$ 个方程。

由 7 个方程组成的方程组为

$$\begin{cases} x_{-3}=b_0+b_1(-3)+b_2(-3)^2+b_3(-3)^3=b_0-3b_1+9b_2-27b_3 \\ x_{-2}=b_0+b_1(-2)+b_2(-2)^2+b_3(-2)^3=b_0-2b_1+4b_2-8b_3 \\ x_{-1}=b_0+b_1(-1)+b_2(-1)^2+b_3(-1)^3=b_0-b_1+b_2-b_3 \\ x_0=b_0+b_1(0)+b_2(0)^2+b_3(0)^3=b_0 \\ x_1=b_0+b_1(1)+b_2(1)^2+b_3(1)^3=b_0+b_1+b_2+b_3 \\ x_2=b_0+b_1(2)+b_2(2)^2+b_3(2)^3=b_0+2b_1+4b_2+8b_3 \\ x_3=b_0+b_1(3)+b_2(3)^2+b_3(3)^3=b_0+3b_1+9b_2+27b_3 \end{cases} \tag{5.4}$$

可以将方程组写成矩阵乘积的形式

$$\begin{bmatrix} x_{-3} \\ x_{-2} \\ x_{-1} \\ x_0 \\ x_1 \\ x_2 \\ x_3 \end{bmatrix} = \begin{bmatrix} 1 & -3 & 9 & -27 \\ 1 & -2 & 4 & -8 \\ 1 & -1 & 1 & -1 \\ 1 & 0 & 0 & 0 \\ 1 & 1 & 1 & 1 \\ 1 & 2 & 4 & 8 \\ 1 & 3 & 9 & 27 \end{bmatrix} \begin{bmatrix} b_0 \\ b_1 \\ b_2 \\ b_3 \end{bmatrix} \tag{5.5}$$

$$X = Ab \tag{5.6}$$

式中，A 为常数矩阵；b 为系数矩阵，$b = [b_0, b_1, b_2, b_3]^T$；$X = [x_{-3}, x_{-2}, x_{-1}, x_0, x_1, x_2, x_3]^T$。上标"T"表示矩阵转置。

可以采用最小二乘算法求解平滑矩阵 b 的估计值 b^*

$$b^* = (A^T A)^{-1} A^T X \tag{5.7}$$

将 b^* 带入式(5.6)，就可以得到 7 点 3 次平滑值

$$X_c = Ab^* \tag{5.8}$$

写成方程组为

$$\begin{cases}
x_{c-3} = \dfrac{1}{42}(39x_{-3} + 8x_{-2} - 4x_{-1} - 4x_0 + x_1 + 4x_2 - 2x_3) \\[2mm]
x_{c-2} = \dfrac{1}{42}(8x_{-3} + 19x_{-2} + 16x_{-1} + 6x_0 - 4x_1 - 7x_2 + 4x_3) \\[2mm]
x_{c-1} = \dfrac{1}{42}(-4x_{-3} + 16x_{-2} + 19x_{-1} + 12x_0 + 2x_1 - 4x_2 + x_3) \\[2mm]
x_{c0} = \dfrac{1}{42}(-4x_{-3} + 6x_{-2} + 12x_{-1} + 14x_0 + 12x_1 + 6x_2 - 4x_3) \\[2mm]
x_{c1} = \dfrac{1}{42}(x_{-3} - 4x_{-2} + 2x_{-1} + 12x_0 + 19x_1 + 16x_2 - 4x_3) \\[2mm]
x_{c2} = \dfrac{1}{42}(4x_{-3} - 7x_{-2} - 4x_{-1} + 6x_0 + 16x_1 + 19x_2 + 8x_3) \\[2mm]
x_{c3} = \dfrac{1}{42}(-2x_{-3} + 4x_{-2} + x_{-1} - 4x_0 - 4x_1 + 8x_2 + 39x_3)
\end{cases} \tag{5.9}$$

可以发现，各平滑值 x_{ci} 其实都是该窗口内部各个点的线形组合，即由这 7 个点，根据不同的权重值进行加权计算得到。因此，从本质上来说，移动窗口多项式平滑其实就是利用窗口内部各个点之间的加权来计算平滑后的新值。

在计算过程中，中间部分只需要保留式(5.9)中的 x_{c0} 点的值，即从第四个点开始，只需要计算 x_{c0} 点的值。而对于开始的三个点和最后的三个点，没有更好的处理方法，所以还是使用方程组进行计算。开始的三个点用式(5.9)中的 x_{c-3}，x_{c-2} 和 x_{c-1} 的计算式进行计算，最后的三个点用式(5.9)中的 x_{c1}，x_{c2} 和 x_{c3} 的计算式计算。在实际应用中，使用 MATLAB 的 $x_c = \mathrm{sgolayfilt}(x, k, m)$ 函数来计算多项式平滑。其中 x 为原数据，k 为次数，m 为点数，即平滑窗口大小，x_c 为多项式平滑之后的值。

（2）应用实例

下面举例说明多项式平滑的用法。

例 5.2 对北京 1951～1996 年夏季(6～8 月)降水量进行九点二次平滑，并且绘制出其降水变化趋势曲线。

表 5.1　北京 1951～1996 年夏季降水量及中间均值(魏凤英,2013)

年份	原始数据									
1951～1960	249	404	490	848	621	859	382	452	1 170	410
1961～1970	411	285	660	520	185	448	484	204	675	456
1971～1980	383	228	528	372	357	578	529	511	554	243
1981～1990	293	466	319	382	620	509	469	545	268	384
1991～1996	559	364	404	697	385	612				

年份	中间均值									
1951～1960	249	372	381	498	522	579	550	538	608	589
1961～1970	572	548	557	554	530	525	522	505	514	511
1971～1980	505	492	494	488	483	487	488	489	491	483
1981～1990	477	477	472	469	474	475	474	476	471	469
1991～1996	471	468	467	472	470	473				

单位：mm

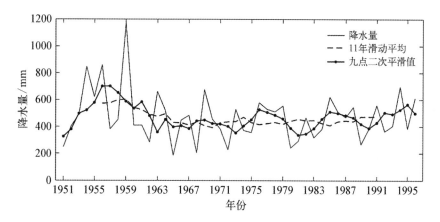

图 5.5　北京 1951～1996 年夏季降水变化趋势

从图 5.5 中发现,九点二次平滑曲线不像 11 年滑动平均曲线那么光滑,除了显现出 20 世纪 50 年代末至 70 年代初降水量的下降趋势外,还保留了几次明显的波动。比如在相对少雨阶段的 70～90 年代,曾经历了两次几年周期的振动。由此可以看出,滑动长度选取的不同,得到的变化趋势会有差别。因此,一定要根据分析的目的和对象选取恰当的平滑时段。

对时间序列 x 作五点二次、七点二次和九点二次平滑,与滑动平均的作用一样,都可以起到低通滤波器的作用,用以展示出气候变化趋势。同时,五点二次、七点二次和九点二次平滑又可以克服滑动平均削弱过多波幅的缺点。

五点三次平滑与五点、七点和九点二次平滑一样,是一种常用的多项式平滑方法。它可以很好地反映序列变化的实际趋势,特别是对序列进行相对短时期变化趋势的分析时。多项式平滑都要求数据量大于平滑窗口数。

5.1.4　三次样条函数拟合

三次样条函数是近二十几年来统计界十分瞩目的数据拟合方法。它以对给定的时间序列进行分段曲线拟合的方式,来反映其本身真实的变化趋势。

计算步骤为:

(1) 将海洋时间序列划分为 m 段

根据原序列的长度及实际问题的需要,将序列划分为 m 段。即给定新分点 η_0,η_1,…,η_m(见图 5.6)和每段对应的点数。其中,$\eta_0 < t_1 < \eta_1 < \eta_2 < \cdots < \eta_{m-1} < t_n < \eta_m$。 在实际计算时,每段的点数只包括右端点而不含左端点。

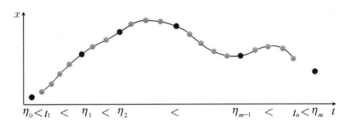

图 5.6　数据序列新分点示意图

(2) 在每个新分点上构造拟合函数

$$F(t) = \begin{cases} x_1(t), & \eta_0 < t \leqslant \eta_1 \\ x_2(t), & \eta_1 < t \leqslant \eta_2 \\ \vdots & \vdots \\ x_m(t), & \eta_{m-1} < t \leqslant \eta_m \end{cases} \tag{5.10}$$

式中,$\hat{x}_k(t)$ 是切比雪夫第一类多项式 $a_{kj}(s_k)$ 以及 V_{kj} 的函数

$$\hat{x}_k(t) = \sum_{j=0}^{3} V_{kj} a_{kj}(s_k),\ k = 1, 2, \cdots, m \tag{5.11}$$

切比雪夫第一类多项式 $a_{kj}(s_k)$ 为

$$\begin{cases} a_{k0}(s_k) = 1 \\ a_{k1}(s_k) = s_k \\ a_{k2}(s_k) = 2s_k^2 - 1 \\ a_{k3}(s_k) = 4s_k^3 - 3s_k \end{cases} \tag{5.12}$$

式中,s_k 是时间 t 和分点的函数

$$s_k = \frac{2t - \eta_{k-1} - \eta_1}{\eta_k - \eta_{k-1}} = 2\left(\frac{t - \eta_{k-1}}{\eta_k - \eta_{k-1}}\right) - 1 \tag{5.13}$$

$\hat{x}_k(t)$ 在 $m-1$ 个分点上相邻的两个多项式满足函数 $\hat{x}_k(t)$ 及其二阶导数在 η_k 处都是连续的,分段多项式 $F(t)$ 就是三次样本函数。

（3）用最小二乘原理计算得到 V_{kj}

假设第 k 个区间共有 q 个时刻 t_k，即 $\eta_{k-1} < t_{k1} \leqslant t_{k2} \leqslant \cdots \leqslant t_{kq} \leqslant \eta_k$，$k = 1, 2, \cdots$, m（见图 5.7）。

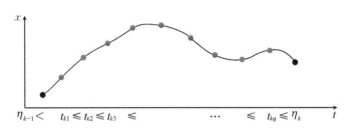

图 5.7 第 k 个区间的 q 个时刻 t_k

若要确定 V_{kj}，就需要使 Q_0 达到最小

$$Q_0 = \sum_{k=1}^{m} \sum_{l=1}^{q} \left[x_{kl} - \hat{x}_k(t_{kl}) \right]^2 \tag{5.14}$$

同时还要满足函数 $\hat{x}_k(t)$ 及其二阶导数在各分点处都连续的约束条件。可以应用拉格朗日乘子法，将条件极值问题转化为无条件极值问题，使得 Q 达到最小

$$Q = \sum_{k=1}^{m} \sum_{l=1}^{q} \left[x_{kl} - \hat{x}_k(t_{kl}) \right]^2 + \sum_{k=1}^{m-1} \sum_{s=0}^{2} \lambda_{ks} \left[x_k^{(s)}(t_k') - x_{k+1}^{(s)}(t_k) \right] \tag{5.15}$$

式中，λ_{ks} 为拉格朗日乘子；$k = 1, 2, \cdots, m-1$；$s = 0, 1, 2$。

此时，V_{kj} 和 λ_{ks} 满足

$$\begin{cases} \dfrac{\partial Q}{\partial V_{kj}} = 0, & k = 1, 2, \cdots, m; \ j = 0, 1, 2, 3 \\[2mm] \dfrac{\partial Q}{\partial \lambda_{ks}} = 0, & k = 1, 2, \cdots, m-1; \ s = 0, 1, 2 \end{cases} \tag{5.16}$$

该方程组是关于 V_{kj} 和 λ_{ks} 的线性方程组。经过推导，该方程组可以表示为矩阵形式

$$\begin{cases} H_k V_k + \dfrac{1}{2}(C_k^T \lambda_k + D_{k-1}^T \lambda_{k-1}) = b_k, & k = 1, 2, \cdots, m \\[2mm] C_k V_k + D_k V_{k+1} = 0, & k = 1, 2, \cdots, m-1 \end{cases} \tag{5.17}$$

经过一系列变换，方程可以变成一般的带型线形方程组

$$FV = B \tag{5.18}$$

此时，就可以采用标准求解方法来解方程组。这样就完成了使用三次样条函数，对各分段作最小二乘拟合。

（4）将分段拟合曲线连接起来

即可得到序列 x 的光滑拟合曲线。虽然每段上的多项式可能各不相同，但却在相邻段的连接处是光滑的。

下面举例说明三次样条函数拟合方法。

例5.3 对近百年(即1884~1988年)西太平洋热带气旋年频数用三次样条函数进行拟合,并分析其变化趋势。

计算步骤和分析为:

(1)插入分点将数据分段

在105年年频数序列中插入5个分点,分成6段,并在两端各引进一个新分点 η_0 和 η_6。这样分点 η_0,η_1,…,η_6 分别定为0.5,10.5,20.5,30,40,60,105,每段点数分别为10,10,10,10,20,45(见图5.8)。这里要注意:每分段的点数不一定是相同的。

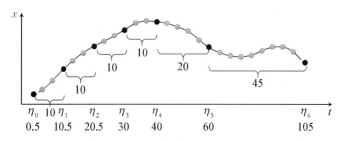

图5.8 西太平洋热带气旋年频数新分点示意图

(2)样条函数拟合

经过样条函数拟合,就可以得到一条光滑的变化趋势曲线。从图5.9中可以看出,热带气旋的年频数逐年增加,而且显现出了20年左右的周期性。

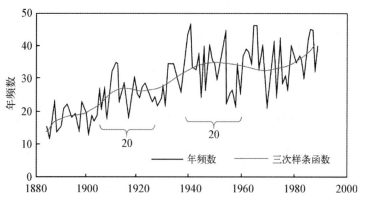

图5.9 1884~1988年西太平洋热带气旋年频数变化

5.1.5 潜在非平稳气候序列趋势分析

在对潜在非平稳行为的气候序列进行气候趋势分析时,需要选择合适的平滑方法,才能通过历史数据的前后关系推断出最近的变化趋势。然而,常用的平滑方法都会造成序列两端平滑值的缺失,虽然也有一些缺失值的填补方法,但是这样的处理很难反映出序列两端的真实趋势。因此,序列两端附近的趋势分析必须用客观的方法来确定(魏凤英,2013)。

5.1.5.1　约束方案

将一个海洋时间序列的平滑看作是具有非唯一边界的约束问题。这样,至少有 3 种最低阶边界约束方案可以应用到平滑过程中(Walden et al.,1992;魏凤英,2013)。

(1)滑动序列的零阶导数(简称为模约束方案)

该方案可以生成最小模的解,应用该方案有利于序列边界附近的平滑趋势接近于气候态。

(2)滑动序列的一阶导数(简称为斜率约束方案)

该方案可以生成最小斜率的约束,使用该方案有利于序列边界附近的平滑趋势接近于一个局部值。

(3)滑动序列的二阶导数(简称为粗糙度约束方案)

该方案可以生成最小粗糙度的约束,使用该方案有利于序列边界附近的平滑趋势由一个定常斜率来逼近。

但是,这 3 种方案都存在一定问题。模约束方案和斜率约束方案都会导致过低地估计边界附近长期趋势的持续性。而粗糙度约束方案可能会引起由边界附近外持续性的影响而造成推断误差。

5.1.5.2　计算步骤

为了使序列两端附近的平滑趋势更接近真实趋势,Mann(2004)提出了一种简单的方法,具体步骤如下。

(1)对气候序列进行平滑

可以使用巴特沃斯低通滤波平滑器(见 6.2.4 节)或其他滤波器,对气候序列进行平滑。

(2)计算序列两端的平滑值

分别用模约束方案、斜率约束方案和粗糙度约束方案这 3 种边界约束方案计算序列两端的平滑值。

(3)选出最优约束方案

分别计算利用这 3 种方案得到的平滑序列的均方误差(Mean Square Error,MSE),可以证明,均方误差最小的平滑序列就是最优的平滑方案。

根据这几个步骤可以看出,该方法是以计算平滑序列的均方误差(MSE)作为确定时间序列最优平滑的客观度量。当然,应用该准则需要保证平滑方法使用的是相同的样本量,而且选取的是相同平滑尺度的气候序列,这样才能进行有意义的比较。

例 5.4　对 1900～2002 年冬季(12 月至翌年 2 月)北极涛动(Arctic Oscillation,AO)指数序列做巴特沃斯低通滤波平滑,滑动尺度分别取 10 年和 20 年,然后计算滑动序列的模约束方案、斜率约束方案和粗糙度约束方案以填补序列两端的平滑值。

从图 5.10a 中可以看出:取 10 年滑动长度时,模约束方案和斜率约束方案序列两端的平滑值十分接近,粗糙度约束方案与前 2 个有差异,主要是序列前端的平滑值较低。从表 5.2 中可以看出,以粗糙度约束方案得到的平滑均方差要比另外两个小,因此,可以认为粗糙度约束方案的平滑趋势更接近真实趋势。取 20 年滑动长度时,模约束方案和斜率约束方案的均方差很接近且比粗糙度约束方案的均方差小。由图 5.10b 可以看出,由粗糙度约束方案计算出的两端平滑值过高,特别是 1910 年前后的平滑趋势明显高出序列的观测值,因此,对于 20 年平滑长度的平滑趋势,粗糙度约束方案不可取。

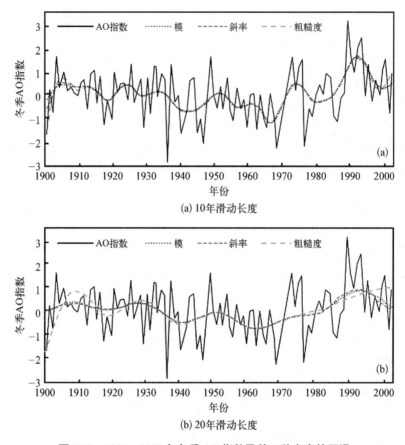

(a) 10年滑动长度

(b) 20年滑动长度

图 5.10   1900～2002 年冬季 AO 指数及其 3 种方案的平滑

表 5.2   3 种约束方案的 MSE

	模约束方案	斜率约束方案	粗糙度约束方案
10 年滑动长度	0.724 2	0.716 0	0.702 6
20 年滑动长度	0.826 3	0.822 8	0.885 0

5.1.6   变化趋势的显著性检验

5.1.1 节中使用线性倾向估计方法考察气候序列的变化趋势时,该变化趋势是否显著可以通过对相关系数的显著性检验进行判断。而累积距平、平滑和三次样条函数拟合等方法是根据变化趋势曲线图直观判断的。但是,对趋势十分明显的容易得出结论,趋势不明显的则很难直观的得到结论。此时,就可以借助统计检验的办法进行判断。下面,将介绍一种非参数统计检验方法(Mann,2004)。

其计算步骤为:

(1)计算秩统计量 r_i

计算原气候序列或用某种方法得到的趋势序列的秩统计量 r_i。对于气候序列 x_i,在 i

时刻$(i=1, 2, \cdots, n-1)$,有

$$r_i = \begin{cases} +1, & \text{当 } x_j > x_i \\ 0, & \text{当 } x_j \leqslant x_i \end{cases} \qquad j=i+1, i+2, \cdots, n \tag{5.19}$$

秩统计量 r_i 的含义是 i 时刻以后的数值 $x_j(j=i+1, \cdots, n)$ 大于 i 时刻值 x_i 的样本个数。

（2）计算 Z 统计量

$$Z = \frac{4 \sum\limits_{i=1}^{n-1} r_i}{n(n-1)} - 1 \tag{5.20}$$

显见,对于递增直线,r_i 序列为 $n-1, n-2, \cdots, 1$,此时 $Z=1$;对于递减直线 $Z=-1$。Z 值在 1 与 -1 之间变化。

（3）判断变化趋势是否显著

给定显著性水平 $\alpha=0.05$,计算临界值 $Z_{0.05}$

$$Z_{0.05} = 1.96 \left[\frac{4n+10}{9n(n-1)} \right]^{\frac{1}{2}} \tag{5.21}$$

比较统计量 Z 和 $Z_{0.05}$ 的大小,判断变化趋势是否显著。若 $|Z| > Z_{0.05}$,就可以认为变化趋势在 $\alpha=0.05$ 显著性水平下是显著的。

5.2 气候突变检测

所有变量的变化方式不外乎有两种基本形式:一种是连续性变化,另一种是不连续性变化。不连续变化的现象的特点是突发性,所以一般称不连续现象为"突变"现象。突变可以理解为一种质变,是一种当量变达到一定限度时发生的质变。形形色色的突变现象向传统的分析方法提出了挑战。20 世纪 60 年代末期,法国数学家托姆创立了突变理论,很快突变理论风靡一时,经过十几年从理论到实际应用方面的改进与完善,使其在科学界造成很大影响。随后,突变理论在数学、生物、天文、地震、气象、海洋、社会科学等领域得到了广泛应用(魏凤英,2013)。

突变理论以常微分方程为数学基础(谷松林,1993),其精髓是关于奇点的理论,其要点在于考察某种系统或过程从一种稳定状态到另一种稳定状态的飞跃。从统计学的角度,可以把突变现象定义为从一个统计特性到另一个统计特性的急剧变化,即从考察统计特征值的变化来定义突变。例如考察均值、方差状态的急剧变化。目前,突变统计分析还相当不成熟,针对常见的突变问题,人们借助统计检验、最小二乘法、概率论等发展了一些行之有效的检验方法。主要涉及:检验均值和方差有无突然漂移、回归系数有无突然改变以及事件的概率有无突然变化等方面。

顺便指出,突变理论研究中最为活跃,同时争议最大的就是有关突变的应用问题。对一些物理机制目前还不甚明确的突变现象,人们很难给予解释,有时使用的检测方法不当,就可能会得出错误的结论。因此,请读者在确定某气候系统或过程发生突变现象时,最好使用多种方法进行比较。另外,要指定严格的显著性水平进行突变检验。除此之外,还要运用气候专业知识对突变现象进行判断(魏凤英,2013)。

5.2.1 滑动 t 检验

5.2.1.1 方法概述

滑动 t 检验是通过考察两组样本平均值的差异是否显著来检验突变。其基本思想是把某一气候序列中的两段子序列的均值有无显著差异的问题,看作是来自两个总体的均值有无显著差异的问题来进行检验。若两段子序列的均值差异超过了一定的显著性水平,可以认为均值发生了质变,有突变发生(魏凤英,2013)。

5.2.1.2 计算步骤

(1) 确定基准点前后两子序列的长度

假设时间序列 x 有 n 个样本量,人为地设置某一时刻为基准点,基准点前后的两段子序列 x_1 和 x_2 的样本数分别为 n_1 和 n_2。一般选取相同的子序列长度,即 $n_1 = n_2$。

(2) 计算两段子序列的平均值和方差

$$\begin{cases} \overline{x_1} = \dfrac{1}{n} \sum_{i=1}^{n} x_{1i} \\ \overline{x_2} = \dfrac{1}{n} \sum_{i=1}^{n} x_{2i} \end{cases} \tag{5.22}$$

$$\begin{cases} s_1^2 = \dfrac{1}{n} \sum_{i=1}^{n} (x_{1i} - \overline{x_1})^2 \\ s_2^2 = \dfrac{1}{n} \sum_{i=1}^{n} (x_{2i} - \overline{x_2})^2 \end{cases} \tag{5.23}$$

(3) 构造 t 统计量

$$t = \frac{\overline{x_1} - \overline{x_2}}{s \cdot \sqrt{\dfrac{1}{n_1} + \dfrac{1}{n_2}}} \tag{5.24}$$

其中

$$s = \sqrt{\frac{n_1 s_1^2 + n_2 s_2^2}{n_1 + n_2 - 2}} \tag{5.25}$$

所构造的 t 统计量遵从自由度 $\nu = n_1 + n_2 - 2$ 的 t 分布。

(4) 连续设置基准点,获得统计量序列 t_i

采取滑动的办法连续设置基准点,依次计算 t 统计量,可以得到统计量序列 t_i,$i = 1$,$2, \cdots, n - n_1 - n_2 + 1$

$$t_i = \frac{\overline{x_{i1}} - \overline{x_{i2}}}{s_i \cdot \sqrt{\dfrac{1}{n_1} + \dfrac{1}{n_2}}} \tag{5.26}$$

（5）判断是否发生突变

给定显著性水平 α，查 t 分布表得到临界值 t_α。若 $|t_i| < t_\alpha$，则认为基准点前后的两个子序列的均值没有显著差异，否则认为在基准点时刻出现了突变。t_α 也可以使用 MATLAB 的 tinv$(1-\alpha/2, \nu)$ 函数计算得到。

滑动 t 检验的缺点是子序列时段的选择带有人为性。为了避免任意选择子序列长度所造成的突变点漂移问题，具体使用该方法时，可以反复变动子序列的长度进行试验比较，提高计算结果的可靠性。

5.2.1.3 计算结果分析

可以根据 t 统计量曲线上的点是否超过 t_α 值来判断序列是否出现过突变，若出现过突变，确定出大致的时间。另外，可以根据诊断出的突变点，分析突变前后序列的变化趋势。下面举例说明滑动 t 检验的用法。

例 5.5 用滑动 t-检验方法检测 1978～2021 年中国近海年平均 SST 序列的突变情况。

此处，$n=44$，分别选取两子序列长度 $n_1=n_2=l_1=10$ 及 $n_1=n_2=l_2=5$。给定显著性水平 $\alpha=0.01$，计算 t 分布的自由度 $\nu_1=2l_1-2=18$，$\nu_2=2l_2-2=8$，查表得出 $t_{0.01}$ 的值分别为 ±2.898 和 ±3.36。$t_{0.01}$ 也可以使用 tinv$(1-0.01/2, \nu)$ 函数计算得到。有时，会使用更严格的显著性水平 ±3.50。将年平均 SST 序列、子序列长度分别为 10 和 5 的 t 统计序列以及 $t_\alpha=\pm3.50$ 绘出图。

从图 5.11 中看出，不同子序列长度的 t 统计序列有显著差异。子序列长度为 10 的 t 统计序列，有一处超过了 0.01 显著性水平，为负值，出现在 1993～1999 年，并在 1998 年达到最大值。说明中国近海年平均 SST 在 1978～2021 年间，出现过一次明显的突变。结合原系列趋势曲线（图 5.11 中实线）可以发现，20 世纪 90 年代经历了一次由冷到暖的转变。其他时间也有一些变化，但是没有达到显著性水平。

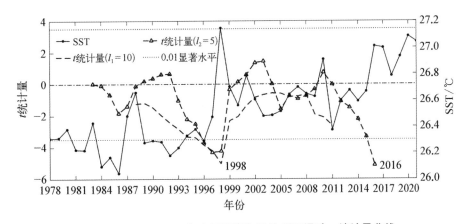

图 5.11 1978～2021 年中国近海年平均 SST 滑动 t 统计量曲线

子序列长度为 5 的 t 统计序列,有两处超过了 0.01 显著性水平,均为负值。第一处出现在 1996～1999 年,并在 1997 年达到最大值。第二处出现在 2015～2016 年,并在 2016 年达到最大值。说明中国近海年平均 SST 在 1978～2021 年,出现过两次明显的突变。结合原系列趋势曲线(图 5.11 中实线)可以发现,20 世纪 90 年代与 21 世纪 10 年代均经历了一次由冷到暖的转变。其他时间也有一些变化,但是没有达到显著性水平。

5.2.2　克拉默(Cramer)法

克拉默(Cramer)方法的原理与滑动 t 检验类似,区别仅在于克拉默方法比较的是子序列与总序列均值差异的显著性,而滑动 t 检验比较的是两子序列均值差异的显著性。

克拉默法的计算步骤为:

(1) 确定子序列的长度 n_1

(2) 计算序列的均值及方差

总序列 x 和子序列 x_1 的均值 $\bar{x}$ 和 $\overline{x_1}$ 为

$$\begin{cases} \bar{x} = \dfrac{1}{n} \sum_{i=1}^{n} x_i \\ \overline{x_1} = \dfrac{1}{n} \sum_{i=1}^{n} x_{1i} \end{cases} \tag{5.27}$$

总序列的方差 s 为

$$s^2 = \frac{1}{n} \sum_{i=1}^{n} (x_i - \bar{x})^2 \tag{5.28}$$

(3) 构造 t 统计量

$$t = \sqrt{\frac{n_1(n-2)}{n - n_1(1+\tau)}} \cdot \tau \tag{5.29}$$

式中,n 为总序列样本的长度;n_1 为子序列样本长度

$$\tau = \frac{\overline{x_1} - \bar{x}}{s} \tag{5.30}$$

式(5.29)所构造的 t 统计量遵从自由度 $\nu = n - 2$ 的 t 分布。

(4) 连续设置基准点,获得统计量序列 t_i

采取滑动的办法连续设置基准点,依次计算 t 统计量,可以得到统计量序列 t_i

(5) 以滑动的方式计算 t 统计量,可得到 t 统计量序列 t_i

$$t_i = \sqrt{\frac{n_{i1}(n-2)}{n - n_{i1}(1+\tau)}} \cdot \tau \tag{5.31}$$

式中,$i = 1, 2, \cdots, n - n_1 + 1$。

(6) 判断是否发生突变

给定显著性水平 α,查 t 分布表得到临界值 t_α,若 $|t_i| < t_\alpha$,则认为子序列均值与总体

序列均值之间无显著差异，否则认为在 t_i 对应的时刻发生了突变。t_a 也可以使用 MATLAB 的 tinv$(1-\alpha/2,\nu)$ 函数计算得到。

　　由于克拉默法也需要人为地确定子序列长度，因此在具体使用时，应该采取反复变动子序列长度的方法来提高计算结果的可靠性。

　　使用克拉默法检测例 5.5 中 1978~2021 年中国近海年平均 SST 序列的突变情况。从图 5.12 中可以发现，不同子序列长度的克拉默法检测结果也有显著差异。子序列长度为 10 时，有两处超过了 0.01 显著性水平，第一处是负值，出现在 1988~2001 年，并在 1988 年达到最大值。第二处是正值，出现在 2006~2011 年，并在 2008 年达到最大值。说明中国近海年平均 SST 在 1978~2021 年间，出现过两次明显的突变。结合原系列趋势曲线（图 5.12 中实线）可以发现，20 世纪 90 年代与 21 世纪 10 年代均经历了一次由冷到暖的转变。其他时间也有一些变化，但是没有达到显著性水平。

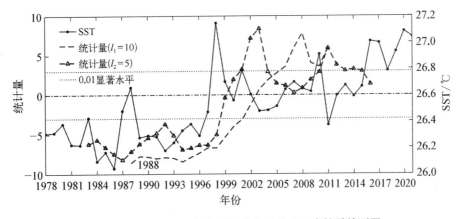

图 5.12　1978~2021 年中国近海年平均 SST 克拉默检测图

　　子序列长度为 5 时，有三处超过了 0.01 显著性水平，第一处是负值，出现在 1983~1999 年，并在 1987 年达到最大值。第二处是正值，出现在 2001~2004 年，并在 2003 年达到最大值。第三处是正值，出现在 2010~2015 年，并在 2011 年达到最大值。说明中国近海年平均 SST 在 1978~2021 年间，出现过三次明显的突变。结合原系列趋势曲线（图 5.12 中实线）可以发现，20 世纪 90 年代与 21 世纪 10 年代均经历了一次由冷到暖的转变，21 世纪初又经历了一次由暖到冷的转变。其他时间也有一些变化，但是没有达到显著性水平。

　　与滑动 t 检验相比，克拉默法也检验出了，20 世纪 90 年代与 21 世纪 10 年代的突变。同时，克拉默法还检测出了 21 世纪初的突变，但在滑动 t 检验中，并没有该结论。

5.2.3　山本（Yamamoto）法

　　山本（Yamamoto）法从气候信息与气候噪声两部分来讨论突变问题。因为山本最先将信噪比用于确定日本地面气温、降水、日照时数等序列的突变，所以称其为山本法（Yamamoto，1986）。

5.2.3.1　方法概述

对于时间序列 x，人为地设置某一时刻为基准点，基准点前后的样本量分别为 n_1 和 n_2，

两段子序列 x_1 和 x_2 的均值分别为 $\overline{x_1}$ 和 $\overline{x_2}$，标准差分别为 s_1 和 s_2，定义一个信噪比

$$R_{SN} = \frac{|\overline{x_1} - \overline{x_2}|}{s_1 + s_2} \tag{5.32}$$

该信噪比的含义是，两段子序列的均值差的绝对值是气候变化的信号，而它们的变率（用标准差 s_1 和 s_2 表示），则视为噪声。信噪比还有一些不同的定义，但与其类似，不一一赘述。

在 5.2.1 滑动 t 检验中，曾假定两段子序列的样本相同，即 $n_1 = n_2 = I_H$。比较式(5.24)滑动 t 检验的 t 统计量和式(5.32)的山本法的信噪比 R_{SN}，可以发现

$$t > R_{SN}\sqrt{I_H} \tag{5.33}$$

若取 $I_H = 10$，$R_{SN} = 1.0$，那么相当于 $|t| > 3.162$。而 $t_\alpha = t_{0.01} = 2.878$，即 $|t| > t_\alpha$，超过了 $\alpha = 0.01$ 的显著性水平，说明两段子序列的均值存在显著性差异，认为在基准点发生了突变。显然，$R_{SN} > 2.0$，相当于 $t > 6.324$，超过 $\alpha = 0.0001$ 的显著性水平，表明在基准点发生了强的突变（魏凤英，2013）。

由信噪比 R_{SN} 的计算公式(5.32)可以看出，山本法也是通过检验两子序列均值的差异是否显著来判别突变的。从形式上它比滑动 t 检验更简单明了。但是它也存在着与滑动 t 检验相同的缺点，就是由于基准点是人为设置的，使得子序列长度的不同可能引起突变点的漂移。因此，也应该通过反复变动子序列的长度进行实验比较，以便得到可靠的突变判别（魏凤英，2013）。

5.2.3.2 计算步骤

（1）确定基准点前后两段子序列长度

一般取 $n_1 = n_2 = I_H$，但 n_1 和 n_2 可以不同。

（2）计算信噪比序列 R_{SNi}

连续设置基准点，以滑动的方式依次计算信噪比 R_{SN}，得到信噪比序列 R_{SNi}

$$R_{SNi} = \frac{|\overline{x_{i1}} - \overline{x_{i2}}|}{s_{i1} + s_{i2}} \tag{5.34}$$

式中，$i = 1, 2, \cdots, n - 2 \times I_H - 1$，一般取 $n_1 = n_2 = I_H$。

（3）判断是否发生突变

若 $R_{SNi} > 1.0$，则认为在 i 时刻有突变发生；若 $R_{SNi} > 2.0$，则认为在 i 时刻有强突变发生。

5.2.3.3 计算结果分析

可以根据信噪比曲线上的点是否超过 1.0 或 2.0 直线来判断序列是否发生突变或强突变，并确定出发生突变的时间。同时，根据信噪比曲线的变化，分析序列的演变趋势，特别是长期演变趋势。

使用山本法检测例 5.5 中 1978～2021 年中国近海年平均 SST 序列的突变情况。从图 5.13 中可以发现，不同子序列长度的山本法检测结果也有显著差异。子序列长度为 10 时，有一处超过了 1.0，出现在 1997～1999 年，并在 1998 年达到最大值。说明中国近海年平均 SST 在 1978～2021 年间，出现过一次明显的突变。结合原系列趋势曲线（图 5.13 中实线）可以发现，20 世纪 90 年代经历了一次由冷到暖的转变。其他时间也有一些变化，但是没有

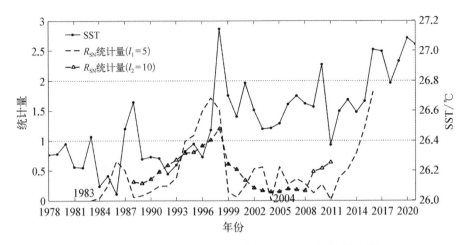

图 5.13　1978～2021 年中国近海年平均 SST 山本法检测图

达到显著性水平。

子序列长度为 5 时,有两处超过了 1.0,第一处出现在 1994～1999 年,并在 1997 年达到最大值。第二处出现在 2014～2016 年,并在 2016 年达到最大值。说明中国近海年平均 SST 在 1978～2021 年间,出现过两次明显的突变。结合原系列趋势曲线(图 5.13 中实线)可以发现,20 世纪 90 年代与 21 世纪 10 年代均经历了一次由冷到暖的转变。其他时间也有一些变化,但是没有达到显著性水平。

与滑动 t 检验相比,山本法也检验出了,20 世纪 90 年代与 21 世纪 10 年代的突变。但是,山本法没有检测出克拉默法检验出的 21 世纪初的突变。且突变具体发生的时间也不太一致。山本法是比滑动 t 检验和克拉默法更严格的突变检测方法。

子序列长度分别取 5、10 年时的结果发现,取长短不同的子序列平均时段得到的突变事实是有差异的。但是,揭示的显著突变基本上是一致的,且信噪比最大值出现的年份也基本相同。突变事实的揭露有助于了解气候系统的行为,同时也为建立气候预测模型提供了必要的根据。

5.2.4　曼-肯德尔(Mann‐Kendall)法

5.2.1～5.2.3 节中介绍的检验方法都是参数方法,即假定了随机变量的分布。而非参数检验方法也称为无分布检验,它的优点是不需要样本遵从一定的分布,也不受少数异常值的干扰,更适用于类型变量和顺序变量,计算也比较简便。

5.2.4.1　类型变量
类型变量就是可以表征不同类型的变量。可以分为无序类型变量和有序分类变量。

(1)无序类型变量

无序类型变量是指所有分类别或属性之间没有程度和顺序的差别,有二项分类和多项分类两种。

1)二项分类

有性别(男、女),药物反应(阴性和阳性)等。

2) 多项分类

有血型(O、A、B、AB),职业(工、农、商、学、兵)等。

(2) 有序分类变量

有序分类变量是指各类别之间有程度的差别。比如尿糖化验结果按一、±、+、++、+++分类;疗效按治愈、显效、好转、无效等分类。

5.2.4.2　顺序变量

而顺序变量是指既没有相等的单位又没有绝对零点的变量,变量值仅仅依据事物的某一属性的大小或多少,按次序排列,并用数字作为名次的标志。比如,学生百米赛跑排名次,速度最快的定为第 1 名,次快的定为第 2 名,以此类推,所得 1,2,3…就是顺序变量。对此类数据不能用简单的四则运算进行统计处理。年份也是同理,可以使用 1991,1992 等,也可以使用 1,2,3,…。

5.2.4.3　曼-肯德尔法

曼-肯德尔(Mann - Kendall)法最初是由曼(Mann)和肯德尔(Kendall)两位学者提出相关原理,并进行了发展,所以以两位学者的姓名进行命名。但是,当时该方法仅用于检测序列的变化趋势。后来经其他人进一步完善和改进,才形成目前的计算格式。曼-肯德尔法的计算公式,在不同的参考资料中,略有不同。有些参考资料描述的有些模糊和错误,请读者在使用时注意。

计算步骤为:

(1) 计算顺序时间序列的秩序列 s_k

设时间序列 x 具有 n 个样本量,构造秩序列 s_k

$$\begin{cases} s_k = s_{k-1} + \sum\limits_{i=1}^{k-1} r_i \\ s_2 = r_1 \end{cases}, \ k = 3, 4, \cdots, n \tag{5.35}$$

式中

$$r_i = \begin{cases} 1, & \text{当 } x_k \geqslant x_i, \\ 0, & \text{当 } x_k < x_i, \end{cases} \quad i = 1, 2, \cdots, k-1 \tag{5.36}$$

秩序列 s_k 是第 k 时刻的数值大于 i 时刻数值的个数的累计数。

(2) 计算顺序统计量 UF_k

在时间序列随机独立的假定下,定义统计量 UF_k

$$UF_k = \frac{[s_k - E(s_k)]}{\sqrt{\text{var}(s_k)}}, \ k = 2, 3, \cdots, n \tag{5.37}$$

式中,$E(s_k)$、$\text{var}(s_k)$ 为累计数 s_k 的均值和方差。在 $x_1, x_2, \cdots, x_n$ 相互独立,而且有相同连续分布时

$$\begin{cases} E(s_k) = \dfrac{k(k-1)}{4} \\ \text{var}(s_k) = \dfrac{k(k-1)(2k+5)}{72} \end{cases} \quad k = 2, 3, \cdots, n \tag{5.38}$$

当 $k=1$ 时，s_k、$E(s_k)$ 和，$\text{var}(s_k)$ 均无意义，将 UF_1 赋值为 0。所构造的统计量 UF_k 为标准正态分布，它是按时间序列 x 的顺序 x_1，x_2，$\cdots$，x_n 计算出的统计量序列。

（3）将时间序列 x 逆序排列

即 x_n，x_{n-1}，$\cdots$，x_1，将之记为序列 y_1，y_2，$\cdots$，y_n。

（4）计算逆序时间序列的秩序列 s_{yk}

$$\begin{cases} s_{yk} = s_{yk-1} + \sum_{i=1}^{k-1} r_{yi} \\ s_{y2} = r_{y1} \end{cases}, \quad k = 3,\ 4,\ \cdots,\ n \tag{5.39}$$

式中，

$$r_{yi} = \begin{cases} 1, & \text{当 } y_k \geqslant y_i, \\ 0, & \text{当 } y_k < y_i, \end{cases} \quad i = 1,\ 2,\ \cdots,\ k-1 \tag{5.40}$$

（5）计算秩序列 s_{yk} 的均值和方差

在 y_1，y_2，$\cdots$，y_n 相互独立，而且有相同连续分布时

$$\begin{cases} E(s_{yk}) = \dfrac{k(k-1)}{4} \\ \text{var}(s_{yk}) = \dfrac{k(k-1)(2k+5)}{72} \end{cases} \quad k = 2,\ 3,\ \cdots,\ n \tag{5.41}$$

式中，$E(s_{yk})$、$\text{var}(s_{yk})$ 为累计数 s_{yk} 的均值和方差。

（6）计算逆序统计量 UB_{yk}

在时间序列随机独立的假定下，定义统计量 UB_{yk}

$$UB_{yk} = -UF_{yk} = -\frac{\left[s_{yk} - E(s_{yk})\right]}{\sqrt{\text{var}(s_{yk})}}, \quad k = 2,\ 3,\ \cdots,\ n \tag{5.42}$$

当 $k=1$ 时，s_k、$E(s_k)$、$\text{var}(s_k)$ 均无意义，将 UB_{yk1} 赋值为 0。此处得到的 UB_{yk} 表现的是逆序列在逆序时间上的趋势统计量。

（7）计算时间正序的逆序统计量 UB_k

在与 UF_k 做曼-肯德尔统计曲线图寻找突变点时，UF_k 和 UB_k 这两条曲线应该具有相同的时间轴，因此，需要再将统计量 UB_{yk} 按时间序列逆序排列，得到时间正序的 UB_k。

（8）计算临界值

给定显著性水平 α，根据正态分布的对称性，从正态分布函数表上查出与 $\alpha/2$ 水平相应的数值，即可确定出临界值 $u_{\alpha/2} = u_{0.025} = 1.96$，若 $|UF_k| > u_{\alpha/2}$ 则表明序列存在着明显的趋势变化。$u_{\alpha/2}$ 也可由 MATLAB 的 norminv$(1-\alpha/2, 0, 1)$ 计算得到。

（9）绘制曼-肯德尔统计曲线图

将 UF_k 和 UB_k 两条曲线，以及临界值 $u_{0.025} = \pm 1.96$ 两条直线绘在同一张图上，即可得到曼-肯德尔统计曲线图。

若 UF_k 的值大于 0，表明序列呈上升趋势，小于 0 则表明呈下降趋势。若超过临界直线

时,表明上升或下降趋势显著。超过临界线的范围确定为出现突变的时间区域。若 UF_k 和 UB_k 两条曲线出现交点,且交点在两条临界线之间,那么交点所对应的时刻便是突变开始的时间。曼-肯德尔(Mann - Kendall)法的优点在于,不仅计算简便,而且可以明确突变开始的时间,指出突变区域。因此,是一种常用的突变检测方法。

下面,用一个实例来说明曼-肯德尔法的具体做法。

例 5.6 用曼-肯德尔(Mann - Kendall)法检测 1900～1990 年上海年平均气温序列的突变(见表 5.3)。

表 5.3 1900～1990 年上海年平均气温序列(魏凤英,2013)

年	上海年平均气温序列									
1990～1909	15.4	14.6	15.8	14.8	15.0	15.1	15.1	15.0	15.2	15.4
1910～1919	14.8	15.0	15.1	14.7	16.0	15.7	15.4	14.5	15.1	15.3
1920～1929	15.5	15.1	15.6	15.1	15.1	14.9	15.5	15.3	15.3	15.4
1930～1939	15.7	15.2	15.5	15.5	15.6	16.1	15.1	16.0	16.0	15.8
1940～1949	16.2	16.2	16.0	15.6	15.9	16.2	16.7	15.8	16.2	15.9
1950～1959	15.8	15.5	15.9	16.8	15.5	15.8	15.0	14.9	15.3	16.0
1960～1969	16.1	16.5	15.5	15.6	16.1	15.6	16.0	15.4	15.5	15.2
1970～1979	15.4	15.6	15.1	15.8	15.5	16.0	15.2	15.2	16.2	16.2
1980～1989	15.2	15.7	16.0	16.0	15.7	15.9	15.7	16.7	15.3	16.1
1990	16.2									

从图 5.14 中的 UF_k 曲线(即橘红色曲线)可以看出,自 20 世纪 20 年代以来,上海年平均气温有一个明显的增暖趋势。30～90 年代,这种增暖趋势均大大超过了 0.05 临界线,甚至超过了 0.001 显著性水平($u_{0.001} = \pm 2.56$),表明,上海气温的上升趋势是十分显著的。根据 UF_k 和 UB_k 两条曲线交点的位置,可以确定上海年平均气温 20 世纪 20 年代的增暖是一突变现象,具体是从 1925 年开始的。

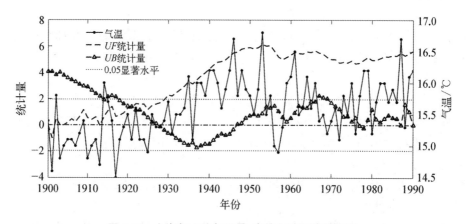

图 5.14 上海年平均气温曼-肯德尔统计量曲线图

使用曼-肯德尔法检测例 5.5 中 1978～2021 年中国近海年平均 SST 序列的突变情况。从图 5.15 中的 UF_k 曲线(即虚线)可以看出,中国近海年平均 SST 有一个明显的上升趋势。21 世纪初,这种增暖趋势均大大超过了 0.05 临界线,甚至超过了 0.001 显著性水平($u_{0.001} = \pm 2.56$),表明中国近海年平均 SST 的上升趋势是十分显著的。根据 UF_k 和 UB_k 两条曲线交点的位置,可以确定中国近海年平均 SST 21 世纪初的上升是一突变现象,具体是从 2005 年开始的。但是,曼-肯德尔法并没有检验出 20 世纪 90 年代的突变,而滑动 t 检验、克拉默法和山本法均检验出了这一突变。

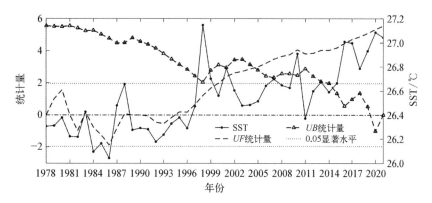

图 5.15　1978～2021 年中国近海年平均 SST 曼-肯德尔法检测图

5.2.5　佩蒂特(Pettitt)法

佩蒂特(Pettitt)法是一种与曼-肯德尔法相似的非参数检验方法,由佩蒂特最先应用于突变点的检测,所以被称为佩蒂特(Pettitt)方法(Pettitt,1979)。

与曼-肯德尔法一样,佩蒂特法也需要构造一个秩序列 s_k,秩序列 s_k 是 k 时刻数值大于或小于 i 时刻数值个数的累积数

$$\begin{cases} s_k = s_{k-1} + \sum_{i=1}^{k-1} r_i \\ s_2 = r_1 \end{cases}, \quad k = 3, 4, \cdots, n \tag{5.43}$$

不同的是,r_i 是分三种情况定义的,即

$$r_i = \begin{cases} 1, & \text{当 } x_k > x_i, \\ 0, & \text{当 } x_k = x_i, \quad i = 1, 2, \cdots, k \\ -1, & \text{当 } x_k < x_i, \end{cases} \tag{5.44}$$

佩蒂特法直接利用秩序列来检测突变点,将秩序列 s_k 的绝对值的最大值所在的时刻 t_0 定义为突变点,即

$$k_{t_0} = \max\{|s_k|\}, \quad k = 2, 3, \cdots, n \tag{5.45}$$

计算统计量 P

$$P = 2e^{-6k_{t_0}^2 / (n^3 + n^2)} \tag{5.46}$$

若 $P \leqslant 0.5$，则认为检测出的突变点在统计意义上是显著的。

使用佩蒂特法检测例 5.6 中 1900～1990 上海年平均气温的突变情况，发现佩蒂特方法获得的秩序列曲线是一条上升曲线（见图 5.16），最大值出现在 1990 年，并没有检测出 20 年代的突变。因为 $p < 0.05$，所以检测出的突变点在 0.05 的显著性水平上是显著的。

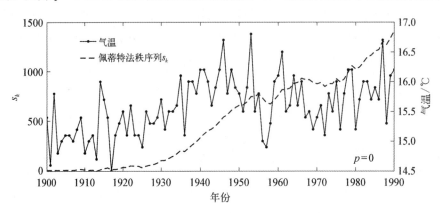

图 5.16　上海年平均气温佩蒂特法曲线图

使用佩蒂特法检测例 5.5 中 1978～2021 年中国近海年平均 SST 序列的突变情况。图 5.17 中的佩蒂特法秩序列 s_k 曲线（即虚线）是一条上升曲线，最大值出现在 2021 年，并没有检测出 20 世纪 90 年代和 21 世纪初的突变。因为 $p < 0.05$ 所以检测出的突变点在 0.05 的显著性水平上是显著的。

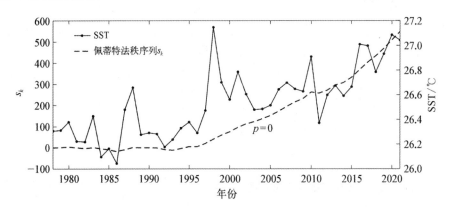

图 5.17　1978～2021 年中国近海年平均 SST 佩蒂特法检测图

由此可以看出，不同的突变检测方法，所得到的结论可能会有所不同，读者在检测突变时，应当结合多种检测方法进行检测。同时要根据其物理意义和原序列的变化趋势最终判断突变点。

5.2.6　勒帕热(Le Page)法

勒帕热(Le Page)法是一种无分布双样本的非参数检验方法。它的统计量是由标准的威氏(Wilcoxon)检验和安氏-布氏(Ansariy‐Bradley)检验之和构成的。由于将两个检验联合在一起的原理,最早是由勒帕热提出的,因此,将其称为勒帕热检验(Yonetani,1992)。已有的研究证明,与其他检验相比,勒帕热(Le Page)法是一种十分奏效的检验方法。但是,迄今为止,勒帕热(Le Page)法还没有像之前介绍的方法那样广泛地应用到气候研究领域(魏凤英,2013)。

勒帕热检验原本是用于检验两个独立总体有无显著差异的非参数统计检验方法。用它来检测序列的突变,其基本思想是将序列中的两个子序列看作是两个独立总体,经过统计检验,若两个子序列有显著的差异,就认为在划分子序列基准点的时刻出现了突变。

计算步骤为

(1) 确定基准点前后两子序列的样本长度

一般取 $n_1 = n_2 = I_H$。

(2) 计算秩序列 s_i

采用连续设置基准点的方法,以滑动的方式计算 $n_{12} = n_1 + n_2$ 范围内的秩序列 s_i

$$s_i = \begin{cases} 1, & \text{最小值出现在基准点之前} \\ 0, & \text{最小值出现在基准点之后} \end{cases} \tag{5.47}$$

(3) 构造秩统计量 W

$$W = \sum_{i=1}^{n_{12}} i s_i \tag{5.48}$$

式(5.48)中的秩统计量 W 是两个子序列的累积数,是威氏检验的统计量。其均值和方差 $E(W)$ 和 $\mathrm{var}(W)$ 分别是 n_1 和 n_2 的函数

$$\begin{cases} E(W) = \dfrac{1}{2} n_1 (n_1 + n_2 + 1) \\ \mathrm{var}(W) = \dfrac{1}{12} n_1 n_2 (n_1 + n_2 + 1) \end{cases} \tag{5.49}$$

(4) 构造统计量 A

$$A = \sum_{i=1}^{n_1} i s_i + \sum_{i=n_1+1}^{n_{12}} (n_{12} - i + 1) s_i \tag{5.50}$$

统计量 A 是两个子序列各自累计数之和,是安氏-布氏检验统计量。前半部分 $\sum_{i=1}^{n_1} i s_i$ 是基准点之前子序列的累计数,后半部分 $\sum_{i=n_1+1}^{n_{12}} (n_{12} - i + 1) s_i$ 是基准点之后子序列的累计数。

秩统计量 A 的均值和方差分别为 $E(A)$ 和 $\mathrm{var}(A)$

$$\begin{cases} E(A) = \dfrac{1}{4} n_1 (n_1 + n_2 + 2) \\ \mathrm{var}(A) = \dfrac{n_1 n_2 (n_1 + n_2 - 2)(n_1 + n_2 + 2)}{48(n_1 + n_2 - 1)} \end{cases} \tag{5.51}$$

(5) 构造威氏和安氏-布氏联合统计量 WA

$$WA = \frac{[W - E(W)]^2}{\mathrm{var}(W)} + \frac{[A - E(A)]^2}{\mathrm{var}(A)} \tag{5.52}$$

式中,WA 就是勒帕热统计量。

（6）计算临界值

当样本量足够大时,WA 渐近于自由度为2的 χ^2 分布。给定显著性水平 α,查 χ^2 分布表,得到自由度为2的临界值,当 WA_i 超过临界值时,表明第 i 时刻前时段的样本与第 i 时刻后的样本之间存在着显著性差异,就会认为 i 时刻发生了突变。除了查表之外,也可以使用 MATLAB 的 chi2inv$(1-\alpha/2, \nu)$ 计算得到上界 $\chi^2_{\alpha/2}$,然后使用 chi2inv$(\alpha/2, \nu)$ 计算得到下界 $\chi^2_{1-\alpha/2}$。

勒帕热法也需要人为地确定子序列的长度,使用时,应该反复变动子序列的长度,以避免由于突变点漂移而给解释带来困难。可以直接使用 MATLAB 的 ranksum 和 ansaribradley 函数分别计算 W 和 A。

利用勒帕热法检验了例5.6中1900~1990上海年平均气温序列的突变情况,检测出在1936年出现了突变(见图5.18)。

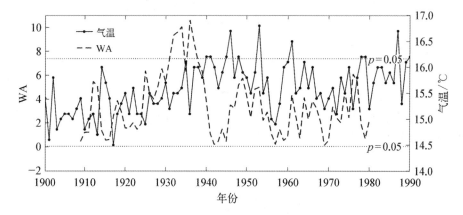

图 5.18　1900~1990 上海年平均气温勒帕热统计量曲线图

利用勒帕热法检验例5.5中1978~2021年中国近海年平均 SST 序列的突变情况。检测出在1992~2000年出现了突变,且在1996年出现了最大值(见图5.19)。检测出20世纪90年代和21世纪初的突变。检测出的突变点在0.05的显著性水平上是显著的。

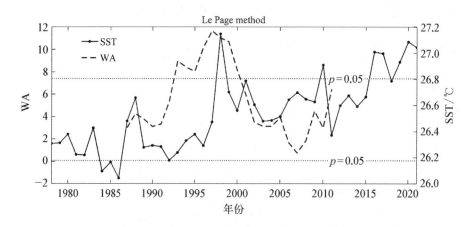

图 5.19　1978~2021 年中国近海年平均 SST 勒帕热法检测图

除了气候突变检测的滑动 t 检验法、克拉默法、山本法、曼-肯德尔法、佩蒂特方法和勒帕热法之外,气候突变检测的方法还有很多,这里就不一一赘述了。在突变检测时,使用不同的突变检测方法,所得到的结论可能不同。请读者在检测突变时,结合多种检测方法进行检测。同时要根据其物理意义和原序列的变化趋势最终判断突变点。

5.3　气候序列周期提取方法

提取时间序列振荡周期的统计方法发展十分迅速。从离散的周期图、方差分析发展到连续谱分析。然而,周期图不能处理周期的位相突变和周期振幅的变化。方差分析在具体实施时,对原序列寻找一个隐含的显著周期的统计推断是十分巧妙的,但用剩余序列推断第二和第三个周期时,从假设检验的意义上讲,就很牵强。就其结果而言,周期图法、方差分析法及经典的谐波分析,都是从时间域上研究气候序列中的周期振荡的方法,它们将气候序列中的周期性看作是正弦波,有其固有的局限性,此处就不多作介绍了(魏凤英,2013)。

1807 年,法国数学家傅立叶提出,在有限时间间隔内定义的任何函数都可以用正弦分量的无限谐波的叠加来表示,这样就出现了与时域相对应的频域。特别是 1965 年出现快速傅里叶变换以来,使频时分析走向实用并迅速拓展。后来,又出现了研究周期现象的新技术——奇异谱分析和时频结构分析的新方法——小波分析,使得提取气候序列周期技术有了新的飞跃。本节将重点介绍以傅里叶变换概念为基础的功率谱和以自回归模型为基础的最大熵谱,除此之外就是奇异谱分析和小波分析。

5.3.1　功率谱

功率谱分析是以傅里叶变换为基础的频域分析方法,它的意义是将时间序列的总能量分解到不同频率上的分量上,然后根据不同频率波的方差贡献,诊断出序列的主要频率,从而确定出主要周期,这就是序列隐含的显著周期(魏凤英,2013)。功率谱是应用极为广泛的一种分析周期的方法。

对于一列实测时间序列 x_t, $t = 1, 2, \cdots, n$,有两种完全等价的方法进行功率谱估计。一种是直接的离散功率谱估计,另一种是通过自相关函数进行连续功率谱估计。

5.3.1.1　离散功率谱估计

(1)将序列 x_t 进行傅里叶级数展开

$$x_t = a_0 + \sum_{k=1}^{\infty} (a_k \cos \omega kt + b_k \sin \omega kt) \tag{5.53}$$

式中,a_0, a_k, b_k 为傅里叶系数,可以由方程求得

$$\begin{cases} a_0 = \dfrac{1}{n} \sum_{t=1}^{n} x_t = \bar{x} \\ a_k = \dfrac{2}{n} \sum_{t=1}^{n} x_t \cos \dfrac{2\pi k}{n}(t-1) \\ b_k = \dfrac{2}{n} \sum_{t=1}^{n} x_t \sin \dfrac{2\pi k}{n}(t-1) \end{cases} \tag{5.54}$$

式中,k 为波数,$k=1,\ 2,\ \cdots,\ [n/2]$,$[\ ]$ 表示取整数。

(2) 计算不同波数 k 的功率谱值

$$s_k^2=\frac{1}{2}(a_k^2+b_k^2) \tag{5.55}$$

(3) 使用波数 k 计算周期值 T_k

$$T_k=\frac{n}{k} \tag{5.56}$$

(4) 绘制谱图

以波数 k 为横轴,离散功率谱估计 s_k^2 为纵坐标绘制谱图,并在图中标注出功率谱最大的几个值所对应的周期,周期的单位为年。使用离散功率谱方法提取例 5.6 中 1900~1990 年上海年平均气温的周期,发现有 45.5 年,6.5 年和 2.93 年的周期(见图 5.20)。

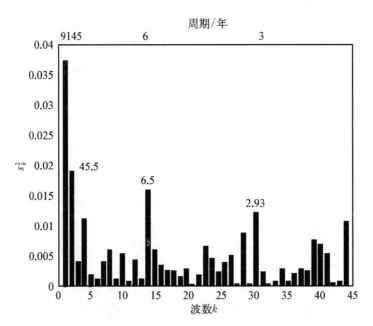

图 5.20　1900~1990 上海年平均气温离散功率谱

5.3.1.2　连续功率谱估计

根据谱密度与自相关函数互为傅里叶变换的重要性质,通过自相关函数间接作出连续功率谱估计。

(1) 计算自相关函数 $r(j)$

对时间序列 x_t,计算最大滞后时间长度为 m 的自相关系数 $r(j)$($j=0,\ 1,\ 2,\ \cdots,\ m$)

$$r(j)=\frac{1}{n-j}\sum_{t=1}^{n-j}\left(\frac{x_t-\bar{x}}{s}\right)\left(\frac{x_{t+j}-\bar{x}}{s}\right) \tag{5.57}$$

式中,$\bar{x}$ 为序列 x_t 的均值;s 为序列 x_t 的标准差。

最大滞后时间长度 m 是给定的,在已知序列样本量为 n 的情况下,功率谱估计随 m 的不同而发生变化。当 m 取较大值时,功率谱的峰值较多,但这些峰值并不能表明有对应的周期现象,而可能是对真实谱的估计偏差所造成的虚假现象。当 m 取太小值时,谱估计会过于光滑,不容易出现峰值,难以确定主要周期。因此,最大滞后长度的选取十分重要,一般 m 取为 $n/3 \sim n/10$ 为宜(魏凤英,2013)。

(2) 计算不同波数 k 的粗谱估计值

$$\hat{s}_k = \frac{1}{m}\left[r(0) + 2\sum_{j=1}^{m-1} r(j)\cos\frac{k\pi j}{m} + r(m)\cos k\pi\right] \tag{5.58}$$

式中,$k = 0, 1, \cdots, m$;$r(j)$ 表示第 j 个时间间隔上的自相关函数。在实际计算中,考虑端点特性,常用下列形式

$$\begin{cases} \hat{s}_0 = \frac{1}{2m}\left[r(0) + r(m)\right] + \frac{1}{m}\sum_{j=1}^{m-1} r(j) \\ \hat{s}_k = \frac{1}{m}\left[r(0) + 2\sum_{j=1}^{m-1} r(j)\cos\frac{k\pi j}{m} + r(m)\cos k\pi\right] \\ \hat{s}_m = \frac{1}{2m}\left[r(0) + (-1)^m r(m)\right] + \frac{1}{m}\sum_{j=1}^{m-1} (-1)^j r(j) \end{cases} \tag{5.59}$$

(3) 对粗谱进行平滑

因为粗谱估计与真实谱存在一定的误差,所以对粗谱估计需要作平滑处理,以便得到连续性的谱值。常用汉宁平滑系数(也叫汉宁窗函数)来进行平滑

$$\begin{cases} s_0 = 0.5\hat{s}_0 + 0.5\hat{s}_1 \\ s_k = 0.25\hat{s}_{k-1} + 0.5\hat{s}_k + 0.25\hat{s}_{k+1} \\ s_m = 0.5\hat{s}_{m-1} + 0.5\hat{s}_m \end{cases} \tag{5.60}$$

(4) 根据波数 k 计算周期值 T_k

$$T_k = \frac{2m}{k} \tag{5.61}$$

(5) 对谱估计作显著性检验

为了确定谱值在哪一段最突出,并了解该谱值的统计意义,需要求出一个标准过程谱以便进行比较。标准谱有两种情况:红噪声标准谱和白噪声标准谱。

1) 红噪声标准谱

$$s_{0k} = \bar{s}\left[\frac{1 - r(1)^2}{1 + r(1)^2 + 2r(1)\cos\frac{\pi k}{m}}\right] \tag{5.62}$$

式中,$\bar{s}$ 为 $m+1$ 个谱估计值的均值,即

$$\bar{s} = \frac{1}{2m}(s_0 + s_m) + \frac{1}{m}\sum_{k=1}^{m-1} s_k \tag{5.63}$$

2）白噪声标准谱

$$s_{0k} \equiv \bar{s} \tag{5.64}$$

若序列的滞后自相关系数 $r(1)$ 为较大的正值时，表明序列具有持续性，用红噪声标准谱检验。若 $r(1)$ 接近 0 或为负值时，表明序列没有持续性，用白噪声标准谱检验。

假设总体谱是某一随机过程的谱，记为 $\mathrm{E}(s)$，则

$$\frac{s}{\mathrm{E}(s)/\nu} = \chi_{\nu}^2 \tag{5.65}$$

遵从自由度为 ν 的 χ^2 分布。自由度 ν 与样本量 n 及最大滞后长度 m 有关，即

$$\nu = \left(2n - \frac{m}{2}\right)\Big/m \tag{5.66}$$

给定显著性水平 α，查表得到 χ_{α}^2 值，临界值也可以用 MATLAB 的 chi2inv($1-\alpha$, ν) 函数计算得到。使用临界值 χ_{α}^2 和自由度 ν 计算显著性水平 α 下的标准谱

$$s_{0k}' = s_{0k}\left(\frac{\chi_{\alpha}^2}{\nu}\right) \tag{5.67}$$

若谱估计值 $s_k > s_{0k}'$，则表明 k 波数所对应的周期波动是显著的。

（6）绘制连续功率谱图

以周期为横坐标值，谱值为纵坐标，将功率谱估计和标准谱绘成连续功率谱图（见图 5.21）。

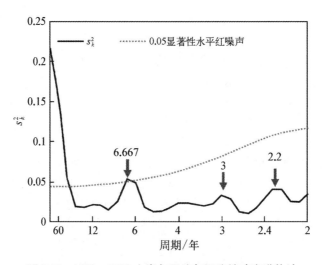

图 5.21　1900～1990 上海年平均气温连续功率谱估计

（7）确定序列的显著周期

从连续功率谱图中确定序列的显著周期。首先，看功率谱估计曲线的峰点是否越过标准谱，若超过标准谱，则说明峰点所对应的周期是显著的。该周期是序列存在的第一显著周期。再从图上找次峰点，再次峰点……看其是否超过标准谱，从中找出第二、第三……显著周期。

使用连续功率谱估计方法提取例 5.6 中 1900～1990 年上海年平均气温的周期,发现有 6.667 年的显著周期,且超过了 95% 的显著性水平。在 5.3.1.1 离散功率谱估计中也提取到了类似长度的周期。

5.3.2　最大熵谱

连续功率谱估计需要借助谱窗函数对粗谱进行平滑。因此,功率谱估计的统计稳定性和分辨率都与选择的窗函数有关。例如,5.3.1 功率谱中使用的是汉宁窗函数平滑公式。因为使用了与分析系统毫无关系的窗函数,有时就可能会得出虚假的结论。另外,在连续功率谱估计中,自相关函数估计与样本量的大小有关,这也会造成谱估计的误差,影响分辨率。由此可见,功率谱存在着分辨率不高和有可能产生虚假频率分量等缺点。由于功率谱不需要由时间序列本身提供某种参数模式,因而是一种非参量谱估计(魏凤英,2013)。

Burg(1967)提出了"最大熵"谱估计方法,将谱估计推进了一个新的阶段。"最大熵"谱的基本思想是,以信息论中熵的概念为基础,选择这样一种谱估计:在外推已知时间序列的自相关函数时,其外推原则是使相应的序列在未知点上的取值具有最大的不确定性。即不对结果做人为的主观干预,因而所得的信息最多。最大熵谱估计是与确定时间序列的参数模式——自回归模型有关的方法,是一种参数谱估计。最大熵谱具有分辨率高等优点,尤其适用于短序列,因此受到人们的广泛重视(魏凤英,2013)。

5.3.2.1　方法概论

Burg(1967)将"熵"的概念引入到谱估计中,提出了最大熵谱估计。在统计学中,用"熵"作为各种随机事件不确定性程度的度量。假定研究的随机事件只有 n 个相互独立的结果,它们相应的概率为 P_i, $i = 1, 2, \cdots, n$,而且概率之和为 1

$$\sum_{i=1}^{n} P_i = 1 \tag{5.68}$$

已经证明,可以用熵 H 来度量随机事件不确定性的程度

$$H = -\sum_{i=1}^{n} P_i \lg P_i \tag{5.69}$$

对于均值为 0,方差为 σ^2 的正态分布序列 x,熵 H 为

$$H = \ln \sigma \sqrt{2\pi e} \tag{5.70}$$

式中,e 为自然常数,是自然对数函数的底数,是一个无限不循环小数,其值约为 2.718 28。

由信息论可知,等概率的随机事件熵值最大。因为熵 H 是方差 σ^2 的函数,所以熵越大其对应的方差 σ^2 越大。根据方差与功率谱密度之间的关系,以及功率谱密度与自相关函数互为傅里叶变换的重要性质

$$r(j) = \int_{-\infty}^{+\infty} s(\omega) e^{i\omega j} d\omega \tag{5.71}$$

给出了熵的功率谱积分形式

$$H = \int_{-\infty}^{+\infty} \ln s(\omega) d\omega \tag{5.72}$$

但是,对有限的样本序列,只能用有限个自相关函数 $r(j)$ 的估计值来代替 $r(j)$。因此,关键问题在于如何利用 $r(j)$ 提供的信息去估计谱密度 $s(\omega)$。泛函分析中的拉格朗日乘子法给出了使熵谱最大时的熵谱密度 $S_H(\omega)$

$$S_H(\omega) = \frac{\sigma_{k0}^2}{\left| 1 - \sum_{k=1}^{k0} a_k^{(k0)} e^{-i\omega k} \right|^2} \tag{5.73}$$

式中,k_0 为自回归的阶数;$a_k^{(k0)}$ 为自回归系数;σ_{k0}^2 为预报误差方差估计。由方程(5.73)可见,最大熵谱估计实质上是自回归模型的谱。

最大熵谱最流行的算法是伯格算法,其思路为建立适当阶数的自回归模型,然后利用式(5.73)的熵谱密度函数计算最大熵谱。变量 x 的自回归模型为

$$x_t = a_1 x_{t-1} + a_2 x_{t-2} + \cdots + a_k x_{t-k} + \varepsilon_t \tag{5.74}$$

式中,a_1, a_2, $\cdots$, a_k 为自回归系数;ε_t 为白噪声。在线性系统中,将自回归模型看做预报误差滤波器,输入为 x_t,输出为 ε_t。假设均值为 0,k 阶预报误差滤波器的输出方差为 σ_k^2,则相应的系数为 $a_1^{(k)}$, $a_2^{(k)}$, $\cdots$, $a_k^{(k)}$。注意,此处上标 k 表示此时对应的阶数。

对应 k 阶的自相关函数 $r(k)$、预报误差滤波器输出方差 σ_k^2 以及自回归模型的系数 $a_1^{(k)}$, $a_2^{(k)}$, $\cdots$, $a_k^{(k)}$,都可由之前阶数值递推得到。

0 阶

$$r(0) = \sigma_0^2 = \frac{1}{n} \sum_{t=1}^{n} x_t^2 \tag{5.75}$$

1 阶

$$\begin{cases} a_1^{(1)} = \dfrac{2 \sum\limits_{t=2}^{n} x_t x_{t-1}}{\sum\limits_{t=2}^{n} (x_t^2 + x_{t-1}^2)} \\ r(1) = a_1^{(1)} \sigma_0^2 \\ \sigma_1^2 = \{1 - [a_1^{(1)}]^2\} \sigma_0^2 \end{cases} \tag{5.76}$$

2 阶

$$\begin{cases} r(2) = a_1^{(1)} r(1) + a_1^{(1)} \sigma_1^2 \\ a_2^{(2)} = \dfrac{\sum\limits_{t=3}^{n} (x_t - a_1^{(1)} x_{t-1})(x_{t-2} - a_1^{(1)} x_{t-1})}{\sum\limits_{t=3}^{n} [(x_t - a_1^{(1)} x_{t-1})^2 + (x_{t-2} - a_1^{(1)} x_{t-1})^2]} \\ a_1^{(2)} = a_1^{(1)} - a_2^{(2)} a_1^{(1)} \\ \sigma_2^2 = \sigma_1^2 - a_2^{(2)} [r(2) - a_1^{(1)} r(1)] = \{1 - [a_2^{(2)}]^2\} \sigma_1^2 \end{cases} \tag{5.77}$$

$k+1$ 阶

$$\begin{cases} a_{k+1}^{(k+1)} = \dfrac{2 \sum\limits_{t=k+2}^{n} \left(x_t - \sum\limits_{j=1}^{k} a_j^{(k)} x_{t-j} \right) \left(x_{t-k-1} - \sum\limits_{j=1}^{k} a_j^{(k)} x_{t-k-1+j} \right)}{\sum\limits_{t=k+2}^{n} \left[\left(x_t - \sum\limits_{j=1}^{k} a_j^{(k)} x_{t-j} \right)^2 + \left(x_{t-k-1} - \sum\limits_{j=1}^{k} a_j^{(k)} x_{t-k-1+j} \right)^2 \right]} \\ r(k+1) = \sum\limits_{j=1}^{k} a_j^{(k)} \cdot r(k+1-j) + a_{k+1}^{(k+1)} \sigma_k^2 \\ \sigma_{k+1}^2 = \left\{ 1 - \left[a_{k+1}^{(k+1)} \right]^2 \right\} \sigma_k^2 \\ a_j^{(k+1)} = a_j^{(k)} - a_{k+1}^{(k+1)} a_{k+1-j}^{(k+1)} \end{cases} \tag{5.78}$$

伯格算法的巧妙之处在于直接从序列来计算谱密度的参数,不必提前算出自相关函数。在建立自回归模型的过程中,必须根据某种准则截取阶数 k_0,并用递推法算出各阶自回归系数。确定自回归模型的阶数 k_0 可以采用最终预测误差准则、信息论准则和自回归传输函数准则。

(1) 最终预测误差(FPE)准则

最终预测误差准则又称为 FPE 准则,由日本的赤池弘治提出。假设某一随机过程有两组采样,若用其中一组采样计算出的自回归模型来估计另外一组,就会有预测均方误差。该均方误差在某一 k 值时,会达到一个最小值,该 k 值就是自回归模型的最佳阶数。

当过程的均值为 0 时,k 阶自回归模型的 FPE 定义为

$$\text{FPE}(k) = \frac{n+k}{n-k} \sigma_k^2 \tag{5.79}$$

式中,$k = 1, 2, \cdots, n-1$。

(2) 信息论准则(AIC)

信息论准则又称为 AIC 准则,也是由赤池弘治提出来的。该方法将统计学中极大似然原理估计参数方法进行了改进。AIC 准则定义为

$$\text{AIC}(k) = \ln \sigma_k^2 + \frac{2k}{n} \tag{5.80}$$

AIC 准则对预测均方误差与模型阶数进行了权衡。AIC 准则以 AIC 值达到最小为准则确定自回归模型的阶数。在一定条件下,FPE 准则与 AIC 准则是等价的。

(3) 自回归传输函数准则(CAT)

自回归传输函数准则又称为 CAT 准则,是由帕森提出来的。按照该准则,当自回归模型与估计自回归模型之间的均方误差之差的估计值为最小时,自回归的阶数就是最佳阶数。CAT 准则定义为

$$\text{CAT}(k) = \frac{1}{n} \sum_{j=1}^{k} \frac{n-j}{n \sigma_j^2} - \frac{n-k}{n \sigma_k^2} \tag{5.81}$$

5.3.2.2 计算步骤

（1）计算 0 阶

使用式(5.75)计算出 $k=0$ 时的 0 阶预报误差滤波器输出方差 σ_0^2。

（2）计算 1 阶

使用式(5.76)计算出 $k=1$ 时的 1 阶自回归系数 $a_1^{(1)}$，再使用 $a_1^{(1)}$ 和计算得到的 0 阶预报误差滤波器输出方差 σ_0^2 计算 1 阶预报误差滤波器输出方差的估计值 σ_1^2 和自相关函数 $r(1)$。

（3）计算 $k \geqslant 2$ 阶

对于 $k \geqslant 2$，使用式(5.77)和(5.78)及之前阶数得到的自回归系数、预报误差滤波器输出方差和自相关函数求出 k 阶的对应数值。

（4）截取最佳阶数

将计算出的各阶预报误差滤波器输出方差代入最终预测误差准则式(5.79)或其他准则，准则取最小值时对应的阶数 k_0 为自回归最佳阶数。

（5）挑选自回归系数

从计算得到的 $a_k^{(k)}$ 矩阵中，挑选出最佳阶数对应的自回归系数 $a_1^{(k_0)}$，$a_2^{(k_0)}$，$\cdots$，$a_{k_0}^{(k_0)}$。

（6）计算周期 T_l

最大熵谱的离散形式 $S_H(l)$

$$S_H(l) = \frac{\sigma_{k_0}^2}{\left[1 - \sum_{k=1}^{k_0} a_k^{(k_0)} \cos\left(\frac{\pi l k}{m}\right)\right]^2 + \left[\sum_{k=1}^{k_0} a_k^{(k_0)} \sin\left(\frac{\pi l k}{m}\right)\right]^2} \tag{5.82}$$

式中，频率 $\omega_l = \frac{2\pi l}{2m}$，$l = 0, 1, 2, \cdots, m$，$m$ 为选取的最大波数，在序列样本量不大时，m 通常取 $n/2$。对应的周期为

$$T_l = \frac{2m}{l} \tag{5.83}$$

（7）将计算出的最大熵谱谱密度绘制成图

以周期为横坐标，最大熵谱谱密度为纵坐标绘制最大熵谱谱密度图。若谱密度有尖锐的峰点，其对应的周期就是序列存在的显著周期。

（8）马普尔纠正

用伯格递推法估计出的谱密度有时也会出现峰值漂移，或出现将真实峰值估计成两个或多个接近峰值的现象，对这种现象可以采用马普尔方法进行纠正(项静恬，1991)，此处不再赘述。

用最大熵谱方法提取例 5.6 中 1900～1990 上海年平均气温的周期，发现有 45.5 年的显著周期(见图 5.22)，该周期在 5.3.1.1 离散功率谱估计的计算中也有显示。

5.3.3 奇异谱分析

奇异谱分析(Singular Spectrum Analysis，简称 SSA)是从时间序列的动力重构出发，

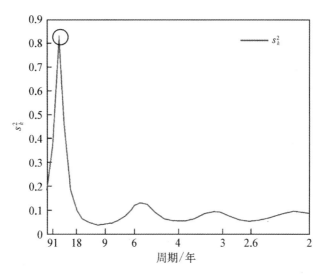

图 5.22　1900～1990 上海年平均气温最大熵谱估计

并与经验正交函数(Empirical Orthogonal Function，EOF)相联系的一种统计技术。奇异谱分析方法在时间范围上的信号处理中使用的比较多(魏凤英，2013)。

5.3.3.1　方法概述

奇异谱分析(SSA)的具体操作过程是：将一个样本量为 n 的时间序列 $x(t)$，按照给定的嵌套空间维数 m 构造一个资料矩阵 X

$$X = \begin{bmatrix} x_1 & x_2 & \cdots & x_{n_*} \\ x_2 & x_3 & \cdots & x_{n_*+1} \\ \vdots & \vdots & \vdots & \vdots \\ x_m & x_{m+1} & \cdots & x_n \end{bmatrix} \qquad (5.84)$$

式中，m 称为窗口长度。若该资料矩阵计算出了明显成对的特征值，而且相应的经验正交函数 EOF 几乎是周期性或正交的，那么特征值和特征向量对应的通常就是信号中的振荡行为。

奇异谱分析(SSA)，在数学上是经验正交函数 EOF 在延滞坐标上的表达，也可以看作是 EOF 的一种特殊应用。分解的空间结构与时间尺度有关，可以有效地从一个有限的、含有噪声的时间序列中提取信息。Broomhead et al.(1986)最先将奇异谱分析引入到非线性动力学研究中，后来由 Vautard et al.(1992)和 Ghil et al.(1991)将其进行了一系列改进，并应用到研究气候序列的周期振荡现象中。

奇异谱分析(SSA)的优点主要表现在两个方面：一个是它的滤波器不像通常的谱分析那样，需要预先给定，而是根据资料自身最优确定。因此，奇异谱分析适合于识别隐含在气候序列中的弱信号。特别是，奇异谱分析不需要假定时间序列是由不同频率的正弦波叠加而成，因而也就不需要将一个本质上是非线性振荡的信号分解为大量正弦波的叠加来讨论了。第二个方面是，奇异谱分析对嵌套空间维数 m 的限定，可以对振荡转换进行时间定位(魏凤英，2013)。

5.3.3.2 计算步骤

在具体计算时，

(1) 构造二维资料矩阵 X

对一维海洋时间序列 $x(t)$ $(t=1, 2, \cdots, n_T)$，按给定的嵌套空间维数 m 构造二维资料矩阵 X

$$X = \begin{bmatrix} x_1 & x_2 & \cdots & x_j & \cdots & x_n \\ x_2 & x_3 & \cdots & x_{j+1} & \cdots & x_{n+1} \\ \vdots & \vdots & \vdots & \vdots & \vdots & \vdots \\ x_m & x_{m+1} & \cdots & x_{j+m-1} & \cdots & x_{n_T} \end{bmatrix} \tag{5.85}$$

相当于是对序列 $x(t)(t=1, 2, \cdots, n_T)$ 以 m 为步长截断，再使用类似方差分析的排序方法，对序列 $x(t)$ 进行重新排列。二维资料矩阵 X 的第一列为 $x_1, x_2, \cdots, x_m$，第二列为 $x_2, x_3, \cdots, x_{m+1}$，以此类推，可以计算出二维资料矩阵一共有 $n=n_T-m+1$ 列，最后一列为 $x_n, x_{n+1}, \cdots, x_{n_T}$。可以把二维资料矩阵的第 j 列看作是第一列的滞后序列，滞后 $j-1$ 个时间单位。

棘手的问题是如何恰当地选取嵌套空间维数 m。从要求涵盖较多信息量的角度来说，需要选取大些的 m；从统计的可信度考虑，则要求 m 越小越好。通常根据研究问题的时间尺度，选择适中的 m。一般来说，$m \leqslant \dfrac{n_T}{2}$。

(2) 计算资料矩阵 X 的滞后协方差矩阵 S_{ij}

$$S_{ij} = \frac{1}{n} \sum_{t=1}^{n} x_t x_{t+j} \tag{5.86}$$

式中，j 为时间滞后步长，$j=1, 2, \cdots, m$。

滞后协方差矩阵也称为延时-协变矩阵，它是一个对称阵，而且主对角线上的元素值为同一个常数，这种结构称为特普利茨矩阵。其中，矩阵中的元素 $c(j)$ 是延时为 j 时 x_i 的协方差。

在具体计算时：

1) 计算出延时为 j 时 x_i 的协方差 $c(j)$

$$c(j) = \frac{1}{n_T-j} \sum_{i=1}^{n_T-j} x_i x_{i+j} \tag{5.87}$$

式中，$j=0, 1, 2, \cdots, m-1$。

2) 对矩阵 S 赋值

当 $j=0$ 时，$S(i, i)=c(0)$；当 $j \neq 0$ 时，$S(i, i+j)=S(i+j, i)=c(j)$

$$S = \begin{bmatrix} c(0) & c(1) & c(2) & c(3) & \cdots & c(m-2) & c(m-1) \\ c(1) & c(0) & c(1) & c(2) & \cdots & c(m-3) & c(m-2) \\ c(2) & c(1) & c(0) & c(1) & \cdots & c(m-4) & c(m-3) \\ \vdots & \vdots & \vdots & \vdots & \vdots & \vdots & \vdots \\ c(m-1) & c(m-2) & c(m-3) & c(m-4) & \cdots & c(1) & c(0) \end{bmatrix}$$

$$\tag{5.88}$$

（3）求解协方差矩阵 S_{ij} 的特征值 λ_k 和相应的特征向量 Φ

在具体计算时，可以直接使用 MATLAB 的 $[\sim, \lambda, \Phi] = \mathrm{svd}(S)$ 函数进行计算。Φ 矩阵的第 k 列就是第 k 个特征值 λ_k 所对应的特征向量 φ_k

$$\Phi = \begin{bmatrix} \varphi_{11} & \varphi_{12} & \cdots & \varphi_{1k} & \cdots & \varphi_{1m} \\ \varphi_{21} & \varphi_{22} & \cdots & \varphi_{2k} & \cdots & \varphi_{2m} \\ \vdots & \vdots & \vdots & \vdots & \vdots & \vdots \\ \varphi_{m1} & \varphi_{m2} & \cdots & \varphi_{mk} & \cdots & \varphi_{mm} \end{bmatrix} \tag{5.89}$$

式中，Φ 就是时间经验正交函数，记为 T-EOF。T-EOF 则是滞后时间步长的函数，不再是空间的函数。

（4）绘制出特征值 λ_k 随滞后长度 k 的变化图

当特征值 λ_k 随 k 的变化曲线斜率（见图 5.23）由明显的负值转化为近似于 0 时，对应的 k 值就是统计维数 S_m。只讨论统计维数 $k < S_m$ 的特征值。

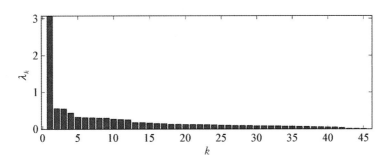

图 5.23　特征值 λ_k 随滞后长度 k 的变化

（5）根据特征向量 Φ 计算时间主成分 t_{kt}，即为 T-PC

$$t_{kt} = \sum_{j=1}^{m} x_{t+j} \varphi_{jk} \tag{5.90}$$

式中，$k=1, 2, \cdots, m; t=0, 1, \cdots, n-1$。和普通的 EOF 一样，T-PC 仍然是时间 t 的函数。

（6）判断各特征向量对总方差的贡献

将特征值从大到小排序，并计算方差贡献 var_k

$$\mathrm{var}_k = \frac{\lambda_k}{\sum_{i=1}^{m} \lambda_i^2} \tag{5.91}$$

式中，$k=1, 2, \cdots, m$。

绘制出方差贡献 var_k 随滞后长度 k 的变化图（见图 5.24），以判断各 T-EOF，即各特征向量对总方差的贡献。

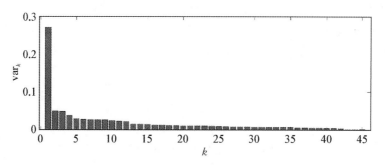

图 5.24　方差贡献 var_k 随滞后长度 k 的变化

（7）分离振荡和噪声分量

Ghil et al.（1991）和 Vautard et al.（1992）提出了几种分离振荡和噪声分量的方法。这里介绍其中一种。这种方法能够很好地从时间序列中分离出周期小于嵌套维数 m、谱宽小于 $1/m$ 的振荡。

1）计算各特征值的误差

$$\delta\lambda_k = \left(\frac{2}{n_d}\right)^{\frac{1}{2}}\lambda_k \tag{5.92}$$

式中，n_d 是给定窗口 m 的自由度个数

$$n_d = \left(\frac{n_T}{m}\right) - 1 \tag{5.93}$$

2）计算 T-EOF 对的特征值差

判断一对 T-EOF 所对应的 λ_k 和 λ_{k+1} 之差的绝对值是否小于等于 $\delta\lambda_k$ 和 $\delta\lambda_{k+1}$ 的最小值

$$|\lambda_{k+1} - \lambda_k| \leqslant \min\{\delta\lambda_k, \delta\lambda_{k+1}\} \tag{5.94}$$

若公式（5.94）成立，那么需要进一步计算这对 T-PC，即 t_{kt} 和 $t_{(k+1)t}$ 的滞后相关系数。

3）计算 T-PC 对，即 t_{kt} 和 $t_{(k+1)t}$ 的滞后相关系数 r_j

绘制出滞后相关系数 r_j 随滞后长度 j 的变化图（见图 5.25）。实线 r 为滞后相关系数，虚线 p 为相关系数的显著性水平，p 值越小，显著性越大。$p=0.05$ 表示通过了 95% 的显著性检验。这里要注意，滞后长度 $j \leqslant m/4$，因为用该方法只能检测出周期小于嵌套维数 m、谱宽小于 $1/m$ 的振荡。若存在滞后相关系数比较大的值，表明这对 T-PC 具有正交性，进而表示这对 T-PC 代表了系统的基本周期。若不存在滞后相关系数比较大，表明这对 T-PC 不具有正交性。

4）计算周期

若滞后相关系数 r_j 在 $j=j_m$ 处取得了最大值，而且该最大值通过了 0.01 的显著性水平，那么说明这一对 T-PC 近似于正交，在 j_m 滞后时间内相差 $90°$，一个周期 $360°$ 就是 $4j_m$，即将最大滞后相关系数对应的滞后时间长度 j 乘以 4，所得到的周期就是系统存在的显著周

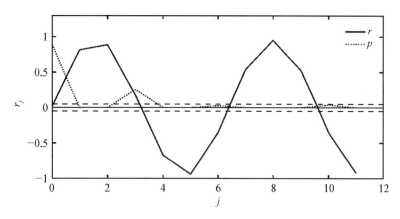

图 5.25　滞后相关系数 r_j 随滞后长度 j 的变化图

期。次大滞后相关系数的四倍就是次要周期。以此类推。

因为是滞后时间长度 j 乘以 4，而该方法所能够检测的最大周期为 m，所以说，滞后时间长度 j 应当小于等于 $m/4$。

5）绘制出 T – EOF 对随滞后长度的变化曲线

即绘出 φ_k 和 φ_{k+1} 随滞后长度的变化（见图 5.26），从曲线上也可以直观地看出振荡周期。

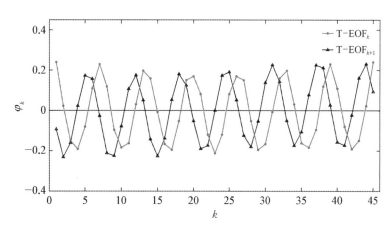

图 5.26　T – EOF 对随滞后长度的变化

6）继续寻找其他的特征值对 λ_k 和 λ_{k+1}

若 $|\lambda_{k+1} - \lambda_k| \leqslant \min\{\delta\lambda_k, \delta\lambda_{k+1}\}$，而且 t_{kt} 和 $t_{(k+1)t}$ 的滞后相关系数存在比较大的值，即 T – PC 相互正交，那么比较大的滞后时间长度的四倍，也视为统计的基本周期。如此重复，直到 k 大于统计维数 S_m 就结束寻找。

5.3.3.3　计算结果分析

在气候研究中，奇异值分析（SSA）主要用于对大气和海洋的年际和季节尺度的低频振荡进行分析。另外，它还可以对一维时间序列进行非线性因子的重建及对预报因子的信息压缩。当奇异值分析（SSA）用于气候诊断方面的用途时，可以进行两方面的分析：

第一，分析海洋时间序列中隐含的显著周期：这里需要强调的是，显著周期长度与窗口长度 m 的选择密切相关。因此，选择恰当的 m 非常重要，它取决于讨论问题的时间尺度，用奇异值分析(SSA)研究长于窗口长度的周期是毫无意义的。第二，分析前几个显著主分量所代表的信号的趋势变化。

5.3.4 小波分析

小波分析(Wavelet Analysis)也称为多分辨率分析，是近几年国际上十分热门的一个前沿领域，是傅里叶分析方法的突破性进展。1982 年法国地质学家 J. Morlet 在分析地震波的局部性质时，将小波概念引入到了信号分析中(Grossmann et al.，1985)。之后，Grossmann et al. (1985)和 Meyer(1990)又对小波进行了一系列深入研究，使得小波理论有了坚实的数学基础。进入 20 世纪 90 年代，小波分析成为众多学科共同关注的热点。在信号处理、图像处理、地震勘探、数字电路、物理学、应用数学、力学、光学等诸多科技领域，得以广泛应用(崔锦泰，1994；秦前清等，1994)。

因为小波分析对信号处理具有特殊优势，所以很快得到了海洋和气象学家们的重视，并将其应用于气象和气候序列的时频结构分析当中去，取得了不少引人瞩目的科研成果(Weng et al.，1994)。在气候诊断中，广泛使用的傅里叶变换，可以显示出气候序列不同尺度的相对贡献，而小波变换不仅可以给出气候序列变化的尺度，还可以显现出变化的时间位置。变化的时间位置，对于气候预测是十分有用的(Arneodo et al.，1988；Meyer et al.，1992)。需要指出的是，小波分析是一种基本数学手段，它可以应用在多个领域，可以从统计学的角度研究，也可以应用在动力学乃至人工智能当中去。这里，仅仅介绍使用小波分析进行气候序列小波分解的具体方法及主要分析内容(魏凤英，2013)。

5.3.4.1 方法概述

(1) 小波分析的来源

经典傅里叶分析的本质，是将任意一个关于时间 t 的函数 $f(t)$，变换到频域上

$$F(\omega) = \int_R f(t) e^{i\omega t} dt \tag{5.95}$$

式中，ω 为频率；R 为实数域。$F(\omega)$ 确定了 $f(t)$ 在整个时间域上的频率特征。

可见，经典的傅里叶分析，是一种频域分析。对时间域上分辨不清的信号，通过频域分析，就可以清晰地描述信号的频率特征。因此，从 1822 年傅里叶分析方法问世以来，已经得到了十分广泛的应用。5.3.1 节的功率谱分析方法就是傅里叶分析方法。但是，经典的傅里叶变换有其固有的缺陷：它几乎不能获取信号在任一时刻的频率特征。这就会存在着时域与频率的局部化矛盾。在实际问题中，人们恰恰十分关心信号在局部范围内的特征。这就需要寻找时频分析方法(魏凤英，2013)。

Gabor et al. (1964)引入了窗口傅里叶变换

$$\widetilde{F}(\omega, b) = \frac{1}{\sqrt{2\pi}} \int_R f(t) \overline{\Psi}(t-b) e^{-i\omega t} dt \tag{5.96}$$

式中,函数 $\Psi(t)$ 是固定的,称为窗函数;$\overline{\Psi}(t)$ 是 $\Psi(t)$ 的复数共轭;b 是时间参数。

由方程(5.96)的窗口傅里叶变换可以看出,为了达到时间域上的局部化,在基本变换函数之前,乘以一个时间上有限的时间限制函数,简称时限函数 $\Psi(t)$,这样,$e^{-i\omega t}$ 起到了频率限制作用,而 $\Psi(t)$ 起到了时间限制作用。随着时间 b 的变换,Ψ 确定的时间窗在时间轴上移动,逐步对 $f(t)$ 进行变换。

窗口傅里叶变换,是一种窗口大小及形状均固定的时频局部分析,它能够提供整体上和任一局部时间内,信号变化的强弱程度,比如带通滤波就属于此类方法。由于窗口傅里叶变换的窗口大小及形状固定不变,因此局部化只是一次性的,不可能灵敏的反应信号的突变。事实上,反映信号的高频成分,需要使用比较窄的时间窗,而低频成分则使用比较宽的时间窗。所以,就在窗口傅里叶变换的局部化思想的基础上,产生了窗口大小固定、形状可以改变的时频局部分析方法,这就是小波分析(魏凤英,2013)。

(2) 小波变换

若函数 $\Psi(t)$ 同时满足

$$\begin{cases} \displaystyle\int_R \Psi(t)dt = 0 \\ \displaystyle\int_R \frac{|\hat{\Psi}(\omega)|^2}{|\omega|} d\omega < \infty \end{cases} \tag{5.97}$$

那么就称 $\Psi(t)$ 为基本小波或母小波。$\Psi(t)$ 是双窗函数,一个是时间窗,一个是频率谱。式中 $\hat{\Psi}(\omega)$ 是 $\Psi(t)$ 的频谱。令

$$\Psi_{a,b}(t) = |a|^{-\frac{1}{2}} \Psi\left(\frac{t-b}{a}\right) \tag{5.98}$$

式中,$\Psi_{a,b}(t)$ 为连续小波,$\Psi_{a,b}(t)$ 的振荡随着 $1/|a|$ 的增大而增大;a 是频率参数;b 是时间参数,表示波动在时间上的平移。

1) 函数 $f(t)$ 的小波变换的连续形式

$$\omega_f(a, b) = |a|^{-\frac{1}{2}} \int_R f(t) \overline{\Psi}\left(\frac{t-b}{a}\right) dt \tag{5.99}$$

从式(5.99)可以看出,小波变换函数是通过对母小波的伸缩和平移得到的。

2) 函数 $f(t)$ 的小波变换的离散形式

$$\omega_f(a, b) = |a|^{-\frac{1}{2}} \Delta t \sum_{i=1}^{n} f(i\Delta t) \Psi\left(\frac{i\Delta t - b}{a}\right) \tag{5.100}$$

式中,Δt 是取样间隔;n 为样本量。

离散化的小波变换,构成了标准正交系,从而扩充了实际应用的领域。

5.3.4.2　计算步骤

离散表达式的小波变换计算步骤如下:

(1) 数据预处理

确认所选择的海洋时间序列是否为连续等时间步长。使用 2.4.3 节中的方法对数据进

行标准化处理。

（2）确定频率参数 a 的初值和 a 增长的时间间隔

可以根据研究问题的时间尺度来确定频率参数 a 的初值和时间间隔。

（3）选定并计算母小波函数

根据连续小波变换下信号的基本特征可以证明,哈尔（Harr）小波和墨西哥帽状小波都是母小波。

1）哈尔（Harr）小波

$$\Psi(t) = \begin{cases} 1 & 0 \leqslant t < \dfrac{1}{2} \\ -1 & \dfrac{1}{2} \leqslant t < 1 \\ 0 & \text{其他} \end{cases} \tag{5.101}$$

2）墨西哥帽状小波

墨西哥帽状小波,形状酷似一顶帽子而得名,又叫做 Marr 小波,其函数表达式为

$$\Psi(t) = (1 - t^2) \frac{1}{\sqrt{2\pi}} e^{-\frac{t^2}{2}}, \; -\infty < t < +\infty \tag{5.102}$$

其小波形式为

$$\Psi(s, \tau) = \sqrt{|s|} \Psi[s(t - \tau)] \tag{5.103}$$

式中, s 为小波尺度因子; τ 为小波平移因子（Mallat et al., 1992；衡彤等,2002；陈艳霞等,2009）。

Marr 小波在时间域和频率域都表现出很好的局部性,但是由于没有尺度函数,所以其不具备正交性（葛哲学,2007）。该小波变换系数同气候信号的变化趋势具有很好的一致性,所以经过 Marr 小波变换后的系数在不同尺度上表现出的变化情况反映了在该尺度下气候的变化特征。

墨西哥帽状小波函数的 MATLAB 函数为 [PSI, X]＝mexihat(LB, ub, N)（李建平等,1999）,可返回墨西哥帽状小波在区间 [LB, UB] 上均匀分布的 N 点值,有效支撑为 [-5, 5]（周伟,2006；王慧琴,2011）。

3）Morlet 小波函数

Morlet 小波是以法国地球物理学家 Morlet 命名的,是其在 1984 年前后分析地震波的局部性质时引入小波概念时使用的小波。Morlet 小波是复值小波,能提取被分析的时间过程或信号的复值与相位信息,在时频两域都有很好的局部性。Morlet 小波基函数的表达式为

$$\Psi(t) = e^{i\omega_0 t - \frac{t^2}{2}} \tag{5.104}$$

Morlet 小波函数的 MATLAB 函数为 [PSI, X]＝morlet(LB, UB, N)（孙延奎,2005；王慧琴,2011）。可返回的有效支撑为 [LB, UB],表示在有效支撑上有 N 个均匀分布点,该函数的有效支撑为 [-4, 4]（王绍武,1994；孙延奎,2005）。

（4）计算小波变换 $\omega_f(a, b)$

将确定的频率 a 和研究对象序列 $f(t)$ 及母小波函数 $\Psi(t)$ 带入式（5.100）小波变换的离散形式，计算出小波变换 $\omega_f(a, b)$。在编制程序计算 $\omega_f(a, b)$ 时，要做两重循环，一个是关于时间参数 b 的循环，另一个是关于频率参数 a 的循环。

5.3.4.3　计算结果分析

小波分析，既保持了傅里叶分析的优点，又弥补了傅里叶分析的某些不足之处。原则上讲，过去使用傅里叶分析的地方，都可以由小波分析取代。小波变换，实际上是将一个一维信号在时间和频率两个方向上展开，这样就可以对气候系统的时频结构进行细致地分析，提取有价值的信息。小波系数与时间和频率有关，因此，可以将小波变换的结果绘制成二维图像。如图 5.27 是小波变换平面图，横坐标为时间参数 b，纵坐标为频率参数 a，图 5.27 中的等值线数值为小波系数 $\omega_f(a, b)$。这样，可以将不同波长的结构，进行客观的分离，使波幅一目了然地展现在同一张图上。图 5.27 的上半部分是低频部分，等值线相对稀疏，对应的是较长尺度周期的振荡。下半部分是高频部分，等值线相对密集，对应较短尺度周期的振荡。图 5.27 中等值线比较密集的地方，对应着振荡之处，从中可以找出奇异点，每个奇异点就是一次转折。例如，在频率 $a = 6$ 时的 1965 年处，小波系数出现了最大值，表明在 1965 年前后，春季干旱指数发生了最强的振动。另外，图像呈现出了明显的阶段性。就年代际尺度变化而言，1967～1986 年华北春季干旱指数变化相对稳定，处在比较干旱的时期。1966 年以前时段的变化结构与 1987 年以后时段的变化结构类似，变化都比较激烈（魏凤英，2013）。

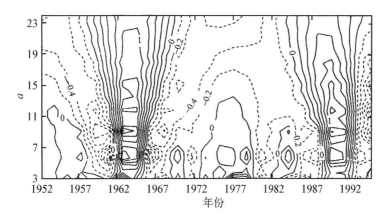

图 5.27　华北春季干旱指数小波变换图（魏凤英，2013）

当然，对结果的分析，还需要凭借对所研究系统的认识。一般来说，对小波变换的结果可以做这样几个方面的分析：

（1）分析系统的局部结构和振荡特征

可以利用分配率是可调的这一特性，对感兴趣的细小部分进行放大。从而可以十分细致地分析系统的局部结构和任一点附近的振荡特征，比如分析某一波长振荡的强度等。

（2）确定出不同尺度变化的时间位置

在小波系数呈现出振荡的地方分辨出局地的奇异点，确定出序列不同尺度变化的时间位置，提供突变信号，并由此作出序列的阶段性分析，并为气候预测提供信息。

（3）判断出序列存在的显著周期

从平面图（如图 5.27）上同时给出的不同长度的周期随时间的演变特征，可以认识不同尺度的扰动特性，由此可以判断出序列存在的显著周期。

（4）诊断出振荡最强的周期

利用小波方差，可以更准确地诊断出振荡最强的周期。小波的方差 $\mathrm{var}(a)$

$$\mathrm{var}(a) = \sum \left[\omega_f(a,b)\right]^2 \tag{5.105}$$

从分段的小波方差中推断出，某一时段内振动最突出的周期。从图 5.28 南方涛动指数小波方差图中可以看出，在 1882～1919 年的 38 年中 7 年周期的振动最强；1920～1957 年的 38 年中 5 年周期的振动最强；而 1958～1995 年的 38 年中则是 4 年周期的振动最为突出。由此可以看出，南方涛动的振荡越来越频繁。

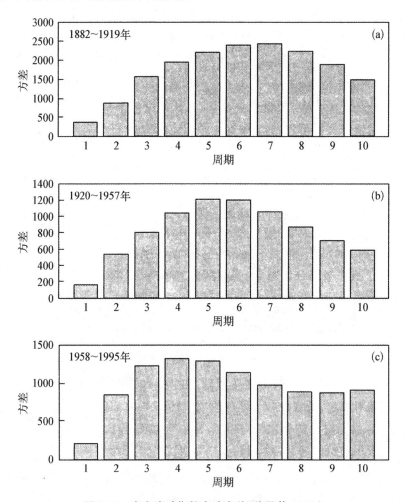

图 5.28　南方涛动指数小波方差（魏凤英，2013）

C. Torrence and G. Compo 提供了小波分析的代码：http：//paos. colorado. edu / research/ wavelets/，读者可以自行查看。

习　题

一、选择题

1. 下面哪个是气候突变检测中非参数统计检验方法？（　　）

A. 滑动 t 检验　　　　B. 克拉默法　　　　　C. 山本法　　　　　D. 曼-肯德尔法

2. 从气候信息与气候噪声两部分来讨论突变问题的是（　　）。

A. 克拉默法　　　　B. 山本法　　　　C. 曼-肯德尔法　　　D. 佩蒂特法

3. 直接利用秩序列来检测突变点的是（　　）。

A. 克拉默法　　　　B. 山本法　　　　C. 曼-肯德尔法　　　D. 佩蒂特法

二、判断题

1. 曼-肯德尔（Mann - Kendall）法是一种非参数统计检验方法。（　　）

2. 山本法是通过比较一个子序列与总序列的平均值的显著差异来检测突变。（　　）

三、思考题

1. 列举三种检验方法，并说出其作用。

2. 数据平滑可以去除数据中的随机噪声，保留有用信息，那么在进行数据平滑时需要注意什么？

3. 简述有哪 3 种最低阶边界约束方案可以应用到平滑过程中。

选择题答案：D B D

判断题答案：T F

第6章

海洋变量场时空结构的分离

导学： 某一区域的海洋变量场，通常由许多个观测站点或网格点构成。若能用个数较少的几个空间分布模态，来描述原变量场，而且又能基本涵盖原变量场的信息，就可以在主要模态处进行加密观测，这样就能进行更加有效的观测。要想抓住这几个重要的空间模态，就需要寻找某种数学表达式，将变量场的主要空间分布结构有效地分离出来。

气候统计诊断中，应用最为普遍的方法，是把原变量场分解为正交函数的线性组合，构成为数较少的、互不相关的典型模态，来代替原始变量场，每个经典模态都含有尽量多的原始场的信息。其中，经验正交函数分解技术，简称 EOF 分解技术，就是这样一种方法。

除此之外，针对海洋变量场特征分析的需要，还发展了揭示气象场和海洋场空间结构和时间相关特征的扩展经验正交函数 EEOF，着重表现空间的相关性分布结构的旋转经验正交函数 REOF，可以揭示空间行波结构的复经验正交函数 CEOF 和描述动力系统非线性变化特征的主振荡型 POPs 等。这些方法开拓了气候统计诊断研究的视野，进入了一个更高的水平。本章就以 EOF 为基础，介绍这几种方法的特点、计算步骤以及如何进行分析。当然，EOF 的应用范围远不止本章所包含的内容。第 5.3.3 节的奇异谱分析就是与 EOF 有联系的统计技术。

经过本章的学习，在方法论层面，同学们应当学会并了解各种 EOF 分析方法。在实践能力上，应当能够对海洋变量进行 EOF 分解。具备这个能力，就能够进行时空结构分离了。

6.1 经验正交函数分解

EOF 最早是由 Pearson(1901)提出来的。20 世纪 50 年代中期，Lorenz 将其引入到大气科学的研究当中去。由于计算条件的限制，直到 20 世纪 70 年代初，才在我国的气候研究领域中使用。20 世纪 70 年代中期以后，随着计算机技术的迅速发展，EOF 分解技术在气候诊断研究中得以充分应用。之所以被广泛应用,是因为 EOF 分解技术具有一系列突出的优点:第一,经验正交函数没有固定的函数,不像有些分解那样,需要以球谐函数等某种特殊函数为基数;第二,EOF 分解技术,能在有限的区域内,对不规则分布的站点进行分解;第三,EOF 分解技术的展开、收敛速度很快,很容易将变量场的信息集中在几个模态上;第四,分离出的空间结构,具有一定的物理意义(魏凤英,2013)。

正因为如此,EOF 已经成为气候科学研究领域中,分离变量场特征的主要工具。以 EOF 为气候特征分析手段的研究成果颇丰,揭示出了许多有价值的气候变化事实。地学数据分析中,通常来说,特征向量对应的是空间样本,所以也称空间特征向量或者空间模态;主成分对应的是时间变化,也称时间系数。因此地学中也将 EOF 分析称为时空分解。尤其是近些年来,EOF 分析方法在应用方面发展十分迅速。利用 EOF 是正交函数这一基本事实,发展了以 EOF 为基函数,对强迫气候信号和循环稳定态海洋时间序列信号进行检测和估计等技术。张邦林等(1991)还提出了基于 EOF 的气候数值模拟及模式设计的构思。另外 EOF 还被用来作为海洋变量缺测资料插补的工具(魏凤英,2013)。在数理统计学的多变量分析中,经验正交函数分解被称为主分量分析,这是一种分解方法的两种提法。

假设矩阵 $X_{m \times n}$ 是由 m 个相互关联的变量组成

$$X_{m \times n} = \begin{bmatrix} x_{11} & x_{12} & \cdots & x_{1j} & \cdots & x_{1n} \\ x_{21} & x_{22} & \cdots & x_{2j} & \cdots & x_{2n} \\ \vdots & \vdots & \vdots & \vdots & & \vdots \\ x_{i1} & x_{i2} & \cdots & x_{ij} & \cdots & x_{in} \\ \vdots & \vdots & \vdots & \vdots & & \vdots \\ x_{m1} & x_{m2} & \cdots & x_{mj} & \cdots & x_{mn} \end{bmatrix} \tag{6.1}$$

式中,每个变量 x_i 都有 n 个样本,对应于 $X_{m \times n}$ 的各行。

对矩阵 X 进行线性变换,使用 p 个变量的线性组合 Z 来代替原矩阵 X

$$Z_{p \times n} = A_{p \times m} X_{m \times n} \tag{6.2}$$

式中,$Z_{p \times n}$ 为原变量的主分量;$A_{p \times m}$ 为线性变换矩阵。该过程将原来多个变量的大部分信息,最大限度地集中到少数独立变量的主分量上了。

若将主分量分析在海洋变量场上进行,将由 m 个空间点 n 次观测构成的变量 $X_{m \times n}$ 看作是 p 个空间特征向量和对应的时间权重系数的线性组合

$$X_{m \times n} = V_{m \times p} T_{p \times n} \tag{6.3}$$

式中,V 为空间特征向量;T 为时间系数。该过程将变量场的主要信息,集中由几个典型的特征向量表现出来。

由此可见,主分量分析和经验正交函数分解是用两种形式推导出的同一种方法。此处重点介绍在海洋变量场上进行的经验正交函数分解。计算步骤为(见图 6.1):

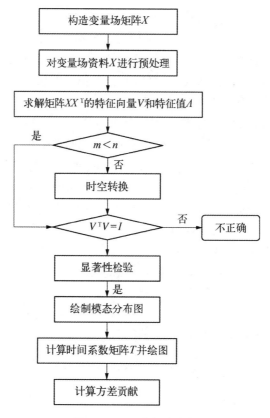

图 6.1   EOF 分解流程图

6.1.1   构造变量场矩阵 *X*

使用海洋变量场的观测资料构造矩阵

$$X_{m\times n}=\begin{bmatrix} x_{11} & x_{12} & \cdots & x_{1j} & \cdots & x_{1n} \\ x_{21} & x_{22} & \cdots & x_{2j} & \cdots & x_{2n} \\ \vdots & \vdots & \vdots & \vdots & \vdots & \vdots \\ x_{i1} & x_{i2} & \cdots & x_{ij} & \cdots & x_{in} \\ \vdots & \vdots & \vdots & \vdots & \vdots & \vdots \\ x_{m1} & x_{m2} & \cdots & x_{mj} & \cdots & x_{mn} \end{bmatrix}$$

式中,m 为空间点,它可以是观测站或网格点;n 为时间点,即观测次数;x_{ij} 表示在第 i 个测站或网格上的第 j 次观测值。在具体计算时,可以将第一个站点或网格点上的 n 个观测值作为 X 的第一行,第二个站点或网格点上的 n 个观测值作为 X 的第二行,以此类推,第 m 个站点或网格点上的 n 个观测值作为 X 的第 m 行。

对于海洋学中常见的时空三维数据,即经度、纬度和时间三维,计算步骤为:

（1）空间维降维

对数据的空间维进行降维,将数据从两维变为一维。在 MATLAB 中使用 reshape 命令就可以实现降维。注意,使用 reshape 函数进行矩阵变换,是按照列的顺序进行转换的,即按列取、按列存。对于三维数据,是一页一页读取的。

（2）去除缺失值

缺失值有陆地、海冰和其他无效值等。同时,需要记录下去除值的位置为 index,以及去除缺失值之前的原始矩阵的尺寸 size,以便于 EOF 分解之后,将模态数据还原为二维。

6.1.2　变量场资料的预处理

EOF 分解,实际上就是求矩阵 XX^T 的特征值和特征向量的过程,其中上标"T"表示矩阵转置。在求解 XX^T 的特征值和特征向量时,所使用的变量场 X 的数据形式不同,得到的结果就不同。变量场有三种形式：原始变量场、变量的距平场和变量的标准化场。

6.1.2.1　原始变量场

当使用原始场进行计算时,XX^T 就是原始数据的交叉乘积,得到的第一特征向量代表了平均状况,而且它的权重很大。对于不存在季节变化的变量场来说,它的分解结果物理意义很直观。在具体应用中,可以把一个月或者一个季节的数据拿来做 EOF 分解,以得到月平均或者季节平均的状态。但是,对于以分析变量场特征为主要目的的研究,所用的变量场大多存在季节变化,平稳性很差,直接使用这些数据进行 EOF 分解时,会造成经验正交函数不稳定,这时就需要使用变量的距平场和标准化场进行计算。

6.1.2.2　变量的距平场

使用式(3.29)计算距平,将原始变量场变为距平场。当使用距平场进行计算时,XX^T 是协方差矩阵,从分析意义上来讲,分离出的特征向量的气象学或海洋学意义更加直观,经验正交函数在一定时效内具有稳定性。

6.1.2.3　变量的标准化场

使用 2.4.3 节的方法对数据进行标准化处理,将原始变量场变为标准化场。当使用标准化场进行计算时,XX^T 是相关系数矩阵,分离出的特征向量代表的是变量场的相关分布状况,更适合进行分类、分型分析。

由此可见,在使用 EOF 分解时,可以根据需要,采用不同的资料形式,但对特征向量所代表的物理含义应该有明确的认识。另外,在对某一区域的变量场进行 EOF 展开时,要注意所选择的观测站点的均匀性,以避免造成结果失真。

6.1.3　求解矩阵 XX^T 的特征向量 V 和特征值 Λ

6.1.3.1　$m \leqslant n$ 时

当海洋变量场的空间点数 m 小于等于样本量 n 时,在 MATLAB 中,可以使用 eig 函数计算特征向量 V 和特征值 Λ。其中特征值 Λ 为对角阵

$$\Lambda = \begin{bmatrix} \lambda_1 & 0 & \cdots & 0 \\ 0 & \lambda_2 & \cdots & 0 \\ \vdots & \vdots & \ddots & \vdots \\ 0 & 0 & \cdots & \lambda_m \end{bmatrix} \tag{6.4}$$

式中,对角元素就是 XX^T 的特征值 λ_1, λ_2, $\cdots$, λ_m。将特征值从大到小排列,使得 $\lambda_1 \geqslant \lambda_2 \geqslant \cdots \geqslant \lambda_m \geqslant 0$,特征值所对应的特征向量 V 也对应重新排序。

计算 $V^\mathrm{T}V$ 是否等于单位矩阵 I,以此判断计算是否正确。若 $V^\mathrm{T}V$ 等于单位矩阵,那么计算正确,若不等于单位矩阵,那么计算可能错误。

6.1.3.2 $m>n$ 时

当海洋变量场的空间点数 m 大于样本量 n 时,一般采用时空转换方案,以节省计算机内存和计算时间。此时,使用 $X^\mathrm{T}X$ 来计算特征值和特征向量。将 XX^T 的特征值记为 V_N,$X^\mathrm{T}X$ 的特征值记为 V_R。可以证明,矩阵 XX^T 和矩阵 $X^\mathrm{T}X$ 拥有相同的非零特征值 Λ。但是 $V_N \neq V_R$

$$V_N = \frac{XV_R}{\sqrt{\Lambda}} \tag{6.5}$$

计算 $V_N^T V_N$ 是否等于单位矩阵 I,以此判断计算是否正确。若 $V_N^T V_N$ 等于单位矩阵,那么计算正确,若不等于单位矩阵,那么可能计算错误。

也将特征值从大到小排列,使得 $\lambda_1 \geqslant \lambda_2 \geqslant \cdots \geqslant \lambda_m \geqslant 0$,特征值所对应的特征向量 V_N^T 也对应重新排序。

6.1.4 对特征向量进行显著性检验

分解出的经验正交函数,即特征向量 V,究竟是有物理意义的信号,还是毫无意义的噪声,应该进行显著性检验。特别是当变量场的空间点数 m 大于样本量 n 时,显著性检验尤其重要。这一点常常被忽视,请读者一定要引起重视。常用的检验方法有两种:一种是特征值误差范围法,一种是蒙特卡罗技术。

6.1.4.1 特征值误差范围法

使用特征值误差范围来进行显著性检验,是由 North et al. (1982)提出来的。特征值 λ_j 的特征范围为

$$e_j = \lambda_j \left(\frac{2}{n}\right)^{\frac{1}{2}} \tag{6.6}$$

式中,n 为样本量。

若相邻的两个特征值满足

$$\lambda_j - \lambda_{j+1} \geqslant e_j \tag{6.7}$$

就认为这两个特征值所对应的经验正交函数是有价值的信号。

6.1.4.2 蒙特卡罗技术

Preisendorfer et al. (1977)最早将蒙特卡罗技术用于经验正交函数的显著性检验。计算步骤为:

（1）计算出观测变量场特征值的方差贡献 R_k

$$R_k = \frac{\lambda_k}{\sum\limits_{i=1}^{m} \lambda_i}, \ k=1,2,\cdots,p \ (p<m) \tag{6.8}$$

（2）利用随机数发生器产生高斯分布的随机序列资料矩阵

矩阵也是由 m 个空间点，n 个样本量构成。

（3）对随机序列资料矩阵进行模拟经验正交函数计算

（4）对模拟计算的特征值 δ_k 从大到小排序

（5）计算 δ_k 的方差贡献

$$U_k^r = \frac{\delta_k^r}{\sum\limits_{i=1}^{m} \delta_i^r} \tag{6.9}$$

式中，δ_k^r 为第 r 次的第 k 个特征值。

（6）重复 100 次这样的过程，对 U_k^r 进行从小到大排序

（7）判断特征向量是否显著

若 $R_k > U_k^{95}$，就认为第 k 个特征向量在 95％ 的置信水平下具有统计显著性，具有分析价值。假设，通过检验，发现前 p 个特征向量是显著的，那么这 p 个特征向量就对应着 p 个模态。

6.1.5　绘制出 p 个显著特征向量对应的模态分布图

以第一模态为例。特征向量 V 的第一列对应的就是第一模态。但这是 1 维数据，如何才能画到二维空间上呢？需要对特征向量进行空间还原。

具体还原步骤为：

6.1.5.1　构造 0 矩阵 VV

根据 6.1.1 节原始数据的尺寸 size，构造出一个与之尺寸相同的 0 矩阵 VV。

6.1.5.2　给有效位置赋值

根据 6.1.1 节去除值的无效位置 index，给有效位置赋值。例如，假设有 14 400 个原始数据，其中有 4 662 个无效值，其对应位置在 index 矩阵中，那么可以令矩阵 A＝1：14 400；再使用语句 B＝setdiff(A,index)；就可以将 A 中的有效值赋给 B。再将第一模态的特征向量 V_1 赋值给 VV 的对应位置。

6.1.5.3　矩阵变换

对矩阵 VV 使用 reshape(VV, r, l) 函数进行矩阵变换，就可以得到二维空间数据 VV_2。其中 r 和 l 为 6.1.1 节降维前的原始数据的行数和列数。

6.1.5.4　绘制模态的空间分布图

使用 m_map 将 VV_2 绘制成图，就得到了模态的空间分布图（如图 6.2 和图 6.3）。然后凭借气候学知识，对前几项有意义的特征向量及所对应的时间系数进行分析。

通过显著性检验的前 p 项特征向量，最大限度地表征了某一区域海洋变量场的变率分

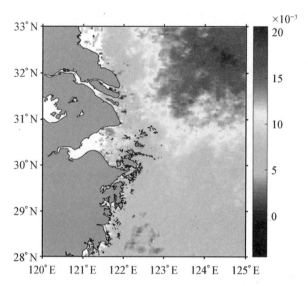

图 6.2 长江口海域 2000 年到 2018 年 7 月 SST 的第一模态

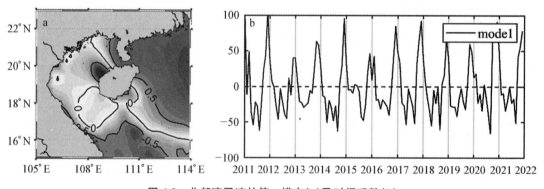

图 6.3 北部湾风速的第一模态(a)及时间系数(b)

布结构。它们所代表的空间分布型是该变量场典型的分布结构。若某特征向量各分量的符号一致,那么该特征向量所反映的是该区域变量的变化趋势基本一致,数值的绝对值最大的地方就是中心。例如,图 6.2 是长江口海域 2000 年到 2018 年 7 月 SST 的第一模态,特征向量的各分量几乎全是正值,表明长江口海域 7 月的 SST 变化基本一致,东北部是变化中心。

若某一特征向量的分量成正、负相间的分布形式,那么该特征向量代表了两种分布类型。例如,图 6.3 是用 2011~2022 年中国北部湾的风速作 EOF 展开的第一模态。从图 6.3a 的分布图中可以看出,北部湾的东北部分为正值,西南部分为负值。该模态代表着,东北部分的风速变化趋势与西南部分相比,呈现出相反的分布型式。即呈现出,东北部分风速增加、西南部分风速减小的分布型式,或东北部分风速减小、西南部分风速增加的分布型式。

6.1.6 计算出时间系数矩阵 T

$$T = V^{\mathrm{T}}X$$

(6.10)

时间系数矩阵 T 的矩阵形式为

$$T=\begin{bmatrix} t_{11} & t_{12} & \cdots & t_{1j} & \cdots & t_{1n} \\ t_{21} & t_{22} & \cdots & t_{2j} & \cdots & t_{2n} \\ \vdots & \vdots & \vdots & \vdots & \vdots & \vdots \\ t_{i1} & t_{i2} & \cdots & t_{ij} & \cdots & t_{in} \\ \vdots & \vdots & \vdots & \vdots & \vdots & \vdots \\ t_{m1} & t_{m2} & \cdots & t_{mj} & \cdots & t_{mn} \end{bmatrix} \quad (6.11)$$

时间系数矩阵 T 的第一行是第一模态对应的时间系数,第二行是第二模态对应的时间系数,以此类推。特征向量所对应的时间系数,代表了该区域由特征向量所表征的分布型式随时间的变化特征。系数数值的绝对值越大,表明该时刻(月或年等),此类分布型式越典型。

6.1.7 绘制时间系数图

以时间 t 为横坐标,时间系数为纵坐标,绘制时间系数图。图 6.3b 中的时间系数序列图,代表的是中国北部湾风速的年际变化趋势。某年的时间系数为正值,代表着该年呈现出东北部分风速增加、西南部分风速减小的分布型式。若时间系数为负值,则表明该年呈现出了相反的风速变化分布型式。系数的绝对值越大,此类分布型式就越显著。

6.1.8 计算方差贡献

每个特征向量的方差贡献 R_k 为

$$R_k=\frac{\lambda_k}{\sum_{i=1}^{m}\lambda_i}, \ k=1,2,\cdots,p(p<m) \quad (6.12)$$

前 p 个特征向量的累积方差贡献 G 为

$$G=\frac{\sum_{i=1}^{p}\lambda_i}{\sum_{i=1}^{m}\lambda_i}, \ p<m \quad (6.13)$$

从特征值的方差贡献和累积方差贡献,可以了解所分析的特征向量的方差占总方差的比例,以及前几项特征向量共占总方差的比例。

6.2 扩展经验正交函数分解

利用经验正交函数分解,可以得到海洋变量场空间上的分布结构。这是一种固定时间形式的空间分布结构,它不能得到扰动的时间上移动的空间分布结构。然而,海洋变量场在时间上存在显著的自相关及交叉相关。扩展经验正交函数(EEOF),充分利用了变量场时间上的这种联系,可以得到变量场的移动分布结构(Weare et al.,1982)。

EEOF 的基本方法与 EOF 相似。这里,主要介绍 EEOF 的计算步骤。关键是计算协方差矩阵的资料矩阵,它是由几个连续时间上的观测值构成的,相当于构造一个比 EOF 扩大了几倍的资料矩阵,因而对计算机的容量要求比较大,收敛速度也比较慢。

6.2.1　计算步骤

EEOF 的计算步骤为:

6.2.1.1　构造资料矩阵 X

对于一个有 m 个空间点数、n 个时间取样的变量场,需要建立一个新的资料矩阵 X。例如,若想建立滞后 2 个时次的资料矩阵,那么,就需要使用原时刻资料矩阵、滞后 1 个时次和滞后 2 个时次的资料矩阵共同构成新的资料矩阵

$$X_{3m\times(n-2j)}=\begin{bmatrix} x_{11} & x_{12} & \cdots & x_{1n-2j} \\ \vdots & \vdots & \ddots & \vdots \\ x_{m1} & x_{m2} & \cdots & x_{mn-2j} \\ x_{1j+1} & x_{1j+1} & \cdots & x_{1n-j} \\ \vdots & \vdots & \ddots & \vdots \\ x_{mj+1} & x_{mj+2} & \cdots & x_{mn-j} \\ x_{12j+1} & x_{12j+2} & \cdots & x_{1n} \\ \vdots & \vdots & \ddots & \vdots \\ x_{m2j+1} & x_{m2j+2} & \cdots & x_{mn} \end{bmatrix} \tag{6.14}$$

式中,j 为滞后时间长度,j 的选取需要根据研究的具体问题而定。例如,若想研究海洋变量场准两年的振荡,那么,j 可以取为 4 个月,此时资料矩阵就由滞后 0 个月、4 个月和 8 个月的矩阵构成。

新的资料矩阵 X 由 $3m$ 行 $n-2j$ 列组成。新资料矩阵 X 的前 m 行是原时刻资料矩阵,每一行对应 1 个站点的 1,2,$\cdots$,$n-2j$ 次观测。中间的 m 行是滞后 1 个时次的资料矩阵,每一行对应 1 个站点的 $j+1$,$j+2$,$\cdots$,$n-j$ 次观测。最后的 m 行是滞后 2 个时次的资料矩阵,每一行对应 1 个站点的 $2j+1$,$2j+2$,$\cdots$,n 次观测。这样,新的资料矩阵就构造好了。

6.2.1.2　计算协方差矩阵 S

$$S=XX^{\mathrm{T}} \tag{6.15}$$

式中,上标"T"表示矩阵转置。若资料矩阵 X 是变量的距平场,那么 S 是协方差矩阵;若 X 是标准化场,那么 S 是相关系数矩阵。矩阵 S 是 $3m\times3m$ 阶的实对称矩阵。

6.2.1.3　求解 S 矩阵的特征值 Λ 和特征向量 V

可以使用 MATLAB 的 eig 函数计算特征向量 V 和特征值 Λ,可以得到 $3m$ 个特征值

$$\Lambda = \begin{bmatrix} \lambda_1 & 0 & 0 & 0 & 0 & 0 & 0 & 0 & 0 & 0 & 0 & 0 \\ 0 & \lambda_2 & 0 & 0 & 0 & 0 & 0 & 0 & 0 & 0 & 0 & 0 \\ 0 & 0 & \ddots & 0 & 0 & 0 & 0 & 0 & 0 & 0 & 0 & 0 \\ 0 & 0 & 0 & \lambda_m & 0 & 0 & 0 & 0 & 0 & 0 & 0 & 0 \\ 0 & 0 & 0 & 0 & \lambda_{m+1} & 0 & 0 & 0 & 0 & 0 & 0 & 0 \\ 0 & 0 & 0 & 0 & 0 & \lambda_{m+2} & 0 & 0 & 0 & 0 & 0 & 0 \\ 0 & 0 & 0 & 0 & 0 & 0 & \ddots & 0 & 0 & 0 & 0 & 0 \\ 0 & 0 & 0 & 0 & 0 & 0 & 0 & \lambda_{2m} & 0 & 0 & 0 & 0 \\ 0 & 0 & 0 & 0 & 0 & 0 & 0 & 0 & \lambda_{2m+1} & 0 & 0 & 0 \\ 0 & 0 & 0 & 0 & 0 & 0 & 0 & 0 & 0 & \lambda_{2m+2} & 0 & 0 \\ 0 & 0 & 0 & 0 & 0 & 0 & 0 & 0 & 0 & 0 & \ddots & 0 \\ 0 & 0 & 0 & 0 & 0 & 0 & 0 & 0 & 0 & 0 & 0 & \lambda_{3m} \end{bmatrix} \tag{6.16}$$

和 $3m$ 个特征向量

$$V = \begin{bmatrix} v_{11} & v_{12} & \cdots & v_{13m} \\ \vdots & \vdots & \ddots & \vdots \\ v_{m1} & v_{m2} & \cdots & v_{m3m} \\ v_{m+11} & v_{m+12} & \cdots & v_{m+13m} \\ \vdots & \vdots & \ddots & \vdots \\ v_{2m1} & v_{2m2} & \cdots & v_{2m3m} \\ v_{2m+11} & v_{2m+12} & \cdots & v_{2m+13m} \\ \vdots & \vdots & \ddots & \vdots \\ v_{3m1} & v_{3m2} & \cdots & v_{3m3m} \end{bmatrix} \tag{6.17}$$

尤其要注意的是，每个特征向量都包含 $3m$ 个空间点。例如，式(6.17)左边第一列是 V_1，是第一特征向量

$$V_1^{\mathrm{T}} = [v_{11}\ v_{21}\ \cdots\ v_{m1}\ v_{m+11}\ v_{m+21}\ \cdots\ v_{2m1}\ v_{2m+11}\ v_{2m+21}\ \cdots\ v_{3m1}] \tag{6.18}$$

式中，特征向量 V_1 的前 m 行是滞后 0 时次的特征向量；中间的 m 行，即第 $m+1$，$m+2$，$\cdots$，$2m$ 行，是滞后 1 个时次的特征向量；最后的 m 行，即第 $2m+1,2m+2,\cdots,3m$ 行，是滞后 2 个时次的特征向量。

由此可见，一个特征向量包含了 3 个时次的空间分布结构。除此之外，还应注意，此时，特征向量的正交性是某一特征向量 3 个时次的特征向量之和与另一特征向量 3 个时次的特征向量之和的正交。

6.2.1.4　计算时间系数矩阵 T

与 EOF 一样，时间系数矩阵 T

$$T_{3m\times(n-2j)} = \begin{bmatrix} t_{11} & t_{12} & \cdots & t_{1n-2j} \\ \vdots & \vdots & \ddots & \vdots \\ t_{m1} & t_{m2} & \cdots & t_{mn-2j} \\ t_{m+1j+1} & t_{m+1j+2} & \cdots & t_{m+1n-j} \\ \vdots & \vdots & \ddots & \vdots \\ t_{2mj+1} & t_{2mj+2} & \cdots & t_{2mn-j} \\ t_{2m+12j+1} & t_{2m+12j+2} & \cdots & t_{2m+1n} \\ \vdots & \vdots & \ddots & \vdots \\ t_{3m2j+1} & t_{3m2j+2} & \cdots & t_{3mn} \end{bmatrix} \tag{6.19}$$

得到的 T 矩阵有 $3m$ 行，$n-2j$ 列。

应该注意一下每个特征向量的时间系数所对应的时刻。时间系数矩阵 T 的第 $1\sim m$ 行是第 $1\sim m$ 个特征向量的时间系数，对应的时刻是 $1\sim n-2j$。第 $m+1\sim 2m$ 行是第 $m+1\sim 2m$ 个特征向量的时间系数，对应的时刻是 $j+1\sim n-j$。第 $2m+1\sim 3m$ 行是第 $2m+1\sim 3m$ 个特征向量的时间系数，对应的时刻是 $2j+1\sim n$。

6.2.1.5　计算方差贡献 R_k 和累积方差贡献 G

每个特征向量的方差贡献 R_k 为

$$R_k = \frac{\lambda_k}{\sum\limits_{i=1}^{3m}\lambda_i},\ k=1,\ 2,\ \cdots,\ p(p<3m) \tag{6.20}$$

前 p 个特征向量的累积方差贡献 G 为

$$G = \frac{\sum\limits_{i=1}^{p}\lambda_i}{\sum\limits_{i=1}^{3m}\lambda_i},\ p<3m \tag{6.21}$$

在计算分母部分时需要注意，这里是计算 $3m$ 个特征值之和。这样就完成了扩展经验正交函数分解的计算。

6.2.2　计算结果分析

6.2.2.1　空间分布结构图分析

若计算的是滞后 7 个时次的 EEOF，那么，一个特征向量就得到 8 张空间分布结构图（见图 6.4）。

从图 6.4 中，可以看出滞后 0 个月、滞后 12 个月和滞后 24 个月都对应赤道东太平洋的冷信号，滞后 4 个月、滞后 16 个月、滞后 28 个月时对应赤道东太平洋的暖信号，滞后 8 个月、滞后 20 个月时对应暖信号减弱的情况。可以看出赤道东太平洋有以 1 年为周期的变动。根据图 6.4，可以分析空间系统的移动方向、强度变化等特征。这些变化特征，是一般 EOF 得不到的。但是，遇到本身时间持续性较差的变量场时，得到的空间分布结构往往难以解释。

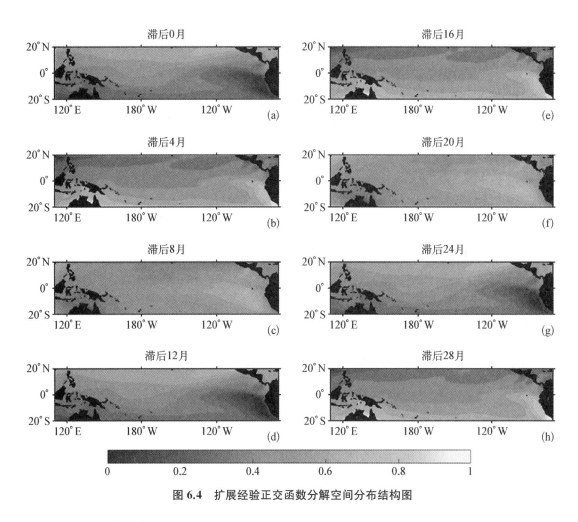

图 6.4　扩展经验正交函数分解空间分布结构图

6.2.2.2　时间系数分析

根据特征向量对应的时间系数(见图 6.5),可以分析准周期的振幅变化及不同滞后长度之间振幅的相位差。

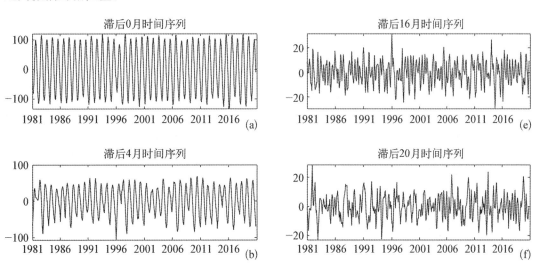

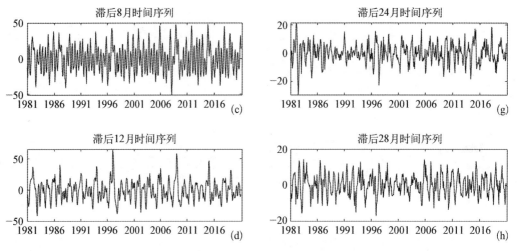

图 6.5 扩展经验正交函数分解时间系数图

6.2.3 矢量经验正交函数分解

对于风、流等矢量，可以借鉴扩展经验正交函数分解的思想，将 u 放在前 m 行，v 放在第 $m+1\sim2m$ 行，组成资料矩阵 X

$$X_{2m\times n} = \begin{bmatrix} u_{11} & u_{12} & \cdots & u_n \\ \vdots & \vdots & \ddots & \vdots \\ u_{m1} & u_{m2} & \cdots & u_{mn} \\ v_{11} & v_{12} & \cdots & v_n \\ \vdots & \vdots & \ddots & \vdots \\ v_{m1} & v_{m2} & \cdots & v_{mn} \end{bmatrix} \tag{6.22}$$

然后使用 6.2.1 扩展经验正交函数分解，求得各个模态，再用某一模态的 u、v 数据绘制矢量图。这样就可以获得矢量经验正交函数分解。

6.2.4 巴特沃斯带通滤波

在气候诊断分析中，常常用 EEOF 来作某海洋变量场的准周期震荡演变特征分析。此时，就需要预先将变量场的特定周期分量分离出来，然后用分离后的资料再做 EEOF 分解。可以通过对每一测站或网格点的数据进行一阶巴特沃斯带通滤波来实现。

比如，为了研究中国降水量的准 3.5 年周期各相位的演变特征，取中国东部 90 个站各月降水量距平，先作各站 30~60 个月的带通滤波。30~60 个月，正好对应着 2.5 年~5 年的周期，就把 3.5 年的周期包含在里面。因为采样频率是 1 个月，所以用多少月作为带通滤波对应的周期。

6.2.4.1 计算步骤

在实际计算时，

（1）去除序列中的线性倾向成分

使用 MATLAB 的 detrend 函数，消除原序列中的平均值和线性倾向成分。

（2）计算带通滤波器的圆频率 ω

根据要求的滤波周期 T，比如 $30\sim60$ 个月，计算带通滤波器的圆频率 ω。

圆频率 ω 与周期 T 的关系是

$$\omega = \frac{2\pi}{T} \tag{6.23}$$

需要计算出带通滤波器的前后两个频率 ω_1 和 ω_2。此处

$$\begin{cases} \omega_1 = \dfrac{2\pi}{30} \\ \omega_2 = \dfrac{2\pi}{60} \end{cases} \tag{6.24}$$

从 ω_1 到 ω_2 就可以看作是该带通滤波器的通过带。滤波之后的信号就是具有 $30\sim60$ 个月周期的信号。注意，小周期对应的频率是 ω_1，大周期对应的频率是 ω_2。ω_1 和 ω_2 调换之后，结果会有很大差异。

（3）计算滤波公式的系数

根据带通频率 ω_1 和 ω_2，计算系数 a、b_1 和 b_2（吴洪宝等，2005）

$$\begin{cases} a = \dfrac{2\Delta\Omega}{4 + 2\Delta\Omega + \Omega_0^2} \\ b_1 = \dfrac{2(\Omega_0^2 - 4)}{4 + 2\Delta\Omega + \Omega_0^2} \\ b_2 = \dfrac{4 - 2\Delta\Omega + \Omega_0^2}{4 + 2\Delta\Omega + \Omega_0^2} \end{cases} \tag{6.25}$$

式中

$$\begin{cases} \Delta\Omega = 2\left| \dfrac{\sin\omega_1\Delta t}{1 + \cos\omega_1\Delta t} - \dfrac{\sin\omega_2\Delta t}{1 + \cos\omega_2\Delta t} \right| \\ \Omega_0^2 = \dfrac{4\sin\omega_1\Delta t \sin\omega_2\Delta t}{(1 + \cos\omega_1\Delta t)(1 + \cos\omega_2\Delta t)} \end{cases} \tag{6.26}$$

式中，Δt 是样本的采样时间间隔，一般取为 1。

（4）根据滤波公式计算滤波之后的信号 y

滤波公式为

$$y_k = a(x_k - x_{k-2}) - b_1 y_{k-1} - b_2 y_{k-2} \tag{6.27}$$

式中，x_1，x_2，$\cdots$，x_n 为原序列；y_1，y_2，$\cdots$，y_n 为滤波后的结果；此处 $k = 3$，4，$\cdots n$。当 $k = 1$，2 时，令 $y_k = 0$。

由式（6.27）可知，在计算某时间的滤波结果时，会用到该时刻前 2 个过去时刻的资料，同时，还会用到此时刻之前的 2 个滤波结果。

（5）将 y 进行反序排列，得到新序列 $x^{(2)}$

使用 MATLAB 的 flip 函数，将新得到的滤波结果 y 进行反序排列，得到新序列 $x^{(2)}$。即

$$\begin{cases} x_1^{(2)} = y_n \\ x_2^{(2)} = y_{n-1} \\ \vdots \\ x_n^{(2)} = y_1 \end{cases} \tag{6.28}$$

（6）将 $x^{(2)}$ 看作原信号，进行滤波

将 $x^{(2)}$ 看作原信号，使用滤波公式（6.27）对 $x^{(2)}$ 进行滤波，得到滤波后的结果 $y^{(2)}$。此处，$y_1^{(2)} = x_1^{(2)}$，$y_2^{(2)} = x_2^{(2)}$。$y^{(2)}$ 就是最终的巴特沃斯带通滤波结果，对应着挑选出的 30～60 个月周期的信号。使用 MATLAB 的自带的巴特沃斯带通滤波不能得到这样的结果，请读者计算时注意。

6.2.4.2 应用实例

构造 3 个周期波，将这三个余弦叠加起来作为原始信号 x（见图 6.6）

$$x(t) = x_1(t) + x_2(t) + x_3(t) \tag{6.29}$$

图 6.6 原始信号 x

式中

$$\begin{cases} x_1(t) = 0.5\cos(2\pi t/16) \\ x_2(t) = 1.0\cos(2\pi t/45) \\ x_3(t) = 2.0\cos(2\pi t/80) \end{cases} \tag{6.30}$$

x_1 的周期为 16，x_2 的周期为 45，x_3 的周期为 80（见图 6.7）。

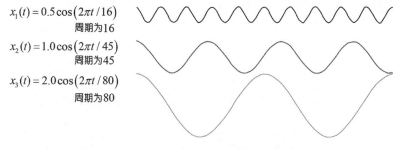

图 6.7 3 个周期波

对原序列 x 作周期为 35～55 的巴特沃斯带通滤波，希望能够把符合条件的，周期为 45 的 x_2 选取出来。将带通滤波之后的结果 y 与 x_2 进行比较，发现两者的相位和振幅都差异

不大,说明滤波是比较成功的。

　　巴特沃斯带通滤波的优点在于可以自由选择通过频带,滤波后的结果在资料序列的两端没有丢失,适用于短资料序列。

6.3　旋转经验正交函数分解

　　EOF 方法能够将海洋变量场或多维随机变量的时间与空间变化分离开来,并且使用尽可能少的模态表达出主要的空间和时间变化,是表示场的空间相关结构或多变量综合信息的有用方法。但是,在有些情况下,应用 EOF 分解往往不能得到接近实际的空间结构或多变量的相互关系。根据 EOF 的导出过程可知,第一模态的 EOF 能够最大可能地反映所有 m 个原变量的变化或信息,接下来的每一个 EOF 也都尽可能地表达所有 m 个原变量中还没有被其他模态表示出的部分。这样,当变量个数很多,即 m 很大,而且变量间的相关只在局部变量之间时,EOF 就会过分地强调 m 个变量的整体相关结构,而使重要的局部相关结构被掩盖。例如,若做整个北半球冬季月平均 500 hpa 高度距平的 EOF 分析,所得到的每个 EOF 图将在整个北半球区域都散布着一些中心(见图 6.8)。这是因为每个 EOF 都担任着表示整个区域所有原变量变化的任务。而北半球冬季 500 hpa 距平场的实际相关结构是局部区域性的,已经得到公认的是 Wallace et al. (1981)提出的 5 个遥相关型:太平洋北美型(PNA),太平洋西部型(WP)、欧亚型(EU)、大西洋东部型(EA)和大西洋西部型(WA),都只存在于北半球的局部地区。因而在对整个北半球区域做 EOF 分析时,无法从任何特征向量图上辨认出它们(黄嘉佑等,2015)。

　　Horel(1981)指出,EOF 分解的前几个特征向量,尤其是第一特征向量,过分地强调与

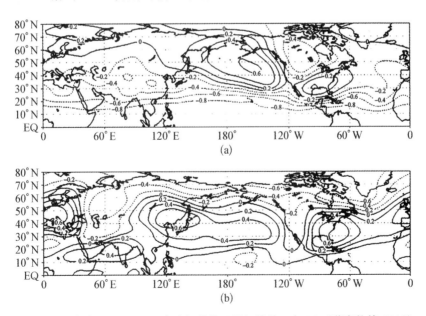

图 6.8　北半球 1 月 500 hPa 高度标准化距平场的前 2 个 EOF(黄嘉佑等,2015)

分析区域尺度相当的现象,因而使区域性相关结构反映不出来,并且指出旋转经验正交函数分析,简称 REOF,能够克服 EOF 应用中的这一缺陷。其实,REOF 分解并不是新的分析方法,它与因子分析中的旋转主因子分析及多元统计中的旋转主成分分析没有本质的区别。只是近年来,将其用于变量场的分析越来越多(黄嘉佑等,2015)。

6.3.1　方法概述

REOF 的想法是这样的:若 EOF 分析截取了前 p 个空间型,累计方差贡献率达 80% 以上,那么能否将这 p 个空间型进行调整,使得调整后的 p 个空间型的累计方差贡献率保持不变,而单个空间型可以尽量反映场的局部相关结构。这种对 p 个 EOF 再做调整的过程,在数学上是做线性变换,几何形象是做旋转,所以称为旋转经验正交函数(REOF)。EOF 分解强调每个 EOF 对所有 m 个原变量的方差贡献都要大,而 REOF 强调对 m 个原变量中的某一些变量的方差贡献要大。旋转后的典型空间分布结构清晰,不但可以较好地反映不同地域的变化,还可以反映不同地域的相关分布状况。REOF 与 EOF 相比,取样误差要小得多。因此,REOF 越来越受到人们的重视,成为分离变量场典型空间结构的一种新倾向(黄嘉佑等,2015)。

6.3.2　计算步骤

计算过程如图 6.9 所示。在进行旋转经验正交函数分解之前,首先要进行 EOF 分解。

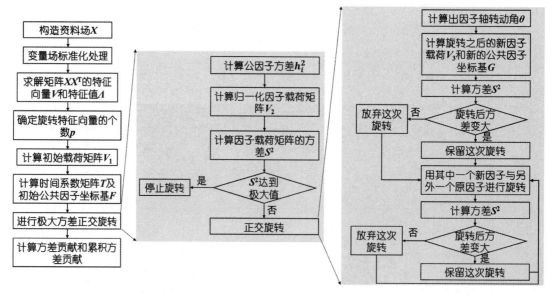

图 6.9　旋转经验正交函数分解流程图

6.3.2.1　EOF 分解

(1) 构造资料场 X

X 矩阵的构造方法,跟 6.1.1 EOF 分解中 X 矩阵的构造方法一致。每一行是一个观测站点的 n 次观测样本,一共有 m 行,即有 m 个站点

$$X_{m \times n} = \begin{bmatrix} x_{11} & x_{12} & \cdots & x_{1j} & \cdots & x_{1n} \\ x_{21} & x_{22} & \cdots & x_{2j} & \cdots & x_{2n} \\ \vdots & \vdots & \vdots & \vdots & \vdots & \vdots \\ x_{i1} & x_{i2} & \cdots & x_{ij} & \cdots & x_{in} \\ \vdots & \vdots & \vdots & \vdots & \vdots & \vdots \\ x_{m1} & x_{m2} & \cdots & x_{mj} & \cdots & x_{mn} \end{bmatrix}$$

（2）对变量场进行标准化处理

使用 2.4.3 节的方法对数据进行标准化处理，将原始变量场变为标准化场。

（3）计算相关系数矩阵 XX^T

对于标准化场，XX^T 就是相关系数矩阵，分离出的特征向量代表的是变量场的相关分布状况，更适合进行分类、分型分析。

（4）求解 XX^T 矩阵的特征值 Λ 和特征向量 V

当海洋变量场的空间点数 m 小于等于样本量 n 时，在 MATLAB 中，可以使用 eig 函数计算特征向量 V 和特征值 Λ。当海洋变量场的空间点数 m 大于样本量 n 时，一般采用时空转换方案，具体做法跟 6.1.3.2 EOF 分解中介绍的一致。

到这里，就完成了普通的 EOF 分解。

6.3.2.2　确定旋转特征向量的个数 p

确定方法主要有

（1）根据 EOF 的累积方差贡献确定

一般以累积方差贡献率达到 85% 以上为标准，来确定旋转特征向量的个数 p。方差贡献百分率，可以根据具体问题适当地增减。累积方差贡献率可由式（6.13）计算得到。

（2）通过特征值对数曲线的变化确定

绘制特征值对数曲线图，即特征值大小随特征值排序的变化。若某个特征值之后的曲线斜率明显变小，就以该点特征值的个数作为旋转特征向量的个数 p。

（3）使用特征值误差范围确定

North et al.（1982）提出了使用特征值误差范围来确定旋转特征向量个数 p 的方法，详见 6.1.4.1 节。

6.3.2.3　初始值计算

（1）计算初始载荷矩阵 V_1

$$v_{1ij} = v_{ij} \lambda_j^{\frac{1}{2}} \tag{6.31}$$

使用 MATLAB 中的矩阵运算就是 $V1 = V * sqrt(\Lambda)$。

（2）计算时间系数矩阵 T

使用式（6.10）计算时间系数矩阵 T。

（3）计算初始公共因子坐标基 F

$$F = \Lambda^{-\frac{1}{2}} T \tag{6.32}$$

6.3.2.4　因子坐标系旋转

坐标系旋转一般分为正交旋转与斜交旋转两种方式。极大方差旋转是正交旋转,是气候诊断分析中最常使用的旋转方法。这种方法的实质,是将各因子轴旋转到某个位置,使得每个变量在旋转后的因子轴上极大、极小两极分化,从而使高载荷只出现在少数变量上。即在旋转因子矩阵中,少数变量有高载荷,其余变量均接近于 0。使因子载荷矩阵结构简化,满足了旋转因子轴"简单结构解"的要求。从变量场的角度解释就是,经过极大方差旋转,使分离出的典型空间模态上,只有某一较小区域上有高载荷,其余区域均接近于 0,使得空间结构简化、清晰(黄嘉佑等,2015)。

极大方差正交旋转的具体步骤为:

(1)计算公因子方差 h_i^2

$$h_i^2 = \sum_{j=1}^{p} v_{1ij}^2 \tag{6.33}$$

(2)计算归一化因子载荷矩阵 V_2

$$v_{2ij} = v_{1ij} / h_i \tag{6.34}$$

(3)计算因子载荷矩阵的方差 S^2

$$S^2 = \frac{m \sum_{j=1}^{p} \sum_{i=1}^{m} \left(\frac{v_{1ij}^2}{h_i^2} \right)^2 - \sum_{j=1}^{p} \left[\sum_{i=1}^{m} \left(\frac{v_{1ij}^2}{h_i^2} \right) \right]^2}{m^2} \tag{6.35}$$

伴随着一次次旋转,因子载荷矩阵的方差 S^2 会越来越大,直到达到一个极大值,就停止旋转。

(4)正交旋转

为了使方差达到极大,连续使用因子轴转动角的三角函数变换矩阵。每次从需要旋转的 p 个因子中选取两个进行正交旋转。通过对两两因子进行旋转,可以得到新因子载荷矩阵 V_3 和新的公共因子坐标基 G,也可以计算得到新因子载荷矩阵的方差。在具体旋转时,计算如下。

1)计算因子轴转动角 θ

计算第 k 个和第 q 个因子的因子轴转动角 θ

$$\theta = \frac{1}{4} \arctan \left[\frac{D - \frac{2}{m} HE}{C - \frac{1}{m} (H^2 - E^2)} \right] \tag{6.36}$$

式中

$$D = 2 \sum_{i=1}^{m} u_i \omega_i$$

$$H = \sum_{i=1}^{m} u_i$$

$$E = \sum_{i=1}^{m} \omega_i$$

$$C = \sum_{i=1}^{m} (u_i^2 - \omega_i^2)$$

$$u_i = \frac{v_{ik}^2 - v_{iq}^2}{h_i^2}$$

$$\omega_i = \frac{2 v_{ik} v_{iq}}{h_i^2} \tag{6.37}$$

求解 θ 时，要使用 MATLAB 的 $\theta = \text{atan} 2(a，b)$ 函数，才能求得四象限的角度。其中，atan2 函数中的 a、b 分别对应着 $\tan 4\theta$ 的分子和分母：$a = D - \dfrac{2}{m} HE$，$b = C - \dfrac{1}{m}(H^2 - E^2)$。

2) 计算新因子载荷 V_3 和新公共因子坐标基 G

对第 k 个和第 q 个因子进行旋转，旋转之后的新因子载荷 V_3 为

$$\begin{cases} v_{3ik} = v_{2ik} \cos\theta + v_{2iq} \sin\theta \\ v_{3iq} = -v_{2ik} \sin\theta + v_{2iq} \cos\theta \end{cases} \tag{6.38}$$

新的公共因子坐标基 G 为

$$\begin{cases} g_{kj} = f_{kj} \cos\theta + f_{qj} \sin\theta \\ g_{qj} = -f_{kj} \sin\theta + f_{qj} \cos\theta \end{cases} \tag{6.39}$$

将 V_3 代入式(6.33)计算新的公因子方差 h_{3i}^2。

3) 计算方差 S^2

将旋转之后的新因子载荷矩阵 V_3 和新公因子方差 h_{3i}^2 代入公式(6.35)计算方差 S^2。比较旋转前后的方差，若旋转之后，方差变大，则保留旋转，若方差变小，则放弃此次旋转。

4) 重复步骤 1)~3)

用其中一个新因子与另外一个原因子进行旋转，也要满足，旋转之后的方差大于旋转之前的方差。一共进行了 $p(p-1)/2$ 次旋转，就完成了一次旋转循环。

5) 重复步骤 1)~4)

重复步骤 1)~4)，直到因子载荷矩阵的方差 S^2 达到极大为止。最终得到新因子载荷矩阵 V_3 和新公共因子坐标基 G。

6.3.2.5　计算方差贡献和累积方差贡献

在 EOF 分解中，使用某个特征根 λ_k 除以所有特征根之和得到每个特征向量的方差贡献；再使用前 p 个特征向量的特征值之和除以所有的特征值之和得到前 p 个特征向量的累积方差贡献(见 6.1.8 节)。而在 REOF 中，不再使用特征根来计算方差贡献和累积方差贡献，而是对某一个特征向量的值平方后求和，再除以所有特征向量值的平方和就可以得到该特征向量的方差贡献 R_k

$$R_k = \frac{\sum\limits_{i=1}^{m} v_{3ik}^2}{\sum\limits_{j=1}^{n}\sum\limits_{i=1}^{m} v_{3ij}^2} \qquad (6.40)$$

再使用前 p 个特征向量值的平方求和除以所有特征向量值的平方和就可以得到前 p 个特征向量的累积方差贡献 G 了

$$G = \frac{\sum\limits_{k=1}^{p}\sum\limits_{i=1}^{m} v_{3ik}^2}{\sum\limits_{j=1}^{n}\sum\limits_{i=1}^{m} v_{3ij}^2} \qquad (6.41)$$

计算发现,旋转前后,前 p 个特征向量值的累积方差贡献没有发生改变。

6.3.3　计算结果分析

REOF 计算结果的物理含义与 EOF 有所不同,主要可以做三方面的分析:

6.3.3.1　空间模态分析

REOF 得到的空间模态是旋转因子载荷向量,每个向量代表的是空间相关性分布结构。经历了旋转过程之后,高载荷集中在某一个较小的区域上,其余大片区域的载荷接近于 0。若某一向量的各分量符号均一致,则代表该区域的气候变量变化一致,而且以高载荷地域为中心分布。若某一向量在某一区域的分量符号为正,而在另一区域的分量符号为负,而高载荷集中在正区域或负区域,代表着这两个区域的变化趋势相反,而且是以高载荷所在的区域为中心分布。通过空间分布结构,不仅可以分析海洋变量场的地域结构,还可以通过各向量的高载荷区域对海洋变量场进行区域和类型的划分等研究(魏凤英,2013)。

6.3.3.2　分析相关性分布结构随时间的演变特征

通过旋转空间模态对应的时间系数,分析相关性分布结构随时间的演变特征。时间系数的绝对值越大,表明这一时刻,比如年、月等的这种分布结构越典型,极大值中心也越明显。

6.3.3.3　分析旋转的特征向量解释总方差的比例

旋转后,方差贡献要比 EOF 更加均匀,通过它们可以了解旋转的特征向量解释总方差的比例。

6.4　主振荡型分析

主振荡型(POP)技术的基本思想是 Hasselmann(1988)提出来的,其基本概念是由主相互作用型推导出来的。与此同时,Von Storch et al. (1988)和 Xu(1992)提出由一个线性系统的标准模态来定义 POP,对该新技术进行了一系列卓有成效的完善,并在气候系统的低频变化、准两年振荡(QBO)及厄尔尼诺-南方涛动(ENSO)的诊断和预测研究中加以应用。后来,Storch et al. (1995)专门对 POP 的概念、应用及拓展方法作了详尽的综述。应用实例证明,POP 是一种识别复杂气候系统时空变化特征的多变量分析新技术(魏凤英,2013)。

POP 分析的最本质论点认为,气候系统的主要过程是由一阶马尔可夫过程所描述的线性动力过程。其他次要过程被认为是一种随机噪声强迫。具体实施时,用 EOF 展开一个海洋变量场进行截断,提取主要过程,用自回归滑动平均技术构造系统动力模型。因此,从该角度上讲,POP分析技术也可以看做是常规 EOF 和自回归方法的联合及拓展。众所周知,EOF 在给定时间内,可以生成变量场协方差结构的一个最优表达式,但却不能揭露系统的时间演变结构或其内部动力过程。6.2 节中介绍的,用同一变量场不同滞后时刻构造协方差矩阵的扩展经验正交函数分解,可以提供时间演变的空间结构,但它不能与谱结构相联合。而主振荡型分析既能提供时间演变的空间结构,也能与谱结构相联合。主振荡型分析与复经验正交函数分解在功能上相似,两者的差异在于,复经验正交函数分解是在解释方差最大和相互正交的约束条件下构造的,所分析的时空移动特征不是由复经验正交函数分解直接给出的,而是由时间系数推导计算出来的。而 POP 与动力方程相联系,得到的时空演变特征是计算的直接输出(魏凤英,2013)。

6.4.1　计算步骤

主振荡型分析的计算存在一定的难度,而且因为研究目的的不同而有所不同。此处只给出使用主振荡型分析进行气候诊断的最基本的步骤,其计算流程如图 6.10 所示。

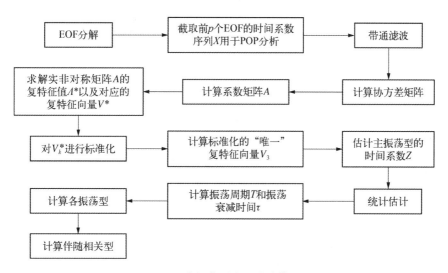

图 6.10　主振荡型分析的计算流程

6.4.1.1　EOF 分解

对原始海洋变量场进行 EOF 分解,得到特征向量 VV 和时间系数 TT

$$TT = \begin{bmatrix} tt_{11} & tt_{12} & \cdots & tt_{1j} & \cdots & tt_{1n} \\ tt_{21} & tt_{22} & \cdots & tt_{2j} & \cdots & tt_{2n} \\ \vdots & \vdots & \vdots & \vdots & \vdots & \vdots \\ tt_{p1} & tt_{p2} & \cdots & tt_{pj} & \cdots & tt_{pn} \\ \vdots & \vdots & \vdots & \vdots & \vdots & \vdots \\ tt_{m1} & tt_{m2} & \cdots & tt_{mj} & \cdots & tt_{mn} \end{bmatrix} \tag{6.42}$$

具体计算方法详见 6.1 节。

6.4.1.2 选取主振荡型分析的变量场 X

截取占 80% 以上方差的前 p 个 EOF 的时间系数序列 X 进行 POP 分析。因为 EOF 的时间系数序列中的每一行为每一个特征向量对应的时间系数。所以选取了 p 个特征向量，就对应选取了时间系数序列的前 p 行作为主振荡型分析的变量场 X。

$$X_{p \times n} = \begin{bmatrix} x_{11} & x_{12} & \cdots & x_{1j} & \cdots & x_{1n} \\ x_{21} & x_{22} & \cdots & x_{2j} & \cdots & x_{2n} \\ \vdots & \vdots & \vdots & \vdots & \vdots & \vdots \\ x_{i1} & x_{i2} & \cdots & x_{ij} & \cdots & x_{in} \\ \vdots & \vdots & \vdots & \vdots & \vdots & \vdots \\ x_{p1} & x_{p2} & \cdots & x_{pj} & \cdots & x_{pn} \end{bmatrix} = \begin{bmatrix} tt_{11} & tt_{12} & \cdots & tt_{1j} & \cdots & tt_{1n} \\ tt_{21} & tt_{22} & \cdots & tt_{2j} & \cdots & tt_{2n} \\ \vdots & \vdots & \vdots & \vdots & \vdots & \vdots \\ tt_{i1} & tt_{i2} & \cdots & tt_{ij} & \cdots & tt_{in} \\ \vdots & \vdots & \vdots & \vdots & \vdots & \vdots \\ tt_{p1} & tt_{p2} & \cdots & tt_{pj} & \cdots & tt_{pn} \end{bmatrix} \tag{6.43}$$

6.4.1.3 对变量场 X 进行带通滤波

若将资料中所要分析的信号预先确定在某一频域内，那么还应该对变量场 X 进行带通滤波，如 6.2.4 节的巴特沃斯带通滤波。

6.4.1.4 计算系数矩阵 A

$$A = S_1 S_0^{-1} \tag{6.44}$$

式中，S_0 和 S_1 是滞后时刻为 0 和 1 的协方差矩阵

$$\begin{cases} S_0 = \overline{x(t)x^T(t)} \\ S_1 = \overline{x(t+1)x^T(t)} \end{cases} \tag{6.45}$$

式中，‾ 表示求平均。

6.4.1.5 求解复特征值 Λ^* 及复特征向量 V^*

求解实非对称矩阵 A 的复特征值 Λ^* 及复特征向量 V^*

$$\begin{cases} \Lambda^* = \Lambda_r + i\Lambda_i \\ V^* = V_r + iV_i \end{cases} \tag{6.46}$$

使用 MATLAB 的 eig 函数可以求解。此处，对应于同一个复特征值，它的复特征向量不是唯一的，而是有相差任意复常数倍的无穷多个。即若 V_k^* 是一个复特征向量，那么 $m_k e^{i\theta_k} V_k^*$ 也是复特征向量，只要 $m_k \neq 0$。因此，需要选择标准化的主振荡型，使不同系统的主振荡型可以直接比较。对应于不同特征值的主振荡型不是相互正交的，这是因为系数矩阵 A 不是对称的。但是，每个主振荡型自身可以进行标准化（黄嘉佑等，2015）。

6.4.1.6 对 V_k^* 进行标准化

（1）适当的选取 m_k

适当的选取 m_k，使得 $\| m_k e^{i\theta_k} V_k^* \|^2 = 1$，由此，可以计算得到 m_k^2

$$m_k^2 = \frac{1}{\sum_{s=1}^{m} \left[(V_{ks}^r)^2 + (V_{ks}^i)^2 \right]} \tag{6.47}$$

式中，V_{ks}^r 和 V_{ks}^i 是复特征向量 V_k^* 的实部向量和虚部向量在第 s 个格点上的分量。

（2）计算得到 θ_k

适当的选取 θ_k，使得复特征向量 $m_k e^{i\theta_k} V_k^*$ 的实部向量和虚部向量正交。正交意味着实部向量和虚部向量的内积为 0，由此，可以计算得到 θ_k

$$\theta_k = \frac{1}{2}\arctan\frac{2\langle V_k^r, V_k^i\rangle}{\langle V_k^i, V_k^i\rangle - \langle V_k^r, V_k^r\rangle} \tag{6.48}$$

式中，$\langle V_k^r, V_k^i\rangle$ 表示向量 V_k^r 和向量 V_k^i 的内积，定义为两个向量的对应分量乘积之和。

（3）计算得到标准化后的复特征向量 V_2

$$V_{2k} = m_k e^{i\theta_k} V_k^* \tag{6.49}$$

经过这样处理之后的 V_{2k} 能否唯一的确定了呢？答案是仍然有不确定性。因为，若将标准化的复特征向量再乘以 i 或 $-i$ 或 -1，那么得到的还是与同一复特征值对应的标准化的复特征向量。这如同标准化的实特征向量乘以 -1 还是标准化的实特征向量一样。标准化的复特征向量还可以乘以 i 或 $-i$，说明它的实部型与虚部型是相对的，可以根据需要决定是否再乘以 i 或 $-i$。Von Storch et al.（1995）提出，可以选取 $\|V_{2k}^r\|^2 > \|V_{2k}^i\|^2$ 来消除这种不确定性。

在将主振荡型分析应用于 ENSO 研究时，一般把主振荡型 POP，即复特征向量 V_2 的实部型 V_{2k}^r 对应于 ENSO 暖事件时要素的距平型，而虚部型 V_{2k}^i 对应于过渡型。但是，这一般只能用于一个主要的主振荡型，其他主振荡型的实部和虚部空间型很难再相似于 ENSO 事件的距平型。因此，还是再采用 Von Storch et al.（1995）的方法。

（4）计算标准化的"唯一"复特征向量 V_3

判断 $\|V_{2k}^r\|^2 > \|V_{2k}^i\|^2$ 是否成立，如此得到标准化的"唯一"复特征向量 V_3。若 $\|V_{2k}^r\|^2 > \|V_{2k}^i\|^2$，则令 $V_{3k} = V_{2k}$；若 $\|V_{2k}^r\|^2 < \|V_{2k}^i\|^2$，则令 $V_{3k} = V_{2k}\times i$。如此就得到了标准化的"唯一"复特征向量 V_3。

其中，实特征向量 V_3^r 称为实 POP，它可以描述系统的驻波振荡。复特征向量 V_3^i 称为复 POP，它可以描述系统振荡的传播。振动模态表现为，实特征向量 V_3^r 和复特征向量 V_3^i 之间，按照 $\cdots\to V_3^r\to -V_3^i\to -V_3^r\to V_3^i\to V_3^r\to\cdots$ 的顺序交替出现。

6.4.1.7　估计主振荡型的时间系数 Z

在使用主振荡型 POP 分析实际问题时，POP 的时间系数也应该是由样本 $X_1, X_2, \cdots, X_n$ 估计出来的，其中 $X_1, X_2, \cdots, X_n$ 分别对应着主振荡型分析的变量场 X 的第一列，第二列，$\cdots$，到第 n 列，分别对应着第 1 个时刻、第 2 个时刻和第 n 个时刻的变量。

$$X_{p\times n} = \begin{bmatrix} x_{11} & x_{12} & \cdots & x_{1j} & \cdots & x_{1n} \\ x_{21} & x_{22} & \cdots & x_{2j} & \cdots & x_{2n} \\ \vdots & \vdots & & \vdots & & \vdots \\ x_{i1} & x_{i2} & \cdots & x_{ij} & \cdots & x_{in} \\ \vdots & \vdots & & \vdots & & \vdots \\ x_{p1} & x_{p2} & \cdots & x_{pj} & \cdots & x_{pn} \end{bmatrix}$$

实部时间系数 Z_k^r 和虚部时间系数 Z_k^i 可以由 X 和 V_3 计算得到

$$\begin{cases} Z_k^r(t) = \dfrac{\langle X_t , V_{3k}^r \rangle}{\langle V_{3k}^r , V_{3k}^r \rangle} \\ Z_k^i(t) = \dfrac{\langle X_t , V_{3k}^i \rangle}{\langle V_{3k}^i , V_{3k}^i \rangle} \end{cases} \tag{6.50}$$

若系数矩阵 A 的某个特征向量是实的,而且已经是归一化的,那么它的时间系数是

$$Z_k(t) = \langle X_t , V_{3k} \rangle \tag{6.51}$$

6.4.1.8 统计估计

在多数情况下,只对一个或少数几个主振荡型 POP 感兴趣,这里给出评估一个给定的主振荡型有用程度或相对重要性的方法。主振荡型分析与 EOF 分析不同,EOF 分析中,特征值等于同序号的空间型解释原变量场总方差的数量;而主振荡型分析中,特征值的模给出的是振荡的振幅随时间衰减的速度,特征值的辐角给出的是振荡的角频率,特征值不能给出各主振荡型模态的重要性的信息,也不能解释原变量场总方差的信息,因而需要给出另外的定量指标。

(1) 相对误差和方差贡献率

定义剩余误差向量 R_t

$$R_t = X_t - V_{3k}(t) \tag{6.52}$$

计算相对误差 ε_k^2

$$\varepsilon_k^2 = \frac{\langle R_t^\mathrm{T} R_t \rangle}{\langle X_t^\mathrm{T} X_t \rangle} = \frac{\dfrac{1}{n} \sum_{t=1}^{n} \sum_{s=1}^{m} \left[x_{st} - Z_k^r(t) V_{3k}^r - Z_k^i(t) V_{3k}^i \right]^2}{\dfrac{1}{n} \sum_{t=1}^{n} \sum_{s=1}^{m} x_{st}^2} \tag{6.53}$$

式中,$\langle X_t^\mathrm{T} X_t \rangle$ 是被分析对象场的总方差的样本估计;$\langle R_t^\mathrm{T} R_t \rangle$ 是总的误差方差。相对误差 ε_k 越小,主振荡型 POP 越重要。

$\langle X_t^\mathrm{T} X_t \rangle$ 与 $\langle R_t^\mathrm{T} R_t \rangle$ 之差是主振荡型 POP 解释的方差,$1 - \varepsilon_k^2$ 可以表示该主振荡型的方差贡献率

$$1 - \varepsilon_k^2 = 1 - \frac{\langle R_t^\mathrm{T} R_t \rangle}{\langle X_t^\mathrm{T} X_t \rangle} = \frac{\langle X_t^\mathrm{T} X_t \rangle - \langle R_t^\mathrm{T} R_t \rangle}{\langle X_t^\mathrm{T} X_t \rangle} \tag{6.54}$$

但是,在主振荡型分析中,由于对应于不同特征值的特征向量之间不相互正交,各个主振荡型表达的 X_t 的部分可能有重叠。因此,所有主振荡型的方差贡献率之和可能会大于 100%。然而,该方法既然称为主振荡型分析,应用时就应该抓住其中主要的振荡型进行分析,事实上也不可能分析所有的主振荡型。

(2) 偏斜因子 ζ_k

$$\zeta_k = \sqrt{\frac{\langle V_{3k}(t)^\mathrm{T} X_t \rangle}{\langle X_t^\mathrm{T} X_t \rangle}} \tag{6.55}$$

式中，$\langle V_{3k}(t)^\mathrm{T} X_t \rangle$ 是该主振荡型表示出的部分 $V_{3k}(t)$ 与原场 X_t 之间的相似系数的时间平均，显然，ζ_k 越大，主振荡型 POP 越重要。

对于实主振荡型 POP，重要性指标 ε_k、$1-\varepsilon_k^2$ 和 ζ_k 跟复主振荡型的定义是相同的，差别仅在于对于实主振荡型 POP：

$$R_t = X_t - Z_k(t)V_{3k} \tag{6.56}$$

6.4.1.9 计算振荡周期 T 和振荡衰减时间 τ

（1）计算振荡的辐角 ω

$$\omega = \arctan(\Lambda_i / \Lambda_r) \tag{6.57}$$

式中，Λ_i 是特征值的虚部，Λ_r 是特征值的实部。

（2）计算振荡模态的振荡周期 T

$$T = \frac{2\pi}{\omega} \tag{6.58}$$

（3）计算振荡衰减时间 τ

振荡衰减时间 τ 是振荡的振幅打折为 $1/e$ 倍所需要的时间，所以也称为 e 折时间

$$\tau_k = -\frac{1}{\ln \rho_k} \tag{6.59}$$

式中，$\rho = \lambda e^{-i\omega}$ 是描述振荡的振幅随时间变化的参数。

对于复主振荡型 POP，还要挑选 τ_k / T_k 大的主振荡型 POP，因为 τ_k / T_k 越大，振荡的衰减越慢，是 X_t 中稳定的振荡。

6.4.1.10 计算各振荡型

计算由第 k 个振荡型表示出的原气候变量距平的部分 $\hat{X}_t^k$

$$\hat{X}_t^k = Z^r(t)P_g^r + Z^i(t)P_g^i \tag{6.60}$$

$\hat{X}_t^k$ 表示的是原地理空间中气候变量距平场的一个振荡成分，其时间系数还是对主成分进行 POP 分析得到的 POP 的实部和虚部型的时间系数，而 P_g^r 和 P_g^i 是原地理空间中的向量或空间型

$$\begin{cases} P_g^r = \sum\limits_{l=1}^{p} V_{3l,\,k}^r VV_l \\ P_g^i = \sum\limits_{l=1}^{p} V_{3l,\,k}^i VV_l \end{cases} \tag{6.61}$$

式中，VV 为原变量场经过 EOF 分解及补回无效值之后的特征向量。

然后可以进行如下操作：

（1）向量升维

将 P_g^r 和 P_g^i 使用 reshape 命令从 1 维变成 2 维。

（2）绘制模态图

绘制第 k 个振荡型所对应的实空间模态图和虚空间模态图（见图 6.11）。

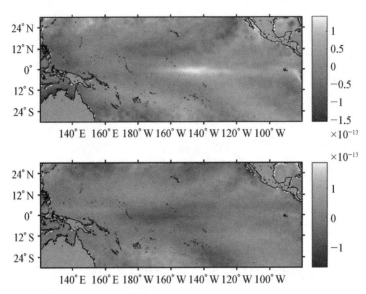

图 6.11　第 k 个振荡型所对应的实空间模态图和虚空间模态图

（3）绘制时间系数

绘制第 k 个振荡型所对应的实部时间系数 Z_r 和虚部时间系数 Z_i（见图 6.12）。

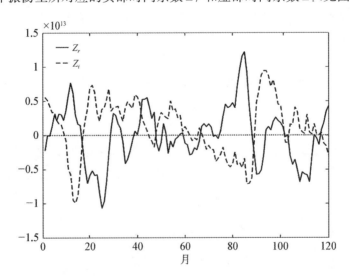

图 6.12　第 k 个振荡型所对应的实部时间系数 Z_r 和虚部时间系数 Z_i

6.4.1.11　计算伴随相关型

主振荡型 POP 的时间系数经常可以看作是某个过程的指数。例如，对于 MJO 和

ENSO 现象,取适当的变量场做主振荡型分析,得到的主要空间型的时间系数序列可以作为
这些振荡现象的指数。在这种情况下,常常需要研究另外的变量场与该振荡现象相联系的
变化,这可以用伴随相关型来实现。

　　设另一个场的序列为 Y_t,空间区域和格点数可以与 X_t 相同也可以不同,假定是 m_y 维
的,但是,在时间上与 X_t 有对应的样本,即 $t=1, 2, \cdots, n$

$$
Y_{m_y \times n} =
\begin{bmatrix}
y_{11} & y_{12} & \cdots & y_{1j} & \cdots & y_{1n} \\
y_{21} & y_{22} & \cdots & y_{2j} & \cdots & y_{2n} \\
\vdots & \vdots & \vdots & \vdots & \vdots & \vdots \\
y_{i1} & y_{i2} & \cdots & y_{ij} & \cdots & y_{in} \\
\vdots & \vdots & \vdots & \vdots & \vdots & \vdots \\
y_{m_y 1} & y_{m_y 2} & \cdots & y_{m_y j} & \cdots & y_{m_y n}
\end{bmatrix}
\tag{6.62}
$$

　　(1) 计算均方差 σ^r 和 σ^i

　　计算第 k 个振荡型所对应的实部时间系数 $Z_k^r(t)$ 和虚部时间系数 $Z_k^i(t)$ 的均方差 σ^r
和 σ^i

$$
\begin{cases}
\sigma^r = \sqrt{\dfrac{1}{n} \sum_{t=1}^{n} \left[Z_k^r(t) - \overline{Z_k^r(t)} \right]^2} \\
\sigma^i = \sqrt{\dfrac{1}{n} \sum_{t=1}^{n} \left[Z_k^i(t) - \overline{Z_k^i(t)} \right]^2}
\end{cases}
\tag{6.63}
$$

　　(2) 计算标准化的时间系数

$$
\begin{cases}
Z_{2k}^r = \dfrac{Z_k^r}{\sigma^r} \\
Z_{2k}^i = \dfrac{Z_k^i}{\sigma^i}
\end{cases}
\tag{6.64}
$$

　　(3) 计算回归系数 Q^r 和 Q^i

　　Q^r 和 Q^i 满足线性方程组

$$
\begin{bmatrix}
\sum_{t=1}^{n} Z_2^r Z_2^r & \sum_{t=1}^{n} Z_2^r Z_2^i \\
\sum_{t=1}^{n} Z_2^i Z_2^r & \sum_{t=1}^{n} Z_2^i Z_2^i
\end{bmatrix}
\begin{bmatrix}
Q_j^r \\
Q_j^i
\end{bmatrix}
=
\begin{bmatrix}
\sum_{t=1}^{n} Z_2^r y_{jt} \\
\sum_{t=1}^{n} Z_2^i y_{jt}
\end{bmatrix}
\tag{6.65}
$$

式中,$j=1, 2, \cdots, m_y$。

　　(4) 计算伴随相关型的特征向量 P_{2g}^r 和 P_{2g}^i

$$
\begin{cases}
P_{2g}^r = \sum_{l=1}^{p_2} Q_{l,k}^r VV_{Yl} \\
P_{2g}^i = \sum_{l=1}^{p_2} Q_{l,k}^i VV_{Yl}
\end{cases}
\tag{6.66}
$$

式中,VV_Y 是 Y 变量场经过 EOF 分解及补回无效值之后的特征向量。

（5）向量升维

将 P_{2g}^r 和 P_{2g}^i 使用 reshape 命令从 1 维变成 2 维。

（6）绘制伴随模态图

绘制第 k 个振荡型所对应的实伴随空间模态图和虚伴随空间模态图（见图 6.13）。

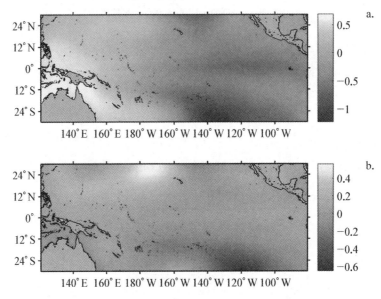

图 6.13　实伴随空间模态图(a)和虚伴随空间模态图(b)

6.4.2　计算结果分析

对于主振荡型 POP 计算结果的理解和解释,并不是十分容易的事。有时根据需要,可以对主振荡型分析的结果再做些处理,以便使结果清晰、直观,便于分析和解释。主振荡型的计算结果可以从六个方面去理解:

6.4.2.1　振荡周期

从 T 值来分析振荡 POP 对的振荡周期大约是多少。为什么是 POP 对呢? 因为给出的 T 值都是成对出现的。

6.4.2.2　对波动进行分类

根据特征值 Λ^* 的大小,对 POP 描述的波动进行分类

当 $|\Lambda^*| < 1, \tau > 0$ 时,振幅随时间而减弱,称为衰减波动。

当 $|\Lambda^*| = 1, \tau = \infty$ 时,振幅不随时间而变,称为中性波动。

当 $|\Lambda^*| > 1, \tau < 0$ 时,振幅随时间而增大,称为增长波动。

6.4.2.3　分析空间传播特征

对特征向量 V_3^r 和 V_3^i 表征的变量场的空间传播特征进行分析。分析时要注意,振荡模态是交替出现的。以热带太平洋月平均海温距平场为例,振动模态表现为,实特征向量 V_3^r 和复特征向量 V_3^i 之间,按照 $\cdots \rightarrow V_3^i \rightarrow -V_3^r \rightarrow -V_3^i \rightarrow V_3^r \rightarrow V_3^i \rightarrow \cdots$ 的顺序交替出现（见图 6.14）。

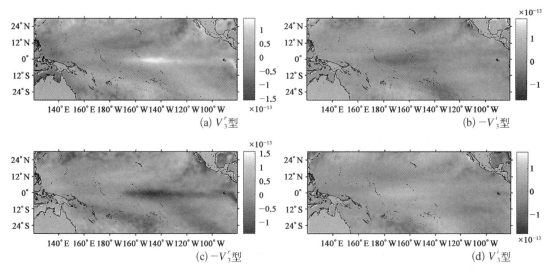

图 6.14　热带太平洋月平均海温距平场振动模态

在 $t=0$ 时(图 6.14a),海温距平场的第一对 POP 的 V_3^r 型在热带太平洋的东部和中部为正值,其余区域为弱的负值区,这代表着厄尔尼诺现象的成熟相位。这里要注意,虽然绘制的是特征向量 P_g^r,但其对应的是 POP 的 V_3^r 型,后面也是一样的。当 $t=\tau/4$ 时(图 6.14b),即大约 9 个月之后,由 $-V_3^i$ 型替代 V_3^r 型,东太平洋变为弱的正值,中太平洋则为较强的负值中心,代表厄尔尼诺衰减相位。当 $t=2\tau/4$ 时(图 6.14c),即大约 18 个月之后,为 $-V_3^r$ 型,热带太平洋的东部和中部变为负值,厄尔尼诺完全消失或出现拉尼娜成熟相位。到 $t=3\tau/4$ 时(图 6.14d),即 27 个月之后为 V_3^i 型,中太平洋开始出现正值,即呈现出厄尔尼诺开始发展的状态。在 $t=\tau$ 时,又重复出现 V_3^r 型。可见这对 POP 型描述了厄尔尼诺的演变过程。

6.4.2.4　分析振荡随时间的演变特征

由 POP 的时间系数 Z^r 和 Z^i 分析振荡随时间的演变特征。在刚才厄尔尼诺演变的例子中(见图 6.12),Z^r 的极大值对应历次厄尔尼诺事件,历史上最强的厄尔尼诺对应于最大的正振幅。Z^r 的极小值对应拉尼娜事件。Z^i 则基本上与 Z^r 相反。

6.4.2.5　分析 POP 与另一变量场的关系

利用伴随相关型来分析 POP 与另一变量场的关系。Q^r 型对应 V_3^r,Q^i 对应 V_3^i。例如,使用海面温度距平场的 POP 系数与海表面气压距平求伴随相关型。发现对于 Q^r 型,在西太有一个异常正值,与厄尔尼诺现象相配合(见图 6.13)。

6.4.2.6　显著性检验

可以通过对传播型 V_3^r 型的时间系数 Z^r 和 V_3^i 型的时间系数 Z^i 序列分别作功率谱分析或作两序列的交叉谱分析,用显著性检验来验证 POP 分析得到的振荡周期是否可信。

本章介绍经验正交函数分解、扩展经验正交函数分解、旋转经验正交函数分解、主振荡型分析等海洋变量场时空结构分离的方法。其中 EEOF 可以得到变量场的移动分布结构及用于矢量的 EOF 分解,REOF 能够更加突显局部特征,POP 既能够提供时间演变的空间结构,也能与谱结构相联合。请读者根据实际问题选择合适的时空结构分离方法。

习 题

一、选择题

1. 下面哪个选项不是 REOF 与 EOF 计算结果的物理含义的不同点?( )

A. REOF 得到的空间模态是旋转因子载荷向量

B. REOF 通过旋转空间模态对应的时间系数,可以分析相关性分布结构随时间的演变特征

C. REOF 旋转后方差贡献要比 EOF 均匀分散

D. REOF 的取样误差比 EOF 小得多

2. 对于一个有 m 个空间点数、时间取样为 n 的变量场,建立 EEOF 的滞后 2 个时次的矩阵,它的大小为?( )

A. $3m \cdot (n-2j)$ B. $2m \cdot (n-2j)$ C. $m \cdot (n-2j)$ D. $2m \cdot (n-j)$

二、判断题

EOF 分析对原观测场时间序列、距平场时间序列和标准化距平场时间序列进行。( )

三、思考题

1. EOF 分析方法的优点?

2. EOF 分解之所以能够为广泛使用的原因,你认为有哪些?

选择题答案: D A

判断题答案: T

第 7 章

数 据 可 视 化

> **导学：** 海洋数据可视化指通过海洋信息三维可视化技术,实现海洋数据信息的可视化。可视化的技术有很多,此处重点关注如何编程实现可视化,以及可视化图像如何解读。海洋数据可视化是科学管理海洋数据的重要组成部分,它能够将无法直接查看的数据以直观的图形方式展示出来,提高海洋数据研究利用能力。
>
> 经过本章的学习,在方法论层面,同学们应当学会并了解各种数据可视化方法。在实践能力上,应当能够绘制不同的图像。具备这个能力,就能够进行数据可视化了。

7.1 软件

数据可视化软件有很多,如 Panoply.exe 软件和 ODV 软件都可以通过简单的鼠标操作绘制图片。但是这些软件都不方便批量绘制图片。所以本章将重点介绍基于 MATLAB 程序的海洋数据可视化内容。

7.2 散点图

散点图是描述实测数据的一种最简易的方法。从图 7.1 上可以一目了然地看出该列数据的最大值、最小值和位置代表值是什么,还可以看出离散度多大。从图 7.2 可以看出数据是集中分布还是均匀分布、是偏态分布还是对称分布。从图 7.3 可以看出数据是呈线性关系还是非线性关系。它的优点是绘制简单,节约图幅,表示直观。

散点图主要有这样几个用途:

7.2.1 查看一维数据的大体分布状况

对于一维数据,可以直接用 plot(x) 命令绘制散点图(见图 7.1),查看数据的大体分布状况。

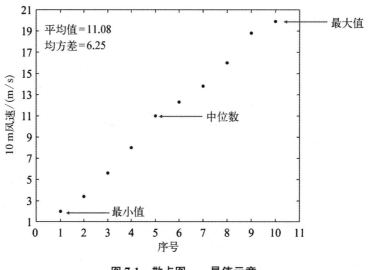

图 7.1 散点图——最值示意

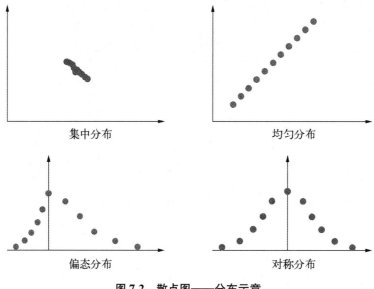

图 7.2 散点图——分布示意

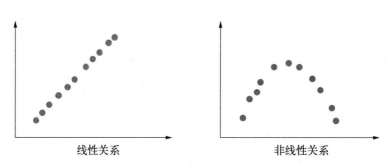

图 7.3 散点图——关系示意

此处要注意,横坐标、纵坐标最好都有标注,表明变量及单位。同时,可以在左上角标注其均值和方差。另一个需要注意的事情是,图中所有的文字,包括横、纵坐标的标注,坐标轴上的数字等,字号都不能太小,一般来说可以设置为 14 号左右。有一个标准就是,将图片放置到 A4 纸上,所有的文字都能够看清。

从图 7.1 中可以看出,横坐标是数据的序号,纵坐标是 10 米风速。最大值是 20 m/s,最小值是 2 m/s,平均值是 11.08 m/s,均方差是 6.25 m/s,数据分布比较均匀,而且是从小到大排列的。

7.2.2　查看两变量关系及变量随时间的变化

可以使用 plot(x,y)命令或 scatter(x,y)命令绘制散点图。在绘制两变量关系时,两个命令绘制的图没有太大区别。

根据散点图,发现图 7.4a 和 c 中,所有的点都落在直线上,分别是完全正相关和完全负相关;b 和 d 中的点位于直线附近,也呈线性关系,分别是不完全正相关和不完全负相关。e 大约呈曲线,可以按照一定的转换,将数据转换为线性关系。f 比较杂乱无章,但这才是海洋数据的常态,不能放弃分析,一般来说,可以通过分段平均(见 3.1.1.2 节)和数据转换(见 4.1.4 节)等方法使得两变量的关系更为明朗。

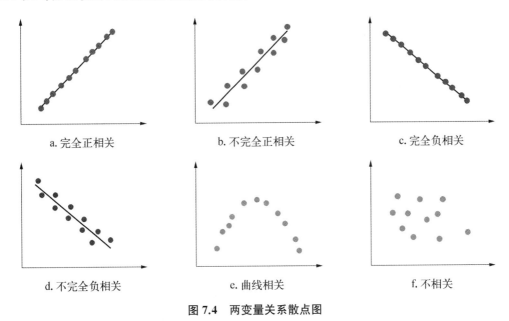

图 7.4　两变量关系散点图

图 7.5 是 SST 随时间的变化关系图。从图 7.5 中可以看出,时间在 0～10 s,SST 在 −1～2℃。而且 SST 随时间近似余弦变化。

7.2.3　查看三维数据的空间分布情况

散点图的第三个用途是,对于三维数据可以查看数据的空间分布情况,可以使用 scatter 函数来实现。

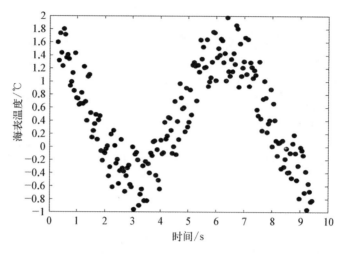

图 7.5　SST 随时间的变化关系图

比如，图 7.6(a)使用不同的颜色来表示不同位置温度的高低。可以看出 x 较小时，温度较低；x 较大时，温度较高。而图 7.6(b)是使用大小不同的点来表示温度的高低。也可以得出同样的结论。

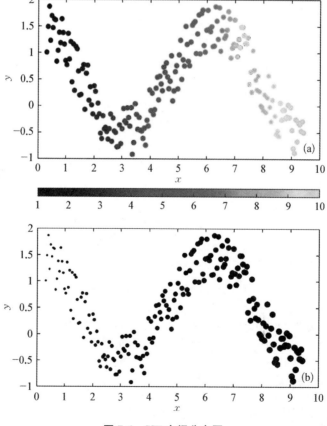

图 7.6　SST 空间分布图

对于地理图来,可以使用 m_map 工具包绘制各种分布图。其中散点图是使用 m_scatter 函数绘制的。从图 7.7 中,可以看出东经 30° 左右出现正值,其他区域均为负值。

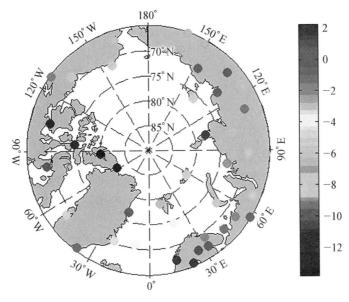

图 7.7 m_scatter 空间分布散点图

7.2.4 可用于反演结果的验证

图 7.8 是 ERS 反演的波陡与浮标测量的波陡相匹配的结果。对于同一变量的匹配都可画在这样的散点图上,以查看卫星反演的精度。在图中,一般都会画一条 1∶1 对角线,如图 7.8 中直线,以此标注数据点是否高估或低估。此处,浮标测量数据可作为真值,位于 1∶1

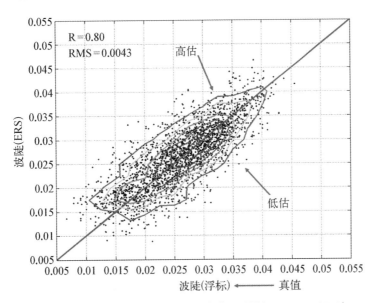

图 7.8 ERS 反演波陡与浮标测量波陡匹配图(Yu et al., 2013)

对角线之上的属于高估的数据,位于 1∶1 对角线之下的属于低估的数据。对于卫星反演数据来说,若数据比较均匀地分散在 1∶1 对角线两侧,就说明匹配良好。此处,对匹配点进行了统计,以其落入统计单元的数量绘制了等值线图,可以发现,大部分的数据位于 1∶1 对角线上,且线上、线下部分基本对称,说明卫星反演的波陡整体来看还不错,没有高估或低估现象。除了根据 1∶1 对角线和数量等值线外,还可通过相关系数 R 和均方根误差 RMS 来表征反演结果的优劣。此处,相关系数 $R = 0.8$ 通过了显著性水平检验。

因为数据量比较大,很多散点都重合了,难以判断数据的分布情况。而数量等值线有助于判断数据的分布情况。所以,当数据比较多时,可以绘制数量等值线作为辅助。下面具体说明等值线的画法。将 x 和 y 坐标每隔 0.001 等分,就可以将图片分成很多统计单元,每个统计单元的宽度是 0.001,高度也是 0.001(见图 7.9)。注意,统计单元的高度和宽度可以是不同的。以第一个统计单元为例,其 x、y 范围均为(0.005,0.006)。然后统计落入该统计单元的数据个数。这样,每个统计单元都有一个代表数据个数的数值,将数值相同的统计单元连起来,就形成了数量等值线。

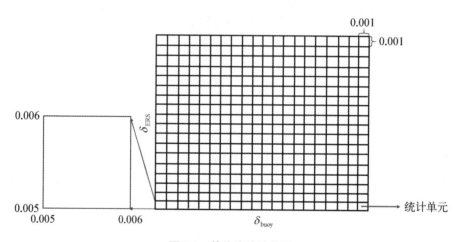

图 7.9　等值线统计单元

当数据量不大时,比如在 100 个数据以内时,散点图是很有用的,能够看出数据的分布和数据之间的关系。但是,散点图看不出样本的频率分布,尤其是当样本容量很大时,图上各数据点会相互重叠,更难看出其实际分布,不如直方图描述的确切。

7.3　统计分布图

7.3.1　直方图

7.3.1.1　直方图的绘制

直方图是一种最常用的资料分析方法。

绘图时,先将数据分成 k 组,落入第 i 组的数据个数为 n_i,称为第 i 组的频数。横坐标表示组距,纵坐标表示频数。在横轴上对应的组距绘出直方块,使其面积与落入该组的频数

成比例,这样就构成了直方图(见图 7.10)。

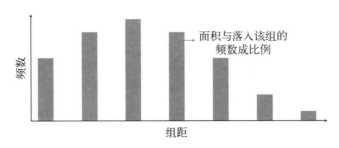

图 7.10 直方图示意图

例 7.1 以塘沽 1980 年 3 月各日 20 时的实测水温数据为例,绘制直方图。

表 7.1 塘沽 1980 年 3 月各日 20 时表层水温(℃×10)(陈上及等,1991)

日期	1	2	3	4	5	6	7	8	9	10	11	12	13	14	15
水温	16	14	18	20	21	22	19	04	05	18	12	16	16	16	18
日期	16	17	18	19	20	21	22	23	24	25	26	27	28	29	30	31
水温	24	23	25	26	26	26	26	28	34	34	40	38	50	52	52	60

首先将水温进行分组,组数一般不大于 10。可以使用

$$h = \frac{x_{\max} - x_{\min}}{k} \tag{7.1}$$

确定各段的长度,即组距。式中,h 为组距;$x_{\max}$ 为表层水温的最大值;$x_{\min}$ 为表层水温的最小值;k 为组数。

确定各组端点时要注意,只有一端是含端点的,这样就不会出现某一数据在两个组出现的情况。此处,将组距设置为 1,按照[0,1),[1,2),…,[6,7)进行分组。使用 MATLAB 的 histogram 函数绘制直方图。横坐标为温度,纵坐标为频率。从图 7.11 中可以看出,数列呈不对称分布,峰值在 2～3℃之间,峰值偏左,为正偏态。高于 3℃的水温占 30%。但是,该直方图绘制得不够理想。

直方图绘制得是否合理,关键在于组数、组距的选取。若组数分得过少,就反映不出分布特征来;若组数太多,各组的频数太少,反而使得直方图很不规则。此外,两组间的分点若选得不好,使得很多数据正好位于分

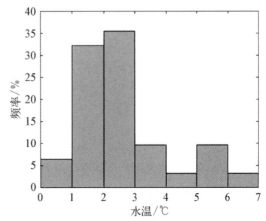

图 7.11 塘沽水温直方图

点上,也会使直方图出现偏差或错误。

7.3.1.2　组数和组距的确定方法

确定组数的方法有很多种,一般可以分为 5~20 个组。对于对称分布的数列,组数

$$k = \sqrt{n} \tag{7.2}$$

式中,n 为资料样本容量。

对于非对称分布的数列,应该增加一个随偏斜度增加的组数,也可以使用 DF 方法计算近似组距

$$h = 1.349s \left[(\ln n) / n \right]^{1/3} \tag{7.3}$$

式中,s 为标准差;n 为样本容量。这样取得的组距,能使直方图与其对应的密度函数的最大绝对偏差值达到最小。

求得组距 h 后,再将全距被 h 除,即可得到组数 k

$$k = \frac{x_{\max} - x_{\min}}{h} \tag{7.4}$$

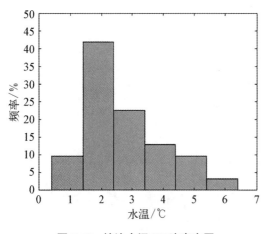

图 7.12　塘沽水温 DF 法直方图

于是可以得到 $k+1$ 个最佳分点。若数列中有 1/3 的数据落在分点上,则所有的分点都需平移半个组距。若经平移后,仍然有 1/3 的数据落在分点上,则需要再平移 1/4 个组距。

使用式(7.3)中的 DF 方法计算例 7.1 中直方图的组距。其中,样本量 $n=31$,标准差 $s=1.36℃$。计算得到 $h=0.9$,组数 $k=6$。据此可绘制新的直方图。从图 7.12 中可以看到,重新分组之后的频率分布比之前合理得多。所以,所取组距和组数是否合理,会直接影响分析结果的正确与否,请读者在计算时引起重视。

直方图的主要用途是计算各组的频率,从而得出资料数列的概率密度函数。它适用于样本容量大于 300~500 的大批资料的处理。但是,直方图也有以下缺点:只把数列分成若干组,对原始资料的信息有所丢失,对数列的统计特征反映得不够完整。

7.3.2　箱线图

散点图(见 7.2 节)和直方图(见 7.3.1 节)都可以详细地表示数列的信息。但是,通常人们最为关心的是能否概括反映数列特征的统计量。比如,海洋要素的极大值、极小值、全距、位置参数、方差、对称性和偏斜度等。数列的全距可以由两端的极值差表示。位置参数、离散参数和偏斜度等均可由样本数列的分位数求得。中位数是表示位置参数的一个很好的特征值,它不受两端奇异极值的影响,有较好的稳定性。因此,它是一个强估计量。离散参数

和偏斜度等信息,都可以由上、下分位数给出。上、下分位数的差值就是四分位数的间距,它是离散参数的强估计量。对于正态分布的数列,四分位数的间距为标准差的 1.349 倍。上、下分位数与中位数之间的差距,可用以表示数列的偏斜度。因此,最大值、最小值、上分位数、下分位数和中位数这 5 个特征值,均能很好地表征一维数列的统计量,可以用箱线图把它们很形象地描绘出来,这就是箱线图示法。

图 7.13 就是由上分位数和下分位数构成的箱线图。中间的横线表示中位数,从箱线向上方和下方所引的中垂线(虚线)的两端,分别表示最大值和最小值。

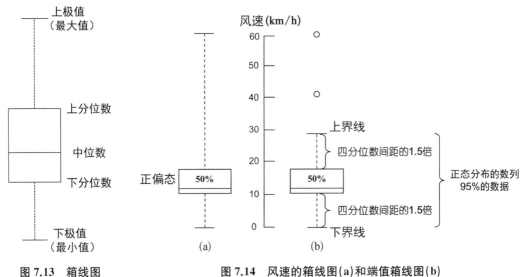

图 7.13　箱线图　　　　图 7.14　风速的箱线图(a)和端值箱线图(b)

图 7.14 是某一港区风速分布的箱线图。从图 7.14a 中可以看出,中位数与上、下分位数之间存在着明显的正偏态,而且最大极值与上分位数之间的距离,远远大于最小极值与下分位数之间的距离。

图 7.14a 用箱线突出了数列中部 50% 的数据的分布位置。但是,却没有反映上、下分位数与极端值之间的任何信息。为了弥补该不足,不把箱线外的中垂线引到极值上,只连接到上界线、下界线上。其中,上界线位于上分位数加上四分位数间距的 1.5 倍处,下界线位于下分位数减去四分位数间距的 1.5 倍处。四分位数间距可由上、下分位数与中位数之差计算得到。凡是出现在上、下界线之外的实测值,均用专门的符号标出。这里,之所以采用四分位数间距的 1.5 倍,是为了使正态分布的数列,有 95% 的数据落在上、下界线间的范围内。

再比如,从图 7.15 中可以看出,大约有 50% 的数据落在 5~10 m/s 之间,中位数在 6 m/s 左右。10 m 风速和 SST 各有一个点落在上、下界

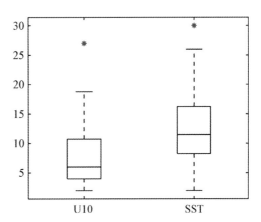

图 7.15　10 m 风速和 SST 箱线图

线之外。

因为箱线图能够详细地表示出95%以外的异常值,所以也称为端值箱线图。通常,箱线图与一维散点图结合使用。散点图可以表示数列的原始信息;而箱线图可以表示数列的主要统计特征,简单明了。箱线图可以用作对岸滨海洋站资料的分析比较。在MATLAB中可以使用boxplot函数绘制箱线图。

7.3.3　饼状图

在科学研究的过程中,若遇到需要计算总数值的各个部分构成比例的情况,一般都是通过各个部分与总数相除来计算。而这种比例表示方法很抽象,可以使用饼状图来更加形象直观地显示各个组成部分所占的比例。

饼状图也是常用的统计分布图,有2维与3维饼状图(见图7.16)。饼状图显示了一个数据序列中各项的大小与占各项总和的比例。这些数据往往是一行或一列。图表中的每一项具有唯一的颜色或图案,并且在图表的图例中表示出来。

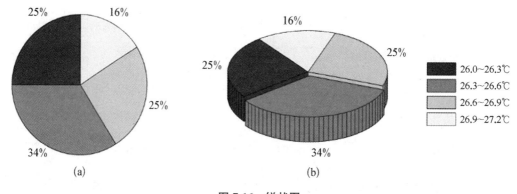

图 7.16　饼状图

绘制饼状图要求数值中没有负值。在MATLAB中,可以使用pie函数和pie3函数绘制饼状图。从图7.16中可以看出,26.3~26.6℃温度范围所占的比例最大,为34%;26.9~27.2℃温度范围所占的比例最小,为16%。

7.3.4　玫瑰图

海洋中的风、波浪、海流等要素的实测数据都是用矢量表示的。统计和绘制频率图时,必须同时考虑运动的方向和速度。不同用途的矢量频率图可以用不同的方法来表示。其中,最常用的是极坐标表示法。因为极坐标表示法形似玫瑰,所以也叫玫瑰图。用极坐标来表示风、浪、流频率的图,分别是风玫瑰图、浪玫瑰图和流玫瑰图。把风向、浪向或流向分成8个或16个方位,风、浪、流在各个方位出现的频率,以相应比例长度的线来表示。将各相邻方位频率线的端点用闭合的折线连接起来,就形成了风、浪、流玫瑰图(见图7.17)。

图7.18表示的是风和流的玫瑰图。在风、流玫瑰图中,中心的圆圈内的数字表示静稳的频率,可以是0,也可以不是0。各方位的频率,都以最内的一个圆圈为基线,用向外延伸

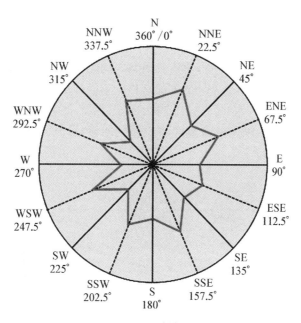

图 7.17 玫瑰图

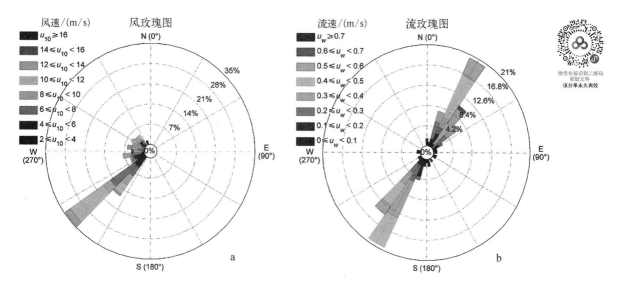

图 7.18 风和流玫瑰图(Yu et al., 2016)

的半径长度表示频率。在风玫瑰图中,相邻两圆的间距频率为 7%;在流玫瑰图中,相邻两圆的间距频率为 4.2%。同时,用不同的颜色来表示不同的风速或流速区间。从图 7.18a 风玫瑰图中,可以看出,主风向是西南风,占了接近 35% 的比例,而且风速大多在 $6\sim12$ m/s 之间。从图 7.18b 流玫瑰图中,可以看出,主流向是南偏西 $30°$ 和北偏东 $30°$,各占 21% 左右的比例,其中南偏西 $30°$ 的流速大多在 $0.3\sim0.5$ m/s 之间,北偏东 $30°$ 的流速大多在 $0.4\sim0.6$ m/s 之间。南偏西 $30°$ 的流动与北偏东 $30°$ 的流动在同一条直线上,很有可能是往复流或者潮流。MATLAB 中,可以使用 WindRose 函数绘制玫瑰图。

7.3.5 T-S图

水团是由于源地和形成机制相近,具有相对均匀的物理、化学和生物特征及大体一致的变化趋势,而与周围海水存在明显差异的宏大水体。不同的水团具有不同的温盐性质,也具有不同的密度,可以利用这一特点区分不同水团。T-S图就是一个很好的手段。所谓T-S图就是横坐标为盐度、纵坐标为温度,将不同水团的温度、盐度绘制在T-S图上,从而对其加以区分(见图7.19)。

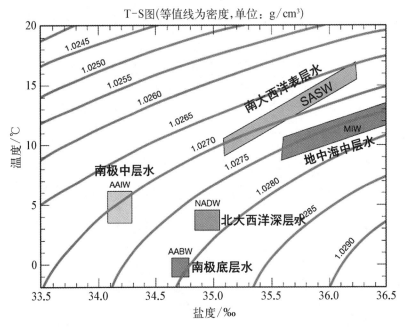

图 7.19 大西洋 T-S 图

大西洋纵贯南北半球,而且横向较窄,各水团特性比较明显,这里以大西洋为例,介绍大洋各水团。大西洋主要包括5个水团(见图7.19):北大西洋深层水(NADW)、南极中层水(AAIW)、南极底层水(AABW)、南大西洋表层水(SASW)和地中海中层水(MIW)。其中北大西洋深层水的来源为挪威海、拉布拉多寒流水以及降温过的北大西洋暖流水,这些海水的盐度特征为34.9‰左右,温度特征为2~4℃。南极中层水来自南纬40°S,盐度特征为34.4‰左右,温度特征为5℃左右。南极底层水来自南极大陆边缘,海水非常冷,特征温度仅为-0.5℃左右,盐度则为34.8‰左右,是海洋中密度最大的水团。南大西洋表层水是北大西洋深层水受迫上移至60°S表层,然后分离,向北流动的一支。地中海中层水是由地中海的海水在直布罗陀海峡附近下沉至1 000 m左右,与大西洋的海水发生混合而形成,温度特征为13℃左右,盐度非常高,高达37.3‰。

可以使用MATLAB的plot函数和contour函数绘制T-S图,所需要的密度可以使用海水方程工具包的sw_dens函数进行计算。

7.3.6 热图

热图是用颜色变化来反映二维矩阵或表格中的数据信息,它可以直观地将数据值的大小以定义的颜色深浅表示出来。比如图 7.20 表达出的信息是:$0.95°\sim6.67°$N、$120°\sim127.5°$E 海域的平均温度最高,为 $28.46℃$;$37.14°\sim44.76°$N、$97.5°\sim105°$E 海域的平均温度最低,为 $0.20℃$。在 MATLAB 中,可以使用 heatmap 函数绘制热图。

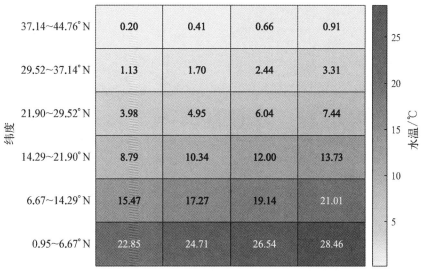

图 7.20 热图

7.4 回归分析图

7.4.1 线性回归图

线性回归图实际上就是在散点图的基础上增加了一条拟合直线和两条 95% 的置信区间直线,同时在图例中给出拟合直线的方程。在图 7.21 中,y 随 x 递减,有 95% 的点都落入两条虚线内。

7.4.2 曲线回归图

有时也会根据需要给出 3 阶以内的多项式回归和部分的曲线回归。图 7.22 给出了交换速率随风速的变化情况。图 7.22 中黄色的

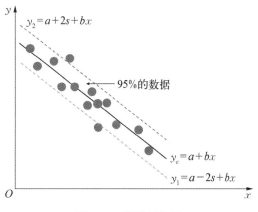

图 7.21 线性回归图

点是 ERS 反演得到的交换速率,可以用不同波陡时的交换速率值来解释。同时还给出了实测值,并用误差棒给出了实测值的误差范围。

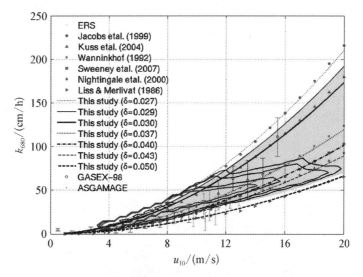

图 7.22　交换速率随风速的变化图(Yu et al., 2013)

7.4.3　多元线性拟合

图 7.23 中的第一个公式是使用阶段回归法拟合得到的多元线性公式,其结果在图 7.23 中用黑色的星表示。同时,用三维图表示了交换速率 k_{660} 同风速 u_{10} 和破波参数 k_b 之间的关系。

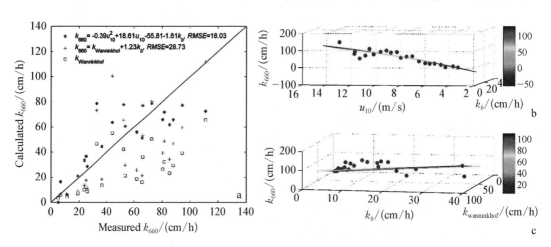

图 7.23　CO_2 交换速率随风速和破波参数的关系(Yu et al., 2016)

除了学会绘制图片之外,还要学会读图。主要是从图中找出重要的现象,比如最值:最大值、最小值、最高、最低等。还要说明为什么会出现这样的现象?以及该现象会对什么产生怎么样的影响等。另外,每种不同类型的图,都有其对应的分析思路,请读者结合气候现象和物理意义进行解读。

7.5　空间分布图

空间分布图是具有空间分布特征的海洋资料的可视化表达,应该能够表示某一给定海区海洋要素的同时观测值,反映同一天气时间的空间分布特征。但是,在浩瀚的海洋中,不容易采用多船同步观测。实际上,只有一条船,或有限的几条船,在一定时间内,沿预定的断面和测站,巡回进行一次观测。根据这样获取的断面调查资料和大面调查资料,就可以绘制出剖线图、断面分布图和大面分布图等空间分布图。

7.5.1　剖线图

剖线图是某一个观测站点上,某一海洋要素随深度的变化情况。也可以将多个站点相同深度上的要素值进行平均,得到平均剖线图。剖线图的横坐标是海洋要素值,比如温度、盐度、溶解氧等。纵坐标是深度。同时给出该站点在水平分布图中的位置。

图 7.24 给出了南大西洋四个不同站点的温度、盐度、溶解氧、磷酸盐和硅酸盐随深度变化的剖线图以及这四个站点 T-S 图。从图 7.24 中可以看出,四个站点上的温度基本上都是随深度降低的,盐度和溶解氧都有从表层到底层先减小后增加的现象,磷酸盐随着深度的增加先增大后减小,硅酸盐基本上是随深度增加的。在 MATLAB 中,直接使用 plot 函数就可以绘出剖线图。

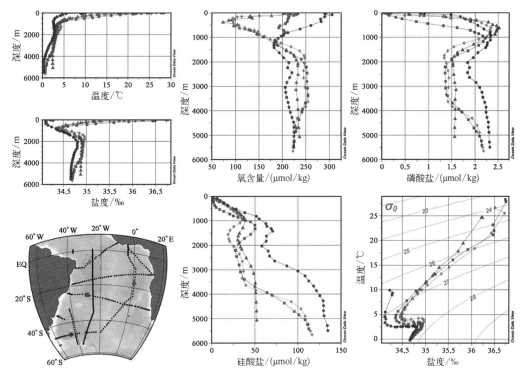

图 7.24　南大西洋剖线图及 T-S 图

7.5.2 断面分布图

剖线图是一维的,是要素随深度的变化。而对于二维数据,则需要绘制断面图,即要素在垂直断面上,沿深度和断面线的变化情况。断面分布图一般也要与水平空间分布图同时绘制。如图7.25a所示,在水平空间分布图上表示出断面线的位置。断面线是在调查海区中设置的,由若干具有代表性的观测站点组成的一条线。例如,图7.25b是垂向的断面分布图。海洋断面分布图是反映沿某断面某要素垂直剖面上分布状况的实测图。断面分布图的横坐标可以是经纬度、距离、也可以是站点名称,纵坐标为水深,可绘制温、盐或其他水文要素的等值线或假彩色。图7.26a是以纬度和站点名称为横坐标的断面分布图,图7.26b是以经度和站点名称为横坐标的断面分布图。

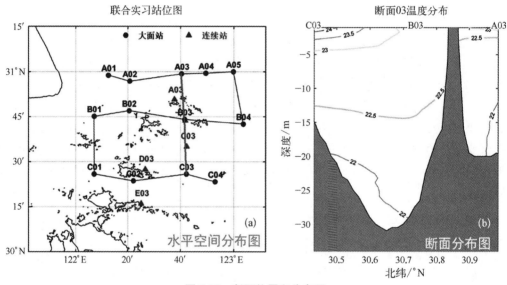

图 7.25 断面位置和分布图

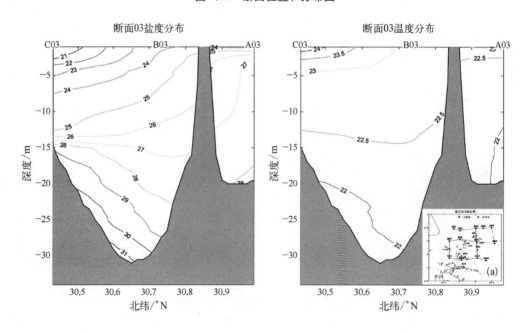

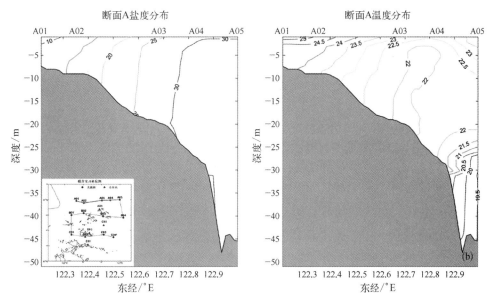

图 7.26　以经纬度和站点名称为横坐标的断面分布图

从断面图中可以看出要素的垂向分布特征。除此之外,结合 T-S 图,可以辨别出不同的水团,同时可以看出各水团的垂向分布情况。比如,从图 7.27a 中,可以分辨出黄色的部分可能是北大西洋深层水,绿色部分可能是地中海中层水,红色部分可能是大西洋中层水,紫色部分是表层水。

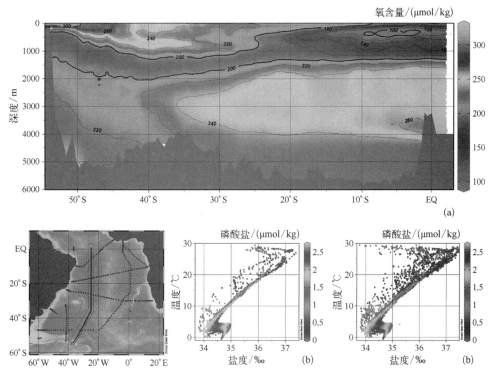

图 7.27　要素垂向分布特征和水团垂向分布情况

在 MATLAB 中,结合 plot、contourf 或 pcolor 命令,就可以绘制出断面分布图。在绘制断面图时,不要忘记加地形,地形对于分析水文要素的垂向变化非常重要。地形可以用 fill 命令进行填充。

7.5.3　大面分布图

海洋大面调查,一般由数条断面组成。大面分布图也称为空间分布图,横坐标为经度,纵坐标为纬度。相应的温、盐等海洋要素以等值线或假彩色的形式呈现。

图 7.28 是以等值线形式呈现的大面分布图。从图 7.28a 盐度图中可以发现长江口外的盐度是向外海逐渐增大的,从图 7.28b 温度图中可以发现可能有一个上升流区(23℃等值线包围的区域)。图 7.29 是以假彩色形式呈现的大面分布图,从图 7.29a 可以发现密度为 27.2 kg/m³ 的深度在 20°S~40°S 达到最深,为 800~1 000 m;在 50°S 最浅,为 200 m 左右。有时,可以将大面分布图进行插值,就可以得到图 7.29b。也可以将海洋大面调查的数条断面绘制成大面调查站点分布图。从图 7.30 中,可以看出 2015 年的调查成 Z 字形路线。

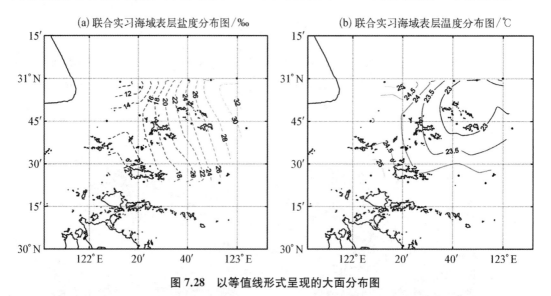

图 7.28　以等值线形式呈现的大面分布图

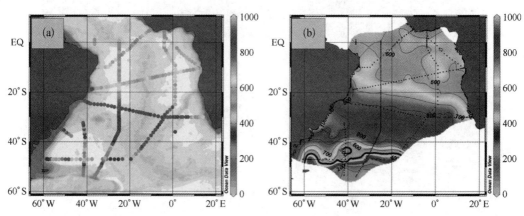

图 7.29　以假彩色形式呈现的大面分布图

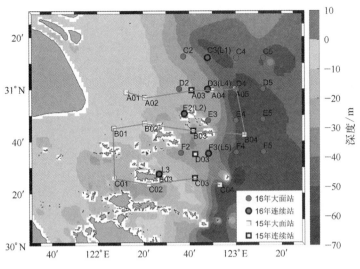

图 7.30　大面调查站点分布图(杨伟等,2020)

调查船对海洋资料的获取都很稀疏,而机载抛弃式测温仪器 XBT 的观测、卫星对大范围海区表层水温、叶绿素、风、浪、流、海冰、油污等监测资料和卫星图片都是反映海洋要素空间分布特征的极好资料,其同步性远比断面资料、大面资料和辅助观测资料要好得多,但其时空分辨率相对较低。

使用卫星观测资料和再分析资料绘制大面分布图的方法与调查船观测资料大面分布图的绘制方法是一样的。图 7.31 是 2011 年 2 月 27 日由 Modis 反演得到的 Chla 分布图。从图 7.31 中可以发现,近岸的叶绿素浓度较高,远洋的叶绿素浓度较低。

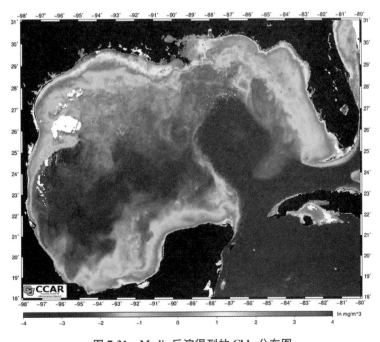

图 7.31　Modis 反演得到的 Chla 分布图

海洋科学属于地球科学,大面分布图一般都要将岸线一起画出来。可以使用 MATLAB 的 m_map 包(Pawlowicz, 2020)绘制空间分布图。

7.5.3.1 球形分布图

图 7.32 球形分布图一般使用的都是方位等面积投影,可以使用 m_proj 函数设置地图的投影,m_colmap 函数设置不同的色系,m_elev 函数绘制等高线或等深线以及高度和深度的呈现方式。

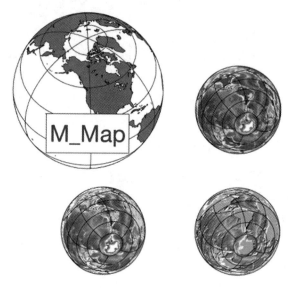

图 7.32 球形分布图

7.5.3.2 不同投影平面分布图

图 7.33 是兰伯特正形圆锥投影的空间分布图,图 7.34 是极射赤平投影的空间分布图,图 7.35 是间断正弦投影的全球分布图。平面分布图的投影,也是使用 m_proj 函数设置。

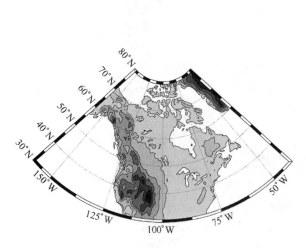

图 7.33 兰伯特正形圆锥投影的空间分布图

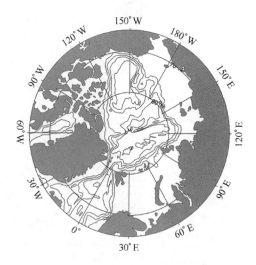

图 7.34 极射赤平投影的空间分布图

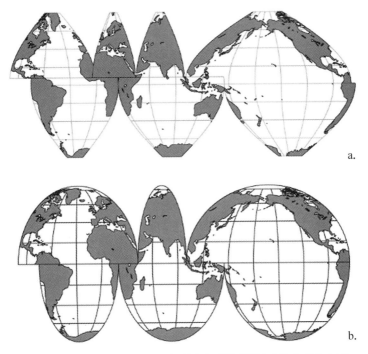

图 7.35 间断正弦投影(a)和间断摩尔威德投影(b)的全球分布图

7.5.3.3 不同色彩平面分布图

图 7.36 是罗宾森投影的 jet 色系全球分布图。图 7.37 是不同色系,可以使用 colormap 函数设置。设置色系时,要注意关键目标的可辨识度,以及尽量使用冷色调表示小的、低的、冷的值,暖色调表示大的、高的、暖的值,这样更符合人类的色彩认知规律。

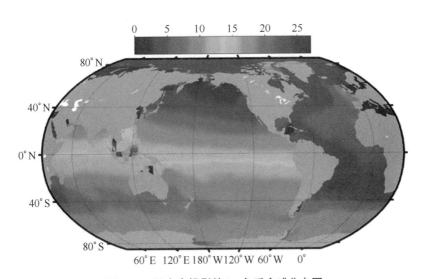

图 7.36 罗宾森投影的 jet 色系全球分布图

a) m_colmap('jet',256)
Perceptually uniform jet replacement
with diverging luminance
b) m_colmap('blue',256)
Good for bathymetry
c) m_colmap('land',256)
Land from coastal wetlands to mountains
d) m_colmap('diverging',256)
Currents, echo-sounder images
diverging luminance with a 'zero'
e) m_colmap('water',256)
Another bathymetry map
f) m_colmap('gland',256)
Land with more green
g) m_colmap('odv',256)
Isoluminant (add your own shading)
h) m_colmap('green',256)
Chlorophyll? Land?
i) m_colmap('bland',256)
Land without green
j) m_colmap('jet','step',10)
Banded continuous map (256 colours)
sort of like contouring
k) m_colmap('jet',10)
A few discrete steps (10 colours)
l) [m_colmap('blues',64);m_colmap('gland',128)]
Complex water + land example
must use 'caxis' to get coastline correct

图 7.37　colormap 不同色系

图 7.38 是汉麦尔-埃托夫(Hammer－Aitoff)投影的 AVHRR 的全球 SST 分布图,可以看到,赤道地区温度较高,两极地区温度较低。且温度大约呈带状分布。图 7.39 是 2017 年 11 月 24 日,正方位等距离投影的 SSM/I 的冰雪覆盖图,使用的是 jet 色系。图 7.40 是 UTM 投影的航拍照片。图 7.41 是兰伯特正形投影的 MODIS 叶绿素分布图,绘图时,对叶绿素值取了对数。图 7.42 是兰伯特正形投影 SAR 图像,从图中可以清晰地看到内波。图 7.43 是 UTM 投影的谷歌地图的静态图。

80°N
40°N
0°
60°E
120°E
180°W
120°W
60°W
0°
40°S
80°S
0
5
10
15
20
25
30

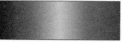

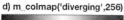

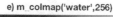

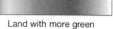

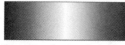

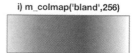

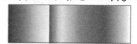

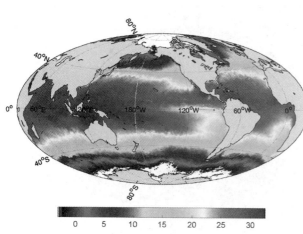

图 7.38　汉麦尔-埃托夫投影的 AVHRR 的全球 SST 分布图

45°N
54°N
180°W
63°N
72°N
81°N
120°W
120°E
60°W
60°E
0°
0
10
20
30
40
50
60
70
80
90
100

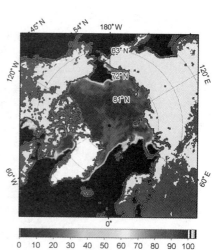

图 7.39　正方位等距离投影的 SSM/I 的冰雪覆盖图

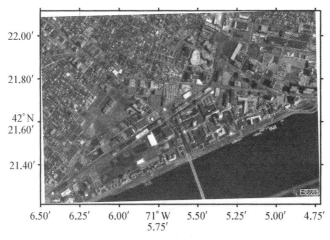

图 7.40 UTM 投影的航拍照片

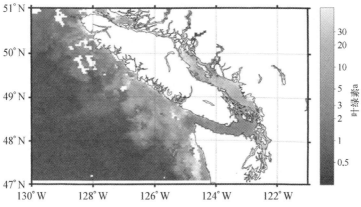

图 7.41 兰伯特正形投影的 MODIS 叶绿素分布图

图 7.42 兰伯特正形投影 SAR 图像

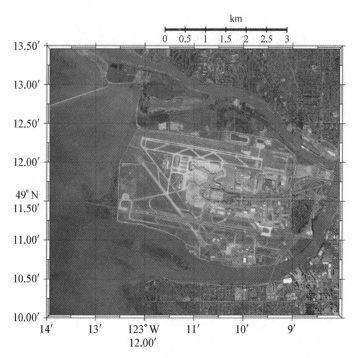

图 7.43 UTM 投影的谷歌地图的静态图

7.5.3.4 矢量分布图

图 7.44 是斜轴墨卡托投影的矢量分布图和等值线图,可以用箭头的长度表示矢量的大小,箭头指向的方向表示矢量的方向。可以使用 m_quiver 函数绘制矢量。

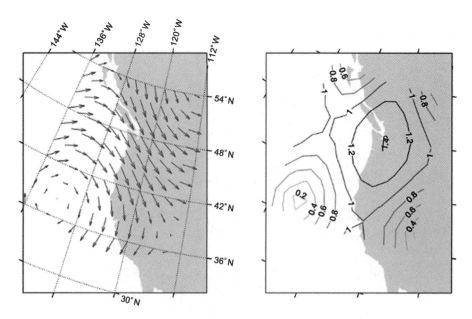

图 7.44 斜轴墨卡托投影的矢量分布图和等值线图

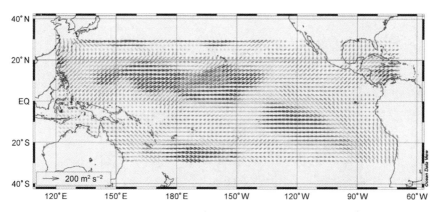

图 7.45　矢量颜色表示矢量大小

也可以使用不同的颜色来表示矢量的大小，m_vec 函数可以实现这一功能。矢量的颜色除了可以表示矢量大小之外（图 7.45），也可以用来表示其他变量。比如在图 7.46 中，可以用矢量的颜色表示 SST 的大小，箭头的大小和方向表示流矢量。同样可以使用 m_vec 函数实现。图 7.47 是米勒圆柱投影的全球风矢量图，其中风矢量用红色的箭头表示，蓝色的背景颜色代表降水。图 7.48 是兰伯特正形投影的 Argo 浮标的轨迹和移动速度图，其中蓝色背景表示水深，红色箭头代表浮标移动速度和方向，黑线表示浮标轨迹。

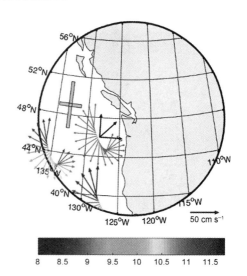

图 7.46　海表温度矢量图

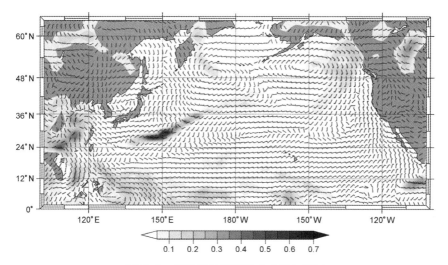

图 7.47　米勒圆柱投影的全球风矢量图

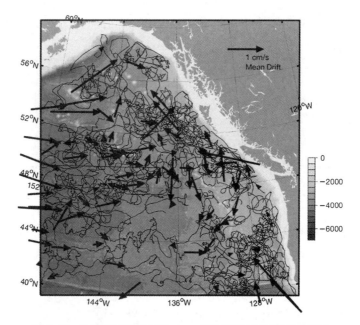

图 7.48 兰伯特正形投影的 Argo 浮标的轨迹和移动速度图

7.5.3.5 轨迹线图

图 7.49 是米勒投影的轨迹图,图 7.50 是 UTM 投影的轨迹线图。

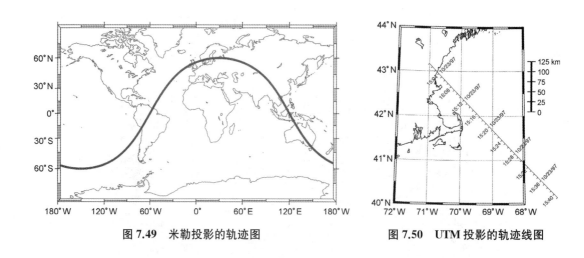

图 7.49 米勒投影的轨迹图　　　　　图 7.50 UTM 投影的轨迹线图

7.5.3.6 地形图或水深分布图

图 7.51 是兰伯特正形投影的水深图,图 7.52 是 UTM 投影的海底地形图,图 7.53 是阴影浮雕的海底地形图,图 7.54 是高分辨率的地形阴影浮雕,主要针对的是陆上部分。

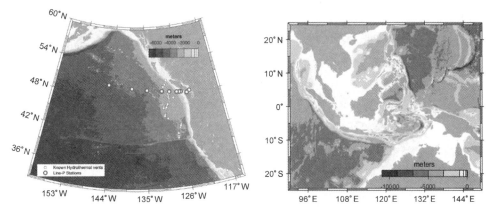

图 7.51　兰伯特正形投影的水深图　　　　图 7.52　UTM 投影的海底地形图

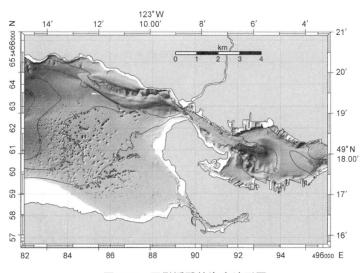

图 7.53　阴影浮雕的海底地形图

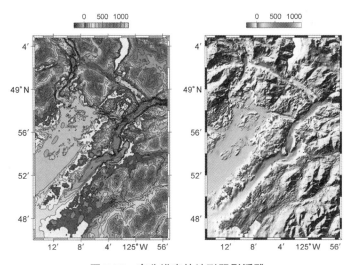

图 7.54　高分辨率的地形阴影浮雕

7.5.3.7 距离环

图 7.55 是 1 000 km 距离环。

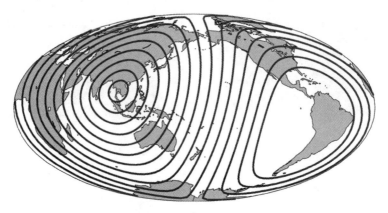

图 7.55 1 000 km 距离环

7.5.3.8 阴影边界

图 7.56 是阴影边界。

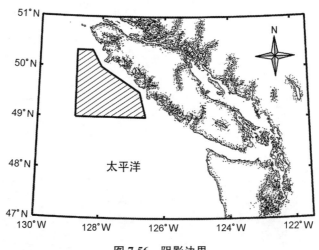

图 7.56 阴影边界

7.5.3.9 不同岸线分辨率

图 7.57 是不同岸线分辨率。

7.5.4 纬向分布图

因为很多变量都是随纬度变化的,所以常常需要绘制纬向分布图。从图 7.58 中可以发现,CO_2 通量在南纬 45°左右达到负的最大值,是一个很强的汇,在南纬 60°左右达到正的最大值,是一个很强的源。

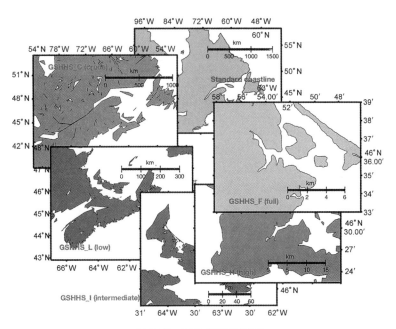

图 7.57 不同岸线分辨率

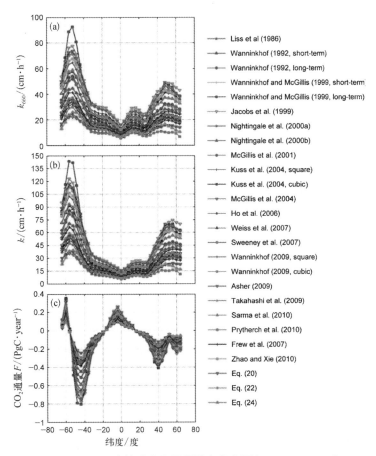

图 7.58 CO₂ 交换速率和通量纬向分布图（Yu et al., 2014）

其具体做法是,对同一纬度上的所有数据求平均,得到纬向平均值,再以纬度为横坐标,变量值为纵坐标绘制成图,就是纬向分布图。

本节介绍了剖线图、断面分布图、大面分布图和纬向分布图。当然,空间的分布图还有很多不同形式,读者可以针对具体问题进一步地挖掘。

7.6　时间序列图

7.6.1　气候变化趋势分析图

7.6.1.1　线性倾向估计图

以年、月、日等时间为横坐标,以变量为纵坐标,可以绘制线性倾向估计图。图中一般用线型或散点绘制出变量随时间的变化,同时绘制出变量随时间的一元线性回归直线。图中一般还需要标出变量和时间的相关系数 r 及显著性水平 p。

图 7.59 是全球海-气 CO_2 通量随时间的变化图,从图 7.59 中可以发现海水吸收的 CO_2 是逐年上升的(通量的负值说明海水吸收 CO_2),且上升的速率是 0.264 PgC/year。此处,$p < 0.05$,通过了 95% 的显著性检验,说明海-气 CO_2 通量的逐年增加是显著的。

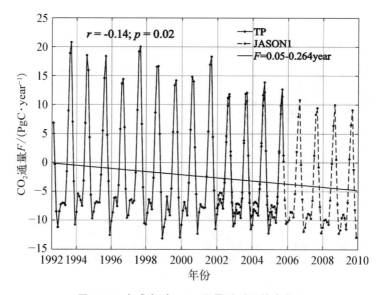

图 7.59　全球海-气 CO_2 通量随时间的变化图

还可以使用不同区域的相关系数或者回归系数绘制出线性趋势分布图。线性趋势分布图的横纵坐标分别为经纬度,绘制变量与时间之间的相关系数或者回归系数的等值线图或假彩色图。图 7.60 是 2011~2022 年风速线性变化趋势图。从图 7.60 中可以看出,除东南海域及海南岛附近西南海域出现负值外,其他海域均为正值。表明,大部分海域的风速呈逐年增大趋势,东南海域及海南岛附近西南海域的风速呈逐年减小趋势。图 7.60 中阴影部分为相关系数超过了 95% 显著性水平的海域,说明风速随时间变化显著。

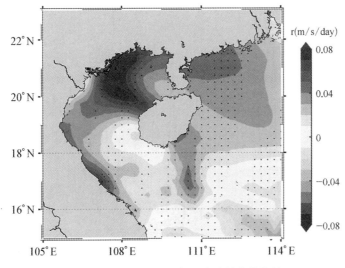

图 7.60 2011～2022 年风速线性变化趋势

7.6.1.2 累积距平图

除了长时间序列的变化趋势图之外,累积距平图也可以反映序列的变化趋势。

图 5.3 中横坐标为年份,纵坐标为累积距平值。从图 5.3 中可以看出,二氧化碳的累积距平均为负值,曲线的变化形态十分直观、清晰地展示出 1958～1994 年间全球二氧化碳经历了一次显著的波动。20 世纪 50 年代末至 70 年代中期,曲线呈下降趋势,表示累积距平值随时间减小,即 $x_i - \bar{x}$ 为负值,说明该时间段的二氧化碳值都是小于均值的。曲线的斜率为负值,随时间逐渐变大(斜率的绝对值随时间减小),说明距平值是逐渐增大的,即 $|x_i - \bar{x}|$ 逐渐减小,说明 CO_2 浓度是随时间增大的。70 年代末 80 年代初,曲线开始呈上升趋势直到现在,表示累积距平值随时间增加,说明该时间段的二氧化碳值都是大于均值的。曲线的斜率逐渐变大,说明距平值是逐渐增大的,说明 CO_2 浓度是随时间增大的。全球气温累积距平曲线的变化趋势与二氧化碳累积距平曲线有着十分一致的配合,从 70 年代末 80 年代初开始上升,说明 CO_2 浓度的变化可能对气温的变化有重要影响。

7.6.1.3 长时间序列的平滑序列曲线图

有时,为了去除高频信息,保留低频信息,可以绘制长时间序列的平滑序列曲线图。

(1) 滑动平均曲线

图 7.61 中虚线和点划线分别是 TP 数据和 Jason - 1 数据的滑动平均曲线,从图 7.61 中可以看出,从 1992 年到 2010 年,CO_2 通量呈现出了显著的周期性波动现象。

(2) 九点二次平滑曲线

图 7.62 中虚线和点划线分别是 TP 数据和 Jason - 1 数据的九点二次平均曲线,发现,CO_2 通量的变化有很强的年周期性变化的特点。

(3) 三次样条函数拟合曲线

经过三次样条函数拟合,可以得到一条光滑的变化趋势曲线。从图 5.9 中可以看出,热带气旋的年频数逐年增加,而且显现出了 20 年左右的周期性。

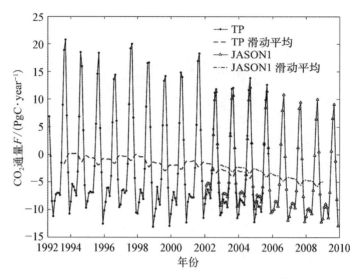

图 7.61　全球海-气 CO_2 通量滑动平均曲线图

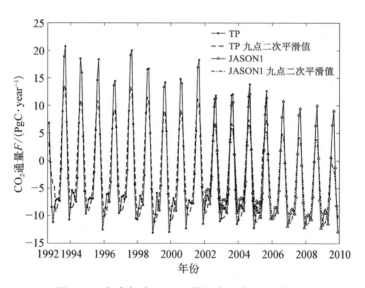

图 7.62　全球海-气 CO_2 通量九点二次平滑曲线图

（4）序列两端三种约束方案平滑图

对 1900～2002 年冬季北极涛动指数序列做巴特沃斯低通滤波平滑,滑动尺度分别取 10 年和 20 年,然后计算滑动序列的模约束方案、斜率约束方案和粗糙度约束方案以填补序列两端的平滑值。

从图 5.10a 中可以看出:取 10 年滑动长度时,模约束方案和斜率约束方案序列两端的平滑值十分接近,粗糙度约束方案与前 2 个有差异,主要是序列前端的平滑值较低。因为粗糙度约束方案得到的平滑均方差要比另外两个小,因此,可以认为粗糙度约束方案的平滑趋势更接近真实趋势。

取 20 年滑动长度时,模约束方案和斜率约束方案的均方差很接近且比粗糙度约束方案的均方差小。由图 5.10b 可以看出，由粗糙度约束方案计算出的两端平滑值过高，特别是 1910 年前后的平滑趋势明显高出序列的观测值，因此，对于 20 平滑长度的平滑趋势，粗糙度约束方案不可取。

7.6.1.4　月变化图

除了变量的年际变化之外，还关心变量的月变化或者季节变化。月变化的呈现方式有月变化曲线图和每月空间分布图两种。

（1）月变化曲线图

月变化曲线图以月份为横坐标，变量为纵坐标绘制得到。从图 7.63 中可以看出，太平洋北纬 50°的交换速率，在夏季最小，在 7 月达到最小值，在冬季最大，在 1 月达到最大值。

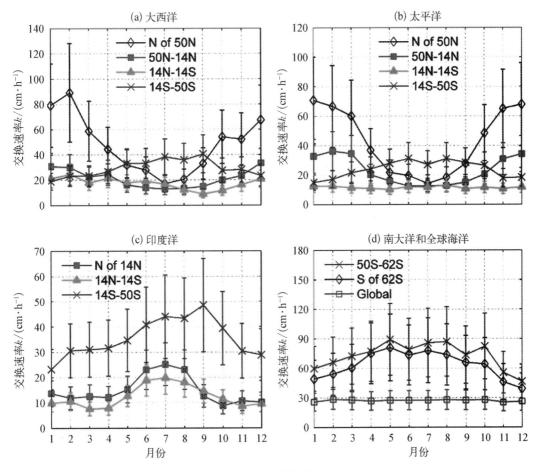

图 7.63　CO_2 交换速率月变化曲线图（Yu et al., 2014）

（2）每月空间分布图

每月空间分布图是将每个月的空间分布图都绘制出来，这样就能够分析出各个区域的季节变化。比如，从图 7.64 可以看出，CO_2 分压差的季节变化不太明显，中纬度地区变化最为剧烈。以北半球的中纬度地区为例，夏秋季节出现正值，海洋是 CO_2 的源，冬季是负值，海洋是 CO_2 的汇。

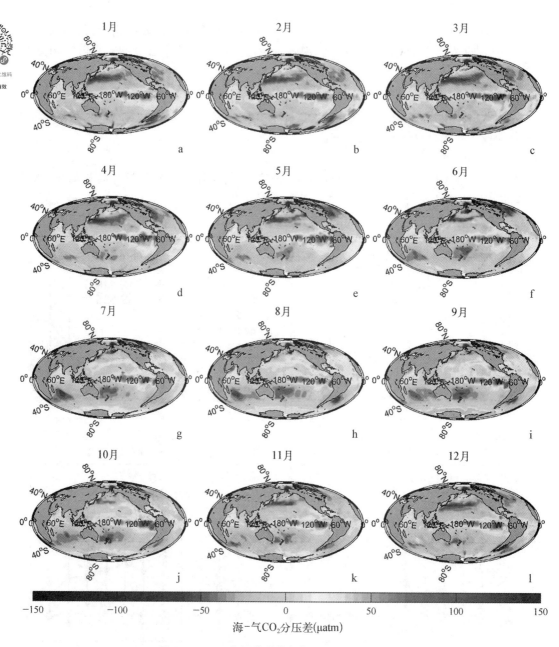

图 7.64　CO₂ 分压差季节变化图(Yu et al. , 2014)

7.6.2　时间序列突变检测图

7.6.2.1　滑动 t 检验统计曲线图

滑动 t 检验统计曲线图的横坐标是时间,纵坐标是 t 统计量。从图 5.11 中看出,不同子序列长度的 t 统计序列有显著差异。子序列长度为 10 的 t 统计序列,有一处超过了 0.01 显著性水平,为负值,出现在 1993~1999 年,并在 1998 年达到最大值。说明中国近海年平均 SST 在 1978~2021 年间,出现过一次明显的突变。结合原系列趋势曲线(图 5.11 中实线)

可以发现,20 世纪 90 年代经历了一次由冷到暖的转变。其他时间也有一些变化,但是没有达到显著性水平。

子序列长度为 5 的 t 统计序列,有两处超过了 0.01 显著性水平,均为负值。第一处出现在 1996～1999 年,并在 1997 年达到最大值。第二处出现在 2015～2016 年,并在 2016 年达到最大值。说明中国近海年平均 SST 在 1978～2021 年间,出现过两次明显的突变。结合原系列趋势曲线(图 5.11 中实线)可以发现,20 世纪 90 年代与 21 世纪 10 年代均经历了一次由冷到暖的转变。其他时间也有一些变化,但是没有达到显著性水平。

7.6.2.2　克拉默统计曲线图

克拉默统计曲线图的横坐标是时间,纵坐标是也是 t 统计量。从图 5.12 中可以发现,不同子序列长度的克拉默法检测结果也有显著差异。子序列长度为 10 时,有两处超过了 0.01 显著性水平,第一处是负值,出现在 1988～2001 年,并在 1988 年达到最大值。第二处是正值,出现在 2006～2011 年,并在 2008 年达到最大值。说明中国近海年平均 SST 在 1978～2021 年间,出现过两次明显的突变。结合原系列趋势曲线(图 5.12 中实线)可以发现,20 世纪 90 年代与 21 世纪 10 年代均经历了一次由冷到暖的转变。其他时间也有一些变化,但是没有达到显著性水平。

子序列长度为 5 时,有三处超过了 0.01 显著性水平,第一处是负值,出现在 1983～1999 年,并在 1987 年达到最大值。第二处是正值,出现在 2001～2004 年,并在 2003 年达到最大值。第三处是正值,出现在 2010～2015 年,并在 2011 年达到最大值。说明中国近海年平均 SST 在 1978～2021 年间,出现过三次明显的突变。结合原系列趋势曲线(图 5.12 中实线)可以发现,20 世纪 90 年代与 21 世纪 10 年代均经历了一次由冷到暖的转变,21 世纪初又经历了一次由暖到冷的转变。其他时间也有一些变化,但是没有达到显著性水平。

与滑动 t 检验相比,克拉默法也检验出了,20 世纪 90 年代与 21 世纪 10 年代的突变。同时,克拉默法还检测出了 21 世纪初的突变,但在滑动 t 检验中,并没有该结论。

7.6.2.3　山本法统计曲线图

山本法统计曲线图的横坐标是时间,纵坐标是 R_{SN} 统计量。从图 5.13 中可以发现,不同子序列长度的山本法检测结果也有显著差异。子序列长度为 10 时,有一处超过了 1.0,出现在 1997～1999 年,并在 1998 年达到最大值。说明中国近海年平均 SST 在 1978～2021 年间,出现过一次明显的突变。结合原系列趋势曲线(图 5.13 中实线)可以发现,20 世纪 90 年代经历了一次由冷到暖的转变。其他时间也有一些变化,但是没有达到显著性水平。

子序列长度为 5 时,有两处超过了 1.0,第一处出现在 1994～1999 年,并在 1997 年达到最大值。第二处出现在 2014～2016 年,并在 2016 年达到最大值。说明中国近海年平均 SST 在 1978～2021 年间,出现过两次明显的突变。结合原系列趋势曲线(图 5.13 中实线)可以发现,20 世纪 90 年代与 21 世纪 10 年代均经历了一次由冷到暖的转变。其他时间也有一些变化,但是没有达到显著性水平。

与滑动 t 检验相比,山本法也检验出了,20 世纪 90 年代与 21 世纪 10 年代的突变。但是,山本法没有检测出克拉默法检验出的 21 世纪初的突变。且突变具体发生的时间也不太一致。山本法是比滑动 t 检验和克拉默法更严格的突变检测方法。

子序列长度分别取 5、10 年时的结果发现,取长短不同的子序列平均时段得到的突变事实是有差异的。但是,揭示的显著突变基本上是一致的,且信噪比最大值出现的年份也基本相同。突变事实的揭露有助于了解气候系统的行为,同时也为建立气候预测模型提供了必要的根据。

7.6.2.4 曼-肯德尔统计曲线图

曼-肯德尔统计曲线图的横坐标是时间,纵坐标是 UF 和 UB 统计量。从图 5.14 中的 UF_k 曲线(即橘红色曲线)可以看出,自 20 世纪 20 年代以来,上海年平均气温有一个明显的增暖趋势。30～90 年代,这种增暖趋势均大大超过了 0.05 临界线,甚至超过了 0.001 显著性水平($u_{0.001} = \pm 2.56$),表明,上海气温的上升趋势是十分显著的。根据 UF_k 和 UB_k 两条曲线交点的位置,可以确定上海年平均气温 20 世纪 20 年代的增暖是一突变现象,具体是从 1925 年开始的。

从图 5.15 中的 UF_k 曲线(即虚线)可以看出,中国近海年平均 SST 有一个明显的上升趋势。21 世纪初,这种增暖趋势均大大超过了 0.05 临界线,甚至超过了 0.001 显著性水平($u_{0.001} = \pm 2.56$),表明,中国近海年平均 SST 的上升趋势是十分显著的。根据 UF_k 和 UB_k 两条曲线交点的位置,可以确定中国近海年平均 SST 21 世纪初的上升是一突变现象,具体是从 2000 年开始的。但是,曼-肯德尔法并没有检验出 20 世纪 90 年代的突变,而滑动 t 检验、克拉默法和山本法均检验出了这一突变。

7.6.2.5 佩蒂特统计曲线图

佩蒂特统计曲线图的横坐标是时间,纵坐标是秩序列 s_k。从图 5.16 中可以看出,佩蒂特方法获得的秩序列曲线是一条上升曲线(见图 5.16),最大值出现在 1990 年,并没有检测出 20 年代的突变。因为 $p < 0.05$ 所以检测出的突变点在 0.05 的显著性水平上是显著的。

使用佩蒂特法检测例 5.5 中 1978～2021 年中国近海年平均 SST 序列的突变情况。图 5.17 中的佩蒂特法秩序列 s_k 曲线(即虚线)是一条上升曲线,最大值出现在 2021 年,并没有检测出 20 世纪 90 年代和 21 世纪初的突变。因为 $p < 0.05$ 所以检测出的突变点在 0.05 的显著性水平上是显著的。

7.6.2.6 勒帕热统计曲线图

勒帕热统计曲线图的横坐标是时间,纵坐标是威氏和安氏-布氏联合统计量 WA。从图 5.18 中可以看出,使用勒帕热方法检测出上海年平均气温在 1934 年出现了突变,且突变点在 0.05 的显著性水平上是显著的。

利用勒帕热法检验例 5.5 中 1978～2021 年中国近海年平均 SST 序列的突变情况。检测出在 1992～2000 年出现了突变,且在 1996 年出现了最大值(见图 5.19)。检测出 20 世纪 90 年代和 21 世纪初的突变。检测出的突变点在 0.05 的显著性水平上是显著的。

可以发现,在突变检测时,使用不同的突变检测方法,所得到的结论可能不同。请读者在检测突变时,结合多种检测方法进行检测。同时要根据其物理意义和原序列的变化趋势最终判断突变点。

7.6.3 气候序列周期检测图

7.6.3.1 功率谱估计图

(1)离散功率谱图

离散功率谱图的横坐标为波数 k,纵坐标为离散功率谱估计 s_k^2。同时,在图中标注出了功率谱最大的几个值所对应的周期,周期的单位一般为年。从图 5.20 中可以看出上海年平均气温有 45.5 年、6.5 年和 2.93 年的周期。

（2）连续功率谱曲线图

连续功率谱曲线图的横坐标为周期,纵坐标为谱值。根据绘出的连续功率谱曲线可以确定序列的显著周期。从图 5.21 中可以看出上海年平均气温有 60 年、30 年和 6.667 年的显著周期,且超过了 95% 的显著性。

7.6.3.2 最大熵谱估计图

最大熵谱估计图的横坐标是周期,纵坐标是最大熵谱估计值。从图 5.22 中可以看出,上海年平均气温有 45.5 年的显著周期,该周期在离散功率谱图上也有显示。

7.6.3.3 奇异谱分析图

（1）特征值 λ_k 随滞后长度 k 的变化图

特征值 λ_k 随滞后长度 k 的变化图的横坐标是滞后长度 k,纵坐标是特征值 λ_k（见图 5.23）。当特征值 λ_k 随 k 的变化曲线斜率由明显的负值转化为近似于 0 时,对应的 k 值就是统计维数 S_m。只讨论统计维数 $k < S_m$ 的特征值。

（2）方差贡献 var 随滞后长度 k 的变化图

方差贡献 var 随滞后长度 k 的变化图的横坐标是滞后长度 k,纵坐标是特征值方差贡献 var_k（见图 5.24）。用以计算各 T-EOF,即各特征向量对总方差的贡献。

（3）滞后相关系数 r_j 随滞后长度 j 的变化图

滞后相关系数 r_j 随滞后长度 j 的变化图的横坐标为滞后长度 j,纵坐标为滞后相关系数 r_j（见图 5.25）。实线 r 为滞后相关系数,虚线 p 为相关系数的显著性水平,p 值越小,显著性越大。$p = 0.05$ 表示通过了 95% 的显著性检验。若存在滞后相关系数比较大的值,表明这对 T-PC 具有正交性,进而表示这对 T-PC 代表了系统的基本周期。若不存在滞后相关系数比较大的值,表明这对 T-PC 不具有正交性。若滞后相关系数 r_j 在 $j = j_m$ 处取得了最大值,而且该最大值通过了 0.01 的显著性水平,那么说明这一对 T-PC 近似于正交,在 j_m 滞后时间内相差 90°,一个周期 360° 就是 $4j_m$,即将最大滞后相关系数对应的滞后时间长度 j 乘以 4,所得到的周期就是系统存在的显著周期。次大滞后相关系数的四倍就是次要周期。

（4）T-EOF 对随时间的变换曲线

绘制出 T-EOF 对随时间的变换曲线,即绘出 φ_k 和 φ_{k+1} 随时间 t 的变化（见图 5.26）,从曲线上也可以直观地看出振荡周期。

7.6.3.4 小波分析

（1）小波变换平面图

绘制小波变换平面图,横坐标为时间参数 b,纵坐标为频率参数 a,图 5.27 中的等值线数值为小波系数 $\omega_f(a, b)$。从图 5.26 中可以看出下半部分是高频部分,等值线相对密集,对应较短尺度周期的振荡。图 5.26 中的等值线比较密集的地方,对应着振荡之处,从中可以找出奇异点,每个奇异点就是一次转折。在频率 $a = 6$ 时的 1965 年处,小波系数出现了最大值,表明在 1965 年前后,春季干旱指数发生了最强的振动。

另外,图像呈现出了明显的阶段性。就年代际尺度变化而言,1967～1986 年华北春季干旱指数变化相对稳定,处在比较干旱的时期。1966 年以前时段的变化结构与 1987 年以后时段的变化结构类似,变化都比较激烈。

(2)小波方差直方图

绘制不同时间段的小波方差直方图,横坐标是周期,纵坐标是小波方差,从图中可以更准确地诊断出振荡最强的周期。还可以从分段的小波方差中推断出,某一时段内振动最突出的周期。

从图 5.28 南方涛动指数小波方差图中可以看出,在 1882～1919 年的 38 年中 7 年周期的振动最强;1920～1957 年的 38 年中 5 年周期的振动最强;而 1958～1995 年的 38 年中则是 4 年周期的振动最为突出。由此可见,南方涛动的振荡越来越频繁。

7.7 时空结构分离图

7.7.1 EOF 分解模态图与时间系数图

图 6.3 是用 1951～1996 年中国 160 个站夏季降水量作 EOF 展开的第二特征向量。横坐标是经度,纵坐标是纬度。从图 6.3a 分布图中可以看出,江淮流域大范围为正值,黄河流域及华南地区为负值。该模态代表着,江淮流域的降水趋势与黄河流域、华南地区相比,呈现出相反的分布型式。即呈现出,江淮流域降水多、黄河流域及华南降水少的分布型,或江淮流域降水少、黄河流域及华南流域降水多的分布型式。

EOF 特征向量分布图必须要和时间系数图成对绘出,一起解释。所以还要以时间 t 为横坐标,时间系数为纵坐标,绘制时间系数图。图 6.3b 中的时间系数序列图,代表的是中国夏季降水年际变化趋势。某年的时间系数为正值,代表着该年呈现出江淮流域降水偏多,黄河流域和华南地区降水偏少的分布型式。若时间系数为负值,则表明该年呈现出了相反的降水分布型式。系数的绝对值越大,此类分布型式就越显著。

REOF 的解释跟 EOF 各模态的解释是一样的,只是 REOF 能够解释更多的局部相关结构。

7.7.2 EEOF 分解模态图与时间系数图

如果计算滞后 4 个月、8 个月、12 个月、16 个月、20 个月、24 个月和 28 个月的 EEOF,一个特征向量就可以得到 8 张空间分布结构图。根据这些图,可以分析空间系统的移动方向、强度变化等特征。这些变化特征,是一般 EOF 得不到的。但是,遇到本身时间持续性较差的变量场时,得到的空间分布结构往往难以解释。

从图 6.4 中,可以看出滞后 0 个月、滞后 12 个月和滞后 24 个月都对应赤道东太平洋的冷信号,滞后 4 个月、滞后 16 个月、滞后 28 个月时对应赤道东太平洋的暖信号,滞后 8 个月、滞后 20 个月时对应暖信号减弱的情况。可以看出赤道东太平洋有以 1 年为周期的变动。

7.7.3 主振荡型的模态图和时间系数图

7.7.3.1 实空间模态图和虚空间模态图

绘制第 k 个振荡型所对应的实空间模态图和虚空间模态图。对特征向量 V_3^r 和 V_3^i 表征的变量场的空间传播特征进行分析。分析时要注意,振荡模态是交替出现的。以热带太平洋月平均海温距平场为例,振动模态表现为,实特征向量 V_3^r 和复特征向量 V_3^i 之间,按照 $\cdots \rightarrow V_3^r \rightarrow -V_3^i \rightarrow -V_3^r \rightarrow V_3^i \rightarrow V_3^r \rightarrow \cdots$ 的顺序交替出现(见图 6.14)。

在 $t=0$ 时(图 6.14a),海温距平场的第一对 POP 的 V_3^r 型在热带太平洋的东部和中部为正值,其余区域为弱的负值区,这代表着厄尔尼诺现象的成熟相位。这里要注意,虽然绘制的是特征向量 P_3^r,但其对应的是 POP 的 V_3^r 型,后面也是一样的。当 $t=\tau/4$ 时(图 6.14b),即大约 9 个月之后,由 $-V_3^i$ 型替代 V_3^r 型,东太平洋变为弱的正值,中太平洋则为较强的负值中心,代表厄尔尼诺衰减相位。当 $t=2\tau/4$ 时(图 6.14c),即大约 18 个月之后,为 $-V_3^r$ 型,热带太平洋的东部和中部变为负值,厄尔尼诺完全消失或出现拉尼娜成熟相位。到 $t=3\tau/4$ 时(图 6.14d),即 27 个月之后为 V_3^i 型,中太平洋开始出现正值,即呈现出厄尔尼诺开始发展的状态。在 $t=\tau$ 时,又重复出现 V_3^r 型。可见这对 POP 型描述了厄尔尼诺的演变过程。

7.7.3.2 实部时间系数和虚部时间系数

绘制第 k 个振荡型所对应的实部时间系数 Z^r 和虚部时间系数 Z^i(见图 6.12)。由 POP 的系数 Z^r 和 Z^i 分析振荡随时间的演变特征。在厄尔尼诺演变的例子中(见图 6.12),Z^r 的极大值对应历次厄尔尼诺事件,历史上最强的厄尔尼诺对应于最大的正振幅。Z^r 的极小值对应拉尼娜事件。Z^i 则基本上与 Z^r 相反。

7.7.3.3 实伴随空间模态图和虚伴随空间模态图

绘制第 k 个振荡型所对应的实伴随空间模态图和虚伴随空间模态图。利用伴随相关型来分析 POP 与另一变量场的关系。Q^r 型对应 V_3^r,Q^i 对应 V_3^i。例如,使用海面温度距平场的 POP 系数与海表面气压距平求伴随相关型。发现对于 Q^r 型,在西太有一个异常正值,与厄尔尼诺现象相配合(见图 6.13)。

7.7.3.4 功率谱分析图或交叉谱分析图

可以通过对传播型 V_3^r 型的时间系数 Z^r 和 V_3^i 型的时间系数 Z^i 序列分别作功率谱分析图或作两序列的交叉谱分析图,用显著性检验来验证 POP 分析得到的振荡周期是否可信。

时空结构分离图实际上就是空间分布图和时间序列图,只是用于时空结构分离时,其分析是成对出现的。难点在于 EOF 和 POP 信号的解释,请读者根据气候现象和物理意义进行正确解读。

习　　题

一、判断题

1. 散点图不可以用于反演结果的验证。(　　)

2. 数列的全距不可以由两端的极值差表示。(　　)

3. 矢量一般用极坐标图表示。(　　)

4. 海洋断面调查,一般由数条大面组成。(　　)

5. 累积距平图不可以反映序列的变化趋势。（　　　）

二、思考题

1. 模态图如何画？

2. 时间系数图如何画？

3. 时间序列图如何画？

判断题答案： F F T F F

第 8 章

案 例 分 析

> **导学**：做科学研究，首要的、也是最重要的就是提出科学问题。那么怎样才能提出一个有质量的科学问题呢？首先是对海洋科学或其他科学保有兴趣，然后就是大量地阅读文献。本章通过几个典型案例来说明数据处理与可视化的思路和全过程。
>
> 经过本章的学习，在方法论层面，同学们应当学会并了解基本的数据处理与可视化思路。在实践能力上，应当能够通过自己的课题实践数据处理与可视化方法。具备这个能力，就能够进行基本的科学研究了。

8.1 案例一：海-气二氧化碳交换速率和通量的不确定性分析

8.1.1 提出科学问题

编者的研究方向是海-气 CO_2 通量。通过阅读文献发现，海-气 CO_2 交换速率的计算公式特别多，常用的就有 28 个以上。那么，编者在使用海-气 CO_2 交换速率计算 CO_2 通量时，就会特别困惑：应当使用哪一个交换速率公式计算通量呢？通过与其他研究人员进行交流，发现大家都面临着这一困难。

于是，编者决定解决该问题。提出的科学问题就是：由于交换速率的不同会对通量的计算带来多大的误差和不确定性呢？在计算 CO_2 通量时，应该选择哪一个交换速率公式进行计算呢？

提出科学问题之后，编者查阅了所有能找到的中英文文献，核实关于这方面是否已经有人在开展相关工作，以及进展如何。通过阅读文献发现，很少有人定量地对交换速率的不同给通量的计算带来的误差和不确定性进行估计。所以，编者开始进行该课题的研究了。

8.1.2 选择研究区域

评估交换速率的不同给通量的计算带来的误差和不确定性，需要选择一个研究区域。因为碳循环是一个全球性气候问题的关键一环，所以选择对全球范围进行计算。

选择好研究区域之后，还需要选择使用什么样的数据进行计算。

8.1.3 数据选择

对所有的交换速率公式进行总结发现,绝大多数的交换速率公式都是风速的函数,于是,可以给出一个交换速率通式

$$k = \sum a_n U_{10}^{b_n} \left(\frac{Sc}{660 \ or \ 600} \right)^{-1/2} \tag{8.1}$$

除了风速之外,计算交换速率时还会用到空气的摩擦速度和有效波高。因为需要全球覆盖的数据,所以遥感数据和再分析资料是首选。在遥感数据中,高度计数据同时有风、浪参数。

当对海-气 CO_2 交换速率进行 Sc 校正以及对海水的运动黏性进行计算时,需要用到海表温度(Sea surface temperature,SST)数据。当对海-气 CO_2 通量进行估计时,需要用到海-气 CO_2 的分压差数据和溶解度数据。这些数据均来自 Lamont - Doherty 地球实验室(Lamont - Doherty Earth Observatory)的数据集。该数据集给出了非厄尔尼诺状况下的全球大洋气候态的 SST 数据、海-气 CO_2 分压差和 CO_2 溶解度数据。这些数据的空间分辨率是 4°(纬度)×5°(经度),归一化到了 2000 年。数据可以从美国二氧化碳信息分析中心(Carbon Dioxide Information Analysis Center,CDIAC)免费打包下载。所以将研究时间定为 2000 年。

主要使用了 TOPEX/Poseidon 在 2000 年的数据,主要参数为十米风速、有效波高和后向散射截面。T/P 数据来自美国地球物理数据集(Geophysical Data Record,简称 GDR)的修正产品。从美国加州理工学院(California Institute of Technology)的喷气推进实验室(Jet Propulsion Laboratory, 简称 JPL)的物理海洋数据存档发布中心(Physical Oceanography Distributed Active Archive Center,简称 PO.DAAC)下载。

将所有的数据都插值到 4°(纬度)×5°(经度)的网格上,经过面积加权的全球海-气 CO_2 交换速率和通量就是在 4°(纬度)×5°(经度)的网格上计算得到的,跟分压差数据的网格一致。

比较棘手的是如何获得空气的摩擦速度。

8.1.4 计算空气的摩擦速度

据 Weber(1999)可知,空气的摩擦速度 u_* 可以由拖曳系数 C_D 和十米风速 U_{10} 计算得到

$$u_* = C_D^{1/2} U_{10} \tag{8.2}$$

而根据 Guan and Xie(2004)的观点,拖曳系数 C_D 可以由波陡的函数 $f(\delta)$ 和十米风速 U_{10} 计算得到

$$C_D = [0.78 + 0.475 f(\delta) U_{10}] \times 10^{-3} \tag{8.3}$$

而波陡 δ 可以由谱峰圆频率 ω_p 计算得到

$$\delta = H_s \omega_p^2 / g \tag{8.4}$$

谱峰圆频率 ω_p 又可以由谱峰周期 T_p 计算得到

$$\omega_p = 2\pi / T_p \tag{8.5}$$

根据文圣常和余宙文(1984)的结论,谱峰周期 T_p 又可以由平均上跨零点周期 T_z 计算得到

$$T_z = 0.833 T_p \tag{8.6}$$

而 Mackay et al.(2008)提出了一个算法,可以使用 Ku-波段的高度计数据来计算波浪的平均上跨零点周期 T_z,主要用到了 Ku-波段的后向散射系数 σ_0 和有效波高 H_s

$$T_z = \begin{cases} \dfrac{1}{\beta} \ln \left[\dfrac{1}{\alpha} \left(\dfrac{\sigma_0 - A}{H_s + \gamma} \right) \right], & \sigma_0 \leqslant d \\[3mm] \dfrac{1}{\beta} \ln \left[\dfrac{1}{\alpha} \left(\dfrac{d - A}{H_s + \gamma} \right) \right], & \sigma_0 > d \end{cases} \tag{8.7}$$

通过公式推导,提出了一个使用 T/P 高度计的 Ku-波段的后向散射系数 σ_0、有效波高 H_s 和十米风速 U_{10} 计算空气的摩擦速度的参数化公式(Yu et al.,2014)

$$u_* = \begin{cases} \left[0.78 \times 10^{-3} U_{10}^2 + \dfrac{0.001\,1 H_s U_{10}^3}{\left[\dfrac{1}{\beta} \ln \left[\dfrac{1}{\alpha} \left(\dfrac{\sigma_0 - A}{H_s + \gamma} \right) \right] \right]^2} \right]^{1/2}, & \sigma_0 \leqslant d \\[8mm] \left[0.78 \times 10^{-3} U_{10}^2 + \dfrac{0.001\,1 H_s U_{10}^3}{\left[\dfrac{1}{\beta} \ln \left[\dfrac{1}{\alpha} \left(\dfrac{d - A}{H_s + \gamma} \right) \right] \right]^2} \right]^{1/2}, & \sigma_0 > d \end{cases} \tag{8.8}$$

为了检验新参数化公式(8.8),与由 NCEP 获得的空气摩擦速度进行了比较(见图 8.1)。发现,新参数化公式与 NCEP 数据的一致性良好,均方根误差是 0.234 m/s。同时,还跟 Gao et al.(2012)的方法进行了比较(见图 8.2),发现跟他们方法的一致性很好,均方根误差是 0.075 m/s。

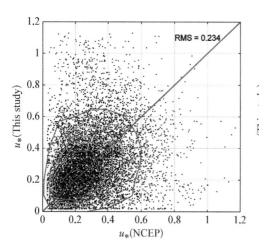

图 8.1 反演空气摩擦速度与实测比较图
(Yu et al., 2014)

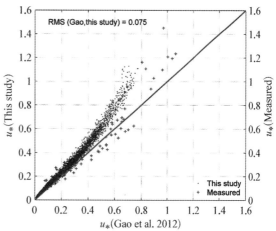

图 8.2 反演空气摩擦速度与 Gao
比较图(Yu et al., 2014)

Yu et al. (2014)反演得到的空气摩擦速度比 Gao et al.(2012)方法获得的大,特别是当摩擦速度大于 0.5 m/s 时,这也许是因为 Yu et al. (2014)提出的方法使用了有效波高的缘故。从图 8.2 中红色的十字可以看出,与实测值相比,Gao et al.(2012)的方法在摩擦速度大于 0.7 m/s 时出现了低估现象,而 Yu et al. (2014)的反演结果却没有出现该低估现象,更接近于真实值。

此处,NCEP 的空气摩擦速度 $u_{*\,\mathrm{NCEP}}$ 是由风应力 τ 和空气密度 ρ_a 计算得到的

$$u_{*\,\mathrm{NCEP}} = (\tau/\rho_a)^{0.5} \tag{8.9}$$

空气密度 ρ_a 又可以由大气压 P、绝对空气温度 T 和空气的比湿 q 计算得到(王介民,2012)

$$\rho_a = P/(R_d T(1+0.61q)) \tag{8.10}$$

所以就会用到风应力 τ、大气压 P、大气温度 T 和比湿 q,这些参数均可以从 NCEP/NCAR 再分析资料的海表通量数据找到。此处,使用了 2000 年的每天 4 次的数据,每个月选择了第一天。

为了比较 NCEP 的摩擦速度数据和新的参数化方程(8.8)反演得到的数据,对 NCEP 数据和高度计数据进行了匹配。每对数据的时间间隔不超过三个小时,纬度距离不超过 0.955°,经度距离不超过 0.937 5°。

8.1.5 使用新摩擦速度公式计算海-气二氧化碳交换速率

Zhao et al.(2003)提出了一个由空气摩擦速度 u_*、空气的运动黏性 ν 和谱峰圆频率 ω_p 计算 CO_2 交换速率的公式

$$k = 0.13 (\nu\omega_p)^{-0.63} u_*^{1.26} (Sc/600)^{-1/2} \tag{8.11}$$

式中,u_* 为空气摩擦速度,可以由式(8.8)使用 T/P 高度计数据计算得到;ω_p 为谱峰圆频率,可以使用平均上跨零点周期 T_z 计算得到(文圣常等,1984)

$$\omega_p = 1.666\pi/T_z \tag{8.12}$$

ν 为空气的运动黏性,是空气的密度 ρ_a 和空气的动力黏性 μ 的函数

$$\nu = \mu/\rho_a \tag{8.13}$$

μ 为空气的动力黏性系数,可以由空气的绝对温度 T 计算得到(Sutherland,1893)

$$\mu = \mu_0 (T/T_1)^{3/2}(T_1+S)/(T+S) \tag{8.14}$$

由此可以推导出由空气的绝对温度计算空气运动黏性的公式(Yu et al., 2014)

$$\nu = 1.190\,1 \times 10^{-6} T^{3/2}/(T+110.4) \tag{8.15}$$

再进一步推导出使用 T/P 高度计的 Ku -波段的后向散射系数 σ_0、有效波高 H_s、十米风速 U_{10} 和空气的绝对温度 T 计算 CO_2 交换速率的参数化公式(Yu et al.,2014)

$$
k=\begin{cases}
247.43\left[\dfrac{T+110.4}{T^{3/2}}\left(\dfrac{7.8\times10^{-4}U_{10}^2}{\beta}\ln\left[\dfrac{1}{\alpha}\left(\dfrac{\sigma_0-A}{H_s+\gamma}\right)\right]\right.\right. \\
\left.\left.+\dfrac{0.001\,1\beta H_s U_{10}^3}{\ln\left[\dfrac{1}{\alpha}\left(\dfrac{\sigma_0-A}{H_s+\gamma}\right)\right]}\right)\right]^{0.63}\left(\dfrac{Sc}{600}\right)^{-\frac{1}{2}}, & \sigma_0\leqslant d \\[2em]
247.43\left[\dfrac{T+110.4}{T^{3/2}}\left(\dfrac{7.8\times10^{-4}U_{10}^2}{\beta}\ln\left[\dfrac{1}{\alpha}\left(\dfrac{d-A}{H_s+\gamma}\right)\right]\right.\right. \\
\left.\left.+\dfrac{0.001\,1\beta H_s U_{10}^3}{\ln\left[\dfrac{1}{\alpha}\left(\dfrac{d-A}{H_s+\gamma}\right)\right]}\right)\right]^{0.63}\left(\dfrac{Sc}{600}\right)^{-\frac{1}{2}}, & \sigma_0>d
\end{cases}
\tag{8.16}
$$

除此之外,还比较了 Woolf(2005)提出的一个"混合模型",该混合模型是空气的摩擦速度 u_*、有效波高 H_s 和海水运动黏性 ν_w 的函数

$$
k=\left(1.57\times10^{-4}u_*+2\times10^{-5}\frac{u_*H_s}{\nu_w}\right)(Sc/600)^{-1/2}
\tag{8.17}
$$

式中,ν_w 为海水的运动黏性,可以由海表温度 SST 计算得到(Fangohr et al.,2007)

$$
\nu_w=1.83\times10^{-6}e^{\frac{-SST}{T_0}}
\tag{8.18}
$$

同样的,将式(8.18)代入之前提出的空气摩擦速度公式(8.8),推导出由 T/P 高度计的 Ku -波段后向散射系数 σ_0、有效波高 H_s、十米风速 U_{10} 和海表温度 SST 计算 CO_2 交换速率的参数化公式(Yu et al.,2014)

$$
k=\begin{cases}
\left(0.78\times10^{-3}U_{10}^2+\dfrac{0.001\,1H_sU_{10}^3}{\left[\dfrac{1}{\beta}\ln\left[\dfrac{1}{\alpha}\left(\dfrac{\sigma_0-A}{H_s+\gamma}\right)\right]\right]^2}\right)^{1/2} \\
\left[1.57\times10^{-4}+\dfrac{10.93H_s}{e^{\frac{-SST}{T_0}}}\right]\left(\dfrac{Sc}{600}\right)^{-\frac{1}{2}}, & \sigma_0\leqslant d \\[2em]
\left(0.78\times10^{-3}U_{10}^2+\dfrac{0.001\,1H_sU_{10}^3}{\left[\dfrac{1}{\beta}\ln\left[\dfrac{1}{\alpha}\left(\dfrac{d-A}{H_s+\gamma}\right)\right]\right]^2}\right)^{1/2} \\
\left[1.57\times10^{-4}+\dfrac{10.93H_s}{e^{\frac{-SST}{T_0}}}\right]\left(\dfrac{Sc}{600}\right)^{-\frac{1}{2}}, & \sigma_0>d
\end{cases}
\tag{8.19}
$$

同样的,对 Fangohr and Woolf(2007)的公式进行重构,得到了第三个从 Ku -波段高度计数据获得海-气 CO_2 交换速率的方程(Yu et al.,2014)

$$k=\begin{cases} \left[\left[\dfrac{5.66\times10^{-4}}{\sigma_0}+10^{-6}+\dfrac{10.93H_s}{e^{\frac{-SST}{T_0}}}\left[0.78\times10^{-3}U_{10}^2\right.\right.\right. \\ \left.\left.\left.+\dfrac{0.001\,1H_sU_{10}^3}{\left[\dfrac{1}{\beta}\ln\left[\dfrac{1}{\alpha}\left(\dfrac{\sigma_0-A}{H_s+\gamma}\right)\right]\right]^2}\right]\right]^{1/2}\left(\dfrac{Sc}{600}\right)^{-\frac{1}{2}},\ \sigma_0\leqslant d \right. \\[4ex] \left[\left[\dfrac{5.66\times10^{-4}}{\sigma_0}+10^{-6}+\dfrac{10.93H_s}{e^{\frac{-SST}{T_0}}}\left[0.78\times10^{-3}U_{10}^2\right.\right.\right. \\ \left.\left.\left.+\dfrac{0.001\,1H_sU_{10}^3}{\left[\dfrac{1}{\beta}\ln\left[\dfrac{1}{\alpha}\left(\dfrac{d-A}{H_s+\gamma}\right)\right]\right]^2}\right]\right]^{1/2}\left(\dfrac{Sc}{600}\right)^{-\frac{1}{2}},\ \sigma_0>d \right. \end{cases} \tag{8.20}$$

这样，所有的交换速率均都可由 T/P 高度计数据计算得到了。然后开始计算分析海-气二氧化碳交换速率和通量的不确定性。

8.1.6 计算分析海-气二氧化碳交换速率和通量的不确定性

首先绘制出交换速率的各种风速参数化公式随风速的变化图（图 8.3），并分析风速小于 5 m/s 时、5～10 m/s、大于 10 m/s 时不确定性的情况和原因。同时，使用 Yu et al.(2014) 中的表格 2 总结不同方法计算得到的全球平均的海-气 CO₂ 交换速率和全球总的净通量。得出，不确定性的原因可能有两个方面，一个方面是观测手段的差异：当在船载平台和浮标平台上进行涡相关试验时，会出现通量测量结果偏大的现象，一般有 3～10 倍的数量级差异；而使用基于全球海洋中的过量¹⁴C 库对海-气交换速率进行估计时，会出现过估现象；人

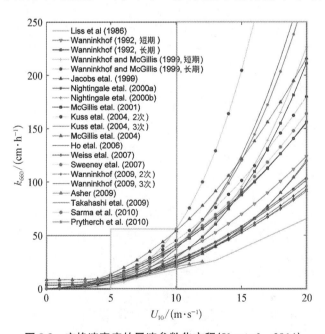

图 8.3　交换速率度的风速参数化方程（Yu et al., 2014）

工示踪法主要是在湖中和沿海海洋中实施,这些区域本身受风区等限制,交换速率较小。另一个方面是实验所实施的区域是不同的。从近岸海域获得的交换速率要大于从开阔大洋获得的交换速率值。这两个区域的值都大于从湖或者风浪槽获得的交换速率。这与全球交换速率分布是一致的。

同时绘制出将 26 个公式平均之后的 2000 年平均的海-气 CO_2 交换速率和气候态平均 CO_2 通量的全球分布图(见图 8.4)。除了给出结论之外,还详细给出了出现该现象的原因。

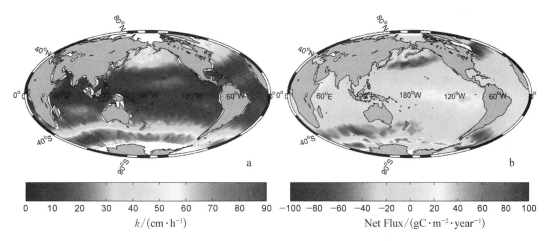

图 8.4   海-气 CO_2 交换速率和气候态平均通量的全球分布(Yu et al., 2014)

还绘制了使用不同函数计算得到的全球交换速率和通量的月平均图(见图 8.5),这些值的覆盖区间很大,有很强的不确定性。分析了交换速率和通量随季节的变化,以及其不确定性随季节的变化和原因。

也绘制了海-气 CO_2 交换速率和通量的纬度平均分布图(见图 7.58)。发现,CO_2 交换速率和通量的不确定性的空间变化也非常大。分析了交换速率和通量随纬度的变化,以及其不确定性随纬度的变化和原因。

通过计算全球平均的海-气 CO_2 交换速率和总的全球通量,见 Yu et al.(2014)中的图 7,可以看出不同交换速率公式引起的不确定性非常大,可以差好几倍。通过 26 个海-气 CO_2 交换速率平均的全球月平均分布图、全球年平均值(图 8.4)、四个主要洋盆和全球大洋的 6 个气候带的 CO_2 交换速率月平均分布图[见 Yu et al.(2014)中的图 8、图 9],可以分析各个大洋的季节变化情况及其原因。发现,CO_2 通量的分布形态跟 CO_2 分压差的分布形态一致。26 个不同的海-气 CO_2 交换速率公式计算得到的 CO_2 交换速率和通量的纬度分布趋势一致,交换速率的最大、最小值区域都很一致,但是具体数值差异很大。所以因为交换速率方法的不同不会影响 CO_2 交换速率极值区域的分布,但会影响其具体数值的大小。海-气 CO_2 通量的源汇分布由分压差控制,因此交换速率方法的不同不会对源汇分布产生影响,但是具体数值的大小会有一定的差异。

还用柱状图进一步分析了由于交换速率的不同引起的不确定性(图 8.6)。发现交换速率的大值可能会对应通量的小值,这是很有意思的现象。分析其原因可能是交换速率只表征大小,不表征方向,全球平均交换速率的增大,可以使碳源区域的 CO_2 通量增大,也可以

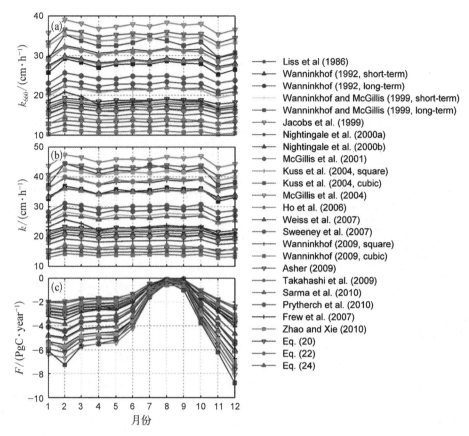

图 8.5 全球交换速率和通量的月平均图（Yu et al.，2014）

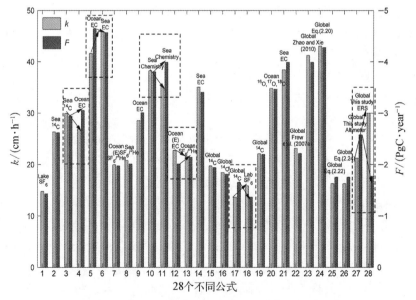

图 8.6 使用 28 个不同交换速率公式计算得到的全球
平均的交换速率和通量（Yu et al.，2014）

使碳汇区域的 CO_2 通量增大。而且计算全球平均的 CO_2 通量时,需要先计算每个网格点上的通量,再进行面积加权求得全球的通量,它不仅仅受交换速率的影响,也受分压差的影响,甚至受到 CO_2 溶解度的影响。若由于全球平均交换速率的增大,造成碳汇区域的 CO_2 通量增大大于碳源区域的 CO_2 通量增大,那么总的海洋从大气吸收的 CO_2 净通量就会增大;若碳汇区域的 CO_2 通量增大小于碳源区域的 CO_2 通量增大,那么总的海洋从大气吸收的 CO_2 净通量就会减小。

那么对 CO_2 交换速率和通量进行计算时应该如何选择合适的交换速率呢?若能够获得较好的有效波高数据,那么建议使用 Zhao et al.(2010)提出的与风速和有效波高有关的交换速率参数化方程,因为该方程能够通过波龄与已有的风速参数化方程对应。若是 ERS 数据或者能够获得比较好的波陡数据,那么建议使用 Yu et al.(2013)提出的与风速和波陡有关的交换速率参数化方程,因为该方法能够使用波陡解释已有的风速参数化方程。若只能获得风速数据,若是对近岸局部海区进行计算和分析,那么建议使用近岸海域所对应的风速参数化方程,并取平均;若对全球大洋做分析,那么建议使用所有的风速参数化公式进行计算并且取平均。

至此,就完成了整个研究工作。该案例使用 2000 年的 TOPEX/Poseidon 数据分析了不同海-气 CO_2 交换速率所引起的通量的不确定性,主要介绍了空间变化特征和时间变化特征,该工作发表在 *International Journal of Remote Sensing*（国际遥感杂志）上(Yu et al., 2014)。

8.2 案例二：海-气二氧化碳交换速率影响因子的定量估计

影响海-气二氧化碳(CO_2)交换速率的多种因子已经讨论很多年了,但对各种因子的贡献却很少有定量估计。8.1 案例一中发现,由于交换速率公式的不同会造成海-气二氧化碳通量非常大的不确定性。为了更好地理解海-气交换机制,就需要讨论海-气交换速率的多种不同影响因子,并对描述海气交换的不同参数化模型进行分类和比较。

有了研究的科学问题,下一步就需要寻找合适的数据。为了更好地研究各因子对交换速率的影响,选择 GAS EX-98 和 ASGAMAGE 数据,这两个数据集包含了各种同步走航观测的因子。

8.2.1 逐步回归法

使用逐步回归法建立一个回归方程,其包含了对交换速率有显著贡献的所有变量,而不包含没有显著贡献的变量。

首先,对可能影响交换速率的因子进行选择。选择的因子有东西向水流速 u_w,因为水流可能对气体交换速率有贡献,且可能会通过产生湍流影响其变化(Zappa et al., 2007; Takahashi et al., 2009)。当水流和风的方向相反时,二氧化碳交换速率的值可能会显著增加(Abril et al., 2009a)。还选择了各种风参数,比如韦伯速度 w,即平均垂向速度;韦伯速度的平方 w^2;韦伯速度的立方 w^3;风向(°);归一化到 10 m 高度和中性条件下的风速 u_{10};归一化到 10 m 高度的风速的平方 u_{10}^2;归一化到 10 m 高度的风速的立方 u_{10}^3;因为风可能通过直接的风切变和可能产生的风浪从而产生近表湍流从而影响交换速率（Bock et al.，1999）。还选了波浪参数，例如：有效波高 H_s（m）；波浪的谱峰相速度 c_p（m/s）；波浪谱峰相速度的立方 c_p^3；谱峰波周期 T_s（s）；谱峰波周期的立方 T_s^3 等，因为可能由于波浪运动而直接产生气体交换，也可能由风浪产生湍流，可能因为波浪破碎产生气泡；可能破坏或者积累表面膜从而增加表面阻力等，这些都是影响气体交换的过程（Bock et al.，1999）。

然后计算交换速率与这些影响因子之间的相关系数，并进行显著性检验，发现选择的因子都通过了 95% 的显著性检验。然后根据各因子对交换速率的贡献，将它们引入回归方程。对于那些早先被引入，后因引入别的新变量，使它由显著变为不显著的变量会随时从回归方程中剔除出去。依次继续下去，直到回归方程中再无变量可剔除，也无变量可引入时为止（Yu et al.，2016）。经过逐步回归算法，得到回归方程。发现影响海 - 气 CO_2 交换速率的最重要的影响因子是标准化到 10 m 高度和中性条件的风速 u_{10}、泡沫媒介的交换速率 k_b 和韦伯速度 w（平均垂向速度）。在所有研究的因子中，韦伯速度 w 是最难获取的。

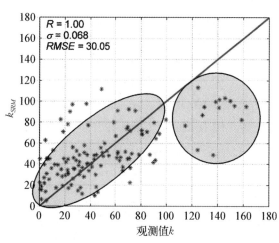

图 8.7 观测到的和使用逐步回归计算得到的交换速率之间的比较（Yu et al.，2016）

将观测到的和使用逐步回归计算得到的交换速率 k 进行比较。从图 8.7 中可以发现，当交换速率小于 100 cm/h 时，逐步回归是适合的。但是，当交换速率大于 100 cm/h 时，逐步回归方程会造成低估。

8.2.2 分段平均

风速是影响二氧化碳交换速率的重要因素之一，因为海洋表面所含的能量主要来自风，而且风速数据很容易获得。但是，由于影响交换速率的因素很多，所以使用 GAS EX - 98 数据和 ASGAMAGE 数据绘制的风速和交换速率的散点图都较分散（Yu et al.，2016）。

为了更好的了解风和 CO_2 交换速率之间的关系，对 GAS EX - 98 数据和 ASGAMAGE 速数据进行分段平均，将风速从 0 到最大值按照 0.5 m/s 的间隔进行分段。然后将每段的对应数据进行平均。为了确定风速和有效波高是如何影响二氧化碳交换速率的，除了基于风速的划分之外，有效波高数据也从 0 到最大值按照 0.5 m 的间隔进行了分段。然后将每段的对应数据进行平均（Yu et al.，2016）。

8.2.3 线性拟合

鉴于风速、有效波高和泡沫媒介的交换速率是最重要的影响因子，这些数据也相对容易获得，为了确定它们对 CO_2 交换速率的影响，对 GASEX - 98 数据和 ASGAMAGE 数据进行分段平均之后作线性拟合。获得了风速的二次方程,以及一个由风速、有效波高和泡沫媒介的交换速率构成的多元线性回归方程。系数通过最小二乘法获得,并用均方根误差表征交换速率的精度(Yu et al., 2016)。

使用 GASEX-98 数据和 ASGAMAGE 数据的风速线性拟合公式的均方根误差分别为 10.92 cm/h 和 18.28 cm/h(见图 8.8),均比 Wanninkhof(1992)公式的均方根误差小。对于 GASEX-98 数据,二氧化碳交换速率的值在低风速和高风速时都高,在中风速时低。低风速时的高值证明交换速率的截距并不是 0,这可能是浮力、波浪微破碎、化学增强或其他因素作用的结果,需要更多的数据来确认原因。高风速时的高值可能是波浪破碎和泡沫夹卷的结果。风速的线性拟合公式在交换速率小于 20 cm/h 时存在高估,在大于 40 cm/h 时存在低估。

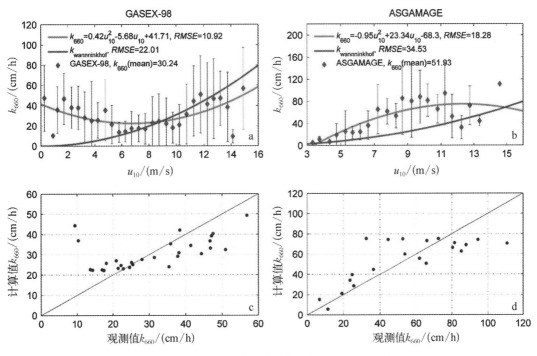

图 8.8　交换速率和风速的关系(Yu et al., 2016)

相比之下,ASGAMAGE 的二氧化碳交换速率在低风速时不如 GASEX-98 所展示的那么高,但在中高风速时比 GASEX-98 高,这可能是由于低风速时该区域的水面相对比较稳定。ASGAMAGE 的交换速率在风速 12 m/s 时有一些低值,但是风速增加到 15 m/s 时变为比较高的值,其原因需要额外的数据来确认。当交换速率为 30～50 cm/h 时,线性拟合过估,当交换速率超过 80 cm/h 时,线性拟合低估。

GASEX-98 数据和 ASGAMAGE 数据之间的差异可能是由不同的海况引起的。很难对交换速率的两端进行估计,可能是因为一旦交换速率变得太小或太大,风速就不再是控制因素了。

将 GASEX-98 数据和 ASGAMAGE 数据放在一起,然后基于风速从 0 m/s 到最大值以 0.5 m/s 为间隔进行分段。GASEX - 98 数据的风速线性拟合公式的均方根误差为 15.19 cm/h(见图 8.9),比 Wanninkhof(1992)公式的均方根误差(23.28 cm/h)小。在低风速和高风速下,CO_2 交换速率的值都较高,但在中风速下,其值较低,与单独 GASEX - 98 数据时很类似,可能是因为 GASEX - 98 数据远多于 ASGAMAGE 数据。当交换速率小于 20 cm/h 时,线性拟合过估计;当交换速率超过 80 cm/h 时,线性拟合低估。

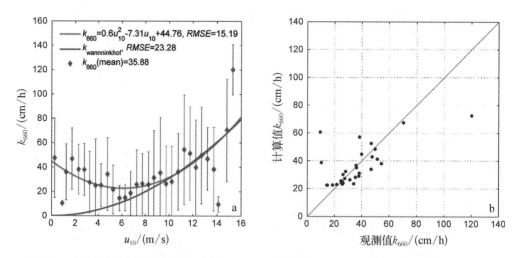

图 8.9 交换速率和风速之间的关系(GASEX - 98 数据和 ASGAMAGE 数据)(Yu et al., 2016)

除风速外,风向和水流向也会影响交换速率。图 8.10 是风向和水流向的分布情况。主风向是 225°～235°,主流向是 25°～35°和 205°～215°。根据流向与风向是否相似或相反将数据分为顺风或逆风。顺风向是 205°～235°,逆风向是 25°～55°。图 8.11 是顺风和逆风与交换速率的关系图。顺风向的交换速率比逆风向的小,可能是因为逆风时混合增强了。

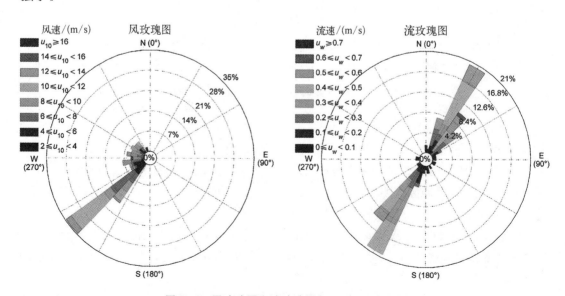

图 8.10 风玫瑰图和流玫瑰图(Yu et al., 2016)

为了提高反演精度,还考虑了气泡和有效波高的作用。由于 GASEX - 98 数据中没有有效波高数据,因此仅使用了 ASGAMAGE 数据。图 8.12 中显示了风速和泡沫媒介对二氧化碳交换速率的贡献。与 Wanninkhof(1992)公式的 28.73 cm/h 相比,当考虑泡沫时,均方根误差降低到 18.03 cm/h。与风速和交换速率的拟合关系相比,精度也有所提高,证实了泡沫对交换速率的影响,但是泡沫系数可能是负数。考虑波浪破碎会提高二氧化碳交换速率的计算精度。但是,需要进一步考虑风速和波浪破碎之间的相关性来提高二氧化碳交换速率的精度。

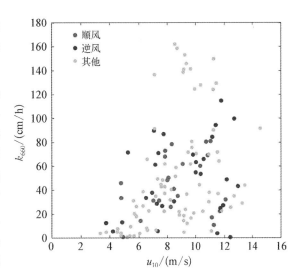

图 8.11　顺风和逆风与交换速率的
关系图(Yu et al., 2016)

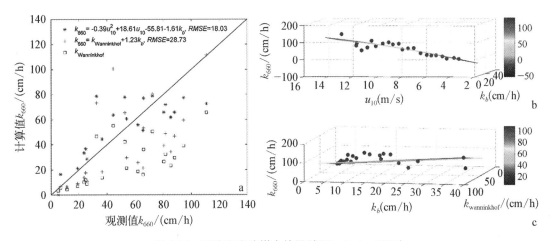

图 8.12　风速和泡沫媒介的贡献(Yu et al., 2016)

Yu et al. (2016)中的图 9 显示了有效波高和风速对交换速率的贡献,其中图 a 考虑了泡沫,图 b 没有考虑泡沫。当考虑有效波高时,均方根误差有所降低。此外,当同时考虑风速、有效波高和泡沫时,均方根误差最小,此时为 16.96 cm/h。该发现证明,风速、有效波高和泡沫是描述二氧化碳交换的主要参数。

为了消除风速和有效波高之间的相互作用,加上 $u_{10} * H_s$ 项。事实上,风速、有效波高和泡沫之间是相互作用的。消除它们之间的相互作用的方法是今后研究中需要考虑的关键问题之一。

Yu et al. (2016)中的图 10 是不同有效波高下的风速和交换速率之间的关系图。当有效波高小于 0.5 m 且风速较小时,交换速率最小,当有效波高在 0.5~1.0 m,1.5~2.0 m,2.0~2.5 m,3.0~3.5 m 时,交换速率随有效波高的增加而增加。但是,有效波高在 1.0~1.5 m 时的交换速率小于 0.5~1.0 m 时的交换速率,在 2.5~3.0 m 和 3.5~4.0 m 时的交换速率也较小。这是不正常的,解释该现象需要额外的数据和更深入的研究。

定量地讨论各影响因子对交换速率的影响,对将来评估大空间尺度和长时间序列的海-气 CO_2 通量和全球变化是非常有用的。

该案例中,对海-气二氧化碳交换速率的影响因子进行了定量估计,主要介绍了拟合算法的计算思路,该工作发表在 *Acta Oceanologica Sinica*(《海洋学报》英文版)(Yu et al., 2016)。

8.3 案例三: 研究海-气气体交换速率实验的气体交换水槽及其使用方法

8.1~8.2 节主要介绍了论文工作的开展步骤、处理及分析方法。本节,将介绍 2017 年授权的专利: 研究海-气气体交换速率实验的气体交换水槽及其使用方法(于潭等,2017)这一工作是如何开展的。

8.3.1 提出科学问题

首先还是提出科学问题。为什么想要设计一个水槽呢? Abril et al. (2009b)发现水体悬浮物浓度较高时(TSS>0.2 g/L),具有衰减湍流的作用,即有减弱气体交换速率的作用。但是悬浮物颗粒又会一定程度上增加与空气的接触面积,从而增加气体交换速率。因此,悬浮物对气体交换的整体作用仍不明确。而中国的近岸水域悬浮物浓度比较高,长江口、杭州湾区域悬浮物浓度可达 2 000 mg/L(Dai et al., 2015)。因此,在研究中国近海碳通量的时候,就需要考虑悬浮物浓度对海气 CO_2 交换的影响。所以提出的科学问题就是: 悬浮物浓度是如何影响海气 CO_2 交换的呢?

试图通过实验来探讨悬浮物浓度对海气 CO_2 交换的影响机制。实验又分为外海实验和实验室实验,其中实验室实验能够更好地控制变量,所以选择进行实验室实验。

8.3.2 查看研究进展

提出科学问题之后,需要查阅中英文文献,了解前人在交换速率实验室实验设备和方法方面开展的相关研究工作以及进展。

调研发现,Schneider-Zapp et al. (2014)设计了一个用于探讨海水表面活性剂在海-气交换中作用的气体交换水槽,对于探测气体交换速率与表面活性剂以及初级生产力代表的生物地球化学之间的关系有很大的帮助。该水槽采用"双示踪技术"计算气体交换速率。

但是,国内实验室测量气体交换速率的仪器非常少,国际上也鲜有考虑悬浮物浓度对气体交换的影响。所以,编者就想在 Schneider-Zapp et al. (2014)设计的水槽的基础上,设计一款针对悬浮物浓度的气体交换水槽。需要设计水槽的尺寸、配备的仪器,线路的走向等。这里只重点描述与悬浮物浓度实验有关的部分。

8.3.3 水槽设计

现有研究海-气气体交换速率实验的气体交换水槽,在实验过程中无法在保持密闭的状态下添加实验所需的悬浮物和盐,进而无法进行悬浮物浓度和盐度对气体交换速率影响的测量;或者因为添加悬浮物导致实验数据不精确,且会浪费昂贵的示踪气体。

因此,于潭等(2017)设计了一种研究海-气气体交换速率实验的气体交换水槽(见图8.13),在气体交换水槽的顶部分别设置泥沙盒与盐盒;泥沙盒与盐盒各自设有组合式的分装盒(见图8.14),各个分装盒上部通过控制线密封柱与外部控制电路板连接;各个分装盒的侧面固定设置舵机,舵机的控制导线通过控制线密封柱与外部控制电路板连接;舵机的主轴上连接设置挡杆,挡杆挡住分装盒的可向下自由打开的翻板;各个分装盒内均放置定量的泥沙或盐;外部控制电路板位于气体交换水槽外,分装盒位于气体交换水槽内,控制线密封柱与气体交换水槽顶板之间呈密封结构;操控外部控制电路板,根据设定的时间依次打开各个翻板,对泥沙、盐进行定时、定量的逐渐添加,记录对应时间、对应定量的泥沙或盐条件下的实验数据(于潭等,2017)。分装盒设为并列的两排,每排三个,共六个(见图8.14)。控制电路板与外部的控制系统连接,通过设定程序定时自动实施各个舵机的转动开启。

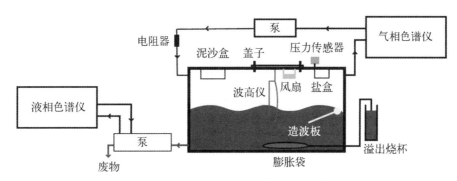

图8.13 基于悬浮物浓度的矩形气体交换水槽示意图
改编自 Schneider-Zapp et al. (2014)

具体使用方法及实验步骤为(于潭等,2017):

(1)计算泥沙和盐的重量

按照实验设定的浓度梯度计算每个分装盒内该放置的泥沙或者盐的重量。设计不同浓度梯度 0, 0.5, 5, 15, 30, 50 mg/L 与 0, 50, 100, 300, 500 mg/L 的悬浮物浓度,观测海-气二氧化碳交换速率随悬浮物浓度的变化。设计不同粒径的悬浮物,观测海-气二氧化碳交换速率随悬浮颗粒物粒径大小的变化。在不同的浓度下分别做不同粒径悬浮颗粒物大小的实验,分析不同浓度下

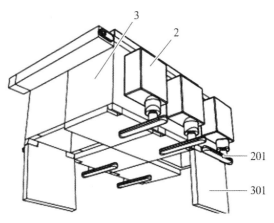

图8.14 盐盒的立体结构图,部分分装盒的翻板呈打开状态(于潭等,2017)

海-气二氧化碳交换速率随悬浮颗粒物粒径大小的变化。通过设置不同的盐度,分析不同盐度下的海-气二氧化碳交换速率随悬浮物浓度和悬浮颗粒物粒径大小的变化,以模拟河口区域盐度梯度大的事实。

（2）将泥沙和盐装盒

向泥沙盒与盐盒各自的分装盒内放置定量的泥沙或盐。

（3）释放泥沙或盐

实验过程中根据实验需要适时打开对应的舵机挡杆,向水槽内释放定量的泥沙或盐。注意,泥沙和盐可以同时释放,也可单独释放某一种。

（4）记录实验数据

获取并记录不同悬浮物浓度、盐度条件下的气体交换速率实验的实验数据。然后根据获得的实验数据建立基于悬浮物浓度的海-气 CO_2 交换速率模型,进而结合海洋水色遥感产品的悬浮物浓度数据,计算得到长江口及邻近海域海气 CO_2 交换速率的时空分布特征。

不管成果的呈现方式如何,整个数据处理与可视化的过程和思路大同小异。都是找到科学问题,然后根据具体的问题进行具体的分析。8.1~8.3 中的三个案例是编者几种不同类型的科学研究成果,8.4~8.7 中,将以学生的研究成果为案例,叙述数据处理与可视化的过程。

8.4 案例四：基于视频处理的波浪参数获取

李子昂等(2019)在进行实验室水槽实验时发现,由于实验室小型波浪水槽的尺寸太小,不容易架设观测仪器,所以很难测量其中的波浪信息。那么如何才能获得波浪信息呢？这是他们面临的困难和问题。读者不要怕有问题,问题就是挑战,问题就是机遇。经过讨论,于潭等(2022)想到,可以使用视频拍摄的方法,基于视频处理获得波浪参数。

8.4.1 视频拍摄

那么应该如何拍摄视频呢？首先通过水槽一侧的造波器造波(见图 8.15),造波器下方是一个楔形块体,造波器以给定的频率上下移动块体,楔形块体斜面与水面接触,由此对水面起到力的作用,从而使水面上下运动,形成波浪。在水槽的另一侧放置一块消波板,通过消波板削弱波浪遇水槽壁后反射造成的误差。

然后进行信息采集,拍摄实验室波浪水槽所造波浪。拍摄视频时从波浪水槽的一侧横向水平拍摄,摄像设备需与波面在同一水平面上,且摄像机镜头与水槽纵截面平行,不可左右倾斜以免造成误差。

为了后期计算具体的波浪数据,在视频开头设置了比例尺,将 $3\,\mathrm{cm}\times 3\,\mathrm{cm}$ 的方格纸粘贴至水槽外壁,获取带有比例尺信息的视频,得到静止状态下的水平面高度。然后将比例尺移开,在不挪动摄像机的前提下继续

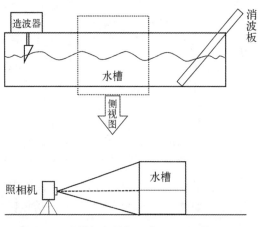

图 8.15　水槽视频拍摄示意图(于潭等,2022)

拍摄水槽波浪视频。

8.4.2　波浪参数提取

　　然后应该如何处理波浪视频,用以提取波浪参数呢? 首先将拍摄的视频转化为每一帧图像,为图像处理做准备。因为通过视频读取获得的图像干扰过多,直接读取图像中的线条会导致结果与实际波线差异较大,因此需要排除图像中实验室设备、图像背景等因素的干扰,把图像变为简单的波浪曲线。读取单帧图像,获得 RGB 三分量灰度图,选取其中一个分量的灰度图进行处理。可以利用灰度图像中波面处水体与空气界面的灰度不连续性,对灰度图像进行边缘处理,使图像颜色两极化,突出边界,以获得清晰的波线。

　　分别绘制 RGB 三分量的频率统计图(见图 8.16)。发现三个图层差异不大,可以初步判断水体与空气的灰度阈值。选取临界值为 40,将颜色较深的水体,即 RGB 值小于 40 的像素点,均令为黑色(0);将颜色较浅的空气,即 RGB 值大于 40 的像素点,均令为白色(255)。将图像进行两极化处理之后,即可得到边界分明的波浪图像。对灰度图像进行分析,找到水体与空气的分界线,即像素值为 0 和 255 的交界,记录边界的坐标,即可得到单帧图像的准确波线。

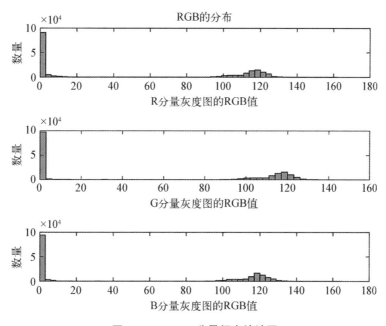

图 8.16　RGB 三分量频率统计图

　　然后使用欧拉法获取波高和周期。选取每张单帧图像的中心轴线,观察波面的位置,记录相应的像素坐标,每帧图片可以获得一个点。相邻两帧图像的间隔时间是已知的,所以可以以时间为横轴,以每帧图像获得的波面点的纵坐标为纵轴,绘制波面随时间的变化图(见图 8.17)。

　　相邻波峰和波谷之间的差值就是波高。相邻波峰或相邻波谷的时间间隔是周期。记录每个波的波高和周期,并将其从大到小排序,取前 1/3 大波高做平均即可得到有效波高,其

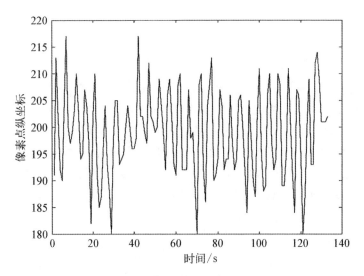

图 8.17 波面随时间的变化图(于潭等,2022)

对应周期的平均就是有效周期。取前 1/10 大波的波高做平均即可得到 1/10 大波波高,其对应的周期平均为 1/10 大波周期。

在拍摄视频时,已经预先记录下静止水平面的位置,当波面从静止水面下方上升至静止水面以上时,波面与静止水平面的交点即为上跨零点,反之,当波面从静止水面的上方下降至静止水面以下时,波面与静止水面的交点为下跨零点。计算相邻两个上跨零点之间的时间,就是上跨零点周期。将所有的上跨零点周期求平均,就可以计算得到平均上跨零点周期。

接着,使用拉格朗日法获得波速、波长。使用拉格朗日法观测图像,即专注于某一固定点,观察其位置随时间的变化。这里关注的是单帧图像上的波峰或波谷点。根据欧拉法所得到的波浪周期大小,在单个周期时间内选取两帧不相邻的图像,时间分别为 t_1 和 t_2,其波峰对应横轴坐标分别为 x_1 和 x_2,那么波速 c 可以通过距离除以时间得到,即 $c = (x_2 - x_1)/(t_2 - t_1)$,波长 L 可以通过波速 c×周期 T 计算得到。还可以通过波面随时间的变化,计算频谱。最终设计了 Wavection 波浪检测软件(李子昂等,2019),该方法也申请了发明专利(于潭等,2022)。

8.5 案例五:基于岸线类型的阈值分割岸线半自动提取方法

8.5.1 提出科学问题

周昕雨等(2019)对崇明岛的岸线变迁特别感兴趣,于是想提取 1985~2020 年的崇明岛岸线。他们首先查阅了大量的文献,发现 Landsat 4 - 5 TM 和 Landsat 8 OLI_TIRS 卫星图像都可以用于提取岸线。于是,他们下载了 Landsat 4 - 5 TM 和 Landsat 8 OLI_TIRS 崇明岛区域的图像。同时,他们对文献中的岸线提取方法进行了总结,发现海岸线提取的方法主要有自动提取、半自动提取和目视解译三种。其中,自动化和半自动化提取岸线优点在于精度高、速度快,不依赖于参考物、拥有良好的适应性和稳定性。但是现有的岸线提取方法存在着提取效率与提取质量不能兼顾的问题(Yu et al.,2021)。那么如何才能提高岸线提取的精度和速度,改善传统局部阈值在二值化过程中的间断问题呢? 这就是他们所面临的科学问题。

8.5.2 基于岸线类型的阈值分割岸线半自动提取方法

Yu et al.(2021)通过大量的尝试和实验发现,若针对不同的岸线类型进行图像分割并使用不同的阈值,那么提取精度和速度都会得到显著提高。

因为卫星图像覆盖面积十分广阔,当直接使用原图进行处理时,会存在忽略细节、提取岸线不够精确的问题,所以使用图像自带的 UTM 坐标选取区域(323 122~418 787 m,3 443 118~3 530 734 m),框选出崇明岛作为研究区域,便于后续工作。

卫星遥感图像虽然有着良好的空间覆盖,但仍然会被噪声影响,由光线、云量等引起变形。所以需要使用滤波方法改善图像的变形问题。分别尝试通过高斯滤波、均值滤波和中值滤波进行降噪并增强边缘。发现,高斯滤波是最有效的图像滤波方法,它在消除噪声的同时,还保持了图像平滑。而尽管中值滤波和平均滤波消除了噪声,但它们模糊了图像边缘,特别是海岸线区域,所以在岸线的提取过程中,会降低准确性(Yu et al.,2021)。

由于遥感图像较大,亮度、对比度、分辨率、噪声等分布不均匀,所以在进行图像二值化之前,基于局部阈值法的图像分割思想,把图像平均分为 15 个区块,再根据不同的岸线类型,运用点控制法,通过十字光标,人为精确选择海陆边界点,并返回坐标值。以该点的像素坐标为中心的 5×5 网格邻域内的最大值、最小值,分别作为对应区块的阈值。此方法在局部阈值的基础上,显著提高了计算效率。同时,结合岸线类型选取对应阈值,可以提取不同类型的岸线。

崇明岛岸线类型主要为人工岸线、砂质岸线和淤泥质岸线。计算邻域范围内像素值的平均值,选取与平均值差值的最大值、最小值作为阈值缩放范围值。由于崇明岛东滩为淤泥质岸线、泥沙堆积较多,并且遥感图像中像素灰度值较低,所以以淤泥质岸线为主的子图的阈值缩放范围选取最小差值;而崇明岛其余地区以砂质岸线和人工岸线为主要岸线,该岸线类型由于其岸线边缘清晰,遥感图像中像素灰度值较高,所以该部分子图像阈值缩放范围选取最大差值。

选取合适的阈值后,将图像二值化。再利用边缘检测算法,计算出图像亮度梯度的近似值,检测灰度梯度突变的边缘点,解决岸线不连续问题,提取出岸线的点集。具体做法是以第一个子图像选取的海陆边界点作为起始点(海陆边界点可以根据岸线类型进行选取),以该点作为中心点选取邻域,判断该邻域内为 1 的点(二值化后陆地为 1,海洋为 0,提取出的点集数值都为 1),并选取最近的点进行标记。若该邻域内最近的点不止一个,则根据岸线的走势选取对应的点进行标记,然后以此点作为下一个中心点选取邻域,依次循环(见图 8.18)。

用该方法提取了 1985 年、1990 年、1995 年、2000 年、2005 年、2009 年、2013 年和 2017 年的崇明岛岸线(见图 8.19)。通过多年的岸线变化可以看出该地区的冲淤状况,同时计算了 1985~2017 年崇明岛的岸线长度和岸线淤涨速率。

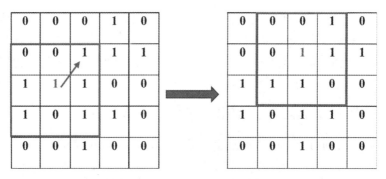

图 8.18　岸线逐点判断法(Yu et al., 2022)

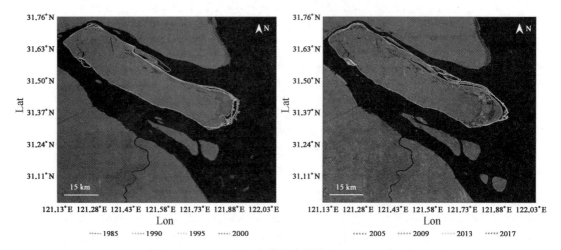

...... 1985　...... 1990　...... 1995　...... 2000　　　　...... 2005　...... 2009　...... 2013　...... 2017

图 8.19　1985～2017 年崇明岛岸线(Yu et al., 2021)

最后,为了评估方法的精度和准确性,基于 ENVI 软件平台,人工选取了 30 个海陆边界点,并记录其位置。与半自动方法提取的岸线进行对比,位置误差大约在 1.16 个像元,说明基于岸线类型的局部阈值岸线半自动提取方法准确度很高,可适用于地球上大部分海域的岸线提取。本工作发表了论文(Yu et al.,2021 和 Yu et al,2022)和软件(周昕雨等,2019)。

8.6　案例六: 2015～2016 年舟山海域上升流与叶绿素变化研究

8.6.1　提出科学问题

2015 年 7 月和 2016 年 7 月,杨伟等(2020)对舟山海域进行了两次航次调查(见图 8.20)。其中 2015 年恰逢台风过后 2 天,过境台风是灿鸿,于 7 月 11 日 16 时 40 分,以强台风级别在浙江省舟山朱家尖登陆。台风灿鸿登陆导致了海平面异常。

图 8.21 是 7 月 12～22 日海表面高度异常,发现当台风中心远离该区域后,海表面高度异常仍维持在一个正值,大约一周后恢复到正常海表高度[见杨伟等(2020)图 8]。杨伟等(2020)就想知道,台风过境是否会对舟山上升流和叶绿素浓度产生影响呢? 其影响是怎么样的呢?

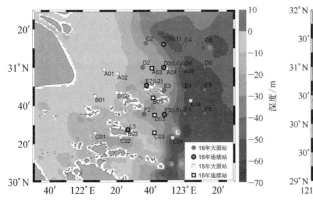

图 8.20 舟山海域航次站位图(杨伟等,2020)

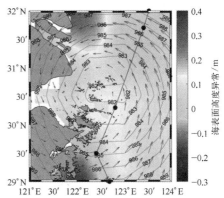

图 8.21 海表面高度异常图(杨伟等,2020)

8.6.2 台风对上升流的影响

因为上升流可以根据海表温度差异来判定(何青青等,2016),所以首先分析了航次测得的表面温度的分布情况,发现 2016 年的海表温度较 2015 年有明显升高。这可能是因为 2015 年台风直接登陆舟山朱家尖,并直接从该区域过境。在台风的强风应力影响下,热量大量耗散,海水产生强烈的垂向混合,增强了上升流,底层较冷海水到达表层,导致海表温度显著下降(黄立文等,2007)。同时,也分析了 5 m 深处的温度分布情况,发现表层低温区对应的位置温度仍比同纬度低 1.5℃ 左右(杨伟等,2020)。

表层和底层海水的温度差可作为海水层化和混合的判别依据:当海表、底温度差 $\Delta T <$ 0.5℃ 时,水体视为充分混合,$\Delta T > 2$℃ 的水域为热层化区,而 ΔT 的值介于二者之间的水域即为温度锋面(刘浩等,2013)。2015 年调查区域东部和 2016 年的观测区域表底层温度差在 2℃ 以上(见图 8.22),属于热层化区。而 2015 年的 A 断面和 2016 年的 E 断面的等温线有一个上倾的趋势。综合这些情况,可以判定该区域有上升流的存在,而且能够反映出台风过境的确增强了上升流(杨伟等,2020)。

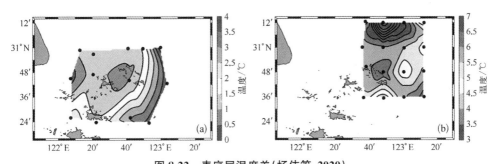

图 8.22 表底层温度差(杨伟等,2020)

a. 2015 年; b. 2016 年

8.6.3 台风对叶绿素的影响

相较于 2015 年 7 月的叶绿素分布,2016 年叶绿素浓度有所降低(见图 8.23)。这可能是由于 2015 年 7 月在航次前正好有台风过境,底层营养盐涌入表层,恰好温度适宜,光照充足,致使叶绿素含量比 2016 年 7 月航次测得的叶绿素含量高(杨伟等,2020)。

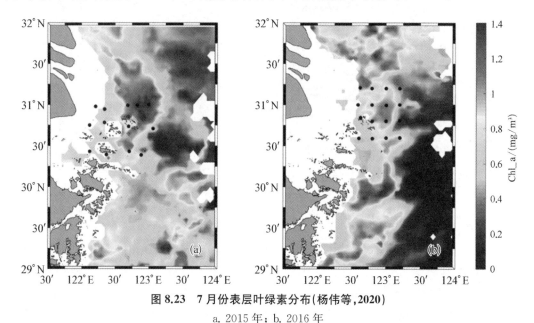

图 8.23　7 月份表层叶绿素分布(杨伟等,2020)

a. 2015 年; b. 2016 年

8.6.4　影响原因分析

那么台风究竟是如何影响上升流和叶绿素的呢?杨伟等(2020)还分析了 7 月 11～14 日的海表面温度,发现台风过境引起舟山海域 2℃左右的降温。而且最大降温出现在路径右侧,滞后台风 1 天。

海表叶绿素 a 浓度是研究海洋水色要素和海洋生态环境的最重要参量,杨伟等(2020)发现,台风能促进海表叶绿素 a 浓度的增加,但是该增量具一定的延迟效应。这可能是因为,台风期间常为阴雨天气,海水的垂直混合与波浪破碎,降低了海水透明度,浮游植物因缺少阳光而不能充分生长,这在一定程度上限制了叶绿素浓度的增长;而营养盐在上升流及海水垂直混合的带动下,从深层冷水区经真光层到海表需要一定的时间和过程,这样就导致了海表叶绿素 a 浓度最大增长有一个延迟时间。

同时,杨伟等(2020)还分析了盐度的分布情况和溶解氧的分布,用红线标注了长江口羽状锋的位置,发现长江口羽状锋是个高生产力区。还发现 2016 年表层溶解氧浓度明显大于 5 m 水层的溶解氧浓度,这与夏季强烈的层化现象有关。该工作发表在《厦门大学学报(自然科学版)》(杨伟等,2020)。

8.7　案例七:印尼贯穿流及其对气候的影响

案例七是一个长时间序列分析的案例。印尼贯穿流(ITF)是全球海洋上层翻转环流的重要组成部分,为来自太平洋的低纬温暖海水进入印度洋提供通道。印尼贯穿流的变动和改变会对印-太海洋学和全球气候产生重大影响。所以研究了印尼贯穿流及其年际到年代际的变化特征,并讨论了全球变暖影响下印尼贯穿流年代际变化的过程。

8.7.1　数据

流场数据来源于日本地球模拟器模拟计算得到的月平均高精度海洋模式数据。时间范围为 2001~2016 年,空间分辨率为 0.1°×0.1°,垂直分层为 54 层。数据集包括的主要变量有温度、盐度、海流速度、海表风应力、海表面高度、位势密度和热通量等。

海表面温度数据来自美国国家海洋与大气局(NOAA)地球系统研究实验室的高分辨率海温海冰数据集。

海表面风速数据为交叉校准的多平台网格化表面矢量风数据(简称 CCMP),CCMP 数据是使用卫星、系泊浮标和模型风数据生成的,因此被认为是 L3 级别海洋矢量风再分析产品。

水深地形数据来自 NOAA 的全球地形数据集,空间分辨率为 0.1°×0.1°。

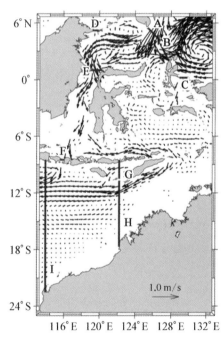

8.7.2　研究区域

选择的研究区域为海洋性大陆区域,即印尼群岛海域,经纬度范围为:90°E~150°E,−25°N~25°N。首先绘制出 2001~2016 年表层年平均流场,并设置了几个断面(见图 8.24)。

图 8.24　2001~2016 年表层年平均流场及断面

8.7.3　断面流量的季节变化和年际变化

然后查看各断面流量的季节变化和年际变化。从图 8.25 A 断面流量季节变化图中可以看出,通道 A 由于受到强北赤道流的影响,其绝大多数值为正值,即流向是西南流向,平均流量可以达到 106.5 Sv。最大值出现在 2006 年 7 月,可以达到 203 Sv;最小值出现在 2011 年 4 月,流量为 −44.8 Sv。通道 A 在 6~8 月即夏季达到最大值,在春季达到最小值,其他月份数值变化较为平缓差异不大,最小值出现的月份是 4 月。

从图 8.26 年际变化图中可以看出,2006 年突然达到最大值,2011 年除了出现最小值之外,全年的值均较小,仅有一个月超过平均值。

对时间序列进行趋势分析,发现 16 年来的整体趋势是流量减少,每月大约减少 1.72 Sv。而从图 8.27 中发现有明显的转折,2001~2010 年流量减小趋势更为明显,2011 年之后流量开始迅速升高,因此怀疑 2011 年是转折点。所以对通道 A 的流量指数进行了 Mann-Kendall 统计分析(见图 8.28a),在 2011 年并未发现突变点,但是却有一个显著的变化趋势,在 2006 年检测出一个突变点。又使用 t 检验进行检测(图 8.28b),发现 2011 年 1 月通道 A

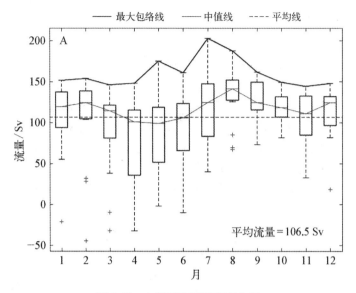

图 8.25　A断面流量季节变化图

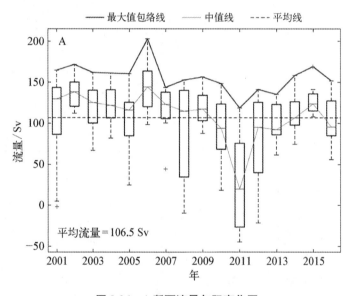

图 8.26　A断面流量年际变化图

的 t 检验通过了显著性水平为 99% ($t_{0.01} = 2.62$) 的显著性检验,说明 2011 年可能是一个突变点。研究发现,2006 年和 2011 年的这两次突变,正好对应于两次拉尼娜事件,因此拉尼娜事件可能是导致通道 A 在两个时期转变的重要因素。

为了更好地分析气候事件对流量指数的影响,计算了流量指数与印度洋的偶极子指数 DMI 和 Nino3.4 的超前滞后相关(见图 8.29),发现流量指数与 Nino3.4 指数的超前滞后分析没有通过 $\alpha = 0.05$ 的显著性检验,流量指数与 DMI 指数的超前滞后分析则显示流量指数对 DMI 指数存在 1 个月、25 个月和 61 个月的超前正相关关系,因此可能存在周期为 2~3 年的年际信号,对流量指数在年际上的变化起主导作用,且当前流量指数对 DMI 指数存在 1

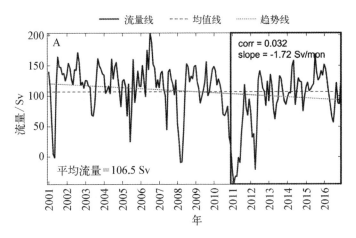

图 8.27 A 断面流量变化趋势图

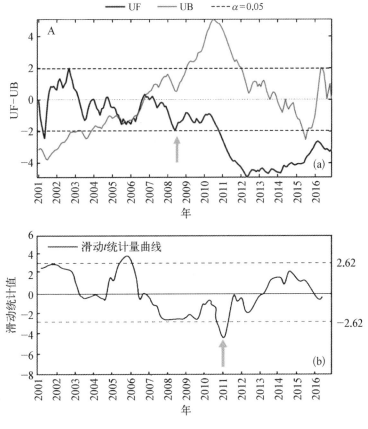

图 8.28 Mann‐Kendall (a) 和 t 检验 (b)

个月的相位领先。在另一侧流量指数对 DMI 指数存在 2 个月、14 个月、39 个月和 52 个月的滞后负相关关系,因此可能存在周期为 1～2 年的年际信号,且当前流量指数对 DMI 指数存在 2 个月的相位滞后,主导的年际信号有待进一步分析。除此之外,还可以通过 EOF 分析查看研究区域的特征模态。该工作尚未发表。

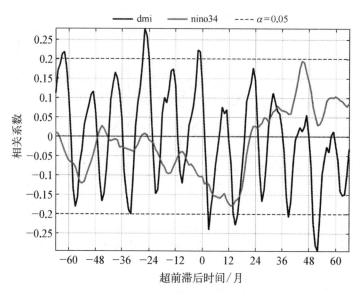

图 8.29　流量指数与 DMI 和 Nino3.4 的超前滞后相关图

　　本章介绍了七个案例，分别从空间分布特征、时间序列分析、回归分析等角度进行了阐述。方法的学习还是为了应用，请读者在实践中练习各种方法。

习　题

一、判断题

1. 波陡 δ 可以由谱峰圆频率计算得到。（　　）

2. CO_2 交换速率和通量不确定性的空间变化非常大。（　　）

3. 不能用均方根误差表征交换速率的精度。（　　）

4. 通过实验可以来探讨悬浮物浓度对海气 CO_2 交换的影响机制。（　　）

5. 可以使用欧拉法获取波高和周期。（　　）

二、思考题

1. 如何更好地提取岸线？

2. 台风如何影响舟山上升流？

3. 印尼贯穿流对气候有什么影响？

判断题答案： T T F T T

参考文献

北京大学,吉林大学,南京大学计算数学教研室.1962.计算方法[M].北京：人民教育出版社,1-16.

曹鸿兴,魏凤英,刘生长.1993.二氧化碳浓度增加与温度变化的关联分析[Z].北京：气象出版社,148-154.

陈朝晖,吴立新,林霄沛等.2021.西北太平洋黑潮延伸体观测回顾和展望[J].地学前缘：1-12.

陈上及,马继瑞,杜兵.1987.台湾-西表岛间黑潮多频振动特征的剖析[J].海洋与湖沼,18(4)：396-406.

陈上及,马继瑞.1990.渤海月平均水位对水文气象诸因子的季节响应及其双筛回归模式[J].海洋学报,5(12)：541-548.

陈上及,马继瑞.1991.海洋数据处理分析方法及其应用[M].北京：海洋出版社,660.

陈希孺,王松桂.1987.近代回归分析：原理方法及应用[M].合肥：安徽教育出版社.

陈艳霞,刘铁利,王雪剑等.2009.小波分析在医学图像处理中的应用[J].中国医学物理学杂志,26(3)：1176-1179.

陈应珍,张玉淑.1987.国外海洋灾害预警及防御体系的现状和发展趋势[R].天津：海洋科技情报所.

崔锦泰.1994.小波分析导论[M].西安：西安交通大学出版社,367.

邓聚龙.1985.灰色系统——社会·经济[M].北京：国防工业出版社.

丁裕国.1987.气象变量间相关系数的序贯检验及其应用[J].大气科学学报(3)：340-347.

方国洪,郑文振,陈宗镛等.1986.潮汐和潮流的分析和预报[M].北京：海洋出版社,474.

方欣华,吴巍.2002.海洋随机资料分析[M].青岛：青岛海洋大学出版社.

冯士筰,李凤岐,李少菁.1999.海洋科学导论[M].北京：高等教育出版社,503.

葛哲学.2007.小波分析理论与 MATLAB R2007 实现[M].北京：电子工业出版社.

谷松林.1993.突变理论及其应用[M].兰州：甘肃教育出版社,143.

郝崇本,任允武.1959.浅海水文调查的一些问题[J].海洋与湖沼,11(1)：1-10.

何青青,张春玲,高郭平等.2016.舟山近海海域夏季上升流时空特征及其与风场的关系[J].上海海洋大学学报,25(01)：142-151.

衡彤,王文圣,丁晶.2002.降水量时间序列变化的小波特征[J].长江流域资源与环境,11(5)：466-470.

黄嘉佑,李庆祥.2015.气象数据统计分析方法[M].北京：气象出版社.

黄立文,邓健.2007.黄、东海海洋对于台风过程的响应[J].海洋与湖沼,38(3)：246-252.

黄荣辉,陈际龙,黄刚等.2006.中国东部夏季降水的准两年周期振荡及其成因[J].大气科学,30(04)：545-560.

黄卓,徐海明,杜岩等.2009.厄尔尼诺期间和后期南海海面温度的两次显著增暖过程[J].热带海洋学报,28(05)：49-55.

姜景忠,于洪华.1981.样条(Spline)函数方法在海洋水文资料整理中的应用[J].海洋实践(1)：56-64.

鞠霞,熊学军.2013.渤、黄、东海水温季节变化特征分析[J].海洋科学进展,31(01)：55-68.

库什尼尔 B. M.,巴拉莫诺夫 A. H.,扎布尔达耶夫 B. N.1983.海洋水文参数测量方法和设备.赵建民,彭秀莲,刘令梅等译.北京：海洋出版社,306.

劳 C. R.1987.线性统计推断及其应用.张燮译.北京：科学出版社,144-145.

李建平,唐远炎.1999.小波分析方法的应用[M].重庆:重庆大学出版社.

李岳生,齐东旭.1979.样条函数方法[M].北京:科学出版社.

李子昂,吴卓琳,潘祖钰等.2019.基于视频的实验室小型水槽波浪参数获取软件[简称:波浪参数获取]V1.0[P]:中华人民共和国国家版权局.2019SR0974698.

林纪曾.1981.观测数据的数学处理[M].北京:地震出版社,232.

林学椿.1978.统计天气预报中相关系数的不稳定性问题[J].大气科学(01):57-65.

刘浩,许文珊.2013.长江口水域水体结构的季节变化[J].上海海洋大学学报,22(2):260-265.

罗南星.1984.测量误差及数据处理[M].北京:中国计量出版社,338.

缪国荣.1982.海带养殖的现状、存在问题及今后工作的意见[C].全国水产学术讨论会论文集:346-352.

缪铨生.2000.概率与统计[M].南京:南京大学出版社,451.

倪国江,韩立民.2008.世界海洋科学研究进展与前景展望[J].太平洋学报(12):78-84.

秦前清,杨宗凯.1994.实用小波分析[M].西安:西安电子科技大学出版社,173.

宋文尧,张牙.1991.卡尔曼滤波[M].北京:科学出版社,212.

苏纪兰,袁耀初,姜景忠.1994.建国以来我国物理海洋学的进展[J].地球物理学报,37(S1):85-95.

孙湘平,姚静娴.1981.中国沿岸海洋水文气象概况[M].北京:科学出版社,159.

孙延奎.2005.小波分析及其应用[M].北京:机械工业出版社.

汤进龙,吴进才.2002.特征根回归法在稻田捕食性天敌捕食量分析中的应用[J].应用生态学报,13(12):1592-1594.

陶澍.1994.应用数理统计方法[M].北京:中国环境科学出版社,308-313.

王馥棠.1997.华北农业干旱研究进展[M].北京:气象出版社,1-10.

王慧琴.2011.小波分析与应用[M].北京:北京邮电大学出版社.

王骥,方国洪.1986.高、低潮数据的调和分析[J].海洋与湖沼(04):318-328.

王介民.2012.涡动相关通量观测指导手册(Ver.20120212)[EB/OL].[2022-09-02].https://max.book118.com/html/2021/1124/6054131024004100.shtm.

王绍武.1994.近百年气候变化与变率的诊断研究[J].气象学报,52(3):261-273.

王学仁,温忠笃.1989.应用回归分析[M].重庆:重庆大学出版社.

王梓坤.1976.概率论基础及其应用[M].北京:科学出版社,148-150.

魏凤英.2013.现代气候统计诊断与预测技术[M].第2版.北京:气象出版社,296.

魏泽勋,郑全安,杨永增等.2019.中国物理海洋学研究70年:发展历程、学术成就概览[J].海洋学报,41(10):23-64.

文圣常,余宙文.1984.海浪理论与计算原理[M].北京:科学出版社,662.

翁学传,张启龙,张以恩等.1993.渤、黄、东海水温日变化特征[J].海洋科学(06):49-54.

吴洪宝,吴蕾.2005.气候变率诊断和预测方法[M].北京:气象出版社,371.

吴立新,陈朝晖.2013.物理海洋观测研究的进展与挑战[J].地球科学进展,28(05):542-551.

吴振华,骆永军.2007.模块化海洋数据同化系统(MODAS)研究[J].海洋技术,26(04):62-65.

武汉大学,山东大学数学教研室.1979.计算方法[M].北京:人民教育出版社.

项静恬.1991.动态和静态数据处理:时间序列和数理统计分析[M].北京:气象出版社,1125.

徐德伦,王莉萍.2011.海洋随机数据分析:原理、方法与应用[M].北京:高等教育出版社.

徐芬,康建成.2019.1981-2010年东海及毗邻的西北太平洋表层盐度的气候态分布特征[J].海洋地质与第四纪地质,39(02):44-60.

徐玉湄,刘春笑,吴振华.2009.MODAS试验数据统计分析[J].海洋测绘,29(06):52-54.

杨冬红,杨德彬,杨学祥.2011.地震和潮汐对气候波动变化的影响[J].地球物理学报,54(04):926-934.

杨伟,黄菊,于潭.2020.台风对舟山海域上升流和叶绿素分布的影响[J].厦门大学学报:自然科学版,59(增刊1):24-31.

于潭,梁超,魏永亮等.2014."海洋数据处理与分析"课程海洋随机过程探讨[J].中国地质教育(增刊):42-44.

于潭,梁超,陶邦一.2017.研究海-气气体交换速度实验的气体交换水槽及其使用方法[P]:中华人民共和国.ZL 201510829305.8.

于潭,徐金梦,李子昂等.2022.一种基于摄影测量的小水槽波浪要素的提取方法[P]:中华人民共和国国家版权局.CN114396919A.

袁耀初.2016.西北太平洋及其边缘海环流(第1卷)[M].北京:海洋出版社,513.

张邦林,丑纪范.1991.经验正交函数在气候数值模拟中的应用[J].中国科学,4(B):442-448.

张尧庭,赵溱.1980.双重筛选多元逐步回归[J].应用数学学报,3(2):161-165.

张尧庭,汪剑平.1986.双重筛选的算法和依据[J].数学的实践与认识(04):62-72.

张尧庭,方开泰.2013.多元统计分析引论(武汉大学百年名典)(精)[M].武汉:武汉大学出版社.

中国科学院.1979.概率统计计算[M].北京:科学出版社.

中华人民共和国科学技术委员会海洋组海洋综合调查办公室.1964.全国海洋综合调查报告[M].北京:科学出版社.

周伟.2006. MATLAB小波分析高级技术[M].西安:西安电子科技大学出版社.

周昕雨,徐书文,张炳旭等.2019.基于岸线类型的阈值分割岸线半自动提取软件[简称:岸线半自动提取软件V1.0][P]:中华人民共和国国家版权局.2019SR1210469.

朱盛明.1982.相关系数稳定性分析方法及其应用[J].气象学报(4):113-117.

Abril G, Commarieu M, Sottolichio A, et al. 2009a. Turbidity limits gas exchange in a large macrotidal estuary[J]. Estuarine, Coastal and Shelf Science, 83(3): 342-348.

Abril G. 2009b. Comments on: "Underwater measurements of carbon dioxide evolution in marine plant communities: A new method" by J. Silva and R. Santos [Estuarine, Coastal and Shelf Science 78(2008) 827-830][J]. Estuarine, Coastal and Shelf Science, 82(2): 357-360.

Akima H. 1970. A new method of interpolation and smooth curve fitting based on local procedure[J]. Journal of the Association for compuling machinery, 4(17): 589-602.

Arneodo A, Grasseau G, Holschneider M. 1988. Wavelet transform analysis of invariant measures of some dynamical systems[J]. Physical Review Letters, 61: 2281.

Bendat J S, Piersol A G. 1971. Random data [M]. New York: John Wiley.

Bishop S P, Watts D R, Park J H, et al. 2012. Evidence of bottom-trapped currents in the Kuroshio extension region[J]. Journal of Physical Oceanography, 42(2): 321-328.

Bock E J, Hara T, Frew N M, et al. 1999. Relationship between air-sea gas transfer and short wind waves [J]. Journal of Geophysical Research-Oceans, 104(C11): 25821-25831.

Bond N A, Cronin M F, Sabine C, et al. 2011. Upper ocean response to Typhoon Choi-Wan as measured by the Kuroshio Extension Observatory mooring [J]. Journal of Geophysical Research: Oceans, 116: C02031.

Broomhead S D, King G P. 1986. Extracting qualitative dynamics from experimental data[J]. Physica D Nonlinear Phenomena, 20(D): 217-236.

Bryden H L. 1973. New polynomials for thermal expansion, adiabatic temperature gradient and potential temperature of sea water[J]. Deep Sea Research, 20: 401-408.

Burg J P. 1967. Maximum entropy spectral analysis[C]. 37th Annual International Meeting, Geophysics. Oklahoma city, Oklahoma.

Carton J A, Penny S G, Kalnay E. 2019. Temperature and salinity variability in soda3, ECCO4r3, and ORAS5 ocean reanalyses, 1993-2015[J]. Journal of Climate, 32(8): 2277-2293.

Dai Q, Pan D, HE X, et al. 2015. High-frequency observation of water spectrum and its application in monitoring of dynamic variation of suspended materials in the Hangzhou Bay[J]. Spectroscopy & Spectral Analysis, 35(11): 3247 - 3254.

Defant A. 1950. Reality and illusion in oceanographic surveys[J]. Journal of Marine Research, 2(9): 120 - 138.

Fangohr S, Woolf D K. 2007. Application of new parameterizations of gas transfer velocity and their impact on regional and global marine CO_2 budgets[J]. Journal of Marine Systems, 66(1 - 4): 195 - 203, 10. 1016/j. jmarsys. 2006. 01. 012.

Fox D N, Barron C N, Carnes M R, et al. 2002. The modular ocean data assimilation system[J]. Oceanography, 15(1): 22 - 28, https://doi. org/10. 5670/oceanog. 2002. 33.

Furnival G M. 1971. All possible with less computation[J]. Technimetrics, 13: 403 - 408.

Furnival G M, Wilson R W. 1974. Regression by leaps and bounds[J]. Technometrics, 16(4): 499 - 511.

Gabor A, Granger C W J. 1964. Price sensitivity of the consumer[J]. Journal of Advertising Research, 4 (3): 40 - 44.

Gao Z, Wang L, Bi X, et al. 2012. A simple extension of "An alternative approach to sea surface aerodynamic roughness" by Zhiqiu Gao, Qing Wang, and Shouping Wang[J]. Journal of Geophysical Research, (117): D16110.

Garside M J. 1965. The best sub-set in multiple regression analysis[J]. Journal of the Royal Statistical Society: Series C(Applied Statistics), 14(2 - 3): 196 - 200.

Ghil M, Vautard R. 1991. Interdecadal oscillations and the warming trend in global temperature time series [J]. Nature, 350(6316): 324 - 327.

Greene A D, Sutyrin G G, Watts D R. 2009. Deep cyclogenesis by synoptic eddies interacting with a seamount[J]. Journal of Marine Research, 67(3): 305 - 322.

Grossmann A, Morlet J, Paul T. 1985. Transforms associated to square integrable group representations. I. General results[J]. Journal of Mathematical Physics, 26(10): 2473 - 2479, DOI: 10. 1063/1. 526761.

Guan C, Xie L. 2004. On the linear parameterization of drag coefficient over sea surface[J]. Journal of Physical Oceanography, 34(12): 2847 - 2851.

Hasselmann K F. 1988. PIPs and POPs: The reduction of complex dynamical systems using principle interaction and oscillating patterns[J]. Journal of Geophysical Research Atmospheres, 931(D9): 11015 -11021.

Helber R W, Townsend T L, Barron C N, et al. 2013. Validation test report for the improved synthetic ocean profile (ISOP) system, part i: synthetic profile methods and algorithm[R]. NRL Memo.

Helfrich K R, Melville W K. 2006. Long nonlinear internal waves[J]. Annual Review of Fluid Mechanics, 38(1): 395 - 425.

Horel J D. 1981. A rotated principal component analysis of the interannual variability of the northern hemisphere 500 mb height field[J]. Monthly Weather Review, 109(10): 2080 - 2092, https://doi. org/10. 1175/1520 - 0493(1981)109<2080: ARPCAO>2. 0. CO;2.

Howe P J, Donohue K A, Watts D R. 2009. Stream-coordinate structure and variability of the Kuroshio Extension[J]. Deep Sea Research Part I: Oceanographic Research Papers, 56(7): 1093 - 1116.

Hu S, Sprintall J, Guan C, et al. 2020. Deep-reaching acceleration of global mean ocean circulation over the past two decades[J]. Science Advances, 6: eaax7727, DOI: 10. 1126/sciadv. aax7727.

Jayne S R, Hogg N G, Waterman S N, et al. 2009. The Kuroshio Extension and its recirculation gyres[J]. Deep Sea Research Part I: Oceanographic Research Papers, 56(12): 2088 - 2099.

K K, H I. 1995. Year-Long Measurements of Upper-Ocean Currents in the Western Equatorial Pacific by

Acoustic Doppler Current Profilers[J]. Journal of the Meteorological Society of Japan, 73(2): 665 - 675.

Mackay E B L, Retzler C H, Challenor P G, et al. 2008. A parametric model for ocean wave period from Ku band altimeter data[J]. Journal of Geophysical Research, 113(C03029): 1 - 16.

Mallat, S., Hwang, et al. 1992. Singularity detection and processing with wavelets[J]. IEEE Transactions on Information Theory, 38(2): 617 - 643.

Mann M E. 2004. On smoothing potentially non-stationary climate time series[J]. Geophysical Research Letters, 7(31): L07214, doi: 10. 1029/2004GL019569.

Massy W F. 1965. Principal components regression in exploratory statistical research[J]. Journal of the American Statistical Association, 60(309): 234 - 266.

Maury M F, Leighly J. 1855. The physical geography of the sea and its meteorology [M]. Cambridge: Harvard University Press, 432.

Mcphaden M J, Busalacchi A J, Cheney R, et al. 1998. The Tropical Ocean-Global Atmosphere observing system: A decade of progress[J]. Journal of Geophysical Research, 103(C7): 14169 - 14240.

Meyer Y. 1990. Wavelets and applications[C]. Proceeding of International Mathematics Meeting. Kyoto. 1 - 11.

Meyer Y, Wickerhauser M. 1992. Wavelet and their application [M]. Berlin: Springer-Verlag, 153.

Molinelli E J, Kirwan A D. 1981a. Requirements for an historical stratification file using STD and CTD data [M]. US: NODC.

Molinelli E J, Stieglitz R. 1981b. Specifications for an STD/CTD system at the NODC [M]. US: NODC.

Nakamura H, Isobe A, Minobe S, et al. 2015. "Hot Spots" in the climate system—new developments in the extratropical ocean-atmosphere interaction research: a short review and an introduction[J]. Journal of Oceanography, 71(5): 463 - 467.

North G R, Bell T L, Cahalan R F, et al. 1982. Sampling errors in the estimation of empirical orthogonal functions[J]. Monthly Weather Review, 110(7): 699 - 706.

Owens R G, Hewson T D. 2018. ECMWF forecast user guide [R]. Reading: ECMWF. doi: 10. 21957/m1cs7h.

Pawlowicz R. 2020. M_Map: A mapping package for MATLAB(version 1.4 m)[CP]. available online at www. eoas. ubc. ca/~rich/map. html

Pearson K L. 1901. On lines and planes of closest fit to systems of points in space[J]. Philosophical Magazine, 2: 559 - 572.

Pettitt A N. 1979. A non-parametric approach to the change-point problem[J]. Applling Statistics, 28: 125 - 135.

Preisendorfer R W, Barnett T P. 1977. Significance tests for empirical orthogonal function[C]. Conference on Probability and Statistics in Atmospheric Science. LasVegas. American Meteorological Society, 169 - 172.

Qiu B, Chen S, Hacker P, et al. 2008. The Kuroshio extension northern recirculation gyre: profiling float measurements and forcing mechanism[J]. Journal of Physical Oceanography, 38: 1764 - 1779.

Rainer B, Douglas B B. 1981. Initial testing of a numerical ocean circulation model using a hybrid(Quasi-Isopycnic) vertical coordinate[J]. Journal of Physical Oceanography, 11(6): 755 - 770.

Rattray, Maurice. 1962. Interpolation errors and oceanographic sampling [J]. Deep Sea Research & Oceanographic Abstracts, 9(1 - 2): 25 - 37.

Reiniger R F, Ross C K. 1968. A method of interpolation with application to oceanographic data[J]. Deep Sea Research & Oceanographic Abstracts, 15(2): 185 - 193.

Roemmich D, Johnson G C, Riser S, et al. 2009. The Argo program: observing the global ocean with profiling floats[J]. Oceanography, 22(2): 34 - 43.

Schneider-Zapp K, Salter M E, Upstill-Goddard R C. 2014. An automated gas exchange tank for determining gas transfer velocities in natural seawater samples[J]. Ocean Science Discussions, 11(1): 693 - 733.

Schoenberg I J. 1946. Contributions to the problem of approximation of equidistant data by analytic functions [J]. Quart. Appl. Math, 4: 45 - 99.

Storch H V, Navarra A. 1995. Analysis of climate variability, applications of statistical technology [M]. Berlin: Springer Verlag, 331.

Sugimoto T, Kimura S, Miyaji K. 1988. Meander of the Kuroshio front and current variability in the East China Sea[J]. Journal of the Oceanographical Society of Japan, 44(3): 125 - 135.

Sutherland W. 1893. LII. The viscosity of gases and molecular force[J]. The London, Edinburgh, and Dublin Philosophical Magazine and Journal of Science, 36(223): 507 - 531.

Sverdrup K A, Armbrust E V. 2009. An introduction to the world's ocean [M]. Tenth Edition. New York: McGraw-Hill, 508.

Takahashi T, Sutherland S C, Wanninkhof R, et al. 2009. Climatological mean and decadal change in surface ocean pCO_2, and net sea-air CO_2 flux over the global oceans[J]. Deep Sea Research Part II: Topical Studies in Oceanography, 56(8 - 10): 554 - 577.

Tracey K L, Watts D R, Donohue K A, et al. 2012. Propagation of Kuroshio extension meanders between 143° and 149°E[J]. Journal of Physical Oceanography, 42(4): 581 - 601.

Trujillo A P, Thurman H V. 2014. Essentials of oceanography [M]. Eleventh Edition. New York: Pearson Prentice Hall Upper Saddle River, 551.

Vautard R, Yiou P, Ghil M. 1992. Singular-spectrum analysis: A toolkit for short, noisy chaotic signals[J]. Physica D Nonlinear Phenomena, 58: 95 - 126.

Von Storch H, Loon H V, Kiladis G N. 1988. The southern oscillation. Part VIII: Model sensitivity to SST anomalies in the tropical and subtropical regions of the south Pacific convergence zone[J]. Journal of Climate, 1(3): 325 - 331.

Von Storch H, Bürger G, Schnur R, et al. 1995. Principal oscillation patterns: a review[J]. Journal of Climate, 8(3): 377 - 400.

Walden A T, Guttorp P. 1992. Statistics in the environmental and earth sciences [M]. London: Edward Arnold.

Wallace J M, Gutzler D S. 1981. Teleconnections in the geopotential height field during the northern hemisphere winter[J]. Monthly Weather Review, 109(4): 784 - 812.

Wanninkhof R. 1992. Relationship between wind-speed and gas-exchange over the ocean[J]. Journal of Geophysical Research-Oceans, 97(C5): 7373 - 7382.

Weare B C, Nasstrom J S. 1982. Examples of extended empirical orthogonal function analyses[J]. Monthly Weather Review, 110(6): 481 - 485.

Weber R O. 1999. Remarks on the definition and estimation of friction velocity [J]. Boundary-Layer Meteorology, 93(2): 197 - 209.

Weng H, Lau K. 1994. Wavelets period doubling and time frequency localization with application to organization of convection over the tropical western Pacific[J]. Journal of the Atmospheric Sciences, 51 (17): 2523 - 2541.

Woolf D K. 2005. Parametrization of gas transfer velocities and sea-state-dependent wave breaking[J]. Tellus Series B-Chemical and Physical Meteorology, 57(2): 87 - 94.

Wu L, Jing Z, Riser S, et al. 2011. Seasonal and spatial variations of Southern Ocean diapycnal mixing from Argo profiling floats[J]. Nature Geoscience, (4): 363 – 366.

Wu L, Cai W, Zhang L, et al. 2012. Enhanced warming over the global subtropical western boundary currents[J]. Nature Climate Change, 2: 161 – 166, DOI: 10. 1038/NCLIMATE1353.

Wüst G. 1950. Block diagramme der Atlantischhen Zirkulation auf Grand der Meteor Ergibribe[J]. Kieler Meeresforschungen, 7(1): 24 – 34.

Xu J. 1992. On the Relationship between the Stratospheric Quasi-biennial Oscillation and the Tropospheric Southern Oscillation[J]. Journal of the Atmospheric Sciences, 49(9): 725 – 734.

Yamamoto R. 1986. An analysis of climate jump[J]. Journal of the Meteorological Society of Japan, 64(2): 273 – 281.

Yonetani T. 1992. Discontinuous changes of precipitation in Japan after 1900 detected by the Lepage test[J]. Journal of the Meteorological Society of Japan, 70(1): 95 – 104.

Yu T, He Y, Zha G, et al. 2013. Global air-sea surface carbon-dioxide transfer velocity and flux estimated using ERS-2 data and a new parametric formula[J]. Acta Oceanologica Sinica, 32(7): 78 – 87.

Yu T, He Y, Song J, et al. 2014. Uncertainty in air-sea CO_2 flux due to transfer velocity[J]. International Journal of Remote Sensing, 35(11 – 12): 4340 – 4370.

Yu T, Pan D, Bai Y, et al. 2016. A quantitative evaluation of the factors influencing the air-sea carbon dioxide transfer velocity[J]. Acta Oceanologica Sinica, 35(11): 68 – 78.

Yu T, Xu S, Zhou X, et al. 2021. Semi-automatic extraction of the threshold segmentation of coastline based on coastline type[J]. IOP Conference Series: Earth and Environmental Science, 690: 012019, doi: 10. 1088/1755 – 1315/690/1/012019.

Yu T, Xu S, Tao B, et al. 2022. Coastline detection using optical and synthetic aperture radar images[J]. Advances in Space Research, 70: 70 – 84.

Yue X, Zhang B, Liu G, et al. 2018. Upper ocean response to Typhoon Kalmaegi and Sarika in the South China Sea from multiple-satellite observations and numerical simulations[J]. Remote Sensing, 10: 348, 10. 3390/rs10020348.

Zappa C J, McGillis W R, Raymond P A, et al. 2007. Environmental turbulent mixing controls on air-water gas exchange in marine and aquatic systems[J]. Geophysical Research Letters, 34(10): L10601, 10. 1029/2006GL028790.

Zhao D, Toba Y, Suzuki Y, et al. 2003. Effect of wind waves on air-sea gas exchange: proposal of an overall CO_2 transfer velocity formula as a function of breaking-wave parameter[J]. Tellus Series B-Chemical and Physical Meteorology, 55(2): 478 – 487.

Zhao D, Xie L. 2010. A practical bi-parameter formula of gas transfer velocity depending on wave states[J]. Journal of Oceanography, 66(5): 663 – 671.